雷达低空目标探测与防范

陈唯实　陈小龙　张　月　李　敬　等　著

科学出版社

北　京

内 容 简 介

本书针对低空雷达目标探测技术开展了深入研究，全书分三部分。第一部分梳理雷达低空目标探测技术的研究现状，分析典型低空目标的雷达目标特性。第二部分分别从信号和数据层面，讨论低空雷达目标的检测、跟踪、识别与分类技术。第三部分介绍导航雷达、泛探雷达、外辐射源雷达等各类典型低空雷达探测系统、应用情况，并对雷达低空目标探测技术的发展方向做了展望。本书介绍的许多方法经过大量实测数据验证，对提高复杂低空背景下动目标检测和精细化处理能力具有指导意义。

本书较好兼顾了理论性和实用性，可作为信号处理、目标检测和识别等相关专业研究生或高年级本科生的教学参考书，也可供从事该领域的研究人员或技术开发人员学习参考。

图书在版编目（CIP）数据

雷达低空目标探测与防范 / 陈唯实等著. -- 北京 : 科学出版社, 2025. 8. -- ISBN 978-7-03-081795-2

Ⅰ. TN953

中国国家版本馆 CIP 数据核字第 2025SF5291 号

责任编辑：闫　悦　/ 责任校对：胡小洁

责任印制：吴兆东 / 封面设计：蓝正设计

科学出版社 出版

北京东黄城根北街 16 号

邮政编码：100717

http://www.sciencep.com

北京中科印刷有限公司印刷

科学出版社发行　各地新华书店经销

*

2025 年 8 月第　一　版　开本：720×1 000　1/16

2025 年10月第二次印刷　印张：19 1/2　插页：7

字数：391 000

定价：188.00 元

（如有印装质量问题，我社负责调换）

作 者 简 介

陈唯实，中国民航科学技术研究院研究员。长期从事机场运行安全、鸟击防范、低空空域监视等方面的研究工作。先后主持或参与国家重点研发计划、国家自然科学基金、博士后科学基金、国家科技重大专项、民航科技项目等多项科研课题，发表论文50余篇，授权国家发明专利20余项，牵头编写中国电子学会标准3项。中国民用机场协会专家库专家，民航国际化人才后备库成员。

陈小龙，海军航空大学教授，获国家自然科学基金青年科学基金（B类），山东省自然科学基金青年科学基金（A类）资助，长期从事雷达信号处理、雷达弱小目标探测、智能信息处理等领域研究。发表论文100余篇，授权专利40余项，出版专著2部，制定中国电子学会标准2项，《雷达学报》低慢小探测数据集主编。中国电子学会青年科学家俱乐部理事，中国电子学会信号处理分会、雷达分会、空天信息分会委员，《信号处理》《雷达学报》优秀编委。

张月，中山大学副教授、博导。主要研究方向为宽带数字化接收机技术、新体制数字阵列雷达系统及信号处理技术等，主持国家自然科学基金、某领域预研项目、宽带雷达分系统研制等项目多项。担任《信号处理》《雷达学报》专题主编。长期从事基于全息凝视雷达的低空目标探测技术研究，成功研制L、S频段全息凝视雷达样机，在机场低空监视、丛林穿透探测、对海低空目标探测等方面开展了较为丰富的外场实验，开展了低空目标探测和目标分类识别技术研究。获军队科技进步二等奖3项、三等奖1项。

李敬，中国民航科学技术研究院总工程师，正高工。从事民航适航管理、安全生产规划、安全管理体系、安全信息管理、机场运行安全等方面研究20余年，主持国家重点研发计划“全区域安保与主动防范系统集成应用技术”课题、民航局“民航鸟击防范中的鸟类雷达探测及识别研究”和“鸟类雷达探测与驱赶联动系统开发”等科技计划项目。发表论文40余篇，主编《机场野生动物管理》，获省部级科技一等奖6项，二等奖4项。

序

随着低空空域的逐步开放，低空经济产业将具有更广阔的市场前景，也给低空空域安全运行带来新的挑战。雷达是低空安全监视的重要手段，但复杂低空环境中雷达微弱目标探测是雷达领域的一大难题，传统雷达技术难以获得理想或满足实际需求的探测性能，亟需发展新的理论和方法。本书针对低空雷达目标探测技术开展了深入研究，全书分三部分。第一部分梳理雷达低空目标探测技术的研究现状，分析典型低空目标的雷达目标特性。第二部分分别从信号和数据层面，讨论低空雷达目标的检测、跟踪、识别与分类技术。第三部分介绍导航雷达、泛探雷达、外辐射源雷达等各类典型低空雷达探测系统、应用情况，并对雷达低空目标探测技术的发展方向做了展望。同时，本书介绍的许多方法经过大量实测数据验证，对提高复杂低空背景下动目标检测和精细化处理能力有重要指导意义，也为方法工程化实现提供了良好借鉴。

本书作者在国家自然科学基金优青、面上项目、民航联合基金、山东省重点研发计划等项目的支持下，瞄准未来科技和产业发展制高点，围绕“低空经济安全运行保障技术”这一前沿领域，结合雷达共性技术和低空经济发展中的重大军民航应用需求，在雷达“低慢小”目标探测方面开展了持续深入的研究，积累了丰硕成果，在低空复杂环境中的目标微动特征提取、机动和慢速目标检测、多目标和群目标跟踪、杂波抑制等关键技术方面取得重要突破，所提出的一些方法已在多个应用场景中得到验证，主要成果处于国际先进水平。该书内容新颖，层次分明，格式规范，具有创新性和系统性，同时较好兼顾了理论性和实用性、严谨性与可读性，是一本具有重要价值的专业技术用书，可作为信号处理、目标检测和识别等相关专业研究生或高年级本科生的教学参考书，也可供从事该领域研究人员或技术开发人员学习参考。

中国工程院院士

郭桂蓉

前言

鸟击作为航空器起降阶段的传统安全威胁，是全世界民航面临的重大难题，飞鸟成为机场低空安全监视的重要目标。近年来，随着消费级无人机的快速发展，发生在机场净空区的无人机“黑飞”扰航事件频发，其同“鸟击”事件相互叠加，成为威胁民航安全的两大“危险源”。雷达作为目标探测和监视领域的主要手段，在飞鸟和无人机等“低慢小”目标探测中发挥着重要作用。然而，受复杂探测环境和目标复杂运动特性的影响，飞鸟、无人机等微小目标的观测难度更大，给雷达探测技术提出新挑战。同时，在机场净空监视与防范等应用场景中，需要对飞鸟、无人机等“低慢小”目标采取不同的防范措施，这就要求雷达系统不仅具有“低慢小”目标探测能力，还要具备一定的目标识别分类能力。因此，迫切需要提升雷达探测能力，基于全息、数字阵列、外辐射源等各类雷达新体制和新技术，实现对飞鸟、无人机等“低慢小”目标的探测、分类与识别。

本书在分析总结国内外相关工作的基础上，结合团队近十年的主要研究成果与工程实践经验，阐述雷达低空目标探测与防范技术。本书从雷达信号层的精细化特征提取、雷达数据层的多目标跟踪与识别分类等角度，主要介绍雷达低空目标的探测、识别理论及应用，内容涵盖了典型低空雷达探测系统、雷达“低慢小”目标特性、基于雷达信号和数据处理的目标检测、跟踪和识别，并介绍了低空目标雷达智能化信息处理等内容。书中方法均基于实测雷达数据进行了验证分析，部分算法支撑了固态导航雷达、机载对海搜索雷达、高分辨调频连续波雷达、全息泛探雷达、外辐射源雷达、数字阵全态势感知雷达等系统的研制，广泛应用于无人机监视、机场探鸟、海上目标识别等领域。

全书分三部分，共 7 章，各章节的具体内容安排如下。

第一部分为第 1、2 章，梳理雷达低空目标探测技术的研究现状，分析典型低空目标的雷达目标特性。第 1 章，雷达低空目标探测概述。对主要低空探测技术进行概述，介绍典型探测系统和系统的研究现状，并分析难点与挑战。第 2 章，飞鸟与无人机目标雷达特性。从回波幅度、飞行高度和速度、轨迹特征、微动特征、群目标特征等方面分析两类典型低空目标的雷达目标特性。

第二部分为第 3、4 章，分别从信号和数据层面，讨论低空雷达目标的检测、跟踪、识别与分类技术。第 3 章，雷达低空目标探测信号与数据处理技术。介绍了基于分级积累检测的低空飞行目标快速检测方法、低空目标跨距离和多普勒单元长时间积累检测方法，以及基于粒子滤波的多目标跟踪算法和群目标跟踪算法。第 4 章，雷达低空目标分类与识别技术。在信号处理层面，提出了基于微动特征的目标分类识别技术；在数据处理层面，提出了基于模型转换频率的低空目标分类识别方法；在分类模型方面，提出基于深度学习的旋翼无人机和飞鸟目标智能分类方法。

第三部分为第 5～7 章，介绍典型低空雷达探测系统、应用情况及新技术发展方向。第 5 章，典型低空目标探测雷达系统。分别介绍了基于导航雷达、泛探雷达、外辐射源雷达等各类雷达系统的低空目标探测技术。第 6 章，雷达低空目标防范技术与应用。介绍了低空雷达探测技术在鸟击风险评估、鸟击防范、无人机反制等方面的应用。第 7 章，雷达低空目标探测技术展望。从新体制、新技术、新应用等方面，对雷达低空目标探测技术的发展方向做了展望。

本书的出版获得了国家自然科学基金民航联合研究基金(62222120、U1933135)、山东省自然科学基金(ZR2021YQ43)、山东省重点研发计划、航科院基本科研业务费等项目的支持。本书由中国民航科学技术研究院陈唯实研究员、李敬正高工、北京航空航天大学刘佳副研究员统稿，陈唯实撰写第 1、2、6 章，中国人民解放军海军航空大学陈小龙教授撰写第 3、4、7 章，中山大学张月副教授撰写第 5 章，上海华为技术有限公司蔡华首席和张军高工撰写了第 7 章通感一体探测部分。本书作者特别感谢北京航空航天大学刘佳副研究员在数据采集和材料整理方面做出的贡献，衷心感谢中国工程院郭桂蓉院士、何友院士、西安电子科技大学廖桂生教授、武汉大学万显荣教授、中国人民解放军海军航空大学关键教授等专家对我们的研究工作所给予的指导、关心和帮助，以及为本书提出的宝贵意见和建议。书中引用了一些作者的论著及其研究成果，在此也向他们表示衷心的感谢。

本书难以覆盖所有方面，书中若有不妥之处，敬请读者批评指正。

联系人：陈唯实。

E-mail：chenwsh@mail.castc.org.cn。

联系地址：北京市顺义区松香湖大街 7 号院中国民航科学技术研究院(101399)。

作　者

2024 年 10 月

目 录

第 1 章　雷达低空目标探测概述

1.1　引　　言

鸟击是指航空器起降或飞行过程中与鸟类、蝙蝠等动物相撞的事件，是航班起降阶段的传统安全威胁因素。近年来，以无人机为代表的“低慢小”飞行器得到了快速发展，全国多个机场接连出现无人机“黑飞”扰航事件，非法放飞无人机成为新的焦点问题，其同“飞鸟”一起成为威胁机场净空区航班起降安全的“两大危险源”。

无人机等低空飞行器的出现和迅速发展，对空中航路安全、城市安保等提出了严峻挑战。2015 年至今，为维护民航机场净空保护区域飞行安全，加强对无人机运行的管理，国家、各部委及中国民用航空局(以下简称民航局)相继出台了多部规章标准。但目前，对无人机和飞鸟的监视，尤其是识别，仍缺乏有效的技术和手段，“黑飞”和“扰航”现象仍十分普遍，一些简易航空器容易偏离预定航线，若进入重要区域上空，将严重威胁公共安全。旋翼无人机可携带危险武器，一旦被恐怖分子利用，后果不堪设想。

针对“合作”入网的无人机，其飞行信息实时接入“无人机云”等管理系统，监管部门可对误入相应区域的无人机进行查询、记录；针对“合作”但未入网的无人机，生产商可通过监听“飞控协议”，对相关品牌产品的飞行状态进行监控。上述合作式监管技术目前已能覆盖 95%以上的消费级无人机，剩余不足 5%的非合作飞行器是防范的重点和难点。针对无人机、飞鸟等不同的“低慢小”入侵目标，机场在发现目标后需要采取不同的反制措施：发现无人机目标后，机场首先发出预警，引导起降航班避让，并协调机场及地方公安进行处置，对于能够锁定的无人机操控者，交由公安机关依法处理；发现飞鸟目标后，机场将基于一定的驱鸟策略，综合采用多种驱鸟设备将其驱离危险区域或采取一定的规避措施。因此，有必要对无人机和飞鸟等低空目标进行精确探测识别。

目前，由中国民航科学技术研究院牵头编制的中国电子学会团体标准《机场探鸟雷达系统技术要求》(T/CIE 176-2023)和《机场净空区非合作无人机目标探测系统通用技术要求》(T/CIE 252-2024)已分别于 2023 年 5 月和 2024 年 8 月发布，具体介绍详见附录。

1.2 低空探测的主要手段

目前，无人机(unmanned aerial vehicle, UAV)已在世界范围内获得广泛应用，包括航拍、快递运输、灾难救援、电力巡检、农业植保、边境监控巡查、火情监视、环境保护等多个领域。然而，无人机的迅速普及也带来了严重的安全问题[1,2]。近年来，国内外媒体已报道了数十起无人机引发的公共安全事件，机场、监狱、体育场馆、公共建筑和其他重要敏感场所成为无人机侵扰的主要目标[3]。

无人机探测系统的解决方案一般以雷达为核心，辅之以光电(可见光和红外)、声学、无线电侦测等其他传感器，旨在重大活动保障和要地防卫中实现全方位态势感知[4]。当部署多个传感器时，可见光和红外设备均具备一定的分类能力，且具有较为精确的定位和测距功能。通常可见光相机价格低廉，红外相机价格昂贵，但二者均对环境条件较为敏感。声学传感器对环境不敏感，其有限的探测范围使其应用范围受限。无线电侦测技术对复杂电磁环境较为敏感，但对“静默”无人机会失效。因此，鉴于雷达具备精确的定位能力和较大的探测距离，加之其较好的目标分类能力和环境适应性，使其成为最为常见的无人机探测手段。

当前的多传感器无人机探测系统还不能实现无人值守，需要对探测到的目标进行人工监视和确认，由此产生较高的人员培训和系统维护费用。而且，来自不同传感器的信息没有进行有效融合，仅由各个独立系统分别提供早期警报，随后通过人工确认。例如，来自雷达的早期探测结果引导操作员通过光学相机观察该方向进行目标确认。近年来，人们在各类应用中将多源信息进行融合的需求与日俱增，数据融合技术受到广泛关注[5]。数据融合的目标在于弥补单一传感器的弱点，由此获得更精确的探测结果。此外人工智能和深度神经网络(deep neural networks, DNNs)已成为一种非常有吸引力的数据处理方法，其能够发现典型特征提取方法难以发现的高阶抽象特征，因此在海量多源数据处理中被广泛应用[6]，其在无人机检测和分类中的应用已初露端倪。

本章重点研究了利用雷达、可见光、红外、声学传感器、无线电侦测等进行数据采集和以深度学习为主要数据分析工具的无人机探测与分类的研究成果。多传感器学习的基本目的和难点是从全局角度处理和关联多源异构数据[6]。多传感器深度学习网络通过多个输入流学习特征，学习不同输入信号之间的关系，提供了管理复杂多样数据的能力，并发现了多源数据在公共空间的表征方法[7]。因此，多传感器深度学习有助于完成多传感器信号的解释、感知和建模等具有挑战性的工作，有助于解决雷达等单一传感器无法完成的目标识别和分类问题[8]。

本节首先分析了以雷达为主体的无人机目标探测系统的技术特点、目标特征提取方法，以及深度学习算法的应用现状，进而讨论了多传感器信息融合算法和多传感器融合的无人机探测技术方案，最后推荐了一种多传感器无人机探测系统技术方案，并给出几点结论和建议。

1.2.1 雷达探测

雷达作为空中和海面目标监视预警的主要手段，广泛应用于国防和公共安全领域。与其他技术相比，雷达实际上是唯一能够进行几公里到几十公里的远程探测，且在不利的光照和天气条件下几乎不受影响的技术。但是，传统的监视雷达一般用于探测雷达散射截面(radar cross section, RCS)[9]相对较大且速度较高的运动目标，并不适合探测无人机等低空飞行的RCS非常小且移动缓慢的物体，即“低慢小”目标。此外，无人机与鸟类的相似度极高，两类目标的可靠分类是另一个不可回避的问题。因此，需要针对以上苛刻的需求，对雷达体系结构做出专门设计，进而提取“低慢小”目标的精细化特征[10]。典型的检测和分类流程是通过雷达信号处理算法进行目标检测，从处理后的信号中提取固有特征，以便使用机器学习算法进行自动分类[11]。基于深度学习的方案将原始数据整理为特定的数据结构，通过融合处理大幅减少人工标注的工作量，确保系统在低数据量和低标注条件下的识别效果[12]。

传统的监视雷达通常采用机械扫描天线对全空域进行搜索，在单个目标上的驻留时间较短，仅能获取目标的方位、角度、径向速度、RCS等有限数据。虽然传统雷达探测“低慢小”目标存在一定难度，但是，随着近年来雷达电子技术的不断发展，其对微弱目标的探测能力稳步提高，为低可观测目标的探测和识别提供了新途径[10]。近年来，针对无人机等微弱目标探测的新体制雷达成为国内外研究的焦点[13]。伦敦大学、华沙工业大学、德国应用科学大学、瑞士国防装备采购局、荷兰罗宾(Robin)雷达公司、英国Aveillant雷达公司、中国科学院电子学研究所、中国电子科技集团公司第十四研究所、中国航天科工二十三所、中国人民解放军海军航空大学、武汉大学、北京理工大学等国内外科研机构和企业采用有源相控阵、多进多出(multiple-input multiple-output, MIMO)、调频连续波(frequency modulated continuous wave, FMCW)、全息雷达、外辐射源雷达等先进的雷达技术开展了一系列无人机探测与识别研究，部分系统已初步具备了工程应用能力。

图1-1所示分别为Robin无人机FMCW雷达探测系统、Aveillant无人机全息雷达探测系统、德国应用科学大学研发的多通道外辐射源雷达GAMMA-2。

目前，国内外部分先进的低空监视雷达已初步具备了无人机、飞鸟等目标的分类与识别能力，将雷达对“低慢小”目标的探测推向精细化处理，微动特征提取、深度学习等技术的发展进一步推动了该研究领域的进步。同时，大量经验表明，在工程应用中，以雷达为主体，辅以光电、声学、无线电侦测等多源传感器融合的无人机探测技术方案成为主流。图1-2所示为各类典型无人机探测传感器的示意图，下面将对各类辅助探测传感器的技术特点及其采用的以深度学习为主的数据处理方法，做逐一讨论分析。

(a) Robin 雷达　　(b) Aveillant 雷达　　(c) GAMMA-2 雷达

图 1-1　典型无人机探测雷达系统

(a) 光电　　(b) 声学　　(c) 无线电侦测

图 1-2　各类典型无人机探测传感器

1.2.2　可见光探测

可见光探测设备获取的目标图像信息较之于雷达更为丰富，在目标识别方面存在优势。但是，单部可见光相机通常不具备目标测距功能，需要通过多站交叉定位或增加激光测距设备获取目标距离，且易受环境因素影响，探测距离远低于雷达，一般情况下难以单独使用。因此，可见光相机通常仅作为雷达的补充确认设备[14]。

随着神经网络和深度学习算法的发展，光学数据成为无人机探测中非常有价值的信息来源之一。自深度学习方法在 2012 年 ImageNet 大规模视觉识别挑战赛 (ImageNet large scale visual recognition challenge，ILSVRC) 上成功应用于 ImageNet 数据集[15]的图像分类以来，围绕深度学习的研究不断发展。大多数采用 DNNs 的无人机目标识别研究，都采用通用的目标检测结构，并以强大的 DNNs 作为分类模型。此类研究中，DNNs 通常预先在 ImageNet 等通用数据集中进行训练，进而使用无人机数据进行优化，通过调整参数提高识别性能。

Saqib 等测试了用于无人机探测的 Faster-RCNN(faster region-based convolutional neural network)模型[16]，他们在检测方案中使用视觉几何组(visual geometry group，VGG)-16[17]、ZF(Zeiler-Fergus)-Net[18]等模型进行了实验。研究表明，VGG-16 表现最好。此外，他们将鸟类作为一个单独的类别进行训练，有效降低了虚警率。近期有研究提出，在正式检测流程之前加入预处理模块，以改善检测效果。一项研究在检测器前插入 U-网，这是一个计算连续帧运动并产生边框的网络，该边框能以一定的概率包含无人机[19]；另一项工作在检测器前增加了超分辨率处理模块，提高对由于探测距离远而在图像中像素较少的无人机目标的探测能力[20]。

Aker 等[21]采用 YOLO(you only look once)探测器[22]，快速且准确地探测无人机目标。此外，他们从一些公开图像中提取无人机，并将其添加到各类复杂背景的自然图像中，构建了新的人工数据集，用于在不同规模和不同背景下训练无人机深度学习模型，以解决无人机标记公共数据的稀缺性。

Rozantsev 等基于不同尺度的时空立方体视频数据建立检测框架[23]。该方法使用增强树和卷积神经网络(convolutional neural network，CNN)进行分类，实验结果表明，时域信息对无人机等小目标检测具有重要作用，而 CNN 在精确性恢复方面表现更好。

Gökçe 等提出一种基于梯度直方图特征和级联分类的光学相机无人机检测方法[24]。检测部分通过级联分类的方法，在不同阶段对愈发复杂的特征进行评估，成功通过各级分类器则视为检测到目标。此外，通过支持向量回归(support vector regression, SVR)实现目标距离估计。

南京邮电大学[25]、长春理工大学[26]、中国民航飞行学院[27]在提取无人机目标图像特征的基础上，分别采用 CNN 和 LeNet-5[28]等经典的深度学习模型，初步实现了基于深度学习的无人机目标识别算法。

1.2.3　红外探测

与可见光传感器不同，红外传感器捕捉所有物体的热辐射，对电磁光谱中波长为 9～14μm 的红外频谱很敏感。与可见光相机相比，应用红外相机的主要优点是不受光照或天气条件的影响，即使在完全黑暗的情况下，它仍然能正常运行。一般情况下，红外相机成像的分辨率较低，但成本较高，因此，其最初仅应用于军事，但随着技术的进步，其成本已有所降低，并允许它们在工业和研究部门中使用。

在针对监狱等设施开展安全保卫的无人机探测系统中，红外相机一般被放置在建筑物或监视塔楼的顶部。在大多数多传感器系统中，红外相机通常与可见光结合，作为雷达的辅助设备，但目前还鲜有单独使用红外传感器对无人机进行探测、跟踪或分类的公开报道。与可见光相机一样，红外相机不能给出目标的距离，因此不能进行目标定位，文献[29]的作者利用来自多个红外相机的图像，提出了一种无人机目标定位的方法。

实际上，目前很多集成了红外传感器的无人机探测系统已实现了基于红外图像的无人机目标识别功能，其所用目标识别算法通常借鉴了已有的深度学习模型，但鲜有文献公开发表。本节剩余部分，将回顾目前发表的红外视觉在其他目标检测、跟踪和分类任务中应用的部分成果，以期对无人机目标识别的应用场景有所参考。

Liu 等[30]基于 Faster-RCNN 架构和多光谱输入数据，设计并评估了不同的行人目标检测解决方案。他们从每种输入数据的不同分支开始，每一个分支都建立 VGG-16[17]基础网络，探索低、中、高不同层次的特征融合技术。

Cao 等[31]将通用行人检测器调整为多光谱域，利用可见光和红外传感器捕获的互补数据，既提高了行人检测性能，又无须人工标注就能生成额外的训练样本。行人检测采用双流区域生成网络(region proposal network, RPN)实现，而无监督自动标注则基于一种新的迭代方法，从校准的可见光和红外数据中标记出行人目标。

John 等[32]利用 CNN 进行候选行人目标分类。首先采用模糊聚类进行红外图像分割，对候选行人进行定位，根据人体姿态特征和第二中心矩椭圆对候选行人进行筛选，然后将每个候选对象周围裁剪后的图像块调整为固定大小，并将其输入到 8 层 CNN 进行二值分类，最后基于样本数据集进行训练。

Ulrich 等[33]基于双流神经网络，实现了红外图像与微多普勒(micro-Doppler, m-D)雷达数据融合的人体目标探测。首先，采用 Viola-Jones 框架[34]检测红外图像中的人体目标，然后利用计算出的传感器距离，在红外和雷达目标之间执行关联处理，最后将每个传感器获取的信息在单个联合分类器中的特征层进行融合。

Liu 等[35]针对红外目标跟踪，基于相对熵理论，重新设计了 CNN 训练框架，其性能在两个公开的红外数据集上获得了验证。该方法利用在 ImageNet 上预训练的不同卷积层提取的特征来构造多个弱跟踪器，将每个弱跟踪器的响应图与目标位置的强估计相融合。

1.2.4　声学探测

声学技术利用无人机飞行时产生的特殊“音频指纹”进行探测识别，作为一种被动技术不会对其他技术形成干扰，成为多传感器融合探测无人机的重要技术手段，可作为雷达、光电等探测技术的有益补充。基于声学探测技术，法国圣路易斯研究所、匈牙利欧布达大学、德国 Dedrone 公司、荷兰 Microflown AVISA 公司和美国

DroneShield 公司均研制了相应的无人机探测系统并提出了相关解决方案。布设声学传感器阵列具有信号增强的能力，图 1-3 所示是 Microflown AVISA 研制的在城市环境中精确定位小型无人机的声学系统 SkySentry[36]，其核心技术是带有声学矢量测量功能的声学多任务传感器(acoustic multi-mission sensor, AMMS)，通过在一定区域内布设 AMMS 阵列对低空小型无人机进行跟踪定位。

(a) 外场系统效果测试　(b) AMMS

图 1-3　SkySentry 无人机声学探测系统

一个通用的声学探测系统由三个主要模块组成：检测、特征提取和分类。检测模块在噪声环境中捕获目标原始音频信号；特征提取模块从原始信号中自动提取特征作为分类器的输入；分类模块将提取的特征分配给相应的类。深度学习网络从原始数据中提取独特特征的能力和现代图形处理单元(graphic processing units, GPU)的高速处理能力，使得这些网络在自然语言处理、图像/视频分类和分割、强化学习和声学检测中获得高度关注。本节下面将介绍深度学习网络在声学探测应用中的部分研究成果。

文献[37]是最早使用卷积深度信念网络对音频数据进行无监督学习的研究成果之一。该文认为，从神经网络中学习到的特征与语音数据中的音素一一对应。

Piczak[38]用环境音频数据测试了一个简单的 CNN 架构，其精度接近最先进的分类器。Lane 等[39]创建了一个移动应用程序，能够使用深度学习执行非常精确的语音二值化和情感识别。Wilkinson 等[40]对环境噪声源进行无监督分离，在预标记信号中加入人工高斯噪声，并使用自动编码器进行聚类。然而，环境信号中的背景噪声通常是非高斯的，这使得该方法仅适用于特定的数据集。

在无人机探测方面，Park 等[41]提出了一种融合雷达和声学传感器，基于前馈神经网络检测、跟踪和识别旋翼无人机的方法。Liu 等[42]使用语音识别中常用的梅尔频率倒谱系数(Mel-frequency cepstral coefficients, MFCCs)和支持向量机(support vector machine，SVM)分类器检测无人机。Kim 等[43]介绍了一种基于麦克风的无人机实时检测和监控系统，该系统利用最近邻和绘图学习算法来学习快速傅里叶变换谱的特征。文献[44]扩展文献[43]的工作，使用人工神经网络将系统分类精度由 83%提高到 86%。Jeon 等[45]提出了一种二进制分类模型，该模型使用音频数据检测无人机，使用 F 分数作为性能度量，将高斯混合模型、递归神经网络和 CNN 进行了比较。这项工作还表明，使用数据增强方法可以提高分类性能。特别是，他们合成了具有不同背景噪声的原始无人机音频，以增加训练数据。

在国内方面，无人机声学探测研究领域也相当活跃。西北工业大学与中国科学院声学研究所合作[46]，针对复杂多源混叠目标声源辨识问题，提出利用高分辨率声成像处理算法获得目标区域声场空频信息矩阵，依据先验目标噪声源频率统计特性得到无人机特征的方法，实验结果表明该方法具有良好的空间抗干扰能力，可实现复杂环境下声源目标的检测定位。西安电子科技大学[47]采用改进型 MFCCs 无人机声学特征提取方法，提出一种基于麦克风阵列的加权识别检测方法和一种基于神经网络的加权识别检测方法，以此提高麦克风阵列系统的识别率和稳定性。南京理工大学[48]采用基于经验模态分解(empirical-mode decomposition, EMD)和 MFCCs 的无人机声信号特征提取算法，并引用主成分分析(principal component analysis, PCA)对特征集进行降维融合处理，实验结果表明特征融合后的分类性能要好于基于单一特征的分类性能。长沙理工大学[49]采用改进的 MFCCs 提取无人机音频特征，通过训练高斯混合模型建立多特征无人机音频“指纹库”，实现无人机探测和识别，实验表明该方法在典型郊区环境中可实现 150m 距离内无人机目标 84.4%的识别率。

1.2.5 无线电侦测

无线电侦测采用射频扫描技术，针对民用无人机的数传信号、图传信号和卫星导航信号进行实时监测、分析和测向[50-52]。首先，提取无人机数传信号与图传信号的频谱特征，建立无人机特征库，实现对无人机的发现；然后，利用无线电测向技术[53]或到达时间差(time difference of arrival, TDOA)定位技术[54]，实现对无人机的定位、跟踪和识别。

无线电测向技术通常利用 3D 阵列测向天线实时接收无人机发射的电磁信号，对无人机信号进行测向，并利用频谱仪和监测软件对接收的信号进行分析。3D 测向天线由 8～64 个阵列组成，价格较为昂贵。频谱仪和监测软件采集分析信号的频率、带宽、调制方式、符号率、跳变参数等数据，并与事先建立的无人机信号特征库进行比对，对信号进行特征识别。图 1-4 所示为典型的无线电侦测系统获取的无人机目标方位与频率数据。

(a) 方位数据

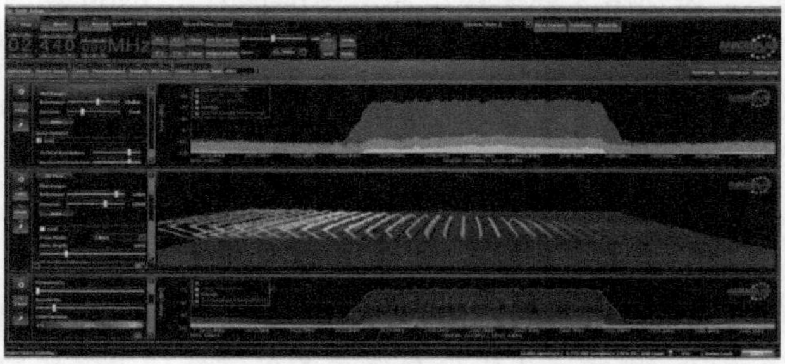

(b) 频率数据

图 1-4　无线电侦测系统获取的无人机目标数据

TDOA 是一种利用时间差进行定位的方法，通过比较信号到达多个监测站点的时间差，确定信号源的位置。TDOA 定位系统具有成本低和精度高的特点，但通常需要布设 3 个以上的站点，每个站点设备包括天线、接收机和时间同步模块。

无线电侦测系统的最大优势在于本身不发射电磁波，属于绿色环保的无源技术。目前，罗德与施瓦茨公司、中国人民解放军国防科技大学、中国电子科技集团第四十一研究所、中国航天科工集团第二研究院 207 所及国内的大量公司均采用无线电侦测技术研制了相关系统，部分系统已在我国机场、监狱、体育场馆、公共建筑及重大活动安保中获得广泛应用。但是，无线电监测技术的最大问题是，其对于关闭数传和图传信号的“静默”无人机可能失效。

无线电信号识别是无线电侦测系统的核心技术，其本质上与雷达、可见光和红外信号的识别技术一样，都是首先提取信号的关键特征，进而采用固定规则或机器学习的方法进行分类[55]。常用的无线电信号时频域特征包括功率谱密度[56]、信号包络峭度[57]、瞬时相位标准差[58]、循环谱[59]、高阶矩[60]等。在特征提取的基础上，无线电信号识别采用的传统机器学习算法包括朴素贝叶斯[61]、神经网络[62]、决策树[63]等。

近年来，深度学习理论的应用异军突起，其实现了从人工驱动的特征提取到数据驱动的特征提取的巨大转变。2016 年，O'Shea 等[64]率先将深度学习算法应用于无线电信号识别领域，其利用 CNN 框架对 11 种调制信号进行自动调制识别，相比于传统的机器学习算法，识别率大幅提升。此后，国内外出现了大量基于深度学习的无线电信号识别研究成果。Karra 等[65]采用 CNN 网络级联识别的方法，首先区分出模拟调制和数字调制，进而识别出具体的调制类型和阶数。文献[66]将 CNNs 网络与信号时序特征相结合，进一步优化了网络结构。文献[67]在文献[64]所提模型的基础上，以循环平稳特征参数作为 CNN 网络的输入，在提高计算复杂度的前提下改善了识别结果。Schmidt 等[68]以快速傅里叶(fast Fourier transform, FFT)变换结果作为 CNN 模型的输入，识别出 3 种无线电通信标准信号。Zhang 和 Baltrušaitis 等[69,70]以时频分布变换结果作为 CNN 模型的输入，识别出 8 种常见雷达波形信号。中国科学院软件研究所[55]以频谱瀑布图作为 YOLO 模型的输入，输出为无线电信号的波形名称及其时频坐标。

1.2.6　多传感器融合

基于多个传感器的数据融合旨在将来自不同模式的数据组合起来，产生单一传感器不可能实现的效果。现实世界中信息资源的多样性使得多传感器数据融合能够发现不同传感器数据类型之间的关系，并实现多源数据的联合表征。近年来，人工智能和深层神经网络在多源数据的表示方面受到广泛关注，为复杂的多模态学习问题提供了一些可能的解决方案[70]。表 1-1 比较了各类传感器的性能指标和工作特点，详细分析其优缺点、潜在局限性和发展前景。

表 1-1　各类无人机探测传感器的主要性能指标对比

传感器类型	探测距离	分类能力	优点	缺点
雷达	3～5km	一般	不受无人机类型影响，有效探测距离较远，基于微动特征可实现目标分类	无人机散射面积小，降低其被雷达探测的距离和概率；存在一定范围的低空探测盲区；主动雷达可能对机场的空管设备造成干扰，使用前需进行频率申请
可见光	1～2km	较强	可捕获各种型号的无人机，能够实现实时、可视化监控，目标分类能力较强	受光照条件限制，探测距离较近，不具备测距功能
红外	1～2km	较强	不受光照条件限制，能够实现实时、可视化监控，目标分类能力较强	造价较高、视场较小
声学	150m	一般	造价低，适用于多种类型的无人机，可实现全天时预警侦测	无人机噪声水平很低，在嘈杂环境中，该技术适用性较差，且探测距离较近
无线电侦测	1～2km	一般	适用于各种类型的无人机，可有效侦测到无人机操作者	对于不发射无线电信号的“静默”无人机，不能有效发现

雷达能有效探测潜在的多架无人机，在全空域范围内远距离跟踪多个目标。探测小型无人机的雷达系统通常在 X 波段工作，但成本较高，且伴随一定虚警。除外辐射源雷达，大部分主动雷达可能带来频率干扰，其部署需要当地无线电管理机构审批。基于雷达的无人机目标检测与跟踪主要通过恒虚警率(constant false alarm rate，CFAR)、多普勒处理和假设检验等经典的雷达信号处理技术实现。基于雷达数据的无人机识别分类方法分为两大类：利用 m-D 特征的方法和利用不同信息源的方法。目前，无人机分类中最常用的雷达信号特征是 m-D 特征[71]，影响 m-D 特征的主要因素包括旋翼叶片的数量、入射角度范围、雷达的脉冲重复频率以及雷达照射目标的时间等。当前，大多数工作都是在理想情况下进行的，通常是在近距离(最远 250 米[72]，最远 30 米[71, 73, 74])完成的，极少在原始雷达数据上进行测试，因为小型无人机目标的回波数据在外场的强噪声条件下难以获取。另一方面，传统的监视雷达采用机械扫描天线，对单个目标的驻留时间较短，无法产生 m-D 特征，此时只能依赖于目标的轨迹特征[75]、RCS[76]和极化特征[77]等其他信息源。然而，与基于 m-D 的方法相比，此类研究相对较少，适用范围有限。但是，我们注意到，基于深度学习的轨迹分类方法已经在一般运动模型应用中获得成功[78]，其或许可以移植到无人机的轨迹分类中，成为一个有潜力的研究方向。

光学技术能够对视野范围内的无人机目标进行可见光或红外成像。可见光相机最大的问题是高误报率和气象干扰，飞鸟、气球等类似大小的空中物体都可能被误识别为无人机。红外探测同样可能受到天气的不利影响，高湿、雨水或浓雾都会严重降低红外设备的探测效率。

可见光图像处理是一个成熟且蓬勃发展的研究领域，目前已出现了无人机检测和分类的可见光公开数据集[79]，“基于光学相机的无人机探测与分类”已成为 IEEE 国际高级视频和信号监控会议[80]和 IEEE 国际计算机视觉大会[81]等计算机视觉国际会议上的重要议题。在无人机检测和分类问题中，可见光图像处理常用的深度学习架构包括 Faster-RCNN[16]，VGG-16[17]和 YOLO[22]等，性能远超传统的手工标定特征的计算机视觉方法[24]。当然，仅将现有的目标检测算法直接移植到无人机图像数据上是远远不够的，通过研究无人机目标探测的特点改进这些方法，利用连续帧时间信息[19]或超分辨率技术[20]提高探测效果，在检测小目标的同时避免虚警，或许是未来的发展方向。

尽管现有的无人机探测系统普遍配备了红外相机，但此类商用相机的分辨率较低，难以探测小型无人机，而高分辨红外设备的价格昂贵，可能是导致此类科研文献发表数量极少的直接原因。实际上，红外图像的处理机制与可见光图像类似，文献中常用的红外目标检测和分类方法是以 VGG 为基础网络的 Faster-RCNN 模型[30]。随着高分辨红外设备成本的降低，结合深度学习算法，利用红外数据进行无人机目标探测与分类的研究前景可期。

声学传感器重量轻、易于安装，可用于其他设备不适用的山区或高度城市化地区。同时，被动的声学传感器不干扰周围的通信，且功率极低。然而，在噪声环境中，单个声学传感器对无人机目标的探测距离不超过 150m[45]。多声道音频研究表明，使用最先进波束形成算法并与光学相机等其他传感器融合，可显著改善检测框架的性能[42]。此外，建立无人机音频信号的公共数据库，对于促进此领域的研究发展意义重大。当然，建立此类数据库费用昂贵，需要开展无人机在不同距离、不同采样率和不同比特深度飞行情况下的大量数据采集工作。另外，标记数据集很容易出现人为错误，误导机器学习算法。为此，在环境音频监测领域，无监督的深度学习算法近年来受到极大关注[37]，其在无人机目标探测与识别中的应用值得期待。

无线电侦测技术是无线电频谱管理的传统工具，目前已成为无人机探测和识别的重要技术手段。较之于雷达、光电、声学等其他技术手段，无线电侦测技术的最大优势是能够侦测到无人机操作者的位置，最大问题是对于关闭通信链路的“静默”无人机会失效。此外，复杂电磁环境容易对无线电侦测技术造成干扰，影响其探测距离和性能。基于深度学习的无线电信号识别技术能够适应复杂电磁环境，在低信噪比条件下仍能确保一定的识别率，代表了当前无线电侦测技术的发展方向[82]。同时，我们注意到，TDOA 技术已经在基于无线电侦测、MIMO 双站雷达[83]、麦克风阵列[84]等各类传感器的无人机探测与定位系统中获得成功应用。

1.2.7　多源信息融合策略

多源数据融合可分为早期融合和晚期融合两大策略[85]。融合技术的选择取决于问题的需要和传感器类型。如图 1-5 所示，早期和晚期融合的区别在于它们整合不同模式的特征提取结果的方式。早期融合首先进行特征融合，将边缘、纹理等多个特征组合到一个特征地图中，生成一个多模态特征表示；相反，晚期融合侧重于不同模式的个体强度，将单峰概念检测融合为多峰语义表示，而不是特征表示。

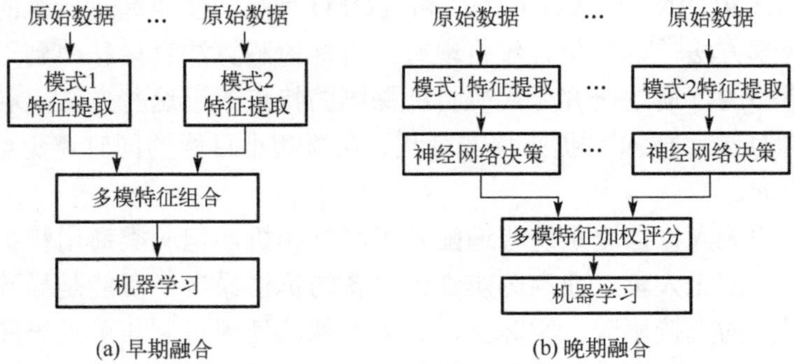

图 1-5　多传感器数据融合方案流程图

从两种策略的应用案例情况看，Snoek 等[86]引入了多模态视频语义分析，分别在特征空间和语义空间进行了早期融合和晚期融合，并采用国际视频检索技术评测(TREC video retrieval evaluation，TRECVID)[87]视频检索基准数据进行了验证。Ye 等[88]提出了一种基于晚期融合的秩最小化算法，旨在预测多个模型的置信融合，研究基于各组成部分模型之间的相对得分关系是持久的假设，并利用牛津花卉 17 号数据集[89]评估了算法性能。

1.2.8　多传感器无人机探测方案

近年来，针对多传感器融合的无人机目标检测、识别和跟踪系统，国内外科研机构和相关企业已经提出了多种搭建方案和数据融合方法。

上海交通大学[14]提出一种雷达与可见光协同的低空目标监视跟踪方法，该方法将雷达作为主跟踪器，可见光相机作为检测器，通过交互多模型进行目标跟踪，实现了对通航和旋翼无人机等低空目标的监视和跟踪仿真。

Park 等[41]提出了一种结合雷达和声学传感器的小型无人机探测系统。该系统使用低成本雷达对监视区域进行扫描，采用声学传感器阵列确认目标。该系统使用预先训练的由三个多层感知器(multilayer perceptron, MLP)分类器组成的深度学习框架，投票决定无人机存在与否。该系统成本较低，但探测距离只有约 50m。

Liu 等[42]提出利用一种摄像机阵列与声学传感器联合探测的解决方案。该系统由 30 个摄像机、3 个麦克风、8 个工作站节点和若干网络设备组成，通过 SVM 分类器识别无人机图像与音频数据，针对飞行高度为 100m、水平距离为 200m 的无人机目标，实现了较高的检测精度。

Jovanoska 等[90]搭建了基于纯方位多传感器数据融合的无人机探测与跟踪定位系统，采用了基于多假设跟踪器的集中式数据融合方法[91]。系统首先区分出来自不同传感器的目标和虚警，识别目标并估计单个传感器对检测的贡献，采用融合算法对目标位置进行预测，通过融合不同传感器系统的测量结果修正目标定位。

Hengy 等[92]提出了一种光学、声学和雷达多传感器融合的无人机探测、定位和分类系统。系统利用多重信号分类法实现声阵列定位，利用雷达技术提高检测率、降低虚警率，并将红外图像与可见光图像相结合，使光学传感器在杂波、烟雾或复杂背景条件下更容易、更快地检测出无人机目标。

Laurenzis 等[93]研究了城市环境中多无人机的检测与跟踪问题。该系统由一个分布式传感器网络组成，该网络具有静态和移动节点，包括光学、声学、激光雷达和微波雷达等多种传感器。实验结果表明，该系统的无人机定位结果与真实数据的平均误差约为 6m。

鉴于各类传感器性能各有利弊，采用单一传感器进行无人机探测和识别几乎无法提供所需的态势感知需求。然而，如果能够实现各类技术的混合互补，完全有可能找到一种有效的解决方案。图 1-6 推荐了一种无人机探测系统搭建方案，该系统通过融合四类传感器的信息，以稳健的方式实现全方位态势感知。

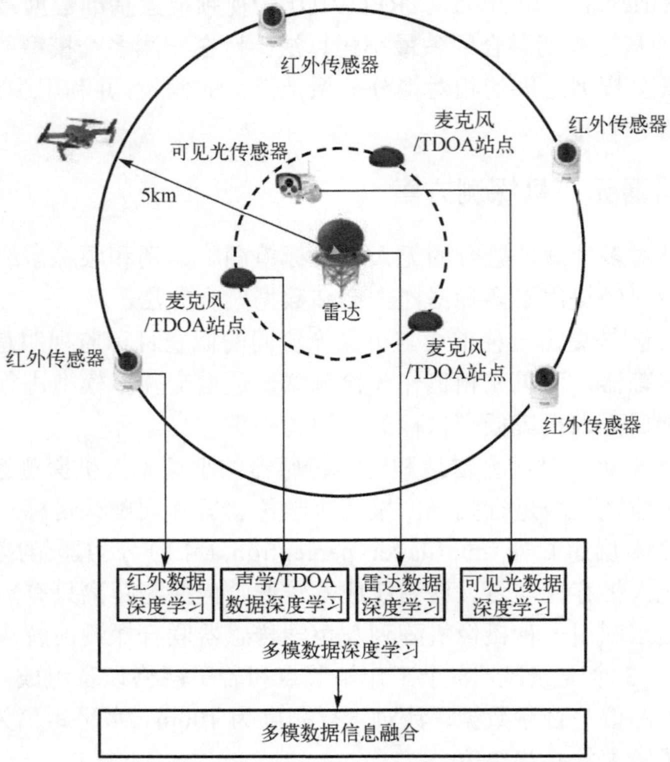

图 1-6　无人机探测系统搭建方案

在传感器覆盖区域的中心，放置一个远程雷达。雷达是一种可靠的早期预警方法，以能够高数据率获取全方位目标精细化特征的全息雷达为最佳，以便为提取目标微多普勒特征提供数据支撑。为了进一步修正被探测目标的距离和方位信息，需要多个全景红外相机在覆盖区域的边缘形成互补和交叉验证，与雷达信息融合以降低虚警率。由于红外相机在恶劣天气条件下的灵敏度问题，在雷达附近还放置了一个具有旋转和变焦功能的可见光相机，以便进一步降低虚警。此外，在山区或高度城市化地区，山坡或高楼的存在可能会限制其他探测方法，为将无人机探测系统应用于这些地区，可将麦克风阵列或 TDOA 站点设备分散布置在保护区周围，以提供另一种补充和备用解决方案。基于深度学习方法，用于无人机探测和识别的单源深度学习网络可以利用每个传感器的所有记录数据。最后，将各单源深度学习网络产生的单源预警信号和特征与多传感器信息融合深度学习网络相融合，以补充各单源检测结果，成倍提高对入侵无人机目标的识别能力。

本节对基于雷达、可见光、红外、声学传感器、无线电侦测等传感器的无人机探测与识别方法以及多传感器信息融合算法的研究工作进行了全面综述。无人机探测预警技术研究是一个新兴领域，深度学习的加入可能会带来该领域在未来几年的重大突破。本节讨论的内容有助于系统地推进整个领域的研究工作，得出以下几点结论。

(1) 微多普勒特征反映了目标本体及构件的微运动，显示出极富有希望的检测和分类能力，基于运动模型等不同特征的无人机识别技术研究虽不多见，但同样值得关注。

(2) 深度学习理论已成功应用于光电数据的无人机目标检测和识别，并可以有效实现多传感器无人机探测与识别中图像、音频、雷达、无线电信号等多源异构数据表征，其作为一个有前途的研究领域方兴未艾，必将不断涌现出更多更好的研究成果。

(3) 在无人机探测任务中，麦克风阵列的部署成本较低，将有助于在与其他传感器相结合的情况下形成一个互补且稳健的系统框架。

(4) 以 TDOA 为代表的无线电侦测与定位技术，能够锁定无人机飞手的位置，在多传感器无人机探测中具有不可替代的作用。

1.3　雷达低空目标探测技术研究现状

本节重点介绍低空探测雷达系统的发展现状，包括微多普勒特征提取、目标回波与运动特征提取、基于深度学习的无人机目标检测与分类三个部分。

1.3.1　微多普勒特征提取

运动目标构件的微运动会在目标本体运动产生的雷达多普勒信号附近引入调制边带，导致多普勒频谱展宽，称为 m-D 信号[94]。目前，微多普勒特征作为目标自动分类中最常用的雷达精细化信号特征[95]，已被广泛用于地面运动目标分类、船舶检测、人体步态识别和人类活动分类等目标的自动分类，且近年来已成为无人机雷达探测应用中一个非常活跃的研究方向。

m-D 信号表征了目标构件微运动的瞬时径向速度，其所包含的信息有助于反演出目标的结构、形状、姿态、受力状态、表面材料电磁参数等特征。目标的内在运动包括旋翼无人机或直升机的桨叶旋转、喷气机的涡轮推进、鸟的翅膀拍打等，都可以通过 m-D 特征进行统计描述[96]。飞鸟翅膀的扇动与无人机旋翼的转动均会产生 m-D 信号，利用该特征区分飞鸟和无人机目标，是当前此类雷达目标识别采用的主要技术手段。图 1-7 所示为 X 波段飞鸟与旋翼无人机的微多普勒特征仿真结果，由图可见，二者在频率区间分布和周期特性方面的差异明显[97]。

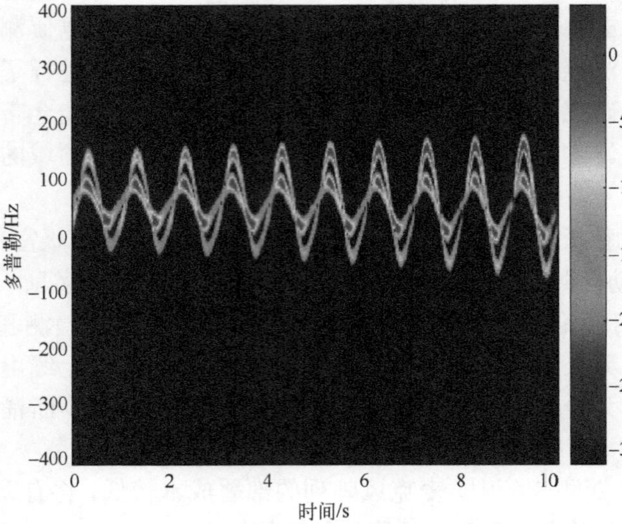

(a) 飞鸟

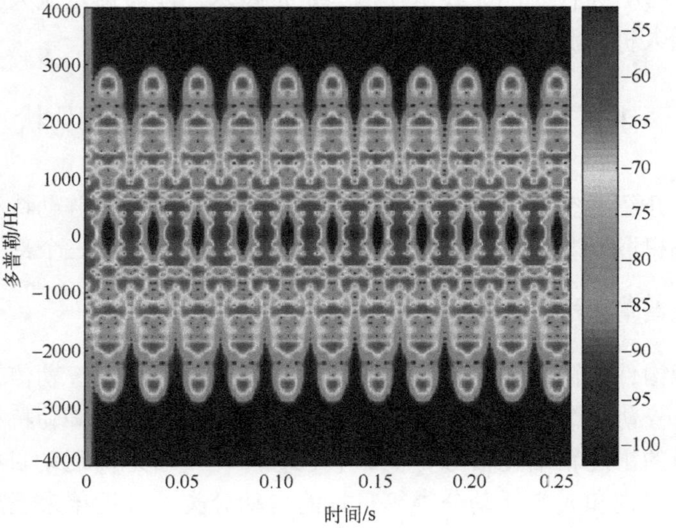

(b) 旋翼无人机

图 1-7　飞鸟与旋翼无人机的微多普勒特征仿真结果

表 1-2 和表 1-3 总结了基于 m-D 特征的无人机检测与分类的相关成果。表 1-2 是对现有基于雷达的无人机目标检测与分类方法的总结，介绍了雷达信号处理方法、特征提取过程和分类器；表 1-3 列出了大多数工作的分类方法，所有方法的识别率基本超过 90%，部分接近或达到 100%，但遗憾的是，由于仅有部分文献采用了相同的数据集，目前还难以在同一尺度下对所有方法的性能进行评判。

表 1-2　现有文献中基于雷达的无人机检测与分类方法汇总

文献	主要工作目标	信号处理方法	分类方法
[71]	目标分类	m-D特征：频谱+特征对	SVM+NBC
[72]	特征提取	m-D特征：频谱+手工特征	—
[73]	特征提取+目标分类	m-D特征：EMD	SVM
[74]	特征提取+目标分类	m-D特征：EMD特征的熵	SVM
[75]	目标轨迹分类	运动模型转换频率特征提取	模型转换频率估计
[76]	特征提取+目标分类	运动模型、速度、信号特征提取	SVM
[77]	特征提取+目标分类	雷达极化特征	最近邻
[98]	特征提取	m-D特征：Gabor变换+FFT	—
[99]	特征提取	m-D特征：频谱+倒频谱+手工特征	—
[100]	特征提取+目标分类	频谱+特征对+ SVD	—
[101]	特征提取+目标分类	STFT+倒频谱+ CVD+SVD	SVM
[102]	特征提取	m-D特征：自相关—倒频谱联合分析	—
[103]	特征提取+目标分类	m-D特征：二维正则复对数傅里叶变换	子空间可靠性分析
[104]	目标分类+定位	m-D特征：EMD+ PCA	最近邻+NBC+随机森林+SVM
[105]	目标分类	m-D特征：频谱+手工特征	NBC+鉴别分析分类器(DAC)
[106]	目标检测+跟踪	m-D特征+CFAR+卡尔曼滤波跟踪	—
[107]	特征提取+目标分类	双雷达m-D特征融合：频谱+PCA	SVM
[108]	特征提取+目标分类	双雷达m-D特征融合：频谱+PCA	SVM
[109]	特征提取	外辐射源雷达m-D特征：距离相关+多普勒变换	—
[110]	目标分类	m-D特征：频谱+CVD	CNN
[111]	目标分类	谱相关函数(SCF)参考库	深度信念网络(DBN)
[112]	目标检测	多普勒处理	CNN
[113]	目标分类	距离剖面矩阵的直接学习	CNN
[114]	目标分类	同相正交(IQ)信号的直接学习	MLP
[115]	目标分类	雷达信号点云	MLP
[116]	特征提取+目标轨迹分类	运动模型、速度、RCS特征提取	MLP

表 1-3　现有文献中基于雷达的无人机分类结果汇总

文献	目标类型	类别数(无人机+鸟)	分类方法
[71]	无人机类型vs.鸟	10+1	m-D特征对+非线性SVM
[73]	无人机类型vs.鸟	10+1	m-D特征(EMD)+SVM
[74]	无人机类型vs.鸟	10+1	m-D特征(EMD)，EMD+SVM的熵
[76]	无人机类型vs.鸟	2+1	运动模型、速度、信号特征集+SVM

续表

文献	目标类型	类别数(无人机+鸟)	分类方法
[77]	无人机类型vs.鸟	3+1	雷达极化特征+最近邻
[101]	无人机vs.鸟	1+1	m-D特征(SVD)+SVM
	无人机类型	2	
[103]	无人机vs.鸟	1+1	二维正则复对数傅里叶变换+子空间可靠性分析
[104]	无人机类型+定位	66	m-D特征(PCA)+随机森林
[105]	无人机(有载荷vs.无载荷)	3	m-D特征+DAC
[107]	无人机类型	3	双雷达m-D特征(PCA)+SVM
[108]	无人机类型	3	双雷达m-D特征(PCA)+SVM
[110]	无人机vs.鸟	5+1	m-D特征(CVD)+CNN
[111]	无人机类型vs.鸟	2+1	SCF参考库+DBN
[113]	无人机vs.鸟	1+1	距离剖面矩阵+CNN
[114]	无人机类型	2	IQ+MLP
[115]	无人机类型	3	雷达信号点云+MLP
[116]	无人机vs.鸟	1+1	运动模型、速度、RCS特征集+MLP

文献[72,73]较早利用 m-D 特征进行无人机分类，采用短时傅里叶变换(short time Fourier transform, STFT)提取 m-D 特征，研究了从雷达信号中提取转速、叶尖速度、旋翼直径和旋翼数量等关键特征的方法，以便对不同的旋翼无人机进行分类。遵循类似方法，Molchanov 等[71]用 STFT 生成 m-D 特征，并从 m-D 特征的相关矩阵中提取特征对，训练了三个分类器，包括一个线性和一个非线性 SVM 分类器，以及一个朴素贝叶斯分类器(naive Bayesian classifier, NBC)，对 10 类旋翼无人机和鸟类进行分类。中国科学院电子学研究所[98]提出一种基于 Gabor 变换的瞬时频率估计与 FFT 相结合的微多普勒特征提取算法，对无人机的旋翼数、转速、叶片长度进行估计。

DeWit 等[100]在对谱图应用奇异值分解(singular value decomposition, SVD)之前，遵循了与文献[71]类似的信号处理流程。为实现快速分类，作者提取了目标速度、频谱周期性和频谱宽度三个主要特征。同样，在文献[101]中，作者分别采用三种常用的信号表征方法生成 m-D 信号，即 STFT、倒频谱和节奏速度谱(cadence velocity diagram, CVD)，然后采用 SVD 特征提取和 SVM 分类器相结合的方法，对实测的固定翼、旋翼无人机与飞鸟数据进行分类。中国科学院电子学研究所[102]提出一种自相关-倒频谱联合分析的无人机旋翼转动频率估计方法，通过加权均衡更有效地估计出无人机旋翼转动频率。

为在 m-D 特征提取过程中利用相位谱，Ren 等[103]提出了一种鲁棒的信号表示方法，即二维正则化复对数傅里叶变换和面向对象的降维技术，专门针对二元无人机分类问题设计的子空间可靠性分析，区分无人机与飞鸟目标。文献[73]提出了另一种非通用的 m-D 标签提取算法，作者采用基于 EMD 的方法对无人机进行自动分类。利用 EMD 将雷达回波信号分解成一组振荡波形，提取出 8 个统计特征和几何特征。在特征归一化和融合后，训练非线性支持向量机进行目标类标签预测。作者在文献[71]的同一数据集上验证了他们的方法优于普通的基于傅里叶变换的 m-D 提取方法。Ma 等在文献[73]的基础上，研究了从 EMD 中提取的一组固有模函数的六种熵对无人机分类的可行性[74]，提出将提取出的特征融合到三类熵中，通过信号下采样和归一化得到特征，作为非线性 SVM 分类器的输入。文献[104]研究了无人机机翼类型和无人机定位问题，他们将定位作为一个分类问题来处理，根据每种被测无人机的一组位置扩展不同类别的数量；该方法将 EMD 和 STFT 相结合生成 m-D 特征，由 PCA 进行特征提取，研究了基于最近邻、随机森林、NBC 和 SVM 四种分类器的无人机目标分类定位问题。

除了典型的单天线收发雷达外，部分研究考虑了多天线、多站雷达和外辐射源雷达。在文献[105]中，作者提出了一种基于 m-D 信号的多普勒和带宽质心特征的 NBC 和鉴别分析分类器(discriminant analysis classifier，DAC)，实验包括对旋转翼无人机的实际测量，包括潜在有效载荷的加载和卸载情况。在类似的研究中，Hoffmann 等[106]提出了一种与文献[106]相同的多站雷达无人机检测与跟踪方法，将 m-D 特征与 CFAR 检测器相结合，提高了无人机检测效果，并采用扩展卡尔曼滤波器进行跟踪。在文献[107]中，作者利用两部不同波段的雷达，从中提取和融合 m-D 特征，以便对三种旋翼无人机进行分类；两部雷达均采用 STFT 进行 m-D 提取，然后进行 PCA 特征提取，最后将提取的特征融合并反馈到 SVM 分类器，分别与每部雷达进行性能比较。清华大学[108]提出了一种多角度雷达观测微动特征融合的无人机识别方法，对 K 波段和 X 波段两部雷达同时从不同角度采集的目标数据分别进行 STFT 结合 PCA 的特征提取，将两部雷达提取的特征进行融合，最后利用 SVM 进行训练和分类。武汉大学[109]利用数字电视外辐射源雷达开展多旋翼无人机微多普勒效应实验，建立了双基地外辐射源雷达无人机微动信号模型，利用“距离相关+多普勒变换”快速计算距离多普勒谱，证实了外辐射源雷达实现无人机微动特征提取的技术可行性。

1.3.2　目标回波与运动特征提取

传统监视雷达通常采用机械扫描天线探测和跟踪多个目标，其设计目的是通过不断搜索空间寻找新目标。由于该类雷达一直在进行全方位搜索，聚焦单个目标的时间通常很短，难以提取 m-D 特征，因此仅能利用目标的 RCS 等回波信号特征或运动特征对检测到的目标进行分类[117]。

陈唯实等[75]提出一种基于运动模型的目标分类方法，利用传统监视雷达数据对无人机和鸟类进行分类。作者利用目标的运动方向、速度和位置建立运动估计模型，并在卡尔曼滤波跟踪的基础上提出一种平滑算法，以扩大鸟类和无人机目标模型转换频率估计之间的差异。

Messina 和 Pinelli[76]研究了利用 FMCW 二维监视雷达数据进行无人机分类的问题。该方法分两步，首先对无人机和鸟类目标进行分类，然后对识别出的无人机进行旋转翼和固定翼分类，创建一组基于目标 RCS、信噪比、跟踪轨迹和速度等信息的特征集；选择 SVM 作为分类器，建立 50 个特征的子集，实现了较高的分类精度。

Torvik 等[77]从监视雷达信号中提取了 9 个极化参数，结合最近邻分类器，实现了无人机与鸟类目标的分类。作者证明，即使在没有微动特征的情况下，也能获得较高的分类精度。

1.3.3 基于深度学习的无人机目标检测与分类

近年来，深度学习方法已在音视频数据处理中成功应用，但针对雷达数据的应用才刚刚起步。典型的深度学习方案通常需要标记大量真实数据，这些数据对于音视频数据易于生成，但针对雷达数据的标注仍极为有限。此外，从雷达传感器获取原始数据后通常需要复杂的雷达信号处理过程，提取时空和内在信息后才能适用于深入学习的体系结构。尽管存在以上困难，近年来结合雷达数据和深入学习的工作仍然有所增加。

文献[110]最早利用 CNN 直接学习 m-D 特征谱图并对无人机进行分类。作者使用了 GoogLeNet[118]，并用 FMCW 雷达测量的无人机频谱图对其进行训练。实验以两架无人机为测试目标，分别在室内和室外两种不同环境中进行了成功测试。此外，他们提出了一种基于 CVD 改进 m-D 信号缺陷的方法，实现了 m-D 信号与频域表示法的结合。

Mendis 等[111]基于 S 波段雷达开发了基于深度学习的无人机分类算法。他们试验了三种不同的无人机类型：两个旋转翼和一个固定翼。采用自相关函数的傅里叶变换，即谱相关函数(spectral correlation function, SCF)，用于识别由目标的许多动态成分引起的独特调制。该文章使用了一个深度信念网络(deep belief network, DBN)作为分类器；与典型的深度神经网络不同，DBN 中的各层相互连接，而不是独立的单元，从而形成了非常层次化和模块化的结构；测量数据通过四个 SCF 模式参考库，加权求和后输入分类器，对目标类型进行最终决策。

Wang 等[112]提出了一种基于 CNN 的距离-多普勒谱目标检测算法，并与传统的 CFAR 检测方法进行了比较，结果令人满意。该网络结构是在多个信噪比(signal-to-noise ratio, SNR)条件下，用不同距离-多普勒固定窗段对目标和杂波进行训练的 8 层 CNN。检测问题被处理为目标和杂波的分类任务，其中固定大小的窗口在整个距离-多普勒矩阵上滑动，以便检查所有单元。文献[113]利用距离多普勒矩阵导出的距离剖面和人工筛选的特征作为 DNNs 输入，实现无人机分类。提出的自定义的 CNN 结构，利用了被测目标的距离剖面矩阵特征和距离多普勒矩阵特征，如 RCS、SNR 和径向速度等。对某 X 波段监视雷达实测数据的处理结果表明，该方法具有较好的分类性能。

Regev 等[114]开发了一种 MLP 神经网络分类器和参数估计器，可以确定无人机螺旋桨和桨叶的数量，实现了无人机微观运动分析的多样化。该方法首次尝试了将接收到的复值信号直接输入学习网络。网络体系结构由五个独立的分支组成，接收正交复数(in quadrature, IQ)、时间、频率以及绝对数据。有两个独特的 MLP 分类器，首先分析螺旋桨特征，然后分析叶片数量，进而将其输入估计算法。仿真实验表明，分类精度与信噪比密切相关。

在另一项工作中，Habermann 等[115]利用人工雷达测量的点云特征研究了无人机和直升机的分类。基于点云间的几何差异，提取了 44 个特征。利用人工数据训练神经网络解决两个分类问题，一个是 7 类直升机分类问题，另一个是 3 类旋翼无人机分类问题。Mohajerin 等[116]提出了一种二元分类方法，用监视雷达捕获的数据区分无人机和鸟类轨迹。作者采用了一组基于运动、速度和目标 RCS 的 20 个特征，将人工提取的特征与 MLP 分类器相结合，具有很高的分类精度。

1.4　低空探测雷达系统发展现状

1.4.1　典型机场探鸟雷达系统

2000 年以来，国内外先后出现了多款“机场雷达探鸟系统”产品，其中最具代表性的包括美国的 Merlin 雷达、加拿大的 Accipiter 雷达、荷兰的 Robin 雷达以及英国的 Aveillant 雷达。近年来，由于我国机场对鸟击防范新技术的迫切需求，国内科研院所也相继开展了探鸟雷达技术研究，并出现了自主研发的机场探鸟雷达系统。

1. Merlin 雷达

Merlin 雷达是世界范围内最早出现的探鸟雷达产品，其配备了两部不同波段的导航雷达，一部 S 波段水平扫描，另一部 X 波段垂直扫描，均采用标准的 T 型波导阵列天线[119]。通常认为，S 波段雷达的抗雨性能较好，而先进的固态 X 波段导航雷达同样具备了雨杂波相参抑制能力。这种双雷达的探鸟雷达系统也成为早期最经典的探鸟雷达系统技术方案，其将导航雷达升级改造为探鸟雷达的主要原因在于导航雷达作为成熟的货架产品价格低廉，在当时的条件下仅需要对雷达的信号与数据处理系统进行改造，开发的风险和成本最小。图 1-8 所示为典型的 Merlin 雷达探鸟系统，包括系统平台及处理后的雷达显示界面。对于大型鸟类或鸟群，该系统的探测范围可以达到水平距离 4～6 海里(1 海里=1852 米)，垂直高度 15000 英尺(1 英尺=0.3048 米)；对于中小型鸟类，该系统的探测范围可以达到水平距离 2～3 海里，垂直高度 7500 英尺。

(a)系统平台

(b)雷达显示界面

图 1-8　典型 Merlin 雷达探鸟系统

实际上，Merlin 系统的两部雷达独立工作，覆盖的范围不同，波束重叠区域很小，并不能提供目标的融合三维信息。水平扫描雷达负责机场周边低空空域的预警，但不能提供该区域内目标的高度信息；垂直扫描雷达负责监视航班起降通道内的目标，捕获穿越雷达波束的鸟类目标信息。Merlin 系统的两部雷达可以集成在移动拖车上，放置于机场跑道一侧或一端，或者分别放置在合适的位置，对包括航班起降通道在内的机场净空区进行监控。

常规导航雷达的发射功率一般较大，且不具备基于多普勒信号的动目标检测能力。Merlin 系统通过对导航雷达信号与数据的处理，能够滤除固定背景与杂波，进而实现对飞鸟目标的检测和跟踪，生成每个飞鸟目标的运动轨迹，并采用专业软件进行统计分析，最终得出鸟情的总体分布态势。近年来，新一代 Merlin 雷达在现有技术体制的基础上，将导航雷达的磁控管更换为固态功放，在大幅降低发射功率的同时实现了对目标的多普勒信号处理能力，从雷达信号处理层面进一步提高了对飞鸟目标的检测与跟踪能力。

2. Accipiter 雷达

继 Merlin 雷达之后，Accipiter 雷达也开发了类似体制的水平和垂直扫描的双部雷达的探鸟雷达产品，并在美国和加拿大的部分机场获得应用。为获取目标的三维坐标信息，部分 Accipiter 雷达将波导缝隙天线替换为抛物面天线，并将数据处理器、控制系统、全球定位系统(global positioning system，GPS)、移动电源和其他辅助运行系统集成在移动拖车上，如图 1-9 所示。Accipiter 雷达采用的 X 波段抛物面天线通常置于拖车顶部，峰值功率为 50kW，俯仰角在 0°～30°可调，波束角为 4°，能够获得目标的精确高度信息，但较之于波束宽度较大的波导缝隙天线，此类天线的探测效率较低。为弥补抛物面天线探测效率的不足，Accipiter 雷达研发了多波束抛物面天线、双轴扫描抛物面天线、两部不同倾斜角的抛物面天线等多种探鸟雷达天线，提高抛物面天线在垂直方向的覆盖范围[120]。

2010 年，美国联邦航空管理局基于 Accipiter 雷达开展了一系列机场探鸟实验，在验证该系统各项性能指标的基础上发布了《机场探鸟雷达系统》咨询通告(T/CIE 176-2023)，包含了探鸟雷达基本构成、系统选择、性能规范、部署安装、运行管理等主要内容[121]。

(a)配备双抛物面天线的系统平台　　(b)抛物面天线　　(c)多波束抛物面天线

图 1-9　典型 Accipiter 雷达探鸟系统

3. Robin 雷达

2010 年之后出现的 Robin 探鸟雷达，其第一代产品仍然延续了早期基于导航雷达升级改造的 S 波段水平扫描雷达与 X 波段垂直扫描雷达的双雷达体制和技术方案[106]。其中，S 波段水平扫描雷达天线长 3.6m，转速达到 45 转/分，在目前已知的该体制探鸟雷达系统中转速最快，可探测到径向距离 10 公里、垂直高度 2 公里范围内的大鸟；X 波段垂直扫描雷达天线长 8 英尺，垂直扫描转速达到 24 转/分，能够探测 2.5 公里范围内的小鸟以及 5 公里范围内的大鸟和鸟群。两部雷达的部分信息能够融合，得到覆盖重叠区域的目标三维信息。

此外，Robin 雷达开发了一款机械扫描的 FMCW 雷达，用以替代 X 波段垂直扫描雷达，平均输出功率仅 400mW，如图 1-10(a)所示。与脉冲雷达只有一部天线不同，FMCW 探鸟雷达采用收发分开的两部天线，一部天线持续发射不同频率的电磁波，另一部天线持续接收更为丰富的目标回波信息。FMCW 雷达具备更强大的鸟情探测能力，共有扫描、跟踪和凝视三种工作模式，特别适用于专业的鸟类学研究。

扫描模式下，雷达伺服系统能够同时实现天线的全空域水平和垂直扫描覆盖，获取半径 3.5 公里范围空域内的全部飞鸟目标信息。跟踪模式下，FMCW 雷达将天线波束指向并持续跟踪用户感兴趣的特定目标，天线波束将锁定该目标并测量飞鸟翅膀的扇动频率，以作为鸟种识别的重要指标。凝视模式下，雷达将天线波束锁定在固定的观测区域，对经过该区域的所有目标信息进行统计分析。近年来，Robin 雷达开发了新一代目标识别雷达，其利用目标的微动特征能够区分 1.5km 范围内低空飞行的无人机与飞鸟目标，如图 1-10(b)所示。最新一代的 Robin 探鸟雷达采用 X 波段 FMCW 与相控阵技术(图 1-10(c))，平均输出功率为 20W，能够获取 15km 范围内全空域的目标三维信息，目标轨迹更新率为 1s。

(a) 水平扫描雷达与 FMCW 雷达　　(b) 识别雷达　　(c) 相控阵雷达

图 1-10　典型 Robin 雷达探鸟系统

4. Aveillant 雷达

近年来出现的 Aveillant 雷达探鸟采用全息雷达作为低空目标探测技术手段，开展机场周边全方位的空域监视，实现飞鸟目标定位与识别功能，辅助管控人员掌握低空区域目标态势，实现全局无盲区可靠监视，如图 1-11 所示。与传统雷达相比，全息雷达的发射采用全向或宽波束覆盖探测空域，接收采用数字波束形成(digtal beam forming，DBF)技术，实现全时空覆盖的凝视探测[122]。DBF 体制雷达除了可以高数据率连续获取目标距离、方位、俯仰的测量信息以外，还能通过长时间积累获得目标的高分辨速度信息，具有更好的目标识别能力。总体上，相较于机械扫描和相控阵雷达体制，全息数字化雷达具有如下技术优势：

①连续时空覆盖，可实现多目标的无缝连续跟踪，数据率高，目标容量大；

②目标回波能量长时间连续积累，实现了强杂波背景下高检测率、低虚警率的“低慢小”目标监视；

③多普勒测量精度高，可获取丰富的时域、空域、多普勒域目标信息，目标识别分类能力强；

④等效全向辐射功率低，电磁污染少，信号被截获概率低；

⑤阵面无伺服转动装置，安装便捷，可靠性高，维护成本低；

⑥探测威力大，可实现远距离大范围监视；

⑦采取数字化、软件化、模块化设计思想，易于实现更新升级和面向特殊需求的定制开发。

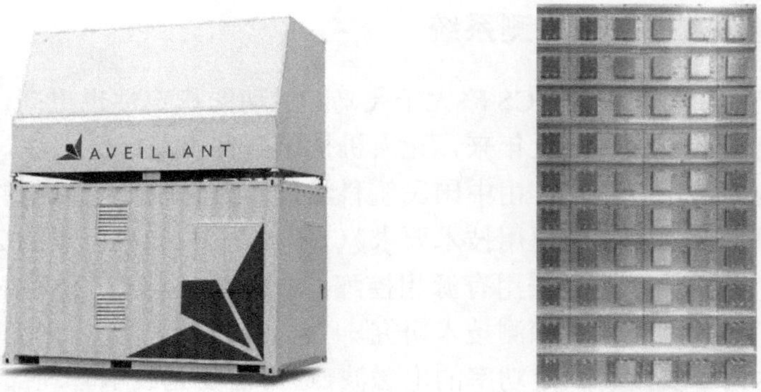

(a) 系统平台　　(b) 全息天线阵

图 1-11　典型 Aveillant 雷达探鸟系统

近年来，鉴于国内机场对鸟击防范新技术的迫切需求，国内科研机构也相继开展了探鸟雷达技术研究。中国民航科学技术研究院参照 Merlin 雷达的技术体制，率先搭建了探鸟雷达实验系统，如图 1-12 所示。该系统对 S 波段导航雷达的信号与数据处理模块进行了升级改造，将原有的磁控管发射机替换为发射功率较小且可靠性更高的固态发射机，引入脉冲多普勒与脉冲压缩技术，并定制开发了鸟情数据处理与分析软件，实现了雷达观测数据与人工观测数据的有效融合，具备机场净空区的鸟情探测能力。目前，该系统已经在国内多家机场获得试用，探测性能稳步提升[123,124]。此外，随着我国雷达技术的快速发展，国内的部分科研院所在“低慢小”目标探测方面均有大量的技术积累，结合近年来机场净空区无人机目标探测与反制的相关需求，出现了大量采用先进雷达体制的探鸟雷达产品，其在探测距离、探测精度、数据更新率、目标跟踪与识别能力等方面普遍较早期的探鸟雷达有明显提升[125]。其中，中国航天科工集团第二研究院采用垂直方向电扫描、水平方向机械扫描的X波段相控阵雷达体制，开展了探鸟技术应用；中山大学参考

图 1-12　中国民航科学技术研究院探鸟雷达实验系统

Aveillant雷达，研发了基于全固态发射机与DBF技术的扇区“凝视”的全息探鸟雷达，雷达波形软件化可编程；北京理工大学将三面相控阵雷达技术应用于探鸟，实现了全空域覆盖的飞鸟目标探测；武汉大学探索了外辐射源雷达探鸟的可行性，并取得了初步的研究成果。

1.4.2　典型无人机雷达探测系统

一般情况下，无人机的 RCS 略大于飞鸟，运动的稳定性也更高，因此雷达探测无人机的难度略低于探鸟。近年来，无人机扰航事件引发广泛关注，无人机探测雷达也成为国内外的研究热点，由中国民航科学技术研究院牵头编制的《机场净空区非合作无人机目标探测系统通用技术要求》(T/CIE 252-2024) 已于 2024 年 8 月发布。国内外大量科研机构和企业采用有源相控阵、MIMO、全息、外辐射源等先进的雷达技术开展了一系列无人机探测技术研究。

有源雷达由于要发射一定功率的电磁波，通常需要无线电管理部门的频率许可，在机场这样的应用场景中更需要经过严格的审批程序，安装部署受到限制。相比之下，外辐射源雷达具有功耗低和隐蔽性强的优点，其作为一种经济、安全的非合作目标探测手段，近年来引发广泛关注。特别是随着雷达硬件性能的提高和通信、无线网络、广播电视等可用外部辐射源的发展，外辐射源雷达的应用得到进一步扩展。武汉大学无线电波传播实验室基于外辐射源雷达开展了一系列飞鸟与无人机目标探测技术研究，利用数字地面多媒体广播搭建了城市复杂环境中的外辐射源雷达探测系统。实验结果表明，该系统在城市环境中对大疆精灵 3 的探测距离达到 3km 以上，并具备了一定的飞鸟与无人机目标分类能力。

随着通感一体技术的发展，5G 演进(5G-advanced，5G-A)技术能够在传统移动通信能力基础上，单独划分部分时频域资源进行空间感知，依托现有移动通信网络实现对低空飞行目标的监测管理。相较于传统的雷达探测系统，5G-A 网络对 5G 的大带宽、低时延和高可靠等特性进行了升级，具有得天独厚的成本优势，可为低空经济发展提供重要的基础设施支撑。一方面，5G-A 网络对传统通信基站进行了通用算力及智能化增强，可以识别网联“合作”无人机；另一方面，5G-A 基站在传统的通信能力外，采用通感一体技术，可实现对非合作无人机目标的感知、定位和轨迹跟踪，精度达亚米级，探测距离超过 1km，且不受光线、天气等因素影响。目前，5G-A 通感一体技术尚不具备飞鸟探测能力，相关研究仍在持续开展中。

1.5　难点与挑战

低可观测特性的目标种类很多，其尺寸、形状及运动特性的不同导致目标具有不同的雷达散射特性和多普勒特性，共同点是无论在时域还是在多普勒域，目标回波信号信噪（杂）比（signal-to-noise/clutter ratio，SNR/SCR）都很低。目前雷达对低可观测探测过程中的技术难点主要体现在以下三个方面。

1. 目标类型多，特性复杂，回波微弱

常说的“低慢小高快隐”目标也属于低可观测目标的范畴。最为典型的包括以下两类目标。

一是，“低慢小”空中目标[126,127]，是指具有低空（飞行高度一般在 1km 以下）、慢速（速度＜200km/h），小型航空器和空飘物（雷达反射截面积＜$2m^2$），该类涉及的范围比较广（包括如中小型飞机、直升机、滑翔机、三角翼、滑翔伞、动力伞、热气球、飞艇、无人机、航空模型、孔明灯、空飘气球等通用航空器材及航空运动器材等）（图 1-13）。

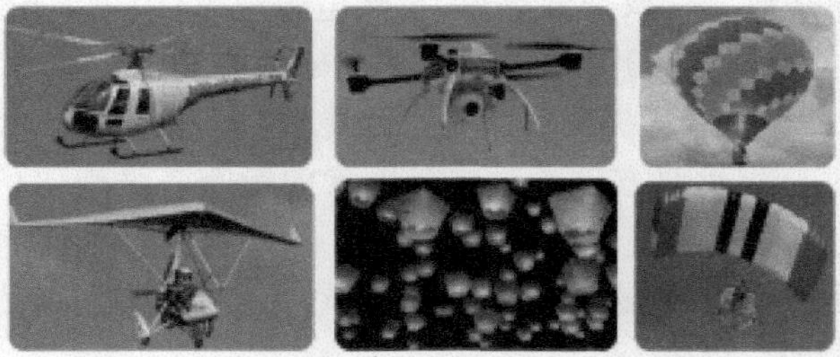

图 1-13　典型的空中低可观测目标

二是“低慢小”海上目标[128,129]，如渔船、游艇、蛙人、浮漂、潜望镜等小尺寸目标，具有吸波涂层或外形的舰船、飞机等隐身目标，及航母等远距离目标等（图 1-14）。

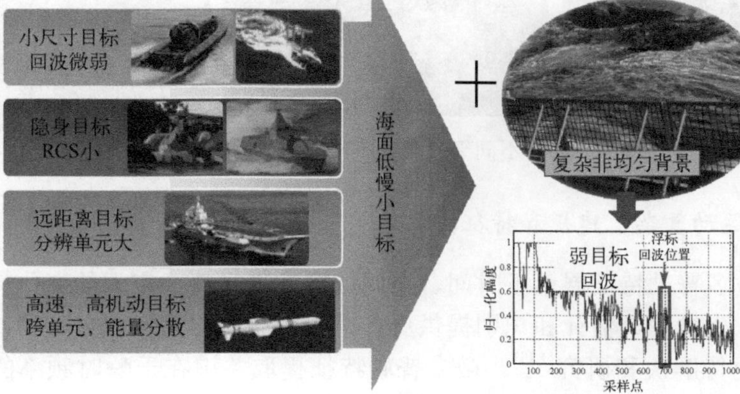

图 1-14　典型的低可观测海上目标

低可观测目标雷达回波微弱，主要具有如下特性：①目标尺寸较小，因而回波很微弱；②隐身目标，这类目标的尺寸可能并不小，但由于采用了隐身技术和措施，同样导致回波微弱，并且这类目标往往采取高速和超低空突防战术，威胁很大；③远距离目标或由雷达距离分辨低、背景杂波强等导致的目标回波信杂比低；④静止或慢速微弱目标，这类目标的回波藏匿于强杂波或噪声背景中；⑤快速机动目标，在雷达观测时间内目标位置超过最小距离单元，或由机动导致的多普勒谱扩散，回波难以积累。

2. 电磁环境复杂，杂波和干扰抑制难度大

雷达的探测环境不仅包括海、陆、空、天的四维空间，而且具有高密度、高强度、多频谱的复杂电磁环境[130]。电磁环境是电磁空间的一种表现形式，是存在于给定场所的所有电磁活动和现象的总和。电磁环境包括环境的无用回波(各类杂波，如海杂波、地杂波、气象杂波等)、自然电磁现象(闪电、电噪声等)、民用电磁现象(通信和广播电视信号)、敌对双方的电磁应用和反电磁应用活动(雷达电子干扰和抗干扰)等。实际雷达探测环境是上述电磁信号的总和，受各类自然电磁现象、人为电磁辐射、敌我双方电子对抗等因素的影响，呈现出信号密集、种类复杂、对抗激烈、动态变化等复杂特性。图 1-15 为不同天气条件下导航雷达 P 显画面，可以明显看出对复杂电磁环境的认知水平，直接影响到雷达对目标信号的检测、跟踪和识别性能[131, 132]。

图 1-15　不同天气条件下导航雷达 P 显画面

3. 目标运动复杂，建模和特征提取难

目标的微多普勒特征展示了时间、空间、频率三维特征空间的变化特性，扩展了信号维度，为检测、估计和识别提供更多有用信息，但其特征提取和估计技术仍有很多问题亟待解决和研究[133]。微多普勒特征提取关键在于瞬时频率的高精度估计。目前，微多普勒信号的特征提取和估计方法主要基于非平稳时变信号处理方法，典型的是时频分析法，但该类方法在时频分辨率、抗噪性、多分量信号分析等

方面具有明显不足[134,135]。此外，目标的多维运动(俯仰、偏航、横滚、进动、章动、振动等)相互影响，各维变化都呈现出多倍周期和随机性的特点，使得目标姿态变化较为复杂，这些都为目标微动特性感知增加了难度和挑战。海上微动目标运动形式及微多普勒谱如图 1-16 所示。

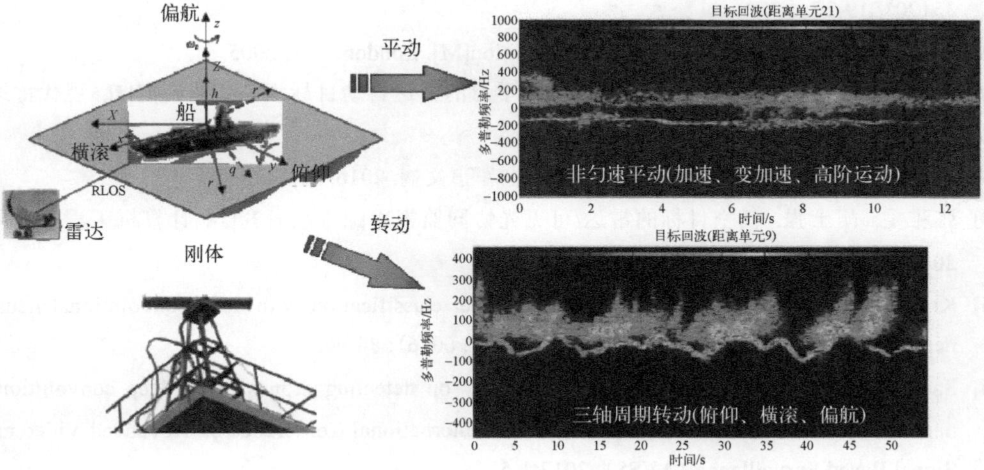

图 1-16　海上微动目标运动形式及微多普勒谱

参 考 文 献

[1] 陈唯实，万显荣，李敬. 机场净空区非合作无人机目标探测技术[J]. 民航学报，2018，2(5)：54-57.

[2] 陈小龙，陈唯实，饶云华，等. 飞鸟与无人机目标雷达探测与识别技术进展与展望[J]. 雷达学报，2020，9(5)：803-827.

[3] 金伟，尚勇. 中国无人机安全监管[J]. 科技导报，2019，37(14)：66-77.

[4] Anti-Drone. Anti-Drone System Overview and Technology Comparison[DB/OL]. [2016-10-10]. https://antidrone.eu/blog/anti-drone-publications/anti-drone-system-overview-and-technology-comparison.html.

[5] 罗俊海，杨阳. 基于数据融合的目标检测方法综述[J]. 控制与决策，2020，35(1)：1-15.

[6] Khaleghi B, Khamis A, Karray F O, et al. Multisensor data fusion: A review of the state-of-the-art[J]. Information Fusion, 2013, 14: 28-44.

[7] 李玺，查宇飞，张天柱，等. 深度学习的目标跟踪算法综述[J]. 中国图象图形学报，2019，24(12)：2057-2080.

[8] 陈唯实，刘佳，陈小龙，等. 基于运动模型的低空非合作无人机目标识别[J]. 北京航空航天

大学学报, 2019, 45(4): 687-694.

[9] Knott E F, Schaeffer J F, Tulley M T. Radar Cross Section[M]. New York: SciTech Publishing, 2004.

[10] 陈小龙，关键，黄勇，等. 雷达低可观测动目标精细化处理及应用[J]. 科技导报，2017, 35(20): 19-27.

[11] Tait P. Introduction to Radar Target Recognition[M]. London: IET, 2005.

[12] 李士国，张瑞国，孙晶明，等. 基于深度学习的雷达自动目标识别架构研究[J]. 现代雷达，2019, 41(11): 57-61.

[13] 郭珊珊. 反无人机技术与产品发展现状[J]. 军事文摘, 2016, 10: 36-39.

[14] 张雅雯，胡士强. 低空目标的雷达/可见光协同监视跟踪方法研究[J]. 计算机工程与应用，2018, 54(6): 234-240.

[15] Krizhevsky A, Sutskever I, Hinton G. ImageNet classification with deep convolutional neural networks[J]. Communications of the ACM, 2017, 60(6): 84-90.

[16] Saqib M, Khan S D, Sharma N, et al. A study on detecting drones using deep convolutional neural networks[C]. Proceedings of 14th IEEE International Conference on Advanced Video and Signal Based Surveillance (AVSS), 2017:1-5.

[17] Simonyan K, Zisserman A. Very deep convolutional networks for large-scale image recognition[J]. Computer Science, arVix: 1409. 1556, 2014.

[18] Zeiler M D, Fergus R. Visualizing and understanding convolutional networks[C]. Proceedings of European Conference on Computer Vision, 2014: 818-833.

[19] Craye C, Ardjoune S. Spatio-temporal semantic segmentation for drone detection[C]. Proceedings of 16th IEEE International Conference on Advanced Video and Signal Based Surveillance (AVSS), 2019.

[20] Magoulianitis V, Dimou A, Daras P. Does deep super-resolution enhance UAV detection[C]. Proceedings of 16th IEEE International Conference on Advanced Video and Signal Based Surveillance (AVSS), 2019.

[21] Aker C, Kalkan S. Using deep networks for drone detection[C]. Proceedings of 14th IEEE International Conference on Advanced Video and Signal Based Surveillance (AVSS), 2017: 1-6.

[22] Redmon J, Divvala S, Girshick R, et al. You only look once: Unified, real-time object detection[C]. Proceedings of IEEE Conference on Computer Vision and Pattern Recognition, 2016: 779-788.

[23] Rozantsev A, Lepetit V, Fua P. Detecting flying objects using a single moving camera[J]. IEEE Transactions on Pattern Analysis and Machine Intelligence, 2016, 39(5):879-892.

[24] Gökçe F, Üçoluk G, Sahin E, et al. Vision-based detection and distance estimation of micro-unmanned aerial vehicles[J]. Sensors, 2015, 15(9): 23805-23846.

[25] 蒋兆军, 成孝刚, 彭雅琴, 等. 基于深度学习的无人机识别算法研究[J]. 电子技术应用, 2017, 43(7): 84-87.

[26] 虞晓霞, 刘智, 耿振野, 等. 一种基于深度学习的禁飞区无人机目标识别方法[J]. 长春理工大学学报(自然科学版), 2018, 41(3): 95-101.

[27] 何志祥, 胡俊伟. 基于深度学习的无人机目标识别算法研究[J]. 滨州学院学报, 2019, 35(2): 17-23.

[28] Lecun Y, Bottou L, Bengio Y, et al. Gradient-based learning applied to document recognition[J]. Proceedings of the IEEE, 1998, 86(11): 2278-2324.

[29] Anthony V L, Antoine P F, Gilber M. UAV localization using panoramic thermal cameras[J]. International Conference on Computer Vision Systems (ICVS), 2019: 754-767.

[30] Liu J, Zhang S, Wang S, et al. Multispectral deep neural networks for pedestrian detection[J]. Computer Vision and Patten Recognition, arXiv: 1611.02644, 2016.

[31] Cao Y, Guan D, Huang W, et al. Pedestrian detection with unsupervised multispectral feature learning using deep neural networks[J]. Information Fusion, 2019, 46: 206-217.

[32] John V, Mita S, Liu Z, et al. Pedestrian detection in thermal images using adaptive fuzzy C-means clustering and convolutional neural networks[C]. Proceedings of IAPR International Conference on Machine Vision Applications (MVA), 2015: 246-249.

[33] Ulrich M, Hess T, Abdulatif S, et al. Person recognition based on micro-Doppler and thermal infrared camera fusion for firefighting[C]. Proceedings of 21st International Conference on Information Fusion (FUSION), 2018: 919-926.

[34] Viola P, Jones M. Robust real-time object detection[J]. International Journal of Computer Vision, 2001, 57(2):87.

[35] Liu Q, Lu X, He Z, et al. Deep convolutional neural networks for thermal infrared object tracking[J]. Knowledge Based System, 2017, 134: 189-198.

[36] Microflown AviSa. SkySentry: Acoustic MicroDrone Localization: System in an Urban Environment[DB/OL]. [2015-12-12]. https://microflown-avisa.com/wp-content/uploads/2015/09/PRESSRELEASE-ACOUSTICDRONELOCALIZATIONSYSTEM150715.pdf.

[37] Lee H, Pham P, Largman Y, et al. Unsupervised feature learning for audio classification using convolutional deep belief networks[C]. Proceedings of 22nd International Conference on Neural Information Processing Systems, 2009: 1096-1104.

[38] Piczak K J. Environmental sound classification with convolutional neural networks[C]. Proceedings of IEEE 25th International Workshop on Machine Learning for Signal Processing (MLSP), 2015:1-6.

[39] Lane N D, Georgiev P, Qendro L. DeepEar: Robust smartphone audio sensing in unconstrained acoustic environments using deep learning[C]. Proceedings of 2015 ACM International Joint

Conference on Pervasive and Ubiquitous Computing, 2015: 283-294.

[40] Wilkinson B, Ellison C, Nykaza E T, et al. Deep learning for unsupervised separation of environmental noise sources[J]. The Journal of the Acoustical Society of America, 2017, 141(5): 3964.

[41] Park S, Shin S, Kim Y, et al. Combination of radar and audio sensors for identification of rotor-type unmanned aerial vehicles (UAVS)[C]. Proceedings of 2015 IEEE SENSORS, 2015: 1-4.

[42] Liu H, Wei Z, Chen Y, et al. Drone detection based on an audio-assisted camera array[C]. Proceedings of IEEE International Conference on Multimedia Big Data (BigMM), 2017: 402-406.

[43] Kim J, Park C, Ahn J, et al. Real-time UAV sound detection and analysis system[C]. Proceedings of the 2017 IEEE Sensors Applications Symposium (SAS), 2017: 1-5.

[44] Kim J, Kim D. Neural network based real-time UAV detection and analysis by sound[J]. Journal of Advanced Information Technology and Convergence, 2018, 8(1): 43-52.

[45] Jeon S, Shin J W, Lee Y J, et al. Empirical study of drone sound detection in real-life environment with deep neural networks[C]. Proceedings of the 2017 25th European Signal Processing Conference (EUSIPCO), 2017: 1858-1862.

[46] 马春艺，张君，鲍明. 声场空频特征非参数融合无人机声学探测[J]. 信号处理，2019, 35(9): 1590-1598.

[47] 王立宏. 小型旋翼无人机声探测识别方法研究[D]. 西安：西安电子科技大学, 2019.

[48] 丘恺彬，李建良. 无人机识别的音频特征提取方法[J]. 噪声与振动控制，2018, 38(2): 188-192.

[49] 王威，安腾飞，欧建平. 无人机被动音频探测和识别技术研究[J]. 声学技术, 37(1): 89-93.

[50] 罗德与施瓦茨科技有限公司. 无人机自动识别、定位和压制系统(一)[J]. 中国无线电，2016, (8): 72-73.

[51] 罗德与施瓦茨科技有限公司. 无人机自动识别、定位和压制系统(二)[J]. 中国无线电，2016, (9): 71-72.

[52] 罗德与施瓦茨科技有限公司. 无人机自动识别、定位和压制系统(三)[J]. 中国无线电，2016, (10): 72-73.

[53] 朱艳巍，屠丹，李新利. 无线电监测测向设施现场测试系统研究[J]. 中国无线电，2020(1): 38-41.

[54] 王智芳，周晓芳，徐从宇. 基于无线电技术的民用无人机侦测与管控方法在监所环境的探究[J]. 计算机科学与应用, 2018, 8(9): 1407-1415.

[55] 周鑫，何晓新，郑昌文. 基于图像深度学习的无线电信号识别[J]. 通信学报，2019, 40(7): 114-125.

[56] Azzouz E E, Nandi A K. Automatic identification of digital modulation types[J]. Signal Processing, 1995, 47(1): 55-69.

[57] Lopatka J, Pedzisz M. Automatic modulation classification using statistical moments and a fuzzy classifier[C]. Proceedings of International Conference on Signal Processing, 2000, 3(1): 1500-1506.

[58] Nandi A K, Azzouz E E. Algorithms for automatic modulation recognition of communication signals[J]. IEEE Transactions on Communications, 1998, 46(4): 431-436.

[59] Reichert J. Automatic classification of communication signals using higher order statistics[C]. Proceedings of IEEE International Conference on Acoustics, Speech, and Signal Processing, 1992: 221-224.

[60] Solima N S S, Hsue S Z. Signal classification using statistical moments[J]. IEEE Transactions on Communications, 1992, 40(5): 908-916.

[61] Wong M L D, Nandi A K. Automatic digital modulation recognition using spectral and statistical features with multi-layer perceptron[C]. Proceedings of Signal Processing and its Applications, 2001: 390-393.

[62] Arulampalam G, Ramakonar V, Bouzerdoum A, et al. Classification of digital modulated schemes using neural networks[C]. Proceedings of International Symposium on Signal Processing and its Applications, 1999: 649-652.

[63] Triantafyllakis K, Surligas M, VardakiS G. Phasma: An automatic modulation classification system based on random forest[C]. Proceedings of IEEE International Symposium on Dynamic Spectrum Access Networks, 2017: 1-3.

[64] O'shea T, Corgan J, Clancy T C. Convolutional radio modulation recognition networks[C]. Proceedings of International Conference on Engineering Applications of Neural Networks, 2016: 213-226.

[65] Karra K, Kuzdeba S, Petersen J. Modulation recognition using hierarchical deep neural networks[C]. IEEE International Symposium on Dynamic Spectrum Access Networks, 2017: 1-3.

[66] West N, O'shea T. Deep architectures for modulation recognition[C]. Proceedings of IEEE International Symposium on Dynamic Spectrum Access Networks, 2017: 1-6.

[67] Arumugam K, Kadampot I, Tahmasbi M, et al. Modulation recognition using side information and hybrid learning[C]. Proceedings of IEEE International Symposium on Dynamic Spectrum Access Networks, 2017: 1-2.

[68] Schmidt M, Block D, Meier U. Wireless interference identification with convolutional neural networks[C]. Proceedings of IEEE 15th International Conference on Industrial Informatics, 2017: 180-185.

[69] Zhang M, Diao M, Guo L. Convolutional neural networks for automatic cognitive radio

waveform recognition[J]. IEEE Access, 2017, 5(1): 11074-11082.

[70] Baltrušaitis T, Ahuja C, Morency L P. Multimodal machine learning: A survey and taxonomy[J]. IEEE Transactions on Pattern Analysis and Machine Intelligence. 2018, 41(2): 423-443.

[71] Molchanov P, Harmanny R I, DeWit J J, et al. Classification of small UAVs and birds by micro-Doppler signatures[J]. International Journal of Microwave and Wireless Technologies, 2014, 6: 435-444.

[72] Wit J J M, Harmanny R, Premel-Cabic G. Micro-Doppler analysis of small UAVs[C]. Proceedings of 9th European Radar Conference, Amsterdam, 2012: 210-213.

[73] Oh B S, Guo X, Wan F, et al. Micro-Doppler mini-UAV classification using empirical-mode decomposition features[J]. IEEE Geoscience and Remote Sensing Letters, 2017, 15(2): 227-231.

[74] Ma X, Oh B S, Sun L, et al. EMD-based entropy features for micro-Doppler mini-UAV classification[C]. Proceedings of the 24th International Conference on Pattern Recognition (ICPR), 2018: 1295-1300.

[75] Chen W S, Liu J, Li J. Classification of UAV and bird target in low-altitude airspace with surveillance radar data[J]. Aeronautical Journal, 2019, 123: 191-211.

[76] Messina M, Pinelli G. Classification of Drones with a surveillance radar signal[C]. Proceedings of the 12th International Conference on Computer Vision Systems (ICVS), 2019: 723-733.

[77] Torvik B, Olsen K E, Griffiths H. Classification of birds and UAVs based on radar polarimetry[J]. IEEE Geoscience and Remote Sensing Letters, 2016, 13: 1305-1309

[78] Endo Y, Toda H, Nishida K, Ikedo J. Classifying spatial trajectories using representation learning[J]. International Journal of Data Science and Analytics, 2016, 2: 107-117.

[79] Bounding Box Detection of Drones[DB/OL]. [2017-08-30]. https://github.com/creiser/drone-detection/.

[80] Coluccia A, Ghenescu M, Piatrik T, et al. Drone-vs-bird detection challenge at IEEE AVSS2017[C]. Proceedings of the 2017 14th IEEE International Conference on Advanced Video and Signal Based Surveillance (AVSS), 2017: 1-6.

[81] Workshop on Vision-Enabled UAV and Counter-UAV Technologies for Surveillance and Security of Critical Infrastructures (UAV4S) [DB/OL]. [2019-12-12]. https://icvs2019.org/content/workshop-visionenabled-uav-and-counter-uav-technologies-surveillance-and-security-critical.

[82] 袁冰清，王岩松，郑柳刚. 深度学习在无线电信号调制识别中的应用综述[J]. 电子技术应用, 2019, 45(5): 1-4.

[83] 龚舒. 联合 DOA 和 TDOA 估计的无人机定位算法研究[D]. 济南：山东大学, 2019.

[84] 冯仕轩. 基于麦克风阵列的无人机定位方法研究[D]. 西安：西安电子科技大学, 2019.

[85] Katsaggelos A K, Bahaadini S, Molina R. Audiovisual fusion: Challenges and new approaches[J]. Proceedings of the IEEE, 2015, 103(9): 1635-1653.

[86] Snoek C G, Worring M, Smeulders A W. Early versus late fusion in semantic video analysis[C]. Proceedings of the 13th Annual ACM International Conference on Multimedia, 2005: 399-402.

[87] NIST TREC Video Retrieval Evaluation[DB/OL]. [2019-12-30]. http://www-nlpir.nist.gov/projects/trecvid/.

[88] Ye G, Liu D, Jhuo I H, et al. Robust late fusion with rank minimization[C]. Proceedings of the 2012 IEEE Conference on Computer Vision and Pattern Recognition, USA, 2012: 3021-3028.

[89] Nilsback M E, Zisserman A. 17 Category Flower Dataset[DB/OL]. [2020-12-12]. http://www.robots. ox.ac.uk/～vgg/data/flowers/17/index.html.

[90] Jovanoska S, Brötje M, Koch W. Multisensor data fusion for UAV detection and tracking[C]. Proceedings of the 2018 19th International Radar Symposium（IRS）, 2018: 1-10.

[91] Koch W, Koller J, Ulmke M. Ground target tracking and road map extraction[J]. ISPRS Journal of Photogrammetry and Remote Sensing, 2006, 61: 197-208.

[92] Hengy S, Laurenzis M, Schertzer S, et al. Multimodal UAV detection: Study of various intrusion scenarios[C]. Proceedings of the Electro-Optical Remote Sensing XI International Society for Optics and Photonics, 2017,（10434）: 104340P.

[93] Laurenzis M, Hengy S, Hammer M, et al. An adaptive sensing approach for the detection of small UAV: First investigation of static sensor network and moving sensor platform[C]. Proceedings of the Signal Processing, Sensor/Information Fusion, and Target Recognition XXVII International Society for Optics and Photonics, 2018,（10646）: 106460S.

[94] 张群, 胡健, 罗迎, 等. 微动目标雷达特征提取、成像与识别研究进展[J]. 雷达学报, 2018, 7(5): 531-547.

[95] Chen V C, Li F, Ho S S, et al. Micro-Doppler effect in radar: Phenomenon, model, and simulation study[J]. IEEE Transactions on Aerospace Electronic Systems, 2006, 42: 2-21.

[96] Ritchie M, Fioranelli F, Griffiths H, et al. Micro-drone RCS analysis[C]. Proceedings of the IEEE Radar Conference, 2015: 452-456.

[97] Chen V C. The Micro-Doppler Effect in Radar[M]. Norwood: Artech House, 2011.

[98] 马娇, 董勇伟, 李原, 等. 多旋翼无人机微多普勒特性分析与特征提取[J]. 中国科学院大学学报, 2019, 36(2): 235-243.

[99] Harmanny R, DeWit J, Cabic G P. Radar micro-Doppler feature extraction using the spectrogram and the cepstrogram[C]. Proceedings of the 2014 11th European Radar Conference, 2014: 165-168.

[100] DeWit J, Harmanny R, Molchanov P. Radar micro-Doppler feature extraction using the singular value decomposition[C]. Proceedings of the 2014 International Radar Conference, 2014: 1-6.

[101] Fuhrmann L, Biallawons O, Klare J, et al. Micro-Doppler analysis and classification of UAVs at Ka band[C]. Proceedings of the 2017 18th International Radar Symposium（IRS）, 2017: 1-9.

[102]宋晨，周良将，吴一戎，等. 基于自相关-倒谱联合分析的无人机旋翼转动频率估计方法[J]. 电子与信息学报, 2019, 41(2): 255-261.

[103]Ren J, Jiang X. Regularized 2D complex-log spectral analysis and subspace reliability analysis of micro-Doppler signature for UAV detection[J]. Pattern Recognition, 2017, 69: 225-237.

[104]Sun Y, Fu H, Abeywickrama S, et al. Drone classification and localization using micro-doppler signature with low-frequency signal[C]. Proceedings of the 2018 IEEE International Conference on Communication Systems (ICCS), 2018: 413-417.

[105]Fioranelli F, Ritchie M, Griffiths H, et al. Classification of loaded/unloaded micro-drones using multistatic radar[J]. Electronics Letters, 2015, 51: 1813-1815.

[106]Hoffmann F, Ritchie M, Fioranelli F, et al. Micro-Doppler based detection and tracking of UAVs with multistatic radar[C]. Proceedings of the 2016 IEEE Radar Conference (RadarConf), 2016: 1-6.

[107]Zhang P, Yang L, Chen G, et al. Classification of drones based on micro-Doppler signatures with dual-band radar sensors[C]. Proceedings of the 2017 Progress in Electromagnetics Research Symposium-Fall (PIERS-FALL), 2017: 638-643.

[108]章鹏飞，李刚，霍超颖，等. 基于双雷达微动特征融合的无人机分类识别[J]. 雷达学报, 2018, 7(5): 557-564.

[109]刘玉琪，易建新，万显荣，等. 数字电视外辐射源雷达多旋翼无人机微多普勒效应实验研究[J]. 雷达学报, 2018, 7(5): 585-592.

[110]Kim B K, Kang H S, Park S O. Drone classification using convolutional neural networks with merged Doppler images[J]. IEEE Geoscience and Remote Sensing Letters, 2016, 14: 38-42.

[111]Mendis G J, Randeny T, Wei J, et al. Deep learning based Doppler radar for micro UAS detection and classification[C]. Proceedings of the MILCOM 2016-2016 IEEE Military Communications Conference, 2016: 924-929.

[112]Wang L, Tang J, Liao Q. A study on radar target detection based on deep neural networks[J]. IEEE Sensors Letters, 2019, 3(3): 1-4.

[113]Samaras S, Magoulianitis V, Dimou A, et al. UAV classification with deep learning using surveillance radar data[C]. Proceedings of the 12th International Conference on Computer Vision Systems (ICVS), 2019.

[114]Regev N, Yoffe I, Wulich D. Classification of single and multi propelled miniature drones using multilayer perceptron artificial neural network[C]. Proceedings of the International Conference on Radar Systems (Radar 2017), 2017: 1-5.

[115]Habermann D, Dranka E, Caceres Y, et al. Drones and helicopters classification using point clouds features from radar[C]. Proceedings of the 2018 IEEE Radar Conference (RadarConf18), 2018: 246-251.

[116] Mohajerin N, Histon J, Dizaji R, et al. Feature extraction and radar track classification for detecting UAVs in civillian airspace[C]. Proceedings of the 2014 IEEE Radar Conference, Cincinnati, 2014: 674-679.

[117] Patel J S, Fioranelli F, Anderson D. Review of radar classification and RCS characterization techniques for small UAVs or drones[J]. IET Radar Sonar & Navigation, 2018, 12: 911-919.

[118] Szegedy C, Liu W, Jia Y, et al. Going deeper with convolutions[C]. Proceedings of the IEEE Conference on Computer Vision and Pattern Recognition, 2015:1-9.

[119] Anderson R. Avian Radar Systems[DB/OL]. [2008-06-30]. http://www. detect-inc. com/ downloads.

[120] Weber P, Nohara T J, Gauthreaux S A. Affordable, real-time, 3-D avian radar networks for centralized North American bird advisory systems[C]. Proceedings of the Bird Strike Committee, 2005.

[121] FAA. AC No: 150/5220-25 FAA Advisory Circular on Airport Avian Radar Systems[R]. Washington: Federal Aviation Administration, 2010.

[122] Jahangir M, Baker C J, Oswald G A. Doppler characteristics of micro-drones with L-Band multibeam staring radar[C]. 2017 IEEE Radar Conference（RadarConf）, USA, 2017: 1052-1057.

[123] 陈唯实，万健，李敬. 基于机场探鸟雷达数据的鸟击风险评估[J]. 北京航空航天大学学报，2013, 39（11）: 14-19.

[124] Chen W S. Spatial and temporal features selection for low-altitude target detection[J]. Aerospace Science and Technology, 2015, 40: 171-180.

[125] 陈唯实，黄毅峰，卢贤锋. 机场净空区飞鸟与非合作无人机目标识别[J]. 民航学报，2020, 4（3）: 27-33.

[126] 陈唯实，李敬. 雷达探鸟技术发展与应用综述[J]. 现代雷达, 2017, 39（2）: 7-17.

[127] 罗宏伟. 试论大型活动安保工作中“低慢小”目标的防范与处置[J]. 武警学院学报，2015, 31（9）: 27-30.

[128] Chen X L, Guan J, Bao Z, et al. Detection and extraction of target with micromotion in spiky sea clutter via short-time fractional fourier transform[J]. IEEE Transactions on Geoscience & Remote Sensing, 2013, 52（2）: 1002-1018.

[129] Chen X L, Guan J, Liu N B, et al. Detection of a low observable sea surface target with micromotion via the radon-linear canonical transform[J]. IEEE Geoscience and Remote Sensing Letters, 2014, 11（7）: 1225-1229.

[130] 徐文，鄢社锋，季飞，等. 海洋信息获取、传输、处理及融合前沿研究评述[J]. 中国科学（信息科学）, 2016, 46（8）: 1053-1085.

[131] 陈小龙，关键，董云龙，等. 稀疏域海杂波抑制与微动目标检测方法[J]. 电子学报，2016, 44（4）: 860-867.

[132] Zuo L, Li M, Zhang X, et al. An efficient method for detecting slow-moving weak targets in sea

clutter based on time-frequency iteration decomposition[J]. IEEE Transactions on Geoscience and Remote Sensing, 2013, 51(6): 3659-3672.

[133] Chen V C, Fayin L, Ho S S, et al. Micro-Doppler effect in radar: Phenomenon, model, and simulation study[J]. IEEE Transactions on Aerospace and Electronic Systems, 2006, 42(1): 2-21.

[134] 庄钊文, 刘永祥, 黎湘. 目标微动特性研究进展[J]. 电子学报, 2007, 35(3): 520-525.

[135] Luo Y, Zhang Q, Yuan N, et al. Three-dimensional precession feature extraction of space targets in distributed radar networks[J]. IEEE Transactions on Aerospace and Electronic Systems, 2014, 50(2): 1313-1329.

第 2 章　飞鸟与无人机目标雷达特性

2.1 引　　言

掌握飞鸟与无人机目标的各种特性，是帮助雷达系统提高对其探测、识别与跟踪能力的前提。本节从飞鸟与无人机目标的回波幅度、飞行速度、飞行高度、轨迹特征、微动特征等方面进行了全面分析，并解释了不同目标特性对雷达数据的影响。

2.2 目标回波幅度

单只鸟的 RCS 远小于一般的飞行器，接近于现代隐身飞机[1]。例如，一只海鸥的 RCS 为 $0.01m^2$，与 F-117A 在鼻锥方向的 RCS 相当。鸟群的 RCS 远大于单只鸟。在专业探鸟雷达出现之前，气象雷达、空管雷达、导航雷达等雷达系统通常会在春、秋季的鸟类迁徙期以及黎明和黄昏等鸟类密集活动时间，观测到大量鸟群回波[2]。

鸟的 RCS 不能简单表示为与波长或目标尺寸的比例关系。例如，一只 2.5 磅的鸭子在超高频段的 RCS 约为一只 4.25 磅的鸭子的两倍，这是由谐波效应引起的[3]。另外，鸟类目标的后向散射起伏很大，最大与最小值之比可能超过两个数量级。当飞鸟目标相对于雷达天线的方位发生变化时，目标回波幅度会发生显著变化，这在 X 波段尤其明显[4]。因此，用单一数值来描述鸟类 RCS 是困难的，采用统计方法进行描述更为科学。

鸟类翅膀扇动可能会导致鸟类回波幅度的波动，但二者的变化频率不一定完全一致。实际上，大多数采用机械扫描天线的探鸟雷达，不能实现对单一飞鸟目标的不间断跟踪进而积累足够的回波能量。近年来，经过特殊设计而专门用于鸟类研究的探鸟雷达能够将天线波束锁定于单一的飞鸟目标，在跟踪目标的同时积累足够的回波能量。另外，呼吸也可能影响飞鸟的 RCS，其可能与鸟类翅膀扇动相关联，共同影响飞鸟的回波幅度[5]。

雷达方程描述了雷达探测的灵敏度与多项参数的关系。一般认为，鸟类在 X 波段的 RCS 大于 S 波段[6]。根据文献中提供的不同鸟种的 RCS 值，图 2-1 给出了基于雷达方程计算得出的，一部峰值功率为 50kW、脉冲宽度为 80ns、天线增益为 31dB 的 X 波段脉冲雷达针对不同鸟种的最大理论探测距离。

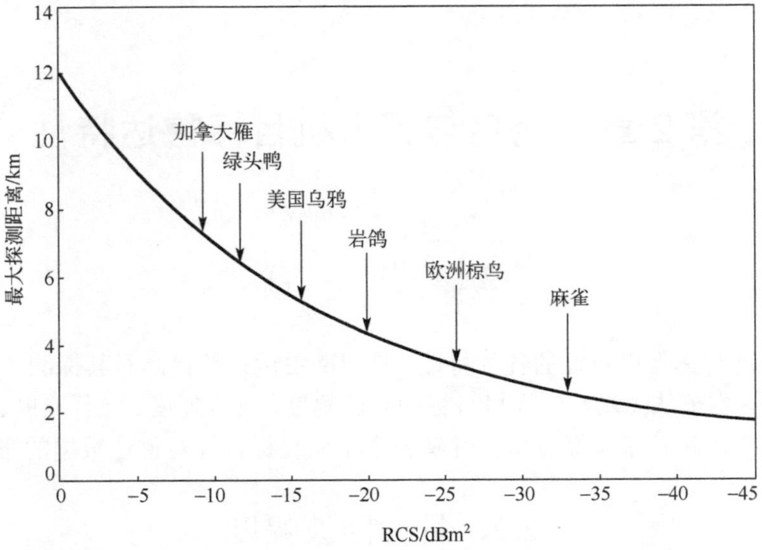

图 2-1　某型 X 波段脉冲雷达针对不同鸟种的最大理论探测距离

对于无人机而言，其 RCS 最显著的特征在于其普遍处于极低量级，通常在 $0.001m^2$ ～$0.1m^2$ 范围内，甚至更低，远小于传统有人航空器。这一特性主要源于无人机固有的物理属性：小型化/微型化的尺寸，导致其基础散射截面理论值较低；以及大量采用非金属或低导电性材料(如工程塑料、碳纤维复合材料)，显著削弱了镜面反射和表面波等主要散射机制。此外，相对简单的内部结构(缺乏大型金属腔体)也减少了腔体谐振和复杂多次反射等强散射源。如此低的 RCS 使得无人机极易融入地物杂波背景或低于雷达探测门限，构成了“低慢小”探测的核心难题。

尽管整体 RCS 值微小，无人机的散射特性却呈现出高度复杂性与动态性，受多种关键因素影响。结构与外形细节是首要因素：有限的金属部件(如电机、电池连接片、天线、起落架)成为局部强散射中心，而螺旋桨(尤其是金属材质)的动态旋转对 RCS 产生显著调制；几何不连续性(如机臂连接处、电池仓开口、边缘棱角)引发绕射；某些特定结构(如近似直角的交叉机臂)甚至可能在特定视角下形成类似角反射器的强散射。材料电磁属性方面，非金属主体虽降低背景散射，但复合材料(如含导电碳纤维)可能引入复杂散射，特定吸波处理则进一步降低可探测性。雷达参数的影响至关重要：RCS 具有强烈的频率依赖性，在特定频段可能与部件尺寸发生谐振，导致 RCS 陡增；同时，极化方式的选择也会显著影响接收到的散射强度。最后，姿态角与动态特性带来极大不确定性：RCS 对雷达视线方向(方位角、俯仰角)极其敏感，微小姿态变化即可引发剧烈起伏；旋转部件引入的独特微多普勒效应，虽对平均 RCS 绝对值贡献有限，却是重要的动态特征。

精确表征无人机 RCS 的大小及其变化规律具有重要的学术与工程价值。这是设计高效能无人机探测雷达系统的物理基础，直接关系到雷达工作频段选择、发射功率、信号处理增益设定及探测门限优化。同时，不同型号无人机的 RCS 特征(量级范围、强散射点分布、起伏模式、微多普勒谱)是实现目标可靠识别与分类的关键依据，依赖于建立高精度、宽频带的 RCS 数据库和电磁散射模型。表 2-1 给出了一些典型波段的无人机 RCS 取值范围[7-11]。

表 2-1　典型波段的无人机 RCS 取值范围[7-11]

波段	小型无人机/dBsm	中型无人机/dBsm
L	(−20,−10)	(−19,−8)
S	(−20,−8)	(−15,−9)
C	(−15,−10)	(−15,−6)
X	(−12,−7)	(−11,−4)
Ku	(−10,0)	(−10,0)
毫米波	(−10,5)	(−7,10)

2.3　目标飞行高度和速度

目标飞行速度会影响雷达回波多普勒特征，可作为判断目标种类的因素之一。一般情况下，鸟类的速度和飞行路径与车辆、飞机、昆虫、蝙蝠等有所区别。昆虫通常集群飞行，且飞行速度较慢，接近于低级别风速。

飞行速度最快的鸟是尖尾雨燕，平时的飞行速度是 170km/h，最快能够达到 352.5km/h。冲刺速度最快的鸟是游隼，捕猎时的俯冲速度能达到 180km/h。水平飞行最快的鸟是欧绒鸭，速度为 76km/h。飞得最慢的鸟是小丘鹬，速度为 8km/h。小型鸟类的飞行速度通常为 10～15m/s，中大型鸟类的飞行速度整体上稍大[12-14]。鹰类、鹤类、鹳类等善于滑翔的鸟，其顺风飞行速度快于逆风时的速度，随风盘旋、漂移的速度可达到 5～10m/s。

一般的雷达系统利用多普勒特征提取仅能获取目标的径向速度，专业探鸟雷达能够基于雷达在多个扫描周期获取的目标量测信息提取目标的精确位置、速度、航向信息。专业探鸟雷达能够通过跟踪算法将不同扫描周期中的目标状态进行关联，实现对每个目标的全周期管理，并结合各类目标运动模型，对飞鸟目标的上升、下降、盘旋、平飞等不同的飞行状态进行估计[15,16]。

根据中国民航的有关规定，在起飞后 100m 以内或近着陆阶段 60m 以内的机场责任区鸟击事件是鸟击防范的重点。鸟类在迁徙时的飞行高度通常远超人的视野范围，雷达所记录的鸟类迁飞的最大高度一般介于 3000～6300m 之间，个别情况超过 10000m。鸟类迁飞高度也存在变化的可能，雀形目鸟类习惯于在日落后迁飞，迁飞高度迅速增长到峰值后，随着迁飞强度的减弱，飞行高度也逐渐降低。机场周边鸟类活动的飞行高度通常低于 80m，鸟击风险较高。其中，百灵类和小型鸣禽类的飞行高度较低，有穿越跑道的可能；猛禽的飞行高度较高，且惯于盘旋飞行；游禽的体型较大，飞行高度低，经常在相邻水域间滑翔。

雷达获取目标高度要求天线的波束足够窄。水平扫描的波导缝隙天线的方向图具有一定宽度，虽然飞鸟目标可能出现在天线方向图内的任意位置，但其高度仍然是基于方向图的中心进行计算的，从而导致高度信息的不确定性，该不确定性与目标距雷达的径向距离成正比。较之于水平扫描天线，部分探鸟雷达采用的抛物面天线或垂直扫描的波导阵列天线在测量鸟的飞行高度方面精度更高。早期探鸟雷达系统通常将垂直扫描雷达与水平扫描雷达结合使用，垂直扫描雷达负责提供有限区域内的飞鸟目标高度信息，水平扫描雷达负责飞鸟目标的监视和跟踪，但此类系统无法将两套雷达获取的二维目标信息进行关联融合，进而提供目标的三维信息。近年来应用于探鸟雷达的多波束天线和不同仰角的自动扫描天线，能够获得更高的目标状态精度[17]。

无人机的飞行高度与速度是其区别于传统有人航空器最显著的运动学特征，也是构成其“低慢小”目标核心属性的关键维度。在高度方面，无人机，尤其是广泛应用的消费级和轻工业级多旋翼、固定翼无人机，其典型作业高度集中于超低空范围，通常在离地数米至 150 米之间。这一高度选择主要受任务需求(如航拍、巡检、精准农业、物流配送需贴近目标)、法规限制(如目视视距内操作要求、空域分层管理)，以及安全性(规避民航航线)等因素驱动。固定翼无人机在执行长距离侦察或测绘任务时可能爬升至中低空，但其主流应用场景仍聚焦于超低空空域。在速度方面，无人机呈现出显著的低速特性。多旋翼无人机具备独特的悬停能力(速度≈0m/s)，其巡航速度通常较低，多在 5m/s～15m/s 范围内；小型固定翼无人机的巡航速度相对较高，但也多在 15m/s～40m/s 区间，远低于民航客机(通常>200m/s)甚至通用航空器。这种低速特性使其运动模式与鸟类更为接近，显著区别于传统航空目标。

超低空飞行带来的核心挑战在于：①地形/地物遮蔽效应：建筑物、树木、山丘等地物极易遮挡雷达、光电等传感器的视线，形成大量探测盲区，大幅压缩有效探测距离；②强地/海杂波干扰：雷达波束照射地面或海面产生强烈的背景杂波，其强度通常远高于微小无人机目标本身的回波，目标信号极易被淹没，对雷达的信号处理能力提出极高要求；③多径效应：低空目标反射的雷达波可能经地面反射后与直达波在接收端发生干涉，导致回波幅度剧烈起伏甚至信号抵消，影响检测与测高精度。

低速飞行则主要导致：①微弱多普勒频移：雷达探测依赖目标径向运动产生的多普勒频移来区分运动目标与静止杂波，无人机低速(尤其悬停时)产生的多普勒频移极小，可能落入雷达系统固有的主瓣杂波或慢速杂波区域，难以被有效滤除；②运动轨迹复杂性：无人机具备垂直起降、悬停、任意方向平移、小半径转弯等高度灵活的机动能力，其运动轨迹难以用传统航空目标的匀速直线或协调转弯模型预测，增加了跟踪算法的失配风险。

深入研究无人机的高度-速度特性及其耦合效应，对于发展有效的探测、跟踪、识别与对抗技术具有至关重要的实践意义。首先，它是设计优化低空监视系统的基石：雷达系统需针对超低空强杂波环境，选用更高分辨率、更优杂波抑制能力的技术，并倾向于选择能够更好分离低速目标的频段；光电/红外系统则需在低空复杂背景下提升对小目标的检测与跟踪算法性能；声学阵列可成为探测低速/悬停无人机的有效补充手段。其次，是开发智能感知与决策算法的关键输入：无人机的低速、高机动性及在超低空利用遮蔽物规避探测的“潜行”模式，要求感知系统具备更强的机动目标建模、航迹关联、意图预测能力，以及多传感器信息的高效融合能力。最后，在空域管理与安全防御层面，明确其典型高度-速度包线是制定精细化空域规则、设计分层拦截策略和评估威胁等级的基础。

综上所述，无人机的超低空飞行高度与低速(含悬停)飞行能力是其核心运动学特征，二者深度交织，共同构成了其低可探测性、高规避能力的基础，并显著区别于传统航空目标。这种“低-慢”特性不仅源于任务需求和平台物理限制，更深刻影响了其在复杂环境中的生存能力和对抗效能。突破超低空强杂波背景下低速小目标的探测瓶颈、实现对高机动性目标的有效跟踪，以及构建适应此类目标特性的空域管理体系，都亟需对无人机高度-速度特性及其内在规律进行持续深入的量化分析与建模。这构成了当前无人机探测感知、空域安全与控制技术研究的重要方向。

2.4　目标轨迹特征

探鸟雷达在应用过程中，除探测到飞鸟目标之外，还可以探测到蝙蝠、昆虫等其他生物目标，以及航空器、车辆等非生物目标。如图 2-2 所示，本地留鸟的飞行距离一般较短，轨迹相对短促且机动性较强。成群的大型昆虫往往在夜间飞行，飞行高度在几百米以上，一夜之间借助风力可以迁徙几百公里[18]。蝙蝠通常在夜间觅食，其活动时间与迁徙鸟重合，但其在追逐昆虫时的飞行轨迹通常为曲折的曲线，其飞行速度缓慢且会频繁地变换飞行方向，与候鸟的飞行方式区别显著。图 2-2(b)中的其他轨迹为迁徙鸟的飞行轨迹，其方向较为统一，轨迹较为平直且稳定。蝙蝠在结群迁徙时的飞行高度、速度及沿直线的飞行方式与迁徙鸟类似，仅依靠轨迹特征仍难以有效区分(图 2-2(b)中箭头所指)。在机场环境中，航空器、车辆等目标通常按规定路线滑行且回波强度远大于飞鸟，二者易于区分[19]。

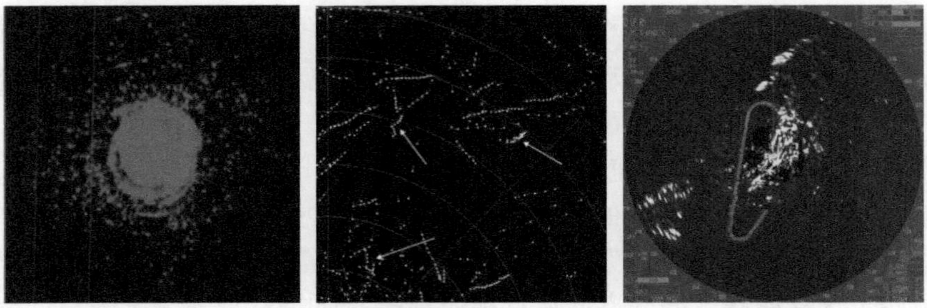

昆虫　　蝙蝠和迁徙鸟　　航空器

图 2-2　各类目标在雷达图像中的轨迹

2.5　目标微动特征

鸟类飞行主要包括拍翼和滑翔两种方式。不同鸟类翅膀扇动频率不同，海鸥每秒扇动 3～4 次，鸽子每秒扇动 4～6 次，而蜂鸟每秒能扇动 80 次。鸟类滑翔飞行时，双翼平直伸开，利用空气对流提供升力，不需要扇动翅膀。近年来，随着全固态收发机、相控阵、MIMO、全息等先进雷达技术的应用，探鸟雷达系统性能逐步提升，已经能够发现目标多普勒信号的细微变化，通过评估飞鸟拍翼的频率和方式，区分迁徙鸟、非迁徙鸟、昆虫、无人机等各类目标，甚至能够区分出鸟种的大类。这种多普勒信号的细微变化依赖于目标本体构件的微运动，其在雷达多普勒信号附近引入调制边带，导致多普勒频谱展宽，称为微多普勒信号[20-22]。微多普勒信号表征了目标构件微运动的瞬时径向速度，通过精细化处理反演出目标的结构、形状、姿态、电磁参数等特征。拍翼飞行的鸟类和旋翼无人机的微动特征较滑翔飞行的鸟类和固定翼无人机更为明显，利用微动特征区分各类目标，是当前国内外此类雷达系统采用的主要技术手段。

通过建立两个相连部件的鸟翅的运动学模型，实现了飞鸟拍翼的简单仿真，设置参数包括扑打频率、上臂长度、上臂扑打角度的幅度、上臂扑打角度的滞后、前臂的长度、前臂扑打角度的幅度、前臂扑打角度的滞后、前臂的扫角幅度等[23]。图 2-3 所示为 X 波段飞鸟目标的微动特征仿真结果，X 波段雷达位于 x=20m，y=0m，z=−10m 处，鸟以 1m/s 的速度飞行；图 2-3(a) 模拟了飞鸟翼尖的飞行轨迹图，图 2-3(b) 中飞鸟的翅膀扇动导致其微多普勒集中在低频区且振动周期较长。

由于环境噪声的影响，微多普勒特征的外场测量难度较大，要求雷达具有较强的目标多普勒回波信息积累能力。图 2-4 对比了猫头鹰和大疆 S900 无人机的微多普勒特征外场测量与数据处理结果。猫头鹰的翅膀宽大，扇动频率明显低于无人机旋翼转速，导致无人机的微动强度明显弱于猫头鹰，而微动周期明显快于猫头鹰[24]。因此，二者微动特征的明显差异，为建立不依赖先验信息、可分性好且可靠性高的飞鸟与无人机目标分类识别算法奠定了理论上的可行性基础。目前，探鸟雷达利用微动特征进行“低慢小”目标识别分类的主要难点在于目标回波微弱、时频分辨力低，且微动特征与目标本体微动的对应关系尚不明确，导致微动特征提取困难。

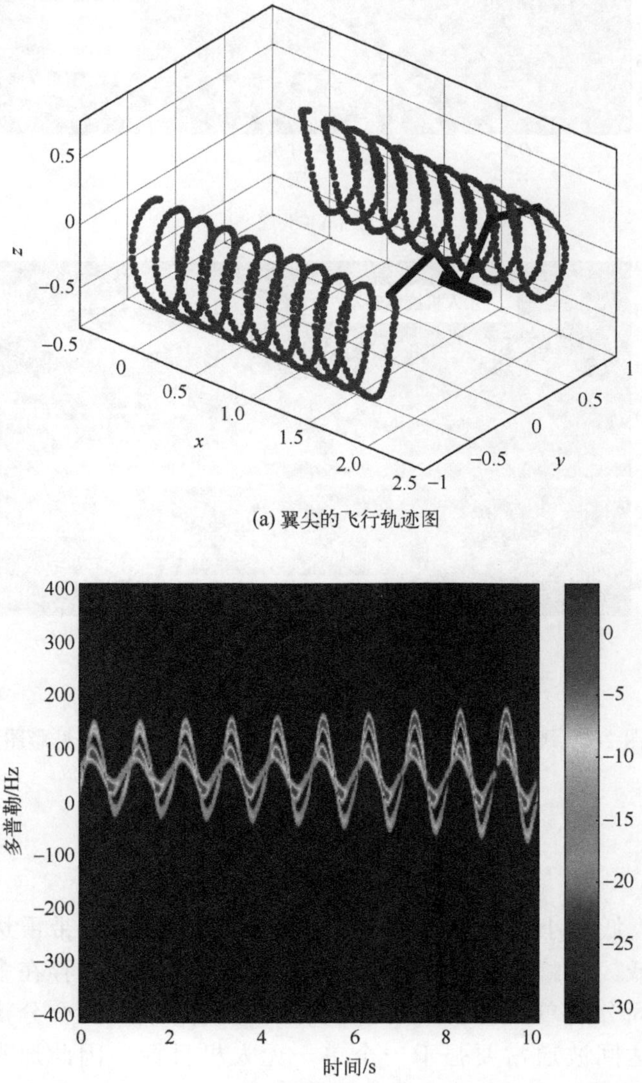

(a) 翼尖的飞行轨迹图

(b) 微多普勒特征(见彩图)

图 2-3　飞鸟的微多普勒特征仿真结果

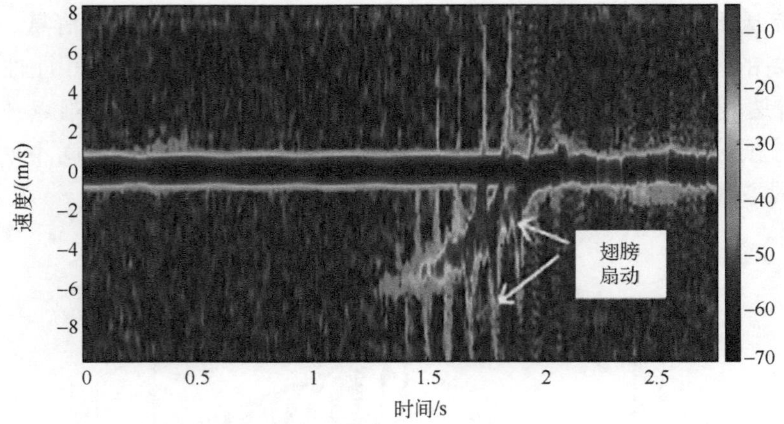

(a) 猫头鹰

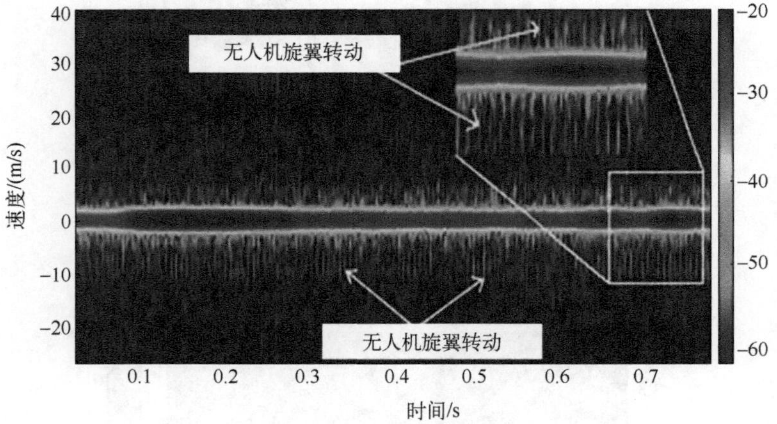

(b) 大疆S900无人机

图 2-4　飞鸟与无人机目标的微多普勒特征测量结果(见彩图)

2.6　低空群目标特性

目前针对“低慢小”目标监视的雷达系统通常采用窄带雷达技术体系，其空间分辨率较低。在蜂群无人机密集编队的情况下，可能存在多架无人机位于同一个雷达空间分辨单元的情况。在现有雷达视角下，一个分辨单元内多架无人机形成的雷达回波通常要强于一个单一无人机目标，因此通常会被雷达系统判定为一个大型无人机目标，而无法判定其为多个无人机构成的蜂群目标，对于雷达系统的辨识精细化程度造成了影响。当多架无人机位于一个雷达分辨单元内时，其可作为一个由多个强散射子组成的扩展目标，在动态情况下无人机各自的姿态以及无人机之间的相对位置都具备时变特征，且一个雷达分辨单元内的无人机数量也会出现变化。因此，在雷达视角下，蜂群无人机可以呈现出单一目标、多目标等多种模态，且在多目标状态下属于可形变的扩展目标。由于无人机自身的电磁散射特性存在较高的复杂度，且无人机之间还存在互耦合效应，多无人机情况下该扩展目标的电磁散射特性理论上应该与单一目标存在较大的差异。因此，有必要研究多模态情况下蜂群无人机的雷达目标特性，并挖掘单一无人机和蜂群无人机雷达目标特性的差异性，为进一步研究单一和蜂群无人机目标的辨识技术奠定基础。

雷达散射截面是描述雷达目标最基本的目标特性，量化描述了目标反射雷达波能量的强度。已有研究工作表明蜂群无人机目标的 RCS 在大部分情况下要大于同样条件下的单一无人机 RCS。然而，已有研究结果的定性描述缺乏更加具体的量化数据支撑，蜂群和单一无人机 RCS 的差异与蜂群数量之间的内在关联较为模糊，而蜂群无人机的其他类型雷达目标特性(如微多普勒、极化特征)与单一无人机的差异同样需要更多的研究工作进行探索。

采用电磁数值仿真方法研究蜂群无人机的电磁散射特征具备较好的成本优势。基于已有的电磁仿真方法，可以将单一无人机目标建模扩展至多无人机组合建模的方法，多无人机的空间组合模式(模态)可结合实测以及仿真模型进行合理设定。图 2-5 所示为典型旋翼无人机和固定翼无人机目标的蜂群建模示意图。

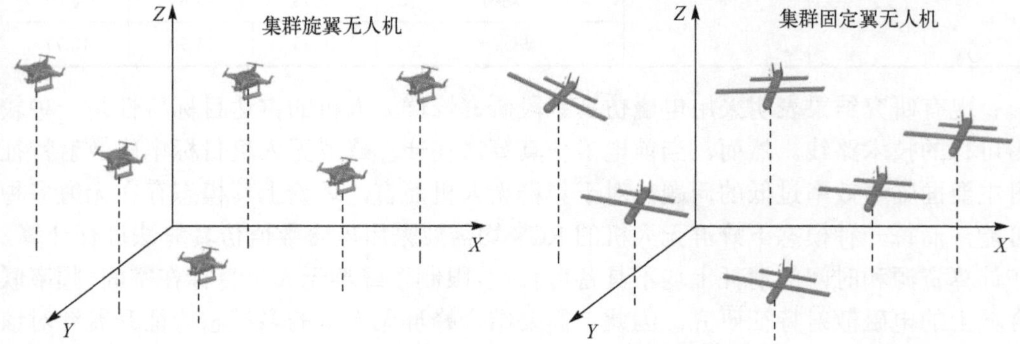

图 2-5　旋翼和固定翼无人机几何建模示意图

表 2-2 对比了不同数量下蜂群无人机目标 RCS 与单一无人机 RCS 的统计差异性。从中可以看出蜂群无人机目标的统计均值和标准差均大于单一无人机目标。均值差异是由多个无人机目标在一个雷达分辨单元内形成了一个更大的扩展目标，导致总体回波信号能量叠加产生了更大的 RCS。标准差的增加则是由蜂群无人机内部复杂的电磁互耦合效应，导致蜂群无人机目标的电磁散射机理具备更高的复杂度，因此对应的 RCS 呈现出更强的随机起伏特征。

表 2-2　单一与蜂群无人机目标雷达散射截面统计特征比对

目标类型	无人机数量	统计参数/(dBsm)	3GHz	8GHz	11GHz
旋翼无人机	1	均值	−13.44	−12.17	−12.88
		标准差	7.22	9.83	9.57
	3	均值	−10.16	−11.51	−10.24
		标准差	8.31	11.01	9.48
	6	均值	−7.89	−7.83	−8.42
		标准差	10.78	13.84	15.31
	8	均值	−5.29	−5.93	−6.21
		标准差	12.25	15.21	17.83
固定翼无人机	1	均值	−13.61	−13.21	−14.78
		标准差	7.93	8.43	9.32
	3	均值	−11.23	−12.74	−12.59
		标准差	8.55	9.12	9.67
	6	均值	−9.31	−9.15	−10.11
		标准差	9.91	10.27	10.55
	8	均值	−7.73	−7.81	−8.42
		标准差	10.93	11.93	10.77

现有研究结果表明采用电磁仿真手段研究蜂群无人机的雷达目标特性是一种较为可行的技术路线。然而，当前电磁仿真算法在计算蜂群无人机目标电磁散射特征时主要面临着效率过低的问题，对于集群无人机而言，理论上其模态存在无穷多种可能，而每一种模态下蜂群无人机的 RCS 均需要采用电磁数值仿真算法进行计算，在计算资源和时间的消耗上均不具备可行性，限制了蜂群无人机目标在空间-频率联合域上的电磁散射特征研究。因此，需要结合蜂群无人机的多模态特征开展针对该类目标的电磁散射快速重构算法研究。

2.7　小　　结

对无人机和飞鸟的差异特征提取是后续分类和识别的基础和关键。由于环境复杂、地物遮挡多、目标机动性强，使得无人机目标检测概率低、杂波虚警高，给目标特征提取带来极大困扰。无人机目标类型多、特性复杂、回波微弱，该类目标主要包括固定翼无人机、无人直升机和多旋翼无人机，具有不同的尺寸、形状及运动特性，其雷达散射特性和多普勒特性也不尽相同。目前，对无人机目标识别的特征研究主要集中在旋翼的微动特征提取难、时频分辨力低，在复杂环境下实现高分辨的微动特征提取技术有待进一步的研究。

此外，除提取信号层面的目标微动特征之外，利用数据层面的目标飞行轨迹特征，同样是区分飞鸟和无人机目标的有效技术途径，但是目前国内外还鲜有相关的研究报道。通常情况下，无人机目标的飞行轨迹持续时间长且相对稳定，而飞鸟目标的飞行轨迹相对较短且灵活多变，可以通过评估“数据”层面目标运动模型的变化情况探索飞鸟和无人机目标的分类识别方法。如何建立科学有效的飞行运动模型，并提出运动模式的判别准则和方法，这些都需要深入研究。

参 考 文 献

[1] Eastwood E. Radar Ornithology[M]. London: Methuen, 1967.

[2] Edwards J, Houghton E W. Radar echoing area polar diagrams of birds[J]. Nature, 1959, 184:1059.

[3] Nohara T J, Beason R C, Weber P. Using radar cross section to enhance situational awareness tools for airport avian radars[J]. Human-Wildlife Interactions, 2011, 5: 210-217.

[4] Dybdal R. Radar cross section measurements[J]. Proceedings of the IEEE, 1987, 75: 498-516.

[5] Merrill I S. Introduction to Radar Systems (Third Edition) [M]. New York: McGraw-Hill, 2001: 337-340.

[6] Briggs J N. Target Detection by Marine Radar[M]. London: Institution of Electrical Engineers, 2004.

[7] Semkin V, Haarla J, Pairon T, et al. Analyzing radar cross section signatures of diverse drone models at mmWave frequencies[J]. IEEE Access, 2020, (8): 48958-48969.

[8] Björklund S, Hernnäs H. Statistical analysis of the RCS of a small fixed-wing UAV during a typical flight[C]. International Conference on Radar Systems (RADAR 2022), Hybrid Conference, 2022: 512-517.

[9] Yang Y, Wang X S, Li Y Z, et al. RCS measurements and ISAR images of fixed-wing UAV for fully polarimetric Radar[C]. 2019 International Radar Conference (RADAR), 2019: 1-5.

[10] Ezuma M, Anjinappa C K, Funderburk M G I. Radar cross section based statistical recognition of UAVs at microwave frequencies[J]. IEEE Transactions on Aerospace and Electronic Systems, 2022, 58 (1): 27-46.

[11] Ezuma M, Anjinappa C K, Semkin V, et al. Comparative analysis of radar-cross-section-based UAV recognition techniques[C]. IEEE Sensors Journal, 2022，22 (18)： 17932-17949.

[12] Green M, Alerstam T. Flight speeds and climb rates of brent geese: Mass dependent differences between spring and autumn migration[J]. Journal of Avian Biology, 2000, 31:

215-225.

[13] Bruderer B, Boldt A. Flight characteristics of birds: Radar measurements of speed[J]. IBIS, 2001, 143: 178-204.

[14] Alerstam T, Rosén M, Bäckman J, et al. Flight speeds among bird species: Allometric and phylogenetic effects[J]. Public Library of Science, 2007, 5: 1656-1662.

[15] Nohara T J, Weber P, Premji A, et al. Affordable avian radar surveillance systems for natural resource management and BASH applications[C]. Proceedings of the IEEE International Radar Conference, 2005: 10-15.

[16] Blackman S S. Multiple hypothesis tracking for multiple target tracking[J]. IEEE Aerospace and Electronic Systems Magazine, 2004, 19(1/2): 5-18.

[17] Beason R C, Weber P, Nohara T J. Color vision as a model for precise altitude determination using avian radar[C]. Proceedings of the International Bird Strike Committee, 2010.

[18] 胡程，李卫东，王锐. 基于全极化的相参雷达迁飞昆虫观测[J]. 信号处理，2019，35(6): 951-957.

[19] 陈唯实. 基于时域特性的非相参雷达目标检测与跟踪[J]. 系统工程与电子技术，2016，38(8): 1800-1807.

[20] 张群，胡健，罗迎，等. 微动目标雷达特征提取、成像与识别研究进展[J]. 雷达学报，2018，7(5): 531-547.

[21] Jahangir M, Baker C J, Oswald G A. Doppler characteristics of micro-drones with L-Band multibeam staring radar[C]. 2017 IEEE Radar Conference (RadarConf), 2017: 1052-1057.

[22] 陈小龙，关键，何友. 微多普勒理论在海面目标检测中的应用及展望[J]. 雷达学报，2013，2(1): 123-134.

[23] Chen V C. The Micro-Doppler Effect in Radar[M]. Norwood: Artech House, 2011.

[24] Rahman S, Robertson D A. Radar micro-Doppler signatures of drones and birds at K-band and W-band[J]. Scientific Reports, 2018, 8(1): 1-11.

第3章 雷达低空目标探测信号与数据处理技术

3.1 引 言

超低空无人机目标，通常具有飞行高度低(飞行高度1000m以下)、慢速(速度小于200km/h)、尺寸小(雷达反射截面积小于$2m^2$)等特点，是“低慢小”目标的典型代表。由于探测环境复杂、地物遮挡多、目标机动性强、有效观测时间短，使得无人机目标检测概率低、杂波虚警高、分类和识别难，给目标检测和判性带来极大困扰，对无人机目标的有效探测一直以来是世界性难题，具体表现在以下两个方面：①探测环境复杂，背景杂波认知难度大，机场周边环境包括陆地、机场跑道、建筑物等，低空传播环境随场地变化大，地物杂波特性也呈现出多样性，复杂非均匀背景检测参数选择难，适应性差；②目标类型多，回波信杂比低，无人机目标类型多，特性复杂，回波微弱。因此，迫切需要研究适合无人机等低空弱小目标雷达目标检测和跟踪算法。

本章主要介绍几种雷达低空目标探测信号与数据处理技术。包括如下几部分：3.2节介绍基于分级积累检测的低空飞行目标快速检测方法；3.3节从长时间观测角度，给出低空目标跨距离和多普勒单元长时间积累检测方法；3.4节主要介绍低空无人机的雷达跟踪算法，分别侧重于检测前跟踪算法提升目标跟踪能力，并基于雷达实测数据进行了验证分析，给出了实际检测和跟踪结果。3.5节分别介绍了不完全可分辨和可分辨群目标两种情况下的典型群目标跟踪方法，对两类算法分别基于各自场景进行目标仿真和分析，给出了跟踪的结果。

3.2 低空目标雷达分级积累快速检测方法

3.2.1 雷达动目标检测存在的问题

雷达作为目标探测和监视的主要手段，在空中和海面目标监视以及预警探测等公共和国防安全领域应用广泛。受杂波环境及目标复杂运动特性的影响，运动目标雷达回波极其微弱、特性复杂，具有低可观测性，使得雷达对动目标尤其是机动目标的探测性能难以满足实际需求。复杂背景下机动目标的可靠快速检测和估计技术成为影响雷达性能的关键制约因素。随着雷达信号处理技术的发展，雷达具备获取精细化目标特征的能力，通过扩展信号维度，为提高雷达机动目标检测和识别提供了新的途径[1]。目前，雷达机动目标检测主要存在以下几个难点[2]。

(1)机动目标回波信杂比(signal to clutter ratio, SCR)通常较低，且具有时变和非平稳特性，回波具有高阶相位和高次调频特性，传统的基于滤波器组处理的动目标检测(moving target detection, MTD)方法适用于分析匀速运动目标，对于机动目标检测，积累后的回波频谱将跨越多个多普勒单元，能量发散，难以在单一多普勒通道形成峰值，检测性能下降。

(2)将一维频域处理扩展为时间-频率二维处理，即基于时频分析的雷达动目标检测方法能够反映信号多普勒随时间的变化，是 MTD 方法的二维扩展，如 STFT、Wigner-Ville 分布(Wigner-Ville distribution, WVD)等，已用于特征提取、目标成像和识别中，但该类方法仍存在时频聚集程度低、分辨率有限、部分受交叉影响等缺点，难以满足实际要求。此外，该类方法多为信号的匹配增强方法，时频变换需与目标运动特性相匹配，但在实际中动目标信号复杂，积累增益下降。

(3)延长积累时间可获取更多回波脉冲数，增加目标的能量，提高对动目标的精细化描述能力，但长积累时间观测以及高采样频率使得回波脉冲数极大增多，使得算法运算量增大，耗费大量的雷达信号处理资源，处理性能下降，检测性能和运算效率难以兼顾。

传统的动目标检测方法可基于 FFT 实现，在运算效率方面有一定的优势，但针对具有时变非平稳特性的机动目标回波则难以适用，多普勒谱展宽，检测性能下降。分数阶变换方法以线性调频信号(linear frequency modulated，LFM)作为基函数，介于时域和频域之间的任意分数域表征，能够反映多普勒的变化规律，非常适于处理时变的非平稳信号，且无交叉项的干扰，如分数阶傅里叶变换(fractional FT, FRFT)和分数阶模糊函数(fractional ambiguity function, FRAF)，但由于需要进行二维参数搜索，使其难以适合大范围雷达回波处理(多距离单元)。因此，亟须发展和研究适合机动目标的快速、可靠检测方法和手段，并且能够精确估计目标的运动状态和参数，从而为机动目标的精细化描述奠定基础[3-6]。

3.2.2　分级积累检测算法流程

基于分级积累检测的雷达机动目标快速精细化处理方法，综合利用 MTD 和 FRFT、FRAF 的优势，采用两级门限处理，即首先采用 MTD 处理通过较高的虚警概率条件下的门限(第一级门限)，筛选出可能有机动目标的距离单元，然后将这些距离单元的回波并行经过 FRFT 和 FRAF 运算，通过最佳变换域输出 SCR 的比较，判断机动目标回波与哪种变换匹配最佳，从而在相应的距离-最佳变换域进行恒虚警检测(第二级门限)，并进行运动参数估计，由于仅在超过第一级门限的少数几个距离单元内进行处理，从而在保证较高检测性能的同时降低运算量，并能准确估计出机动目标的多个运动参数，如速度、加速度和急动度等，实现机动目标的快速精细化处理。具体包括以下几个步骤。

①雷达回波距离向脉压，存储脉压后的距离-脉冲二维回波数据。

②第一级积累检测：对同一距离单元的脉冲数据进行傅里叶变换，实现脉间积累，将距离-多普勒二维数据与高虚警概率条件下的门限进行比较，存储过门限的距离单元号，进而从步骤①的输出中构建过第一级检测门限所对应的距离单元-脉冲回波数据。

③第二级积累检测：将步骤②的同一距离单元的脉冲数据分别经过不同变换角条件下的分数阶傅里叶变换和分数阶模糊函数运算，计算最佳分数阶傅里叶变换域和最佳分数阶模糊函数域的输出信杂比，选取较大输出信杂比对应的最佳变换域，遍历所有的步骤②输出的距离单元，形成距离-最佳变换域二维数据，并将其幅值作为检测统计量，与低虚警概率条件下的门限进行比较判决，完成机动目标检测。

图 3-1 给出了基于分级积累检测的雷达无人机目标快速检测方法流程图。

具体处理流程如下。

(1) 雷达回波距离向脉压。

在相参雷达接收端，将接收并经过放大处理后得到的雷达回波数据进行距离向和方位向采样，通常距离向采样间隔等于雷达距离分辨单元，方位向采样频率等于脉冲重复频率，以保证在距离向和方位向的信号处理时间中，运动目标的回波能够被完整采集，对距离向的雷达回波数据进行解调处理 $s_{\mathrm{IF}}(t,t_m)$，可采用雷达发射信号作为解调参考信号：

$$s_{\mathrm{IF}}(t,t_m)=s_r(t,t_m)\cdot s_t^*(t) \tag{3-1}$$

式中，t 为脉内快时间，t_m 为脉间慢时间，$s_r(t,t_m)$ 为回波信号，$s_t(t)$ 为雷达发射信号，‘*’表示复共轭运算。将解调后的雷达回波数据进行脉冲压缩处理，得到脉内积累后的雷达回波数据 $s_{\mathrm{PC}}(t,t_m)$ 为

$$s_{\mathrm{PC}}(t,t_m)=A_r\mathrm{sinc}\left[B\left(t-\frac{2R_s(t_m)}{c_0}\right)\right]\exp\left(-\mathrm{j}\frac{4\pi R_s(t_m)}{\lambda}\right) \tag{3-2}$$

式中，$R_s(t_m)$ 为雷达与目标的视线距离，A_r 是回波幅度，$2R_s(t_m)/c_0$ 为时间延迟，B 为发射信号带宽，c_0 代表光速，λ 为信号波长。假设目标朝向雷达运动，且仅考虑径向速度分量，则目标的距离走动为时间的多项式函数：

$$R_{s_1}(t_m)=r_0+v_0t_m+a_st_m^2/2 \tag{3-3}$$

$$R_{s_2}(t_m)=r_0+v_0t_m+a_st_m^2/2+g_st_m^3/6 \tag{3-4}$$

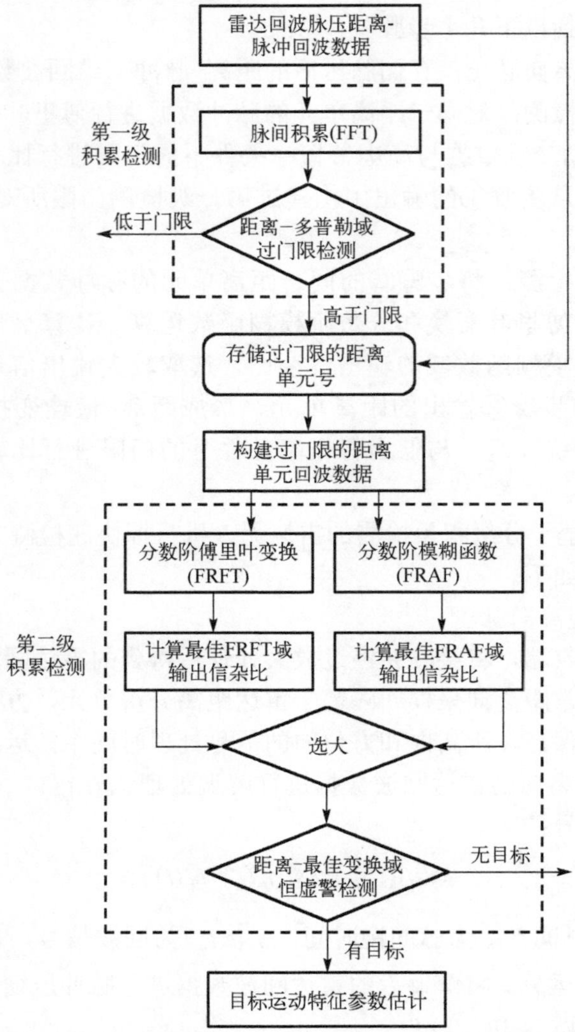

图 3-1　基于分级积累检测的雷达无人机目标快速检测方法流程图

式中，$R_{s_1}(t_m)$和$R_{s_2}(t_m)$分别表示匀加速运动和变加速运动的径向距离，r_0表示初始距离，v_0、a_s、g_s分别代表目标运动初速度、加速度和急动度，存储距离-脉冲二维数据矩阵$\boldsymbol{S}_{M\times N}=\{s_{\mathrm{PC}}(i,j)\,|\,i=1,2,\cdots,M;j=1,2,\cdots,N\}$，$M$为距离单元数，$N$为所有回波脉冲的个数。

(2) 第一级积累检测。

从距离-脉冲二维数据矩阵中选取同一距离单元的$N_1\in[2,N]$个脉冲数据，进行傅里叶变换，实现脉间积累：

$$\boldsymbol{S}_{\mathrm{MTD}}=\int s_{\mathrm{PC}}(t,t_m)\exp(-\mathrm{j}2\pi f_{\mathrm{d}}t_m)\mathrm{d}t_m \tag{3-5}$$

将距离-多普勒二维数据 $\boldsymbol{S}_{\text{MTD}}=\{S_{\text{MTD}}(i,j)\,|\,i=1,2,\cdots,M;j=1,2,\cdots,N_1\}$ 与高虚警概率条件下(通常虚警概率不小于 10^{-2})的检测门限(低门限)进行比较：

$$|\boldsymbol{S}_{\text{MTD}}|\underset{H_0}{\overset{H_1}{\gtrless}}\eta_1 \tag{3-6}$$

式中，η_1 为门限，由虚警概率确定，存储过门限的距离单元号，进而从步骤(1)的输出中构建过第一级检测门限所对应的距离单元-脉冲回波数据 $\boldsymbol{S}'_{M_1\times N}$：

$$\boldsymbol{S}'_{M_1\times N}=\{s'_{\text{PC}}(i,j)\,|\,i=1,2,\cdots,M_1;j=1,2,\cdots,N\} \tag{3-7}$$

式中，M_1 表示超过第一级门限的距离单元个数。

(3) 第二级积累检测。

将步骤(2)的输出中选取同一距离单元的 $N_2\in[2,\ N]$ 个脉冲数据分别经过不同变换角条件下的 FRFT 和 FRAF 运算：

$$S^{\alpha}_{\text{FRFT}}(u)=\int s'_{\text{PC}}(t,t_m)K_{\alpha}(t_m,u)\mathrm{d}t_m \tag{3-8}$$

$$S^{\alpha}_{\text{FRAF}}(u)=\int s'_{\text{PC}}(t,t_m+\tau_0/2)s'^{*}_{\text{PC}}(t,t_m-\tau_0/2)K_{\alpha}(t_m,u)\mathrm{d}t_m \tag{3-9}$$

式中，$\alpha\in(-\pi,\pi]$ 是旋转角，τ_0 为常数表示延迟，由待检测的目标初始距离 r_0 确定，即 $\tau_0=2r_0/c$，$K_{\alpha}(t_m,u)$ 表示核函数：

$$K_{\alpha}(t_m,u)=\begin{cases}A_{\alpha}\exp\left\{\mathrm{j}\left[\dfrac{1}{2}t_m^2\cot\alpha-ut_m\csc\alpha+\dfrac{1}{2}u^2\cot\alpha\right]\right\}, & \alpha\neq n\pi\\ \delta[u-(-1)^n t_m], & \alpha=n\pi\end{cases} \tag{3-10}$$

式中，$A_{\alpha}=\sqrt{(1-\mathrm{j}\cot\alpha)/2\pi}$，$n$ 为整数。

对于观测时间范围内某一距离单元 $i=1,2,\cdots,M_1$ 的匀加速运动目标回波 $f_1(t_m)|_{r_i}$，其初始距离为 r_i，回波可建模为线性调频信号：

$$\begin{aligned}f_1(t_m)|_{r_i}&=A_{r_i}\exp\left[-\mathrm{j}\frac{4\pi}{\lambda}(r_i+v_{i_0}t_m+a_{i_0}t_m^2/2)\right]\\&=A_{r_i}\exp\left[-\mathrm{j}\left(\frac{4\pi}{\lambda}r_i+2\pi f_{i_0}t_m+\pi\mu_{i_0}t_m^2\right)\right]\end{aligned} \tag{3-11}$$

式中，由初速度 v_{i_0} 产生的初始频率 $f_{i_0}=2v_{i_0}/\lambda$，由加速度 a_{i_0} 产生的调频率 $\mu_{i_0}=2a_{i_0}/\lambda$，该动目标回波将在 FRFT 域形成峰值坐标为

$$\begin{aligned}(\alpha_{i_0},u_{i_0})|_{r_i}&=\underset{\alpha,u}{\arg\max}\left|S^{\alpha}_{\text{FRFT}}(u)|_{r_i}\right|\\&=(-\operatorname{arccot}\mu_{i_0},\ f_{i_0}\sec\alpha_{i_0})_{r_i}\end{aligned} \tag{3-12}$$

式中，$S_{\mathrm{FRFT}}^{\alpha}(u)|_{r_i}$ 表示距离 r_i 处回波的 FRFT，则最佳 FRFT 域为 $S_{\mathrm{FRFT}}^{\alpha_{i_0}}(u)|_{r_i}$。

对于观测时间范围内某一距离单元 $i=1,2,\cdots,M_1$ 的变加速运动目标回波 $f_2(t_m)|_{r_i}$，可建模为二次调频信号：

$$
\begin{aligned}
f_2(t_m)|_{r_i} &= A_{r_i}\exp\left[-\mathrm{j}\frac{4\pi}{\lambda}(r_i+v_{i_0}t_m+a_{i_0}t_m^2/2+g_{i_0}t_m^3/6)\right]\\
&= A_{r_i}\exp\left[-\mathrm{j}\left(\frac{4\pi}{\lambda}r_i+2\pi f_{i_0}t_m+\pi\mu_{i_0}t_m^2+\pi k_{i_0}t_m^3/3\right)\right]
\end{aligned}
\tag{3-13}
$$

由急动度 g_{i_0} 产生的二次调频率 $k_{i_0}=2g_{i_0}/\lambda$，该动目标回波将在 FRAF 域形成峰值：

$$
\begin{aligned}
(\alpha_{i_0},u_{i_0})|_{r_i} &= \arg\max_{\alpha,u}\left|S_{\mathrm{FRAF}}^{\alpha}(u)|_{r_i}\right|\\
&=(-\mathrm{arccot}(k_{i_0}\tau_i),\ \mu_{i_0}\tau_i\sin\alpha_{i_0}),\ \ \alpha_{i_0}\neq(2n-1)\pi/2
\end{aligned}
\tag{3-14}
$$

式中，$S_{\mathrm{FRAF}}^{\alpha}(u)|_{r_i}$ 表示距离 r_i 回波的 FRAF，$\tau_i=2r_i/c$，则最佳 FRAF 域为 $S_{\mathrm{FRAF}}^{\alpha_{i_0}}(u)|_{r_i}$。

若待检测的运动目标为匀加速运动目标，则可在 FRFT 域形成峰值，能量得到最佳聚集，而变加速运动目标在 FRFT 域得不到最佳积累，能量发散；若待检测的运动目标为变加速运动目标，则可在 FRAF 域形成峰值，能量得到最佳聚集，对于匀加速运动目标回波也可在 FRAF 域形成峰值，但峰值位置位于 $\alpha_{i_0}=(2n-1)\pi/2$ 处，容易与杂波和噪声等回波的 FRAF 峰值混叠，从而不利于检测。综上，匀加速运动的动目标将在 FRFT 域得到最佳积累，而变加速运动的动目标将在 FRAF 域得到最佳积累。

定义最佳变换域输出信杂比为

$$
\mathrm{SCR}_{\mathrm{TD}}=10\log_{10}\frac{\dfrac{1}{2d}\displaystyle\sum_{l-d}^{l+d}|y(i)|^2}{\dfrac{1}{N_2-2d}\left[\displaystyle\sum_{1}^{l-d}|y(i)|^2+\sum_{l+d}^{N_2}|y(i)|^2\right]}
\tag{3-15}
$$

表示目标能量与杂波或噪声能量比，其中，$y(i)$ 为最佳 FRFT 域或最佳 FRAF 域幅值，l 代表最大峰值所在位置，$d=\pi f_s\sin\alpha_{i_0}/N_2$ 为峰值宽度的一半，表示目标能量泄露的范围，f_s 为采样频率。

比较最佳 FRFT 域输出信杂比 $\mathrm{SCR}_{\mathrm{FRFT}}|_{r_i}$ 和最佳 FRAF 域输出信杂比 $\mathrm{SCR}_{\mathrm{FRAF}}|_{r_i}$，选取较大的输出信杂比所对应的最佳变换域：最佳 FRFT 域或最佳 FRAF 域，遍历所有步骤(2)输出的距离单元，形成不同距离单元回波信号的 $M_1\times N_2$ 维最佳 FRFT 谱或最佳 FRAF 谱：

$$\boldsymbol{S}_{\mathrm{FRFT}}^{\alpha_{i_0}}(u)=\begin{bmatrix} S_{\mathrm{FRFT}}^{\alpha_{1_0}}(1)|_{r_1}, S_{\mathrm{FRFT}}^{\alpha_{1_0}}(2)|_{r_1}, \cdots, S_{\mathrm{FRFT}}^{\alpha_{1_0}}(N_2)|_{r_1} \\ S_{\mathrm{FRFT}}^{\alpha_{2_0}}(1)|_{r_2}, S_{\mathrm{FRFT}}^{\alpha_{2_0}}(2)|_{r_2}, \cdots, S_{\mathrm{FRFT}}^{\alpha_{2_0}}(N_2)|_{r_2} \\ \vdots \\ S_{\mathrm{FRFT}}^{\alpha_{M_{1_0}}}(1)|_{r_{M_1}}, S_{\mathrm{FRFT}}^{\alpha_{M_{1_0}}}(2)|_{r_{M_1}}, \cdots, S_{\mathrm{FRFT}}^{\alpha_{M_{1_0}}}(N_2)|_{r_{M_1}} \end{bmatrix}_{M_1\times N_2} \tag{3-16}$$

$$\boldsymbol{S}_{\mathrm{FRAF}}^{\alpha_{i_0}}(u)=\begin{bmatrix} S_{\mathrm{FRAF}}^{\alpha_{1_0}}(1)|_{r_1}, S_{\mathrm{FRAF}}^{\alpha_{1_0}}(2)|_{r_1}, \cdots, S_{\mathrm{FRAF}}^{\alpha_{1_0}}(N_2)|_{r_1} \\ S_{\mathrm{FRAF}}^{\alpha_{2_0}}(1)|_{r_2}, S_{\mathrm{FRAF}}^{\alpha_{2_0}}(2)|_{r_2}, \cdots, S_{\mathrm{FRAF}}^{\alpha_{2_0}}(N_2)|_{r_2} \\ \vdots \\ S_{\mathrm{FRAF}}^{\alpha_{M_{1_0}}}(1)|_{r_{M_1}}, S_{\mathrm{FRAF}}^{\alpha_{M_{1_0}}}(2)|_{r_{M_1}}, \cdots, S_{\mathrm{FRAF}}^{\alpha_{M_{1_0}}}(N_2)|_{r_{M_1}} \end{bmatrix}_{M_1\times N_2} \tag{3-17}$$

将 $\boldsymbol{S}_{\mathrm{FRFT}}^{\alpha_{i_0}}(u)$ 或 $\boldsymbol{S}_{\mathrm{FRAF}}^{\alpha_{i_0}}(u)$ 幅值作为检测统计量，与低虚警概率条件下(通常虚警概率不大于 10^{-4})的检测门限进行比较：

$$\left|\boldsymbol{S}_{\mathrm{FRFT}}^{\alpha_{i_0}}(u)\right| \underset{H_0}{\overset{H_1}{\gtrless}} \eta_2 \text{ 或 } \left|\boldsymbol{S}_{\mathrm{FRAF}}^{\alpha_{i_0}}(u)\right| \underset{H_0}{\overset{H_1}{\gtrless}} \eta_2 \tag{3-18}$$

式中，η_2 为检测门限，由虚警概率确定，如果检测统计量低于检测门限，判决为该距离单元没有机动目标，若检测统计量高于检测门限，则判决为该距离单元存在机动目标。

(4) 目标运动参数估计。

根据过第二级检测门限的最佳变换域的峰值坐标估计目标的运动参数，对于匀加速运动目标，其最佳 FRFT 域峰值坐标为 (α_{i_0}, u_{i_0})，则目标的初速度估计值 $\hat{v}_{l_0}$ 和加速度估计值 $\hat{a}_{l_0}$ 为

$$\begin{cases} \hat{v}_{l_0} = \dfrac{\lambda}{2} u_{l_0} \csc\alpha_{l_0} \\ \hat{a}_{l_0} = -\dfrac{\lambda}{2}\cot\alpha_{l_0} \end{cases} \tag{3-19}$$

对于变加速运动目标，其最佳 FRAF 域峰值坐标为 (α_{i_0}, u_{i_0})，则目标的加速度估计值 $\hat{a}_{l_0}$ 和急动度估计值 $\hat{g}_{i_0}$ 为

$$\begin{cases} \hat{a}_{l_0} = \dfrac{\lambda}{2\tau_i} u_{l_0} \csc\alpha_{l_0} \\ \hat{g}_{i_0} = -\dfrac{\lambda}{2\tau_i}\cot\alpha_{l_0} \end{cases} \tag{3-20}$$

3.2.3　低空目标探测试验与验证

雷达采用驻留的工作模式来获取更多的脉冲增加目标分辨率。此雷达安装在靠近海

边的建筑物顶端，由于陆地、建筑物和海面杂波使得数据采集背景十分复杂。无人机目标为四旋翼无人机，在距离雷达 3～5 公里的海面上辐射状飞行。试验场景如图 3-2 所示。

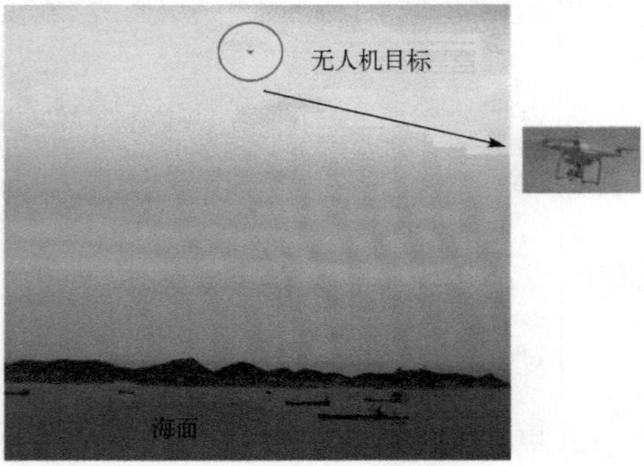

图 3-2　四旋翼无人机目标

1．无人机目标数据预处理

图 3-3(a)是雷达原始回波数据的脉冲-距离图，红色部分为陆地杂波，大片黄色部分为海杂波。将图 3-3(a)经过 MTI 处理得到图 3-3(b)，固定地杂波等被明显抑制，无人机回波显著增强。图 3-4 为不同时间无人机的距离回波，无人机在观测时间范围内，距离由 3835m 移动至 3825m，靠近雷达运动。进一步分析回波的多普勒信息，如图 3-5 所示，无人机目标为典型“低慢小”目标，运动速度慢，靠近零频固定杂波区，通过相参积累处理，其多普勒峰值明显，但部分剩余杂波对目标检测产生影响，原因是海面运动产生了多普勒，通过 MTI 也无法完全抑制。

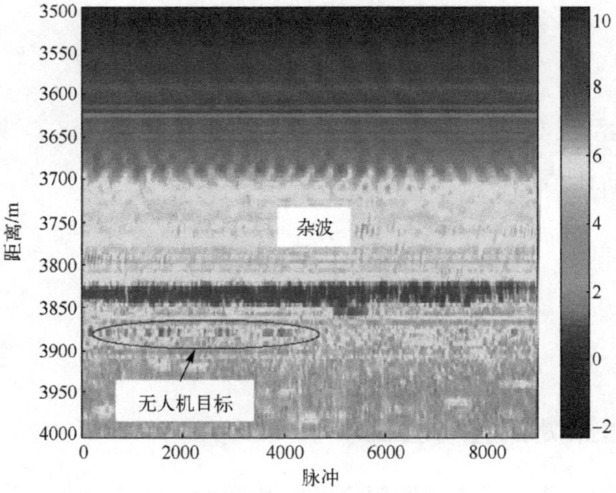

(a) 距离脉冲图

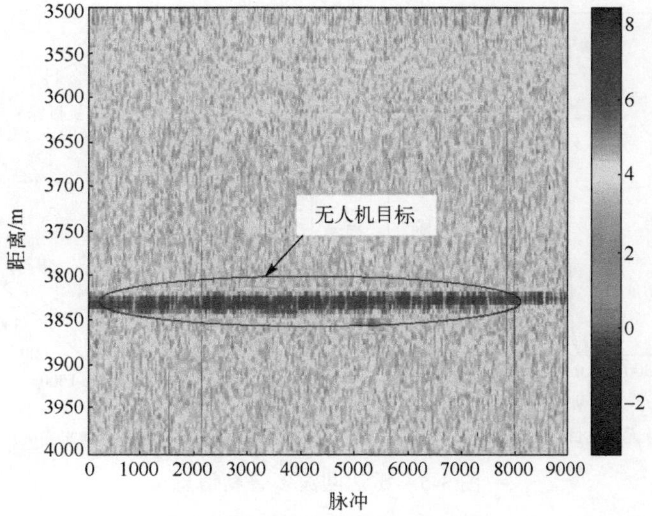

(b) 经过MTI抑制后的距离脉冲图

图 3-3　雷达回波数据预处理(见彩图)

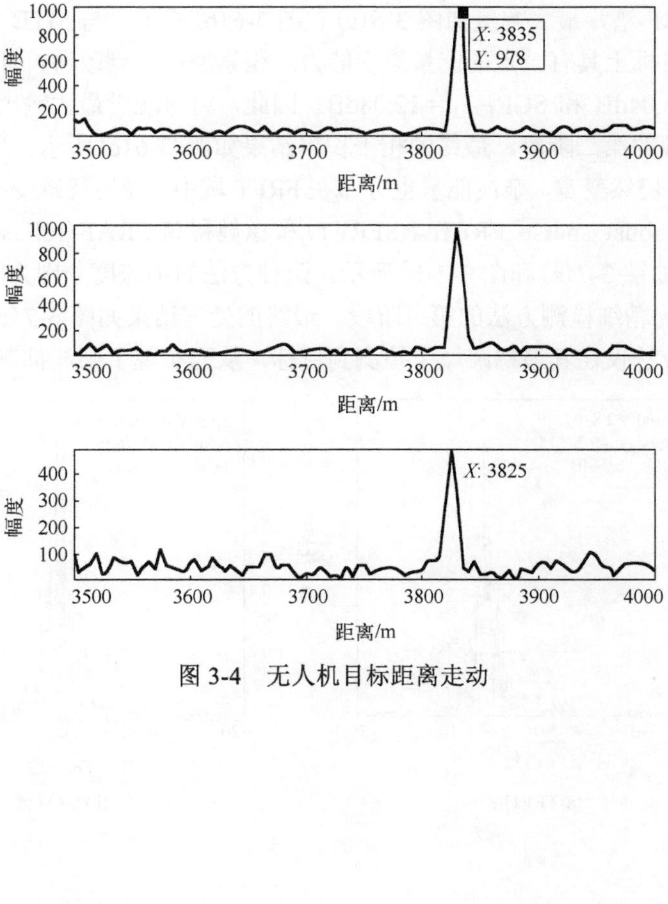

图 3-4　无人机目标距离走动

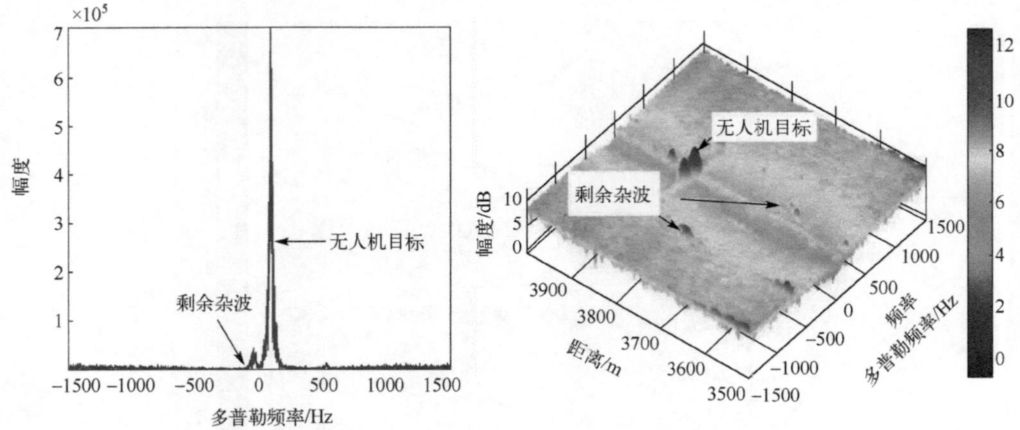

(a) 无人机目标多普勒　(b) 距离-多普勒图

图 3-5　雷达回波多普勒信息

2. 无人机目标检测结果

根据测量数据的第一个粗略检测阶段的结果，图 3-6 比较了第 766 个距离单元的 FRFT 谱和 FRAF 谱，最大幅度如图 3-6(a)和图 3-6(b)所示。与 MTD 相比，FRFT 和 FRAF 在机动目标上具有一定的能量集中能力。积累增益得到改善，计算输出 SCR，即 SCR_{FRFT}=16.04dB 和 SCR_{FRAF}=12.08dB。因此，将对应于最大输出 SCR 的 FRFT 选择为精制处理的第二阶段，最终的相干积累结果如图 3-6(c)所示。尽管目标峰很明显，但 FRFT 谱仍然变宽，杂波能量也分布在 FRFT 域中。使用稀疏变换处理方法，稳健稀疏 FRFT(robust sparse FRFT, RSFRFT)和稳健稀疏 FRAF(robust sparse FRAF, RSFRAF)频谱如图 3-7(a)和图 3-7(b)所示。两种方法的稀疏度分别为 4 和 8，然后选择 RSFRFT 作为精细检测方法的第二阶段，最终的处理结果如图 3-7(c)所示。通过比较，所提出的方法仅在其最稀疏域中检测到目标，从而实现了杂波抑制。

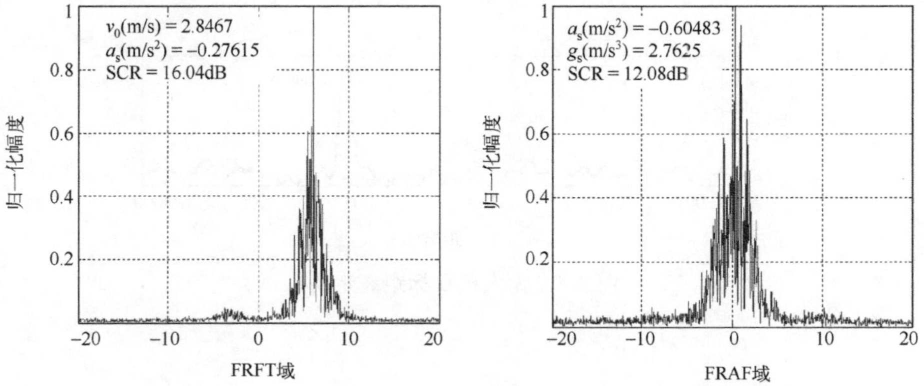

(a) FRFT谱　(b) FRAF谱

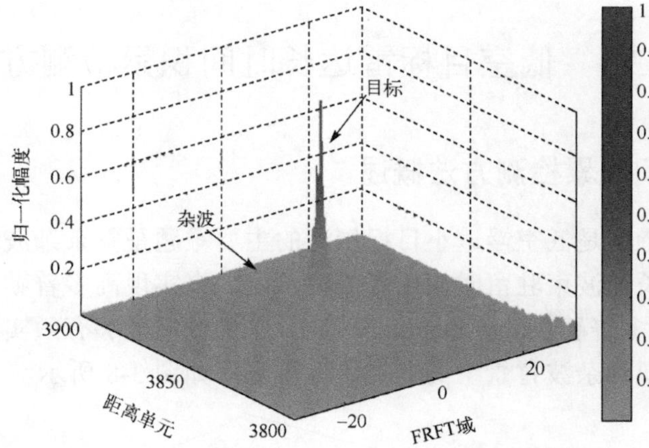

(c) FRFT-FRAF双阶段检测

图 3-6　不同检测方法的比较

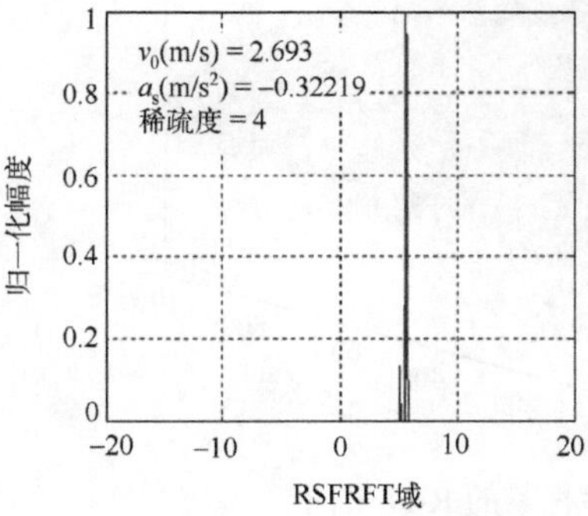

(a) RSFRFT谱

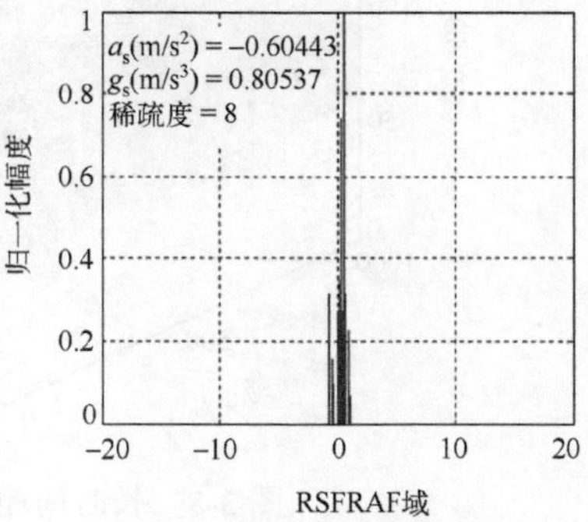

(b) RSFRAF谱

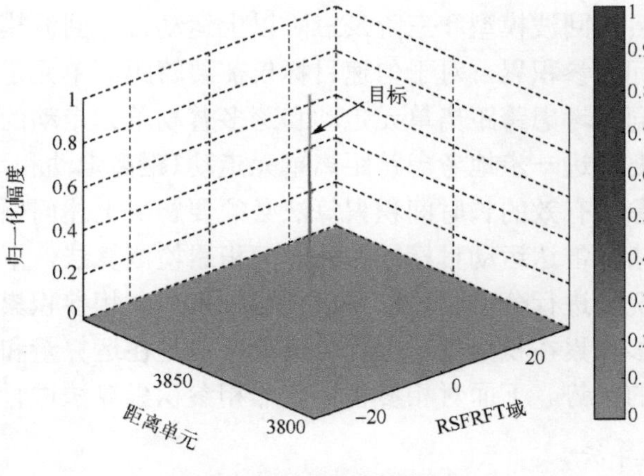

(c) RSFRFT-RSFRAF双阶段检测

图 3-7　不同检测方法的比较

3.3　低空目标雷达长时间积累检测方法

3.3.1　长时间积累检测方法概述

低空目标特别是低空慢速小目标探测的主要难题是复杂杂波弱小目标的检测，通常需要采用长的波束驻留时间或者凝视探测，来实现高多普勒分辨率。长时间相参积累的距离-多普勒(range-Doppler，R-D)平面内，能够有效实现目标与杂波的分离，从而可实现强杂波背景下的多类目标检测，如图 3-8 所示。

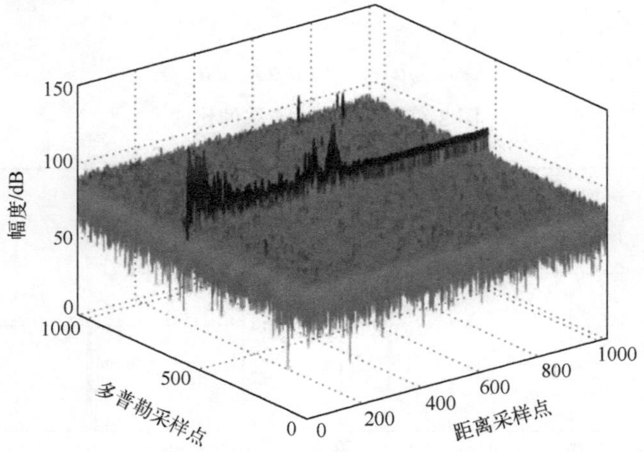

图 3-8　长时间相参积累的 R-D 平面

雷达运动目标的回波模型在相关文献里大致可以分为匀速运动目标回波信号模型、匀加速运动目标回波模型和三阶及三阶以上运动目标回波模型。要对回波信号进行有效的长时间相参积累，对于匀速目标仅需要跨距离单元走动现象，对于匀加速运动目标则要同时考虑跨距离单元走动和跨多普勒单元走动的两跨现象，对于高阶运动目标则需要更进一步地考虑跨距离单元走动(距离走动和距离弯曲)和解多普勒高阶调制等现象。有效的长时间积累算法必须要解决上述问题。国内外学者针对上述问题提出了诸多雷达运动目标回波长时间积累检测算法，下面按照算法利用目标回波相位的情况来进行分类，可以分成相参积累、非相参积累两种方法。在相同的积累时间内相参积累在积累效率上优势最大，但是在运算量和工程实施方面非相参积累具有较大的优势。下面对相参积累和非相参积累算法进行详细的介绍。

1. *相参积累算法*

相参积累算法同时利用了目标回波的幅度和相位信息，具有最高的能量积累效率。随着积累时间的增加，目标的运动可能会使得对回波信号的积累出现跨距离单元徙动和跨多普勒单元走动等现象。使得常规的动目标检测方法达不到理想性能。需采用校正补偿方法和搜索积分方法进行克服。

(1)校正补偿方法。

校正补偿方法包括距离的校正补偿和相位的校正补偿。距离的校正补偿方法包括 Keystone 变换、包络插值移位、频域校正补偿、联合频域变标脉冲压缩、变系数离散傅里叶变换(discrete Fourier transform，DFT)、缩放的逆傅里叶变换(scaled inverse fourier transform，SCIFT)和相邻互相关函数(adjacent cross correlation function，ACCF)。

Keystone 变换是由 Perry 最早提出并用于解决合成孔径雷达中成像的距离走动问题[7]。张顺生等将 Keystone 变换应用到雷达目标检测领域，对距离走动也取得了较好的校正效果[8]。Keystone 变换无须已知目标速度，通过尺度变换实现慢时间与快时间频域的解耦合，从而实现线性距离走动的消除。匀速运动目标导致的线性距离走动可以用一阶 Keystone 变换进行校正，而匀加速运动目标回波产生的距离徙动则可以用二阶 Keystone 变换进行校正[9]。在工程实现时有离散傅里叶变换-快速傅里叶逆变换法(discrete Fourier transform-inverse fast Fourier transform，DFT-IFFT)法、插值法和线性调频 Z 变换-快速傅里叶逆变换法(chirp Z-transform-inverse fast Fourier transform，CZT-IFFT)法[10]。但是在目标速度存在模糊时都需要对模糊因子进行搜索补偿，大大降低了运算速度。

包络插值移位[11]和频域校正补偿[12]的核心是在时频中对走动单元进行移位或在频域里对延迟项进行补偿以消除距离单元走动。相比时域的方法，在频域里实现会使运算量更小，但是两种方法均需在高信噪比条件下使用，在全息凝视雷达系统中实用性不大。

Zheng 等提出的 SCIFT 方法采用对称自相关对慢时间与快时间频率进行解耦，实现距离单元走动的校正[13]。但是在多目标的情况下，解耦平面的交叉项不容忽略。Li 等提出的 ACCF 方法在目标回波的脉冲间进行互相关来校正走动，该方法也适用于校正高机动目标的距离徙动，但是与其他方法相比需要更高的信噪比才能生效[14]。MART 方法通过对坐标轴的旋转角度进行搜索来实现对跨距离单元走动的校正，方法实现简单，但是对多目标的回波信号处理较为麻烦。

相位的校正补偿方法包括解线性调频(Dechirping)变换、离散啁啾傅里叶变换(Discrete Chirp Fourier Transform，DCFT)、分数阶傅里叶变换(Fractional Fourier Transform，FRFT)、Wigner-Ville 变换(WVD)、二维旋转不变子空间方法(Estimation of Signal Parameters via Rotational Invariance Technique，ESPRIT)和吕分布(Lv's Distribution，LVD)等。Dechirping 变换[15]与 DCFT[16]都是通过参数搜索构造二次相位补偿项来进行补偿，搜索的精度越高，运算量也会随之增大。

FRFT 方法通过将信号在时频平面内的时间坐标轴绕原点进行旋转任意角度构

成的新坐标轴上的表示方法，通过在分数阶 Fourier 域上实现信号能量的聚焦[17]。WVD 方法通过自相关实现二次相位的补偿聚焦，具有较高的分辨率，但是会受到多目标带来的交叉项影响[18]。LVD 方法在此基础上进行改进，在中心频率-调频斜率(centroid frequency and chirp rate, CFCR)域实现了信号能量的聚焦，能够很好地抑制交叉项带来的干扰[19]。

由上述可知，大部分方法是通过映射到特定的变换域上实现的，无论是构造相位补偿函数还是变换到特定域，运算量都是只增不减。为平衡运算量与估计精度之间的矛盾，还出现了一些流程改进的方法：有分多次精度递进式估计方法[20]，有逐次估计回波参数方法[21]，也有对目标加速度进行先粗后细的估计补偿方法[22]。

目前大多数的相参积累算法先是进行距离的校正补偿然后再进行相位的校正补偿。如文献[15]和文献[11]对回波信号先利用 Keystone 变换校正跨距离单元走动后再分别用 Dechirping 方法和 LVD 方法进行二次相位补偿和回波能量聚焦。文献[23]和文献[24]均是先利用 ACCF 校正距离单元徙动并进行相位降阶，然后分别采用 LVD 方法和 FRFT 方法估计目标运动参数。

(2) 搜索积分方法。

搜索积分方法主要以北京理工大学的许稼等在 2011 年提出的拉东-傅里叶变换(Radon-Fourier transform，RFT)法[25]为基础。其思路是通过对速度和距离进行二维搜索得到确定的轨迹并积累回波能量。由于二维搜索的运算量大难以得到实时处理的结果，吴兆平等又提出了基于 Chirp-Z 的快速 RFT 算法[26]。文献[27]也针对这一问题提出了快时间频域非均匀 FFT 和变系数 DFT 来进行快速 RFT 变换，随后对 RFT 方法往高维参数空间进行推广即广义的拉东-傅里叶变换(generalized RFT，GRFT)[28]对距离、速度和加速度进行三维联合搜索得到目标可能的运动轨迹然后进行能量积累，不同的算法有不同的能量积累方式 Radon-分数阶傅里叶变换(Radon-Fractional Fourier Transform，RFRFT)[29]和 Radon-分数阶傅里叶变换融合吕分布(Radon Fourier transform and Lv’s distribution，RLVD)[30]等方法把能量积累放到时频域中进行。这类方法在理论上能够行之有效但是存在运算量巨大的问题。

相参积累算法框架可归纳成图 3-9 所示内容。

2. 非相参积累算法

非相参积累的方法只利用了回波信号的幅度信息来进行累加以提高回波信噪比。由于忽略了相位信息，在积累相同回波脉冲数的情况下获得的增益少于相参积累，但是相比于相参积累在工程应用里更容易实现。并且，大部分非相参积累方法在输出积累结果的同时也会得到目标运动的航迹，因此检测前跟踪(tracking before detection，TBD)算法里常常出现非相参积累的方法。在雷达目标检测领域常见的非相参积累算法可以归纳成下面几类。

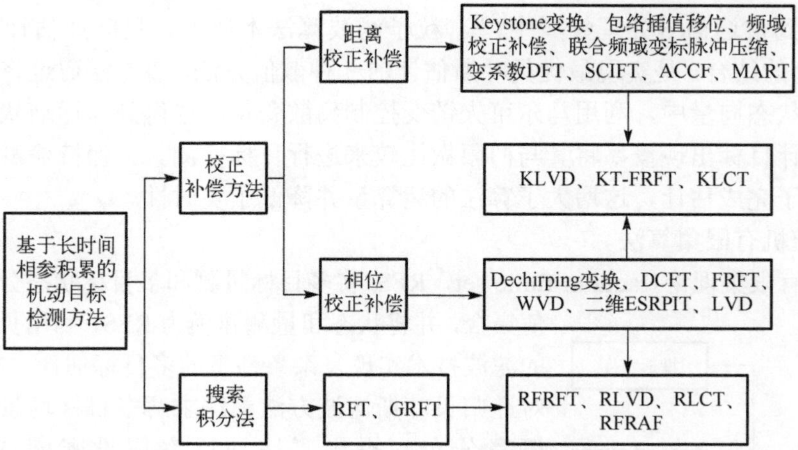

图 3-9　相参积累算法框架

(1) 投影变换算法。

投影变换算法利用特定的投影变换将原来处于空间上的目标运动轨迹转换到相应的二维平面内，通过快速在低维平面内实现能量积累再进行逆变换，从而恢复目标在三维空间中的轨迹。

Hough 变换是典型的投影变换法，最早由 Carlson 等将其应用到雷达信号处理中[31]。其主要思路就是将空间中满足一定数学模型的轨迹点投影变换为映射空间中的一条曲线，满足数学模型的点的投影曲线会在映射空间中聚焦形成峰值，从而对能量进行积累。传统的 Hough 变换只能对直线运动轨迹的目标进行检测，Ballard 将 Hough 变换推广到了任意形状的目标轨迹，使得 Hough 变换的适用性大大增强，扩展了其适用范围[32]。

Radon 变换与 Hough 方法类似，属于投影变换的一种，但是可以保留更多的图像细节[33]。投影变换的方法能够显著减少运算量，但是由于非相参积累自身的局限性，在低信噪比的条件下难以满足需求。

(2) 动态规划算法。

动态规划(dynamic programming, DP)算法最早被应用于光学图像的微弱目标检测，随后 Kramer 等将其应用到了雷达信号处理领域[34]。动态规划算法是一种阶段性最优搜索代替穷尽搜索的优化方法，其核心思想是将目标轨迹的多维搜索问题转换成多个一维阶段轨迹搜索的最优化问题。通过分段计算累积函数并与门限进行对比，评定能否检测到目标并追溯目标轨迹。累积函数的选取通常有两种：一种是以后验概率密度形式；另一种是以目标回波幅度作为积累值的形式。

(3) 粒子滤波算法。

1993 年英国的 Gordon 提出了粒子滤波(PF)算法[35]，2001 年由 Boers 和 Driessen

将其应用到雷达信号处理领域中[36]。粒子滤波算法本质上是贝叶斯估计和 Monte Carlo 积分的结合，是实现最优贝叶斯估计的一种散值方法。该方法通过将离散变量加入目标状态向量中，利用马尔可夫链变控制离散变量转移得到与运动状态的混合估计，估计目标出现概率将其与门限做比较来进行目标检测。为保持检测性能，需要大量粒子完成估计，这增大了算法的运算量并降低了实时性。

(4)随机有限集算法。

随机有限集理论(random finite set，RFS)将多目标量测和多目标状态分别作为极值集合，并将状态和量测建模为 RFS，利用贝叶斯近似的滤波技术实现复杂条件下的多目标估计。Mahler 针对递归贝叶斯滤波方法无法求解多目标场景下的状态概率分布，提出了诸如概率假设密度(Probability Hypothesis Density, PHD)、基数化概率假设密度(Cardinalized Probability Hypothesis Density，CPHD)和多目标多伯努利(Multi- Target Multi-Bernoulli，MeMBer)等原理性近似滤波器[37]，为后续的 TBD 算法提供了新思路[38-40]。Punithakumar 等首先将 PHDF 应用于 TBD 中[41]，童慧思等随后对其进行了改进[42]。Vo 等提出了 MeMBer- TBD 方法，通过详细的推导论证了其实用性[40]。

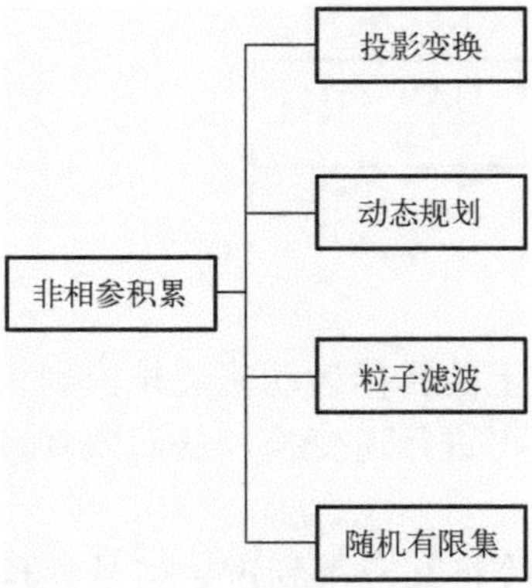

图 3-10 非相参算法积累框架

非相参积累算法的总体框架如图 3-10 所示。

3.3.2 基于 Keystone 变换距离徙动补偿技术

目标的高速运动和系统的高距离分辨率，在长时间积累过程中将可能导致目标的回波能量落入多个距离单元内，造成距离徙动。此时需将发生距离走动的目标回波凝聚起来，否则能量分散将削弱目标的检测效果。基于 RFT 算法和 Keystone 变换技术的提出都是为了解决距离徙动问题。RFT 算法针对匀速运动目标，没有对目标长时间积累中的距离走动做出特定的补偿，而是在搜索目标运动轨迹的同时利用傅里叶变换实现相参积累。该方法需要在距离-时间平面内搜索目标直线运动轨迹，搜索量巨大，实际应用过程中还会有盲速旁瓣的现象，因此选用 Keystone 变换来进行距离徙动校正。

Keystone 变换无须已知目标速度，通过变量代换消除快时间频域与慢时间域的耦合关系，达到消除线性距离走动的目的，其原理如下所示。

对目标回波信号进行脉压处理后的频域形式为

$$
\begin{aligned}
S_{rm}(f,t_m) &= \frac{A_0}{\sqrt{k}}\operatorname{rect}\left(\frac{f}{B}\right)\exp\left[-\mathrm{j}4\pi(f+f_c)\frac{R_0-v_0t_m-at_m^2/2}{c}\right] \\
&= \frac{A_0}{\sqrt{k}}\operatorname{rect}\left(\frac{f}{B}\right)\exp\left[-\mathrm{j}4\pi\frac{(f+f_c)R_0}{c}\right] \\
&\quad\times\exp\left[\mathrm{j}4\pi v_0\frac{(f+f_c)t_m}{c}\right]\exp\left[\mathrm{j}2\pi a\frac{f+f_c}{c}t_m^2\right]
\end{aligned}
\tag{3-21}
$$

对上式进行 Keystone 变换，即将 $(f+f_c)t_m = f_c\tau_m$ 代入，可得

$$
\begin{aligned}
S'_{rm}(f,\tau_m) &= \frac{A_0}{\sqrt{k}}\operatorname{rect}\left(\frac{f}{B}\right)\exp\left[-\mathrm{j}4\pi\frac{(f+f_c)R_0}{c}\right] \\
&\quad\times\exp\left[\mathrm{j}4\pi v_0\frac{f_c\tau_m}{c}\right]\exp\left[\mathrm{j}2\pi a\frac{f_c^2\tau_m^2}{(f+f_c)c}\right]
\end{aligned}
\tag{3-22}
$$

由于载频 f_c 远远高于距离频率，故 $\dfrac{f_c}{f+f_c}\approx 1$，代入上式再对上式进行快时间维 IFFT，得到时域的表达式为

$$
\begin{aligned}
s_{rm}(\hat{t},\tau_m) &= A_0\sqrt{D}\operatorname{sin c}\left[B\left(\hat{t}-\frac{2R_0}{c}\right)\right]\exp\left[-\mathrm{j}\frac{4\pi R_0}{\lambda}\right] \\
&\quad\times\exp\left[\mathrm{j}4\pi v_0\frac{\tau_m}{\lambda}\right]\exp\left[\mathrm{j}\frac{2\pi}{\lambda}a\tau_m^2\right]
\end{aligned}
\tag{3-23}
$$

经过 Keystone 变换后，各脉冲周期回波包络位置校正到初始时刻目标回波时延位置，即解决了距离单元走动问题。

Keystone 变换的目的是令 $S'_{rm}(f,\tau_m) = S_{rm}(f, f/(f+f_c)t_m)$，与傅里叶变换的尺度变换形似，令 $a = f_c/(f_c+f)$，使 $S_{rm}(f,t_m)$ 先通过傅里叶变换求出 $X_r(f,k'/a)$，再根据傅里叶变换尺度性将 $X_r(f,k'/a)$ 变换到 $S_{rm}(f,\tau_m)$。从 $S_{rm}(f,t_m)$ 变换到 $X_r(f,k'/a)$ 是非均匀傅里叶变换，时、频域之间有不同的尺度，因此不能用 FFT 实现，只能用 DFT 对各个 k' 依次计算，使得算法计算量比较大。

实际应用中采用 CZT-IFFT 快速算法实现，其中，chirp-Z 变换原理如下。

假设有一序列为 $x(n)$，$0\leqslant n\leqslant N-1$，则它的 z 变换为 $X(z)=\sum_{n=0}^{N-1} z^{-n}$，为了可以沿 z 平面内更一般的路径取值，可令 z 的取样点 z_k 为 $z_k = AW^{-k}$，$0\leqslant k\leqslant M-1$，其中，$M$ 是要分析的复频谱的点数，不一定为 N。令 $A = A_0\mathrm{e}^{\mathrm{j}\theta_0}$，$A_0$ 为采样起始点 z_0 的矢量半径，θ_0 起始采样点 z_0 的初相；$W = W_0\mathrm{e}^{-\mathrm{j}\phi_0}$，$W_0$ 为螺线的伸展率，ϕ_0 是两相邻采样点之间的角度差。当 $M=N, A=A_0\mathrm{e}^{\mathrm{j}\theta_0}=1$，$W=W_0\mathrm{e}^{-\mathrm{j}\phi_0}=\mathrm{e}^{-\mathrm{j}\frac{2\pi}{N}}\,(W_0=1,\phi_0=2\pi/N)$ 时，

各个 z_k 就变成在单位圆上均匀等间隔的分布，此时，chirp-Z 变换就变成了 DFT 变换，其处理步骤如下所示。

步骤一：选择一个最小的正整数 L，满足 $L \geqslant 2M-1$，为了便于采用 FFT 算法，L 也需满足是 2 的整数幂，M 为积累的脉冲数。

步骤二：令 $\phi_0 = \frac{f_c + f}{f_c}\frac{2\pi}{M}$，$\theta_0 = 0$，$A_0 = W_0 = 1$，$M = N$，得到 $A = 1$，$W = \mathrm{e}^{-\mathrm{j}2\pi\frac{f_c+f}{Mf_c}}$。补上零值点使其变为 L 点序列：

$$g(n) = \begin{cases} A^{-n}W^{\frac{n^2}{2}}x(n), & 0 \leqslant n \leqslant N-1 \\ 0, & N \leqslant n \leqslant L-1 \end{cases} \tag{3-24}$$

最后利用 FFT 法求 $g(n)$ 的 DFT，得到 $G(r) = \sum_{n=0}^{N-1} g(n)\mathrm{e}^{-\mathrm{j}\frac{2\pi}{L}m}, 0 \leqslant r \leqslant L-1$。

步骤三：构造 L 点序列 $h(n)$：

$$h(n) = \begin{cases} W^{-\frac{n^2}{2}}, & 0 \leqslant n \leqslant M-1 \\ W^{-\frac{(L-n)^2}{2}}, & M \leqslant n \leqslant L-1 \end{cases}$$
$$H(r) = \sum_{n=0}^{L-1} h(n)\mathrm{e}^{-\mathrm{j}\frac{2\pi}{L}m}, \quad 0 \leqslant r \leqslant L-1 \tag{3-25}$$

步骤四：用 FFT 计算序列的圆周卷积：

$$\begin{aligned} Q(r) &= G(r)H(r) \\ q(k) &= \mathrm{IFFT}(Q(r)) \end{aligned} \tag{3-26}$$

步骤五：对前面的 M 点加权求 $X(Z_k)$，即为 $X_r(f, k'/a)$：

$$X(Z_k) = q(k)W^{\frac{k^2}{2}}, \quad 0 \leqslant k \leqslant M-1 \tag{3-27}$$

步骤六：对 $X(Z_k)$ 的慢时间维进行逆傅里叶变换得到了 Keystone 变换的结果 $S'_{rm}(f, \tau_m)$，再对快时间维进行逆傅里叶变换即得 $S_{rm}(\hat{t}, \tau_m)$。

为测试 Keystone 变换的实际效果，设置雷达参数如表 3-1 所示。

表 3-1 雷达系统仿真参数

载频/MHz	带宽/kHz	脉冲重复频率/Hz	采样频率/MHz
430	800	500	1

假设某一距离运动目标的速度为 2 倍音速即 680m/s，得到的 Keystone 变换前后脉冲压缩的仿真结果如图 3-11 所示。

通过图 3-11(a)可知，Keystone 变换前随着积累时间的增加，目标回波能量分布在多个距离单元。经 Keystone 变换后图 3-11(b)中目标回波原来分散在多个距离单元上的能量被聚集在同一个初始距离单元里面，为后续能量积累提供了极大便利。因此，Keystone 变换技术有效解决了距离徙动问题，尽管目标速度未知，但 Keystone 变换能够很好地对未知的速度进行校正，相比于采用速度搜索的 RFT 算法极大地减少了运算量。

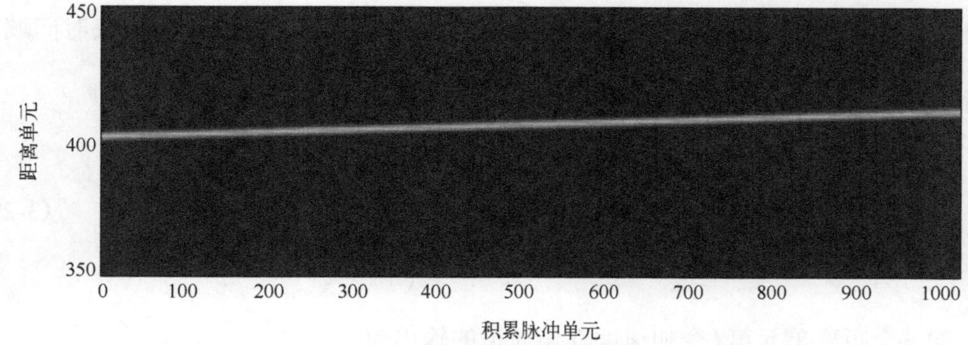

(a) Keystone变换前脉冲压缩结果

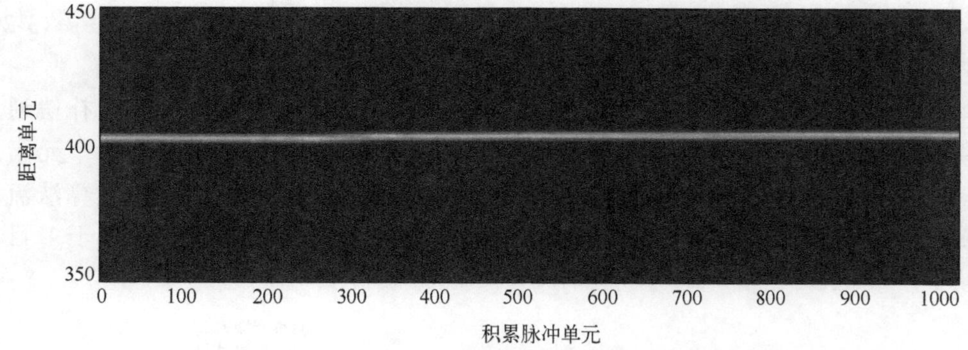

(b) Keystone变换后脉冲压缩结果

图 3-11　Keystone 变换前后脉冲压缩结果(见彩图)

3.3.3　基于 Dechirping 的多普勒走动补偿技术

当目标径向运动速度随时间而变化时，回波信号不再平稳，长时间积累过程将导致目标回波多普勒频率随时间而变，造成跨多普勒走动。目标运动状态越高阶，多普勒频率变换越复杂。在目标积累时，需将落入不同多普勒单元中的目标能量积累起来，才可实现对微弱目标的有效检测。

实际中绝大部分运动目标在积累时间内的运动方式可以近似成匀加速运动。匀加速目标回波在经过距离单元走动校正之后，其多普勒相位随慢时间变化可近似为二次曲线，多普勒频率不再是一个点频而是一个 LFM 信号。采用基于加速度搜索的多通道 Dechirping 方法可以对二次相位项 $\exp\left(-\mathrm{j}2\pi\dfrac{\alpha}{\lambda_c}\tau_m^2\right)$ 进行有效补偿。由于目标加速度未知，目标加速度范围可采用多通道搜索的方式。设最大加速度为 $a_{\max}$，则加速度搜索范围为 $(-a_{\max}, a_{\max})$，将搜索范围等间隔分为 $L-1$ 段得到 L 个离散的加速度值：$a_1, a_2, \cdots, a_l, \cdots, a_L$，设快时间采样周期为 T_S，采样点数为 N，脉冲重复周期为 T_r，积累脉冲数为 M，忽略 $\dfrac{a}{\lambda_c f_c}\tau_m^2$ 对包络的影响，Keystone 变换后快时间域离散形式为

$$
\begin{aligned}
s_r(n,m) = {} & A s_t\left(n - \frac{2r_0}{c}\right)\exp\left(-\mathrm{j}4\pi f_c \frac{r_0}{c}\right) \\
& \exp\left(-\mathrm{j}4\pi \frac{v_0 m T_r}{\lambda_c}\right)\exp\left(-\mathrm{j}2\pi\frac{a}{\lambda_c}(mT_r)^2\right)
\end{aligned} \tag{3-28}
$$

第 n 个距离单元第 l 个加速度补偿通道的输出为

$$
s_r(n,m,l) = s_r(n,m)\exp\left(\mathrm{j}2\pi\frac{a_l}{\lambda_c}(mT_r)^2\right) \tag{3-29}
$$

对上式进行慢时间维 FFT，即得到第 n 个距离单元的第 l 个加速度补偿通道的积累结果。对于每个距离单元得到一个 $L\times M$ 二维矩阵，矩阵中的每个元素对应一个速度、加速度单元，N 个距离单元得到 $N\times L\times M$ 三维矩阵。该算法流程如图 3-12 所示，该流程比常规 MTD 处理增加了一维信息，更有利于多目标分辨。

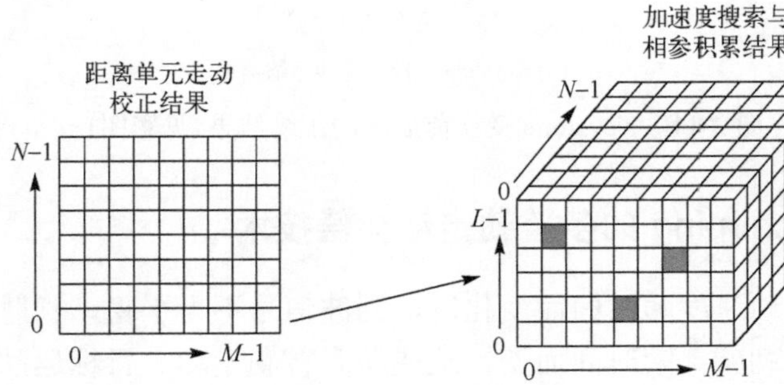

图 3-12　加速度补偿和相参积累示意图

假设匀加速运动目标的加速度为 20m/s²，多通道 Dechirping 补偿前后目标的能

量积累如图 3-13 所示。

雷达在对大加速度目标回波进行长时间积累时，如不采用任何的补偿措施，多普勒走动造成的能量扩散范围很大，采用 Dechirping 方法能够很好地补偿多普勒扩散造成的走动，使能量聚集在同一个多普勒单元上。Dechirping 补偿前后对积累增益的影响如图 3-14 所示，补偿前后积累增益的差距较大，可以较好地解决多普勒走动带来的能量扩散。

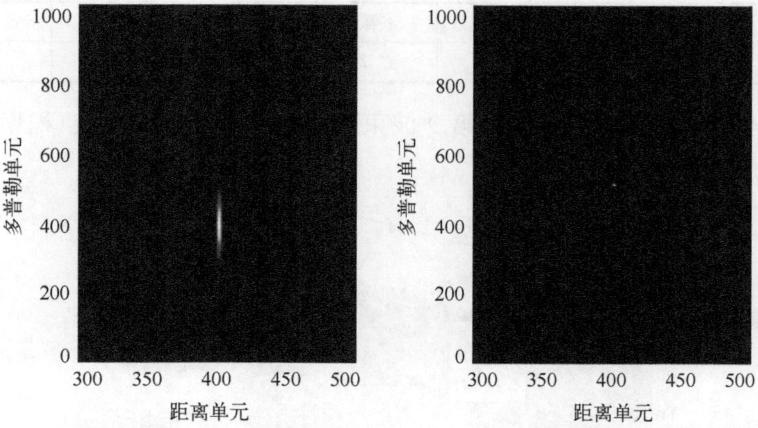

(a) Dechirping补偿前积累结果　　(b) Dechirping补偿后积累结果

图 3-13　Dechirping 补偿前后积累结果对比

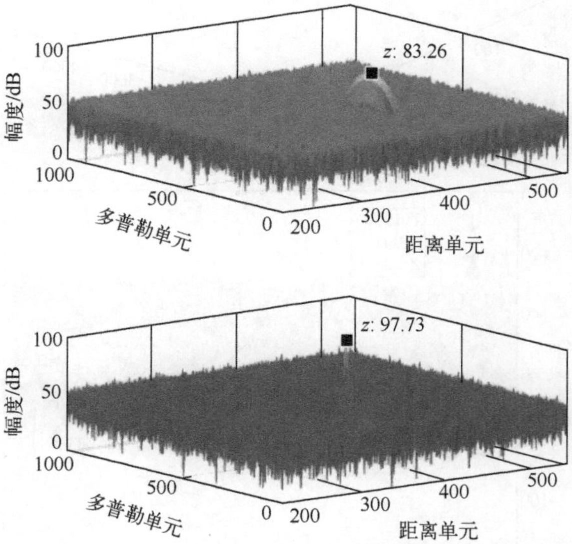

图 3-14　Dechirping 补偿前后积累增益对比

3.3.4　基于实测数据的相参积累时间测试

1. 民航飞机实测数据

录取实测数据的雷达系统参数如表 3-2 所示。

表 3-2　民航飞机雷达参数

载频	脉冲重复周期	采样频率	脉宽	带宽
428MHz	2.9ms	2.5MHz	500μs	1MHz

该数据集有 16 个波束，选取第 9 波束，给出积累 360 帧回波(积累时间约 1s)的 MTD 结果，如图 3-15 所示。

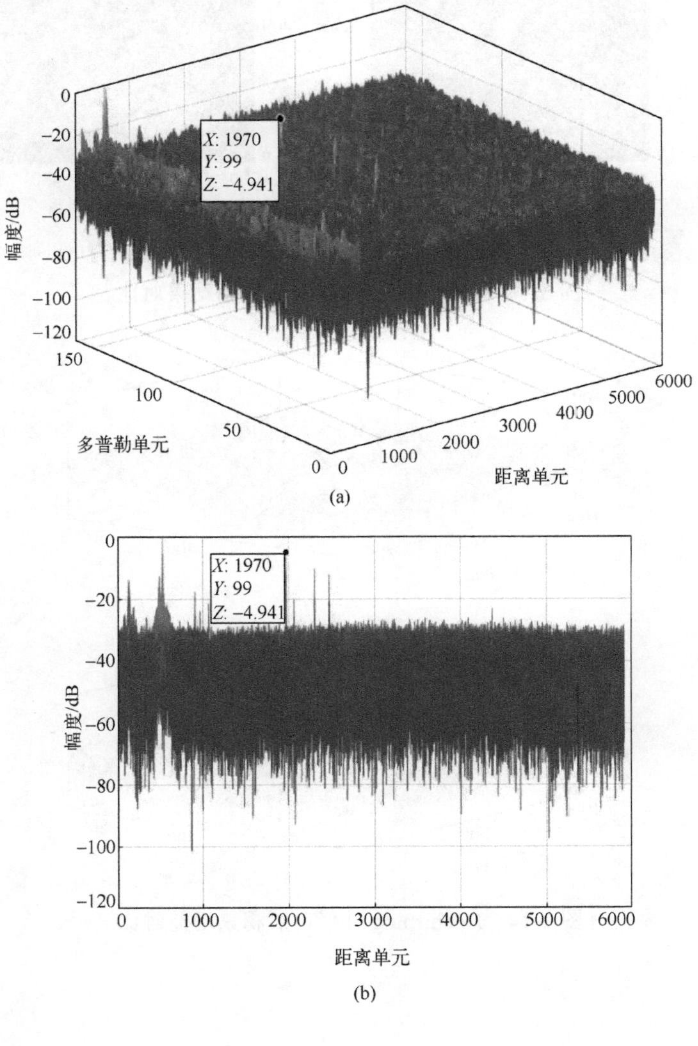

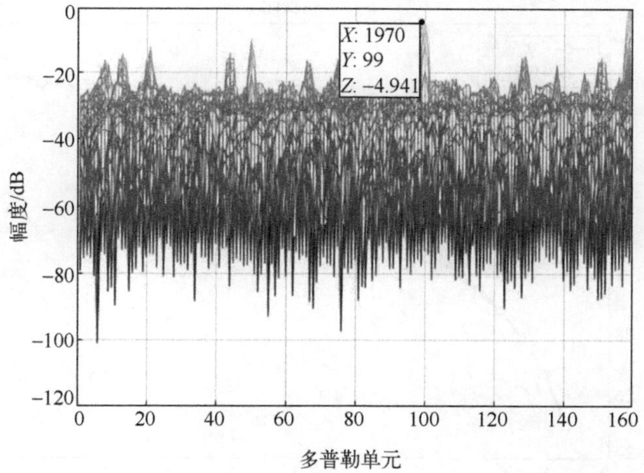

(c)

图 3-15　积累 360 帧的 MTD 结果

图 3-15 中选取位于第 1970 个距离单元中的目标进行长时间积累分析。由采样频率和雷达系统固有的发射周期可以得到目标位于约 193.26km 处。

由于目标幅值不一定是恒定的，在积累时间内会有起伏，因此这里采用积累损失来衡量长时间积累的效果。具体而言，首先每 120 帧积累一次，得到目标的幅值与噪声水平；将 N 个 120 帧小段的目标幅值与噪声水平分别相加，得到 $120\times N$ 帧积累后的目标幅值与噪声水平，二者相减得到信噪比，由于每 120 帧对应的时间较短，可以认为在每一小段内目标的运动平稳，幅度没有起伏，因此将通过以上方法得到的信噪比视为理论信噪比；最后，直接计算 $120\times N$ 帧的信噪比，作为算法处理的实际信噪比。将理论信噪比与实际信噪比对比，得到积累损失。

表 3-3 给出了积累约 1s、2s 和 3s 时对应的积累损失、理论信噪比与实际信噪比，目标运动参数信息也列在其中。

表 3-3　民航飞机回波数据积累 1s、2s 和 3s 时的结果

积累时间/s	理论信噪比/dB	实际信噪比/dB	积累损失/dB	目标运动速度/(m/s)	目标加速度/(m/s^2)
1.04	26.67250	29.38354	0.02966	214.845	0.482
2.09	26.64284	29.35994	0.02360	214.510	0.180
3.13	31.10541	31.00496	0.10045	214.398	0.125

为探索长时间积累算法的积累时间极限，一共得到了 1～9s 的积累结果，如图 3-16 所示。实际的积累结果呈对数形式上升，积累时间越长，信噪比提升得越缓慢。

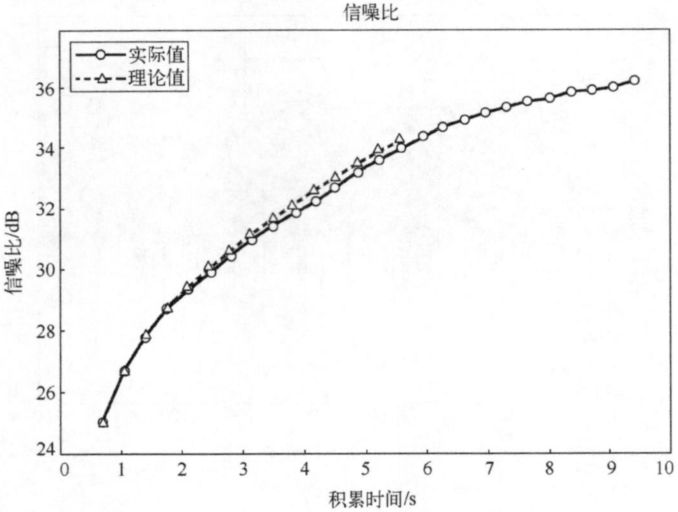

图 3-16　民航飞机目标长时间积累边界探索

2. 运输机转弯运动数据

录取该实测数据的雷达系统参数如表 3-4 所示。

表 3-4　雷达参数

载频	脉冲重复间隔	采样频率	脉宽	带宽
1330MHz	1200μs	2.5MHz	200μs	2MHz

选取其中第 17 波束进行处理，给出积累 834 帧回波(积累时间约 1s)的 MTD 结果，如图 3-17 所示。

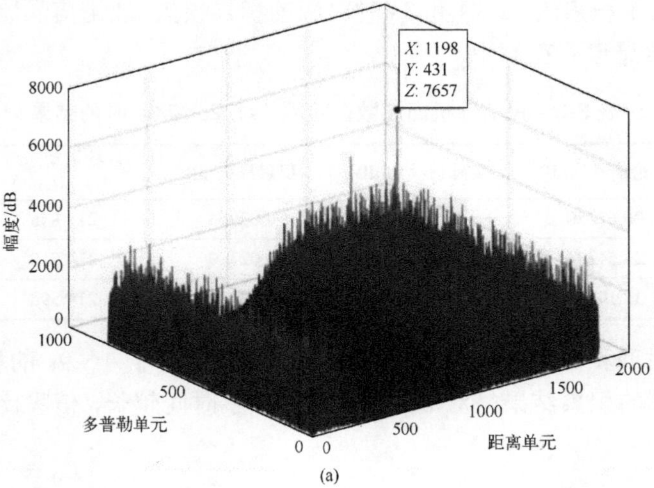

(a)

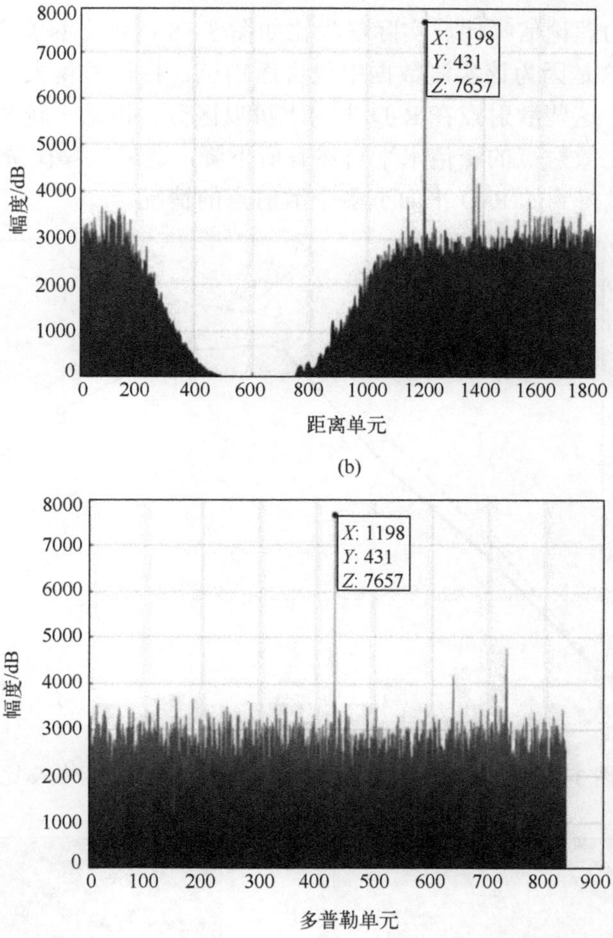

图 3-17　运输机转弯运动积累 834 帧的 MTD 结果

在图 3-17 中，选取位于第 1198 个距离单元中的目标进行长时间积累分析。由采样频率可以得到，该目标位于约 71.880km 处。

表 3-5 给出了积累 1s、2s 和 3s 是的信噪比变化情况。1～3s 积累后的信噪比变化基本与理论相符。表 3-5 给出了积累 1s、2s 和 3s 时目标的运动参数信息。

表 3-5　转弯运输机回波数据积累 1s、2s 和 3s 时的结果

积累时间/s	理论信噪比/dB	实际信噪比/dB	积累损失/dB	目标速度/(m/s)	目标加速度/(m/s^2)
1.00	21.570	21.570	0.00	95.562	0.309
2.00	24.570	24.050	0.52	95.393	0.084
3.00	27.570	26.160	1.41	95.412	0.250

积累 1～6s 的理论信噪比、实际信噪比如图 3-18 所示。4s 后信噪比没有提升，反而开始下降，这是因为该实测数据中包含运输机，目标体积大，有多个散射点，积累时间较长时，这些散射点在 R-D 平面上可以区分，相比于较短时间积累得到凝聚的尖峰，各独立散射点的峰值水平自然有所下降，造成信噪比降低。图 3-19 给出了积累 4s 和 5s 时得到的 R-D 平面上多个散射点的情况。

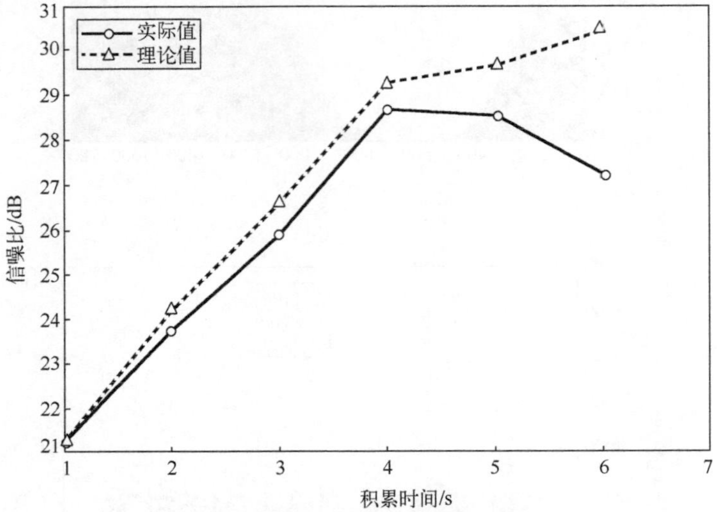

图 3-18　运输机转弯运动积累 1～6s 的理论与实际信噪比

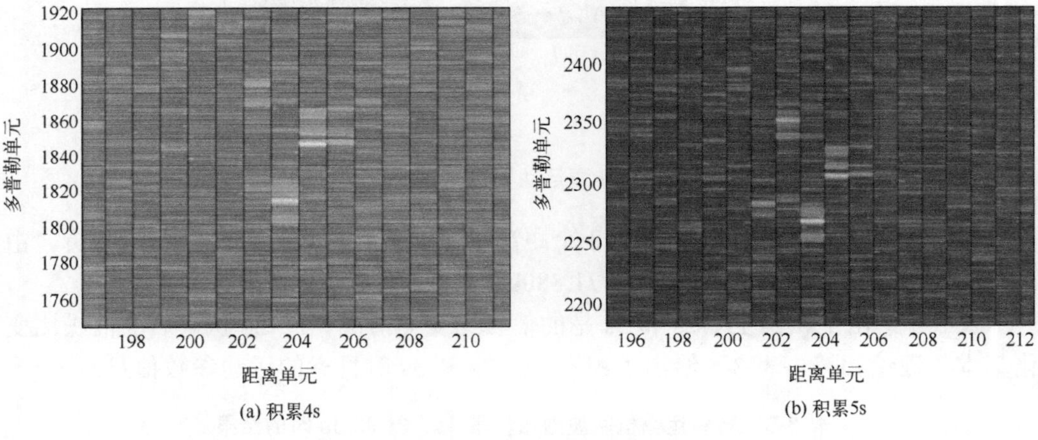

图 3-19　R-D 平面上多散射点情况

3. 运输机平稳运动数据

录取该实测数据的雷达数据中第 18 波束进行处理，给出积累 834 帧回波(积累时间约 1s)的 MTD 结果，如图 3-20 所示。

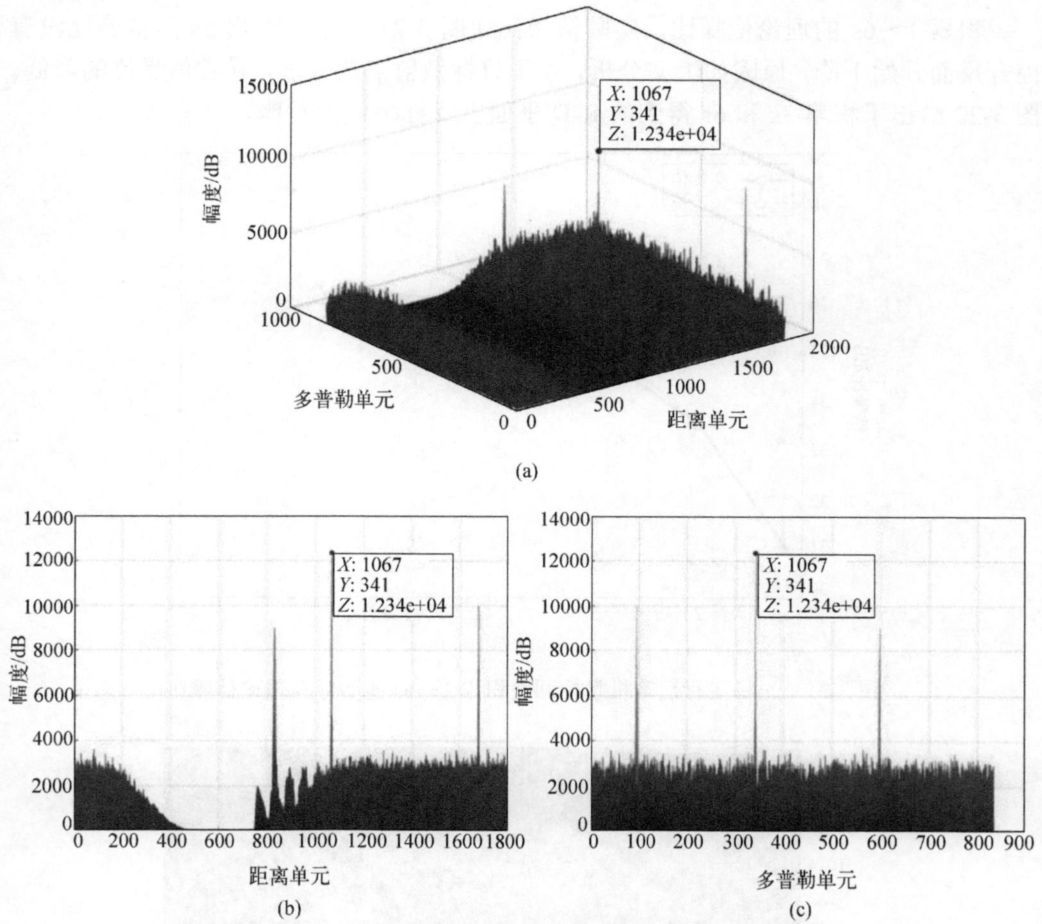

图 3-20　运输机平稳运动积累 834 帧的 MTD 结果

在图 3-20 中选取位于第 1067 个距离单元中的目标进行长时间积累分析。由采样频率可以得到，该目标位于约 64.020km 处。

表 3-6 给出了积累 1s、2s 和 3s 时的信噪比变化情况。可以看出 1～3s 积累后的信噪比变化基本与理论相符。表 3-6 也给出了积累 1s、2s 和 3s 时目标的运动参数信息。

表 3-6　平稳飞行运输机回波数据积累 1s、2s 和 3s 时的结果

积累时间/s	理论信噪比/dB	实际信噪比/dB	积累损失/dB	目标速度/(m/s)	目标加速度/(m/s^2)
1.00	30.529	30.519	0.010	234.962	−0.140
2.00	33.540	33.537	0.003	234.962	−0.197
3.00	35.301	34.975	0.326	234.962	−0.187

积累 1～6s 的理论信噪比、实际信噪比如图 3-21 所示。积累 5s 后信噪比没有提升反而开始下降，原因如上文分析，由于目标散射点的分散，导数信噪比的降低。图 3-22 给出了积累 3s 和 6s 得到的 R-D 平面上目标幅值的对比。

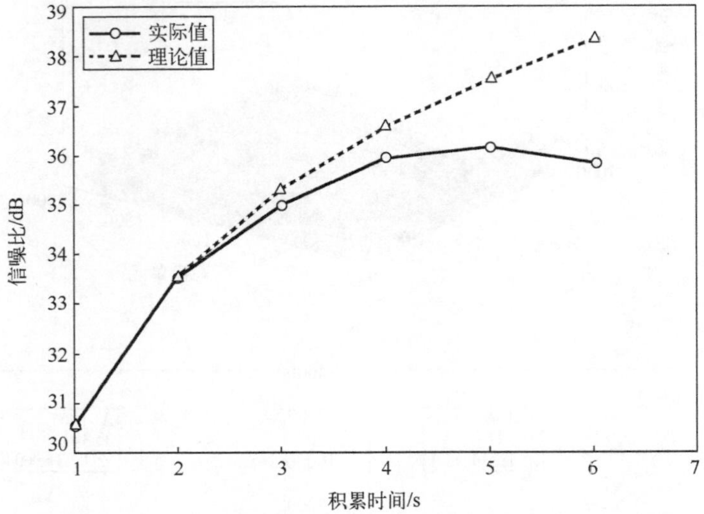

图 3-21　平稳飞行运输机目标回波积累 1～6s 的实际与理论信噪比

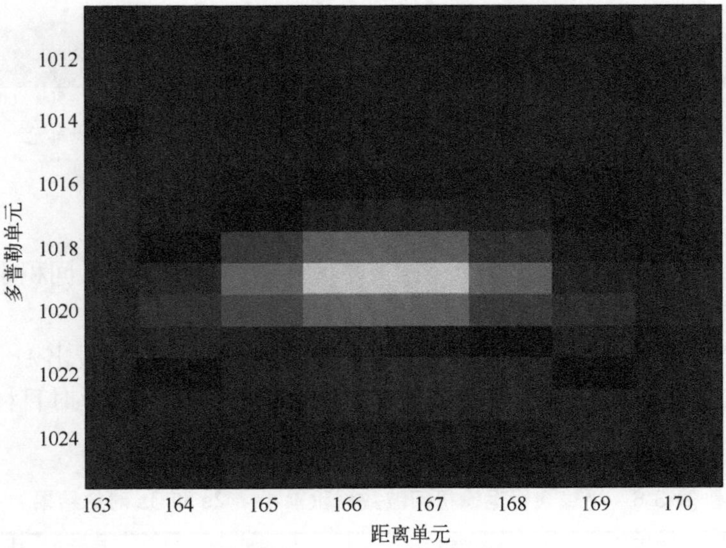

(a) 积累3s，R-D平面中的目标幅值

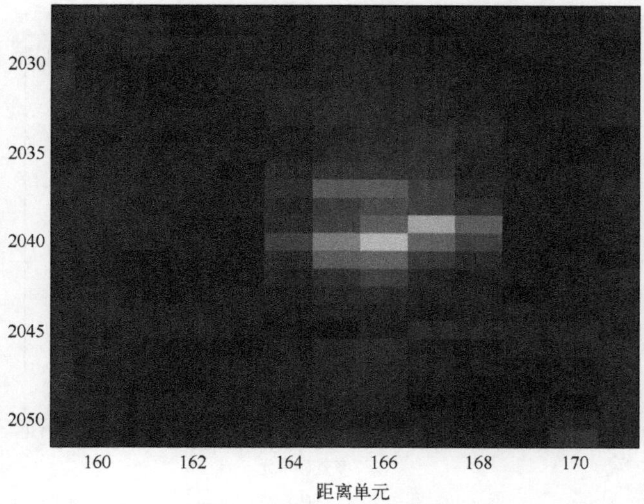

(b) 积累6s，R-D平面中的目标幅值

图 3-22　更长时间积累运输机目标方位向散焦情况

4. 无人机数据

录取实测数据的雷达系统参数如表 3-7 所示，对雷达数据并采用上述算法进行处理，给出积累 8192 帧回波(积累时间约 1.64s)的 MTD 结果，如图 3-23 所示。

表 3-7　无人机雷达参数

载频	脉冲重复间隔	采样频率	脉宽	带宽
1315MHz	200μs	5MHz	2μs	4MHz

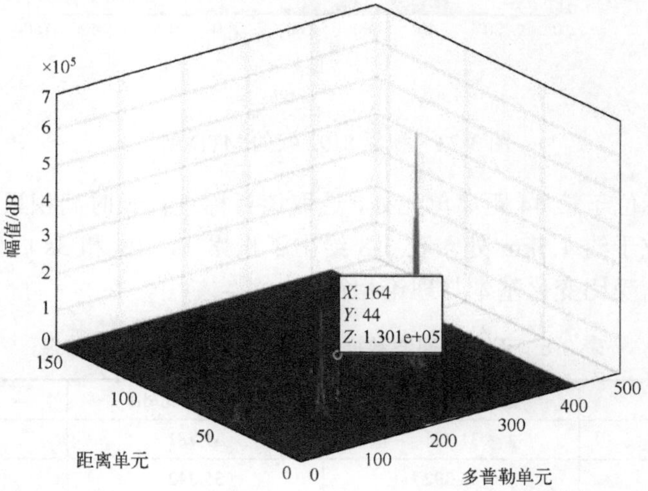

(a)

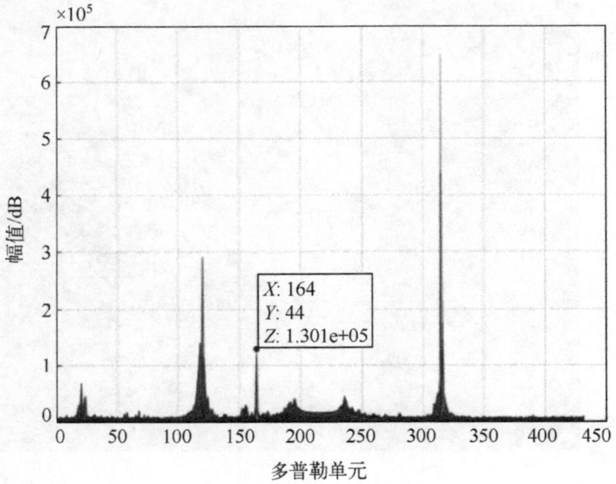

(b)

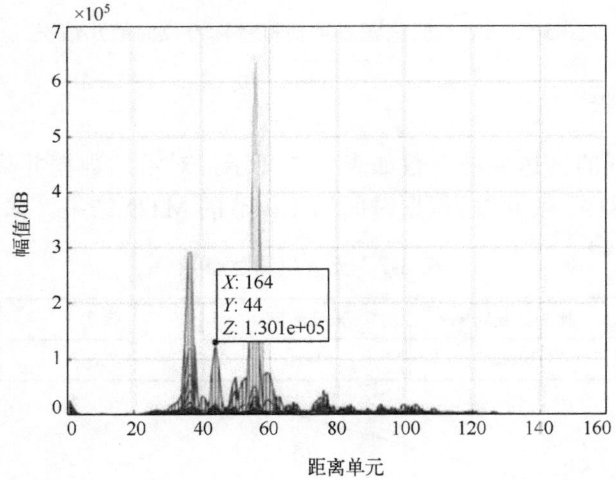

(c)

图 3-23　积累 8192 帧的 MTD 结果

无人机目标位于第 44 距离单元处，选取该目标进行长时间积累分析。由采样频率可得到目标位于约 1.5km 处。表 3-8 给出了积累 1s、2s 和 3s 时的信噪比变化情况，积累后的信噪比变化基本与理论相符。

表 3-8　无人机回波数据积累 1s、2s 和 3s 时的结果

积累时间/s	理论信噪比/dB	实际信噪比/dB	积累损失/dB
1.00	31.791	31.781	0.010
2.00	35.392	35.342	0.050
3.00	36.553	36.492	0.061

图 3-24 给出了积累 1～5s 时的信噪比变化情况，到 5s 时满足积累增益损失的要求。以上分析表明，相参积累有效时长与雷达工作频段、目标大小、目标运动方式等因素相关，通常来说雷达工作频率越低、目标越小、目标运动越平稳，相参积累有效时间越长。

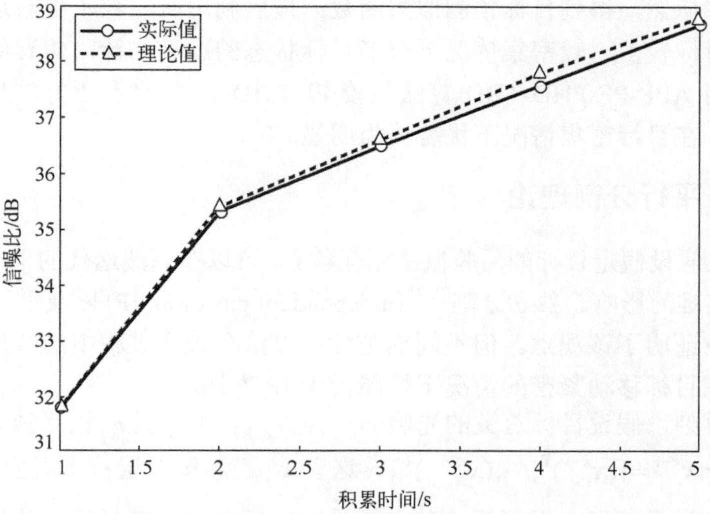

图 3-24　无人机回波积累 1～5s 的实际与理论信噪比

3.4　低空目标雷达检测前跟踪方法

解决低信杂(噪)比(一般小于 10dB)目标的多目标检测问题，对单帧雷达回波数据进行先检测后跟踪处理可能会带来目标信息浪费，导致雷达检测性能急剧下降。一个有效的解决方案是采用多帧联合处理思想，在检测步骤之前，从目标跟踪、航迹处理的角度挖掘数据中包含的相关信息，提高目标的检测性能，这种方法被称为检测前跟踪(track-before-detect, TBD)。基于 TBD，微弱目标的低信杂(噪)比可以通过多帧联合得到积累，避免因恒虚警处理带来的损失。实践证明，TBD 方法对实际雷达系统的性能有一定的提升，代价是数据存储量大。概率假设密度(probabilistic hypothesis density，PHD)滤波被定义为多目标问题中的期望值，PHD 滤波作为最优多目标贝叶斯滤波的一种，能够有效降低运算量。

在多目标 TBD 中，目标状态的维数因为目标数目的增多而线性增长造成维数灾难，使得粒子数目必须足够大才能解决高维度的联合采样问题，但过多粒子又会使计算负担增大。为了解决计算量与估计精度之间的矛盾，本节引入两层粒子的概念，将平行分割理论(parallel partition, PP)与辅助粒子滤波(auxiliary particle filter，APF)

结合，在 PHD 滤波的粒子滤波(particle filter，PF-PHD)实现方法基础上进行改进，提出了基于平行分割的辅助粒子滤波 PHD-TBD 方法(auxiliary PP，APP-PF-PHD-TBD)。此方法利用平行分割理论，避免联合采样时的维数灾难；再利用 APF 的辅助变量对第二层粒子标记，对当前目标进行状态预测时，结合与当前目标相邻近目标的状态似然，得到目标预测似然函数；最后利用两层粒子更新迭代，在粒子数较少或是目标较多、较密集情况下对多目标状态的准确估计。仿真结果和海杂波数据实验表明 APP-PF-PHD-TBD 算法相较 PF-PHD-TBD 具有更好的目标数目和状态估计效果，在目标密集情况下优势更为明显。

3.4.1 粒子平行分割理论

后验独立假设假定目标的后验概率相互独立，可以在滤波迭代的下一步先验估计中减弱维数灾难的影响。独立分割[8, 9](independent partition, IP)以及平行分割[43](PP)的实例都有效证明了该观点。但不同的是 PP 方法在采样过程中结合周围目标进行估计，因此在目标移动紧密的情况下性能优于 IP 方法。

在 k–1 时刻，假设目标总数的先验估计为 N_{k-1}，并且运动相互独立。分割单个粒子 $\boldsymbol{x}_i^{k-1}$，令 $\boldsymbol{x}_i^{k-1}=[(\boldsymbol{x}_{1,i}^{k-1})^{\mathrm{T}},\cdots,(\boldsymbol{x}_{N_{k-1},i}^{k-1})^{\mathrm{T}}]$，这里 $\boldsymbol{x}_{t,i}^{k}$ 表示第二层粒子对应于目标 t 的部分，并可称之为子粒子。根据后验独立假设，k–1 时刻的多目标后验概率密度可以重写为

$$p(\boldsymbol{x}^{k-1}\mid \boldsymbol{z}^{1:k-1})\propto p(\boldsymbol{z}^{k-1}\mid \boldsymbol{x}^{k-1})\prod_{t=1}^{N_k}\sum_{i=1}^{N}w_i^{k-1}p(\boldsymbol{x}_t^{k-1}\mid \boldsymbol{x}_{t,i}^{k-1}) \tag{3-30}$$

为了在采样步骤中考虑周围目标的影响，目标 t 平均预测目标状态[44]为

$$\hat{\boldsymbol{x}}_t^{k|k-1}=\sum_{i=1}^{N_{k-1}}w_i^{k|k-1}\cdot \boldsymbol{x}_{t,i}^{k|k-1} \tag{3-31}$$

式中，$\boldsymbol{x}_{t,i}^{k|k-1}$ 是第 i 个子粒子对第 t 个目标在 k 时刻状态的一步预测[45]。另外，对每一个目标 t，另建立向量 $\hat{\boldsymbol{x}}_{-\{t\}}^{k|k-1}$ 表示剩余目标(全部目标中除去目标 t 在 k 时刻的预测状态的集合)：

$$\hat{\boldsymbol{x}}_{-\{t\}}^{k|k-1}=[(\hat{\boldsymbol{x}}_1^{k|k-1})^{\mathrm{T}},\cdots,(\hat{\boldsymbol{x}}_{t-1}^{k|k-1})^{\mathrm{T}},(\hat{\boldsymbol{x}}_{t+1}^{k|k-1})^{\mathrm{T}},\cdots,(\hat{\boldsymbol{x}}_{N_{k-1}}^{k|k-1})^{\mathrm{T}}] \tag{3-32}$$

根据目标 t 的预测状态 $\hat{\boldsymbol{x}}_t^{k|k-1}$ 和相邻其他目标的预测状态集合 $\hat{\boldsymbol{x}}_{-\{t\}}^{k|k-1}$ 共同定义目标 t 的完整预测似然 $b_t(\boldsymbol{x}_t^{k|k-1})\propto p(\boldsymbol{z}^k\mid \hat{\boldsymbol{x}}_{-\{t\}}^{k|k-1},\boldsymbol{x}_t^{k|k-1})$，即使在多目标密集的情况下也能够对目标传递更为准确的预测信息。

3.4.2 平行分割辅助粒子滤波

辅助粒子滤波旨在借助辅助变量，可以更加准确地考虑量测，模拟出最优重要性采样的采样过程[44]。但在目标数增加时，APF 的采样过程是在整个状态空间联合采样以至于会受到维数灾难的影响，从而导致性能降低。APP-PF 将粒子平行分割和辅助粒子滤波相结合，通过平行分割理论，可以减弱维数灾难对滤波性能的影响。

假设 k 时刻目标估计值为 N_k，定义 $\lambda_{t,i}$ 为预测目标似然 $b_t(\boldsymbol{x}_t^{k|k-1})$ 和粒子权重的乘积，即 $\lambda_{t,i}=b_t(\boldsymbol{x}_t^{k|k-1})w_i^k$，APP-PF 的辅助变量 $\boldsymbol{a}=[\boldsymbol{a}_1,\cdots,\boldsymbol{a}_{N_k}]^{\mathrm{T}}$ 通过对 $\lambda_{t,i}$ 采样得到。

APP-PF 的重要性密度函数进行目标采样时相互独立，借助辅助变量 $\boldsymbol{a}$ 表示[44]：

$$q(\boldsymbol{x}^k,\boldsymbol{a}\,|\,z^{1:k})=\prod_{t=1}^{N_k}q_t(\boldsymbol{x}_t^k,\boldsymbol{a}_t\,|\,z^{1:k}) \tag{3-33}$$

$$q_t(\boldsymbol{x}_t^k,\boldsymbol{a}_t\,|\,z^{1:k})\propto b_t(\boldsymbol{\mu}_{t,\boldsymbol{a}_t}^k)w_{t,\boldsymbol{a}_t}^k\,p(\boldsymbol{x}_t^k\,|\,\boldsymbol{x}_{t,\boldsymbol{a}_t}^{k|k-1}) \tag{3-34}$$

式中，$w_{t,\boldsymbol{a}_t}^k$ 表示子粒子的权重，$\boldsymbol{\mu}_{t,\boldsymbol{a}_t}^k$ 为子粒子 $\boldsymbol{x}_{t,\boldsymbol{a}_t}^k$ 对 $\boldsymbol{x}_t^{k|k-1}$ 的采样 $\boldsymbol{\mu}_{t,\boldsymbol{a}_t}^k\sim p(\boldsymbol{x}_t^k\,|\,\boldsymbol{x}_{t,\boldsymbol{a}_t}^{k|k-1})$。

利用针对单个目标的辅助变量 $\boldsymbol{a}_t$ 进行后验采样，可得到：

$$p(\boldsymbol{x}^k,\boldsymbol{a}\,|\,z^{1:k})\propto p(z^k\,|\,\boldsymbol{x}^k)\prod_{t=1}^{N_k}w_{\boldsymbol{a}_t}^k\,p(\boldsymbol{x}_t^k\,|\,\boldsymbol{x}_{t,\boldsymbol{a}_t}^{k|k-1}) \tag{3-35}$$

目标的子粒子借助跟踪目标的索引 $a_{t,i}\in\boldsymbol{a}_t$ 与目标 t 正常匹配，保证了准确描述目标 t 周围邻近的其他目标。对于单目标的情况，即 $N_k=1$，APP-PF 即为标准的辅助粒子滤波。

3.4.3 平行分割辅助粒子滤波概率假设密度检测前跟踪方法实现

APP-PF-PHD-TBD 算法与现有 PF-PHD-TBD 的不同之处在于预测和更新过程，其具体实现[46-48]如下。

(1) 初始化。

用一定数量的粒子根据目标的初始建议密度进行采样。

(2) PHD 预测。

假设在 k 时刻目标总数为 N，有 L_{k-1} 个存活粒子，给定 k 时刻量测信息 $\boldsymbol{Z}^{(k)}$ 以及带有权重的粒子集合 $\{(\boldsymbol{x}_1^{k-1},w_1^{k-1}),\cdots,(\boldsymbol{x}_{L_{k-1}}^{k-1},w_{L_{k-1}}^{k-1})\}$，依然根据建议密度 $q_k(\cdot\,|\,\boldsymbol{x}_i^{k-1},\boldsymbol{Z}^{(k)})$ 采样存活目标的粒子；假设 k 时刻有 J_k 个采样粒子对应新生目标，根据建议密度 $p_k(\cdot\,|\,\boldsymbol{Z}^{(k)})$ 采样新生目标的粒子。计算存活粒子和新生粒子的权重。粒子 i 中的第 t 个子粒子利用预测概率 $p(\boldsymbol{x}_t^k\,|\,\boldsymbol{x}_{t,i}^{k|k-1})$ 得到 $\boldsymbol{\mu}_{t,i}^k$，计算预测目标似然 $b_t(\boldsymbol{\mu}_{t,i}^k)$ 并得到 $\lambda_{t,i}$，归一化 $(\lambda_{t,1},\cdots,\lambda_{t,L_{k-1}+J_k})$，从该分布采样得到辅助变量 $a_{t,i}$，按照预测公式得到子粒子

的预测权重：

$$w_{t,a_{t,i}}^{k|k-1}=\begin{cases}\dfrac{w_{t,a_{t,i}}^{k-1}f_{k|k-1}(\boldsymbol{x}_{t,a_{t,i}}^{k|k-1}\mid\boldsymbol{x}_i^{k-1})p_s}{q_k(\boldsymbol{x}_{t,a_{t,i}}^{k|k-1}\mid\boldsymbol{x}_{t,a_{t,i}}^{k-1},\boldsymbol{Z}^{(k)})}, & i=1,2,\cdots,L_{k-1}\\[2ex]\dfrac{\gamma_{k|k-1}(\boldsymbol{x}_{t,a_{t,i}}^{k|k-1})}{p_k(\boldsymbol{x}_{t,a_{t,i}}^{k|k-1}\mid\boldsymbol{Z}^{(k)})}, & i=L_{k-1}+1,\cdots,L_{k-1}+J_k\end{cases}\tag{3-36}$$

使用子粒子一步预测概率 $p(\boldsymbol{x}_t^k\mid\boldsymbol{x}_{t,a_{t,i}}^{k|k-1})$ 采样可以得到 k 时刻的子粒子 $\boldsymbol{x}_{t,i}^{k|k-1}$。

(3) PHD 更新。

k 时刻对第一层粒子 $i=1,2,\cdots,L_{k-1}+J_k$ 更新权重：

$$w_{t,a_{t,i}}^k=\frac{\prod\limits_{i\in T_i(\boldsymbol{x}_i^{k|k-1})}\prod\limits_{j\in T_j(\boldsymbol{x}_i^{k|k-1})}\prod\limits_{l\in T_l(\boldsymbol{x}_i^{k|k-1})}L(z_{i,j,l}^k\mid\boldsymbol{x}_{t,a_{t,i}}^{k|k-1})}{\lambda_{k+1}+\rho_{k+1}(z_{i_0,j_0,l_0}^k)}w_{t,a_{t,i}}^{k|k-1}\tag{3-37}$$

在此更新之外还需要对第一层粒子 $i=1,\cdots,L_{k-1}+J_k$ 进行权重更新，即进行：

$$w_i^k\propto\frac{p(\boldsymbol{z}^k\mid\boldsymbol{x}_i^k)\prod\limits_{t=1}^{N_k}w_{a_{t,i}}^k p(\boldsymbol{x}_{t,i}^k\mid\boldsymbol{x}_{t,a_{t,i}}^{k|k-1})}{\prod\limits_{t=1}^{N_k}b_t(\boldsymbol{\mu}_{t,a_{t,i}}^k)w_{a_{t,i}}^k p(\boldsymbol{x}_{t,i}^k\mid\boldsymbol{x}_{t,a_{t,i}}^{k|k-1})}\propto\frac{p(\boldsymbol{z}^k\mid\boldsymbol{x}_i^k)}{\prod\limits_{t=1}^{N_k}b_t(\boldsymbol{\mu}_{t,a_{t,i}}^k)}\tag{3-38}$$

另外还对 k 时刻高似然比子粒子进行选择，令子粒子在 k 时刻根据似然比对目标的索引 t 相互交叉替换，之后继续将 k 时刻的子粒子组合成 k 时刻的粒子。此时的粒子是经由子粒子权重进行交叉选择，合并得到的结果。

(4) 与 PF-PHD-TBD 一致进行重采样与状态提取。

3.4.4 实验分析

仿真设置 40 个雷达传感器扫描周期，产生 40 帧仿真数据，共经过 100 次蒙特卡罗实验计算统计均值。扫描间隔 T=1s。假设雷达的测量区域设置为[0,2000]m×[0,2000]m，雷达传感器位于原点，距离分辨率 15m，多普勒分辨率 1m/s，方位分辨率 1°。为了论证本节所提算法的稳定性，采用两组仿真实验进行对比，另外一组实验应用到实际海杂波背景下的多目标运动场景，三组实验仿真场景各有区别，最后通过对比总结算法性能。

仿真中参数设置为：目标存活概率 p_s=0.99，新生概率 p_b=0.01，设置的第一级检测门限对应的检测概率 p_d=0.98。目标运动和强度过程噪声的功率谱密度 q_1=0.001，q_2=0.01，q_3=0,1；每一个存活目标分配得到的粒子数为 L_1=500，新生目标粒子数 J_1=500，粒子总数为 3000；为对比粒子数较少情况下的性能，另外设置每一个存活目标分配得到的粒子数 L_2=300，新生目标粒子数 J_2=300，粒子总数为 1800。信杂(噪)比 $\mathrm{SCNR}=10\lg(P/2\sigma^2)$，可依据目标功率和信杂(噪)比推算背景功率协方差 σ^2。杂波是一个泊松随机有限集，杂波点数为 40，杂波密度为 $\lambda_c=10^{-5}\,\mathrm{m}^{-2}$。粒子强度服从均匀分布，设定在 15～25 之间。整个仿真场景不考虑衍生目标情况。

由于存在笛卡儿坐标和距离-多普勒-方位坐标之间的转换，就实现方式而言高斯混合形式不及粒子滤波形式的滤波性能，因此仿真主要讨论粒子滤波实现，仿真过程利用 PF-PHD-TBD、APP-PF-PHD-TBD 方法在相同的仿真场景，在 9dB、8dB、6dB 的信杂(噪)比环境下依次试验。仿真实验中采用最优子模式分配(optimal subpattern assignment，OSPA)距离作为目标状态估计精度的性能评估标准，OSPA 截断距离 c=40m，距离参数 p=2。

(1)实验一：多目标仿真场景匀速(constant velocity，CV)模型，无目标交叉检测性能对比。

假设目标之间航迹没有交叉，目标运动模型符合 CV 模型，多目标的初始位置设置如表 3-9 所示，一共经过 100 次蒙特卡罗仿真，得到两种算法的性能对比如图 3-25～图 3-27 所示。

表 3-9　实验一中目标运动状态

目标	初始状态 [m,m/s,m,m/s,rad/s,–]	出现帧	消失帧
1	[50,20,750,0,0,I]	5	36
2	[1250,45,1500,25,0,I]	12	28
3	[50,75,400,–40,0,I]	12	30
4	[50,60,1900,–0.5,0,I]	15	31
5	[50,100,1250,0,0,I]	16	33
6	[500,90,1000,0.2,0,I]	17	30

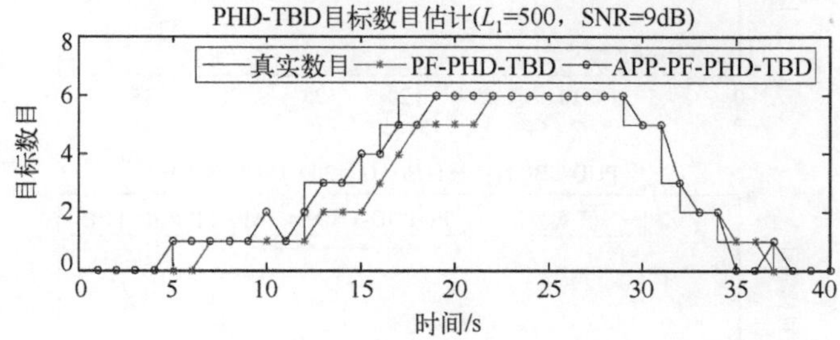

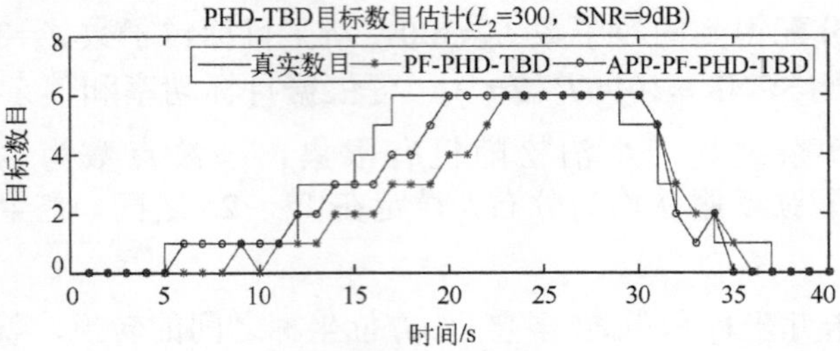

(a) 检测的目标数对比

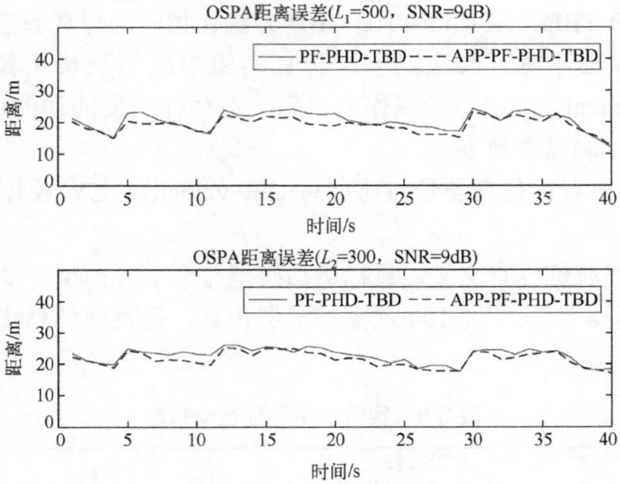

(b) 位置估计精度对比

图 3-25　实验一 9dB 时两种方法检测性能对比

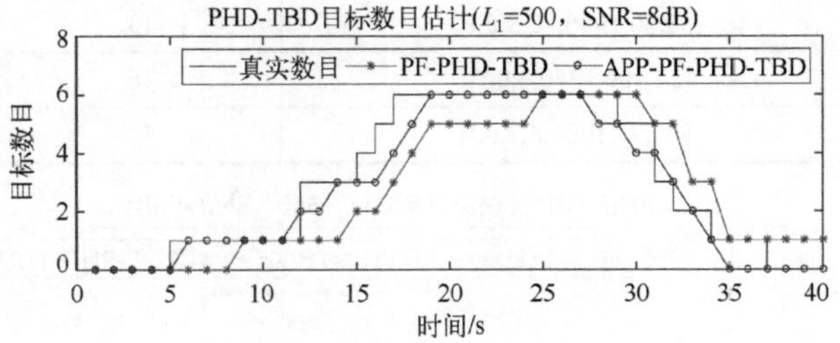

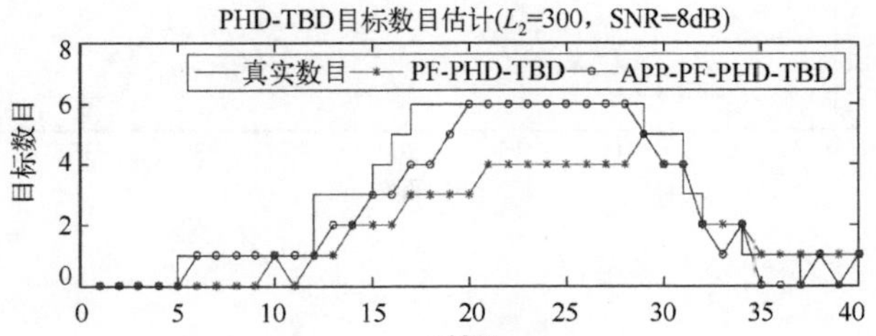

(a) 检测的目标数对比

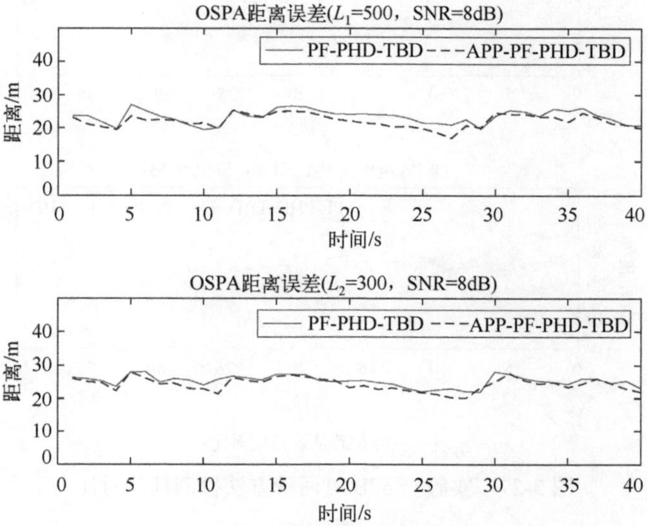

(b) 位置估计精度对比

图 3-26 实验一 8dB 时两种方法检测性能对比

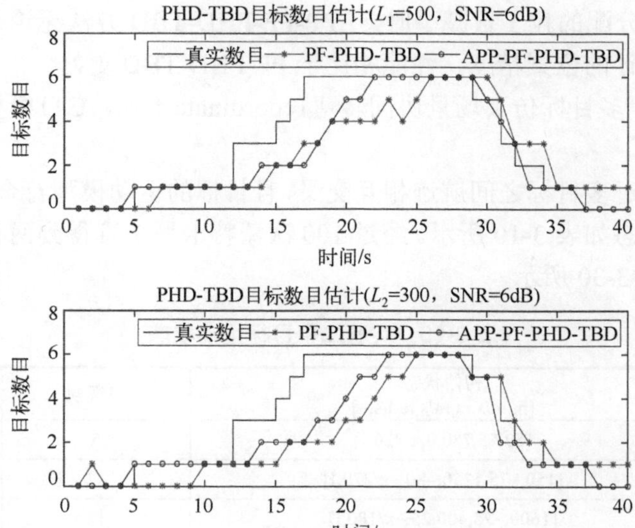

(a) 检测的目标数对比

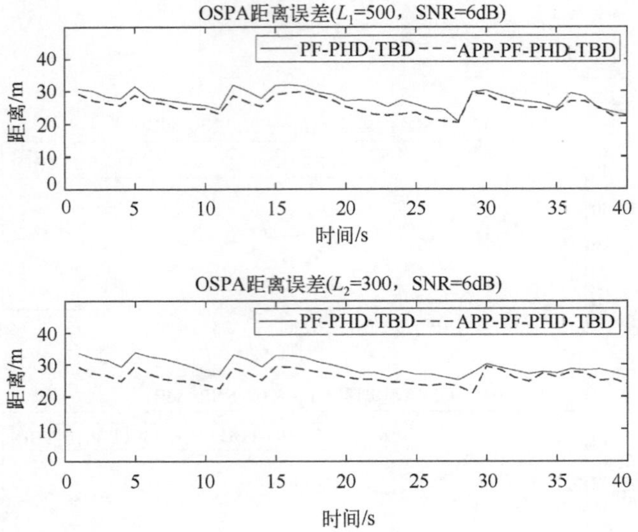

(b) 位置估计精度对比

图 3-27　实验一 6dB 时两种方法检测性能对比

由图 3-25～图 3-27 实验一中两种方法的检测性能对比可以得出，相同仿真条件下，APP-PF-PHD-TBD 算法与 PF-PHD-TBD 算法相比有着近似的目标数目估计性能，且性能都较为良好，作为误差评判的 OSPA 距离也较为接近。需要注意的一点是，在单个目标分配的粒子数减少时，APP-PF-PHD-TBD 方法无论是在估计目标数目还是在目标估计的位置精度，性能相比于 PF-PHD-TBD 更好。

(2) 实验二：多目标仿真场景协同转弯(coordinate turn，CT)模型，目标航迹交叉检测性能对比。

仿真假设邻近多目标之间航迹相互交叉，且目标的运动模型符合协同转弯模型，多目标的运动状态如表 3-10 所示。经过 100 次蒙特卡罗仿真得到两种算法的性能对比如图 3-28～图 3-30 所示。

表 3-10　实验二中目标运动状态

目标	初始状态 [m,m/s,m,m/s,rad/s,–]	出现帧	消失帧
1	[50,55,750,0,π/720,I]	5	36
2	[150,–75,1250,–80,–π/270,I]	12	28
3	[1600,–75,400,25,–π/180,I]	12	30
4	[150,0,1000,–60,0,I]	15	31
5	[500,50,1250,–50,π/360,I]	16	33
6	[500,–0.6,600,50,π/180,I]	17	30

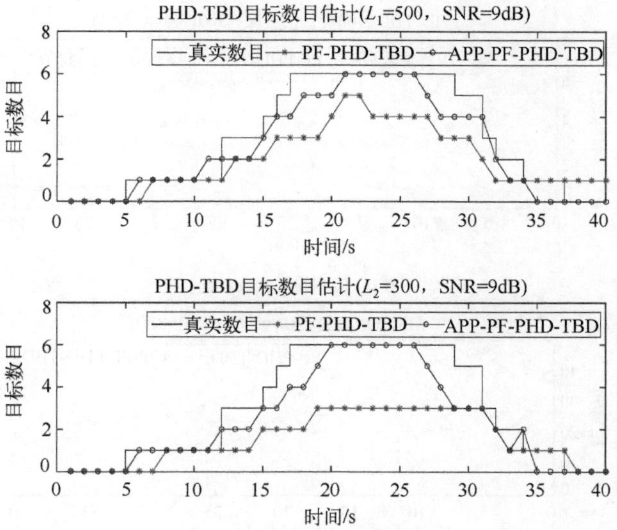

(a) 检测的目标数对比

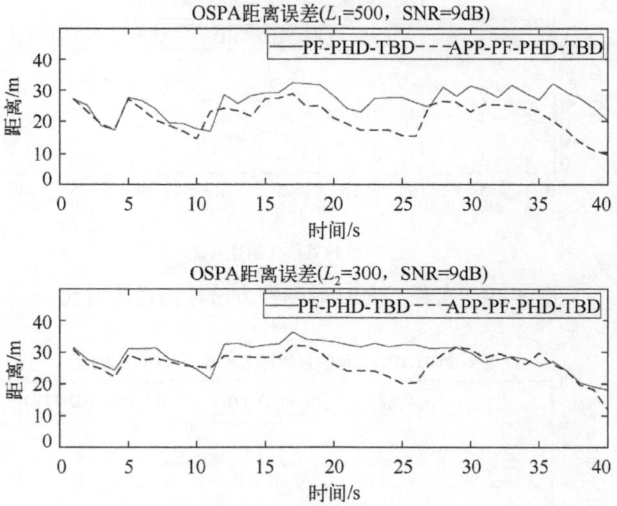

(b) 位置估计精度对比

图 3-28　实验二 9dB 时两种方法检测性能对比

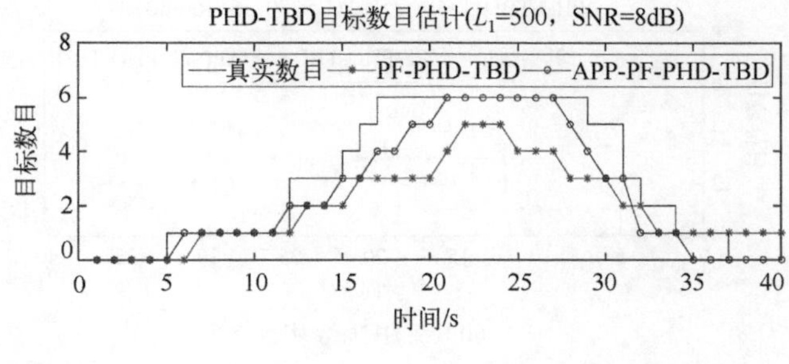

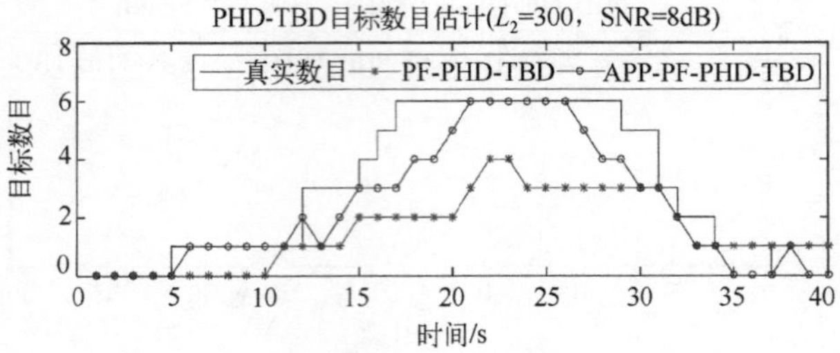

(a) 检测的目标数对比

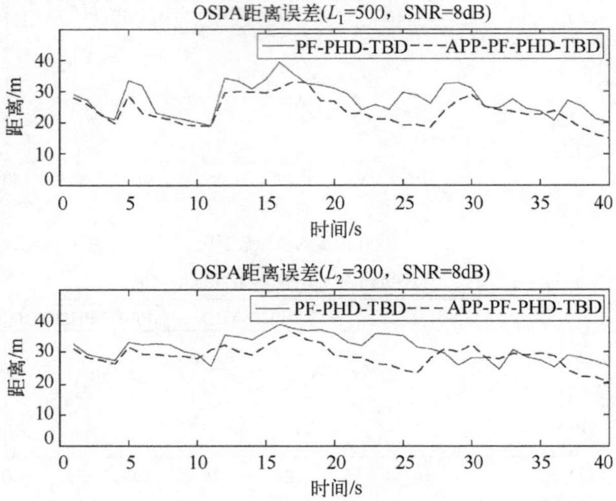

(b) 位置估计精度对比

图 3-29　实验二 8dB 时两种方法检测性能对比

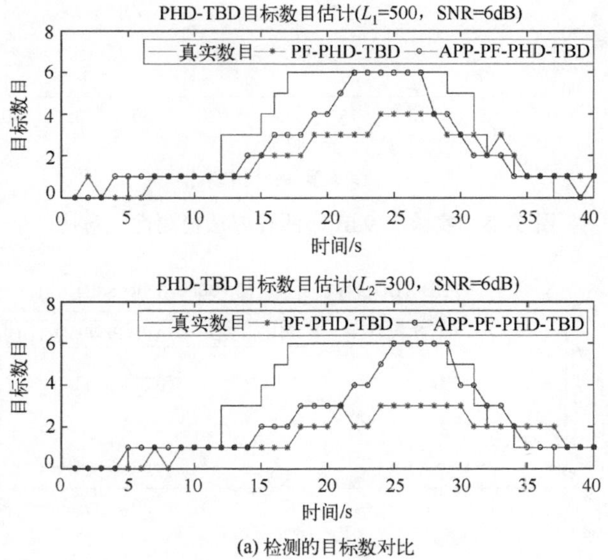

(a) 检测的目标数对比

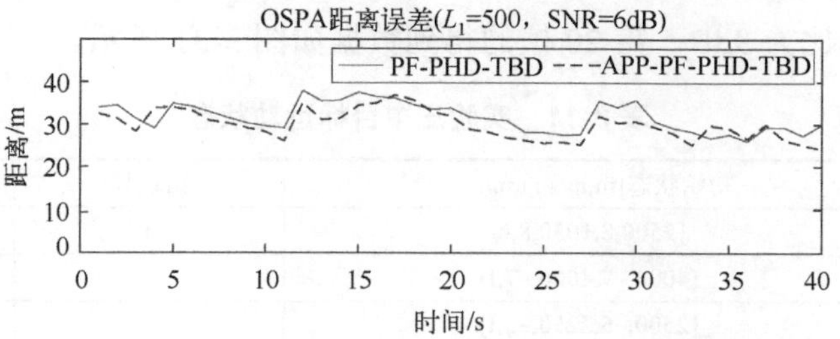

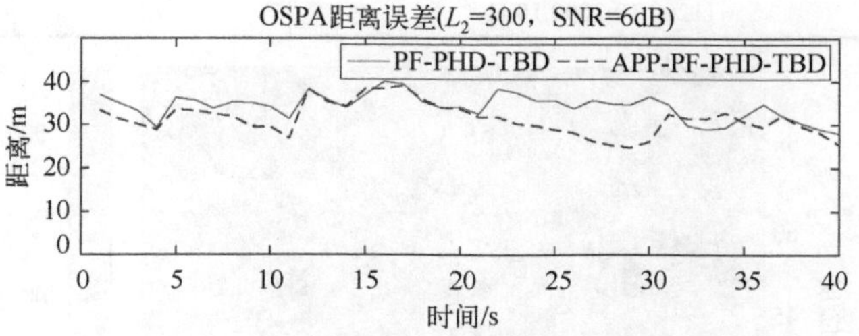

(b) 位置估计精度对比

图 3-30　实验二 6dB 时两种方法的检测性能对比

由图 3-25～图 3-30 可以看出目标密集时，APP-PF-PHD-TBD 算法明显拥有比 PF-PHD-TBD 算法更加优越的目标数目估计性能。信杂(噪)比较低以及粒子数目较少，算法性能都会下降，但 APP-PF-PHD-TBD 算法依然优于传统 PF-PHD-TBD 算法。PF-PHD-TBD 没有考虑邻近目标的重要性密度，其估计性能随着目标交叉而急剧下降，另外 PF-PHD-TBD 在多目标状态空间的联合采样会受到维数灾难的影响，相较之下 APP-PF-PHD-TBD 因为后验独立采样不会受到维数灾难的影响，同时考虑了相互邻近的目标状态，不会受到邻近目标的影响。

在图 3-25(b)～图 3-30(b)中，新生目标在既定时刻出现，在对应时刻，算法对目标数目估计有延迟，需要多帧跟踪估计才能检测到新生目标。随着多帧累积处理，目标数估计趋于稳定。由于传统 PF-PHD-TBD 此时目标数目已经估计不准，造成 OSPA 距离明显较高且接近截断距离 c。通过对比可以得出所提算法在粒子数较少的情况下相较传统 PF-PHD-TBD 算法更加稳定。从而验证了粒子分割理论在处理粒子数目较少情况下的优越性。

(3)实验三：实际海杂波背景检测性能对比。

该部分实验选取实际导航雷达采集的实际海杂波背景数据，进行多目标运动场景下的检测性能对比。雷达实际采样率为 60MHz，每圈扫描包含的脉冲数为 3000。导航雷达扫描速度为每分钟 24 圈。考虑到海面运动目标的运动较慢，为了使 TBD 效果更明显一些，采取隔一圈取一次扫描数据的方式，即 5 秒扫一圈。扫描一圈得到一帧数据，共 40 帧数据。截取雷达扫描信息四分之一数据作为海杂波实验数据，在雷达海杂波背景数据下添加目标运动信息，运动服从 CV 模型，目标信息如表 3-11

所示，信杂(噪)比为 9dB，第 20 帧的得到数据如图 3-31 所示。

表 3-11　实验三中目标运动状态

目标	初始状态[m,m/s,m,m/s,–]	出现帧	消失帧
1	[2500,8,1050,8,I]	5	36
2	[4000,–7,4000,–7,I]	12	30
3	[2500,–5,2250,–5,I]	16	33
4	[1200,10,2000,10,I]	12	28

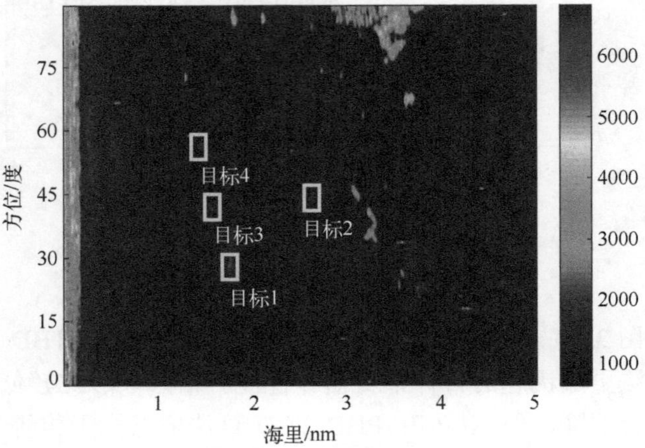

图 3-31　加入目标后雷达第 20 帧扫描的数据信息

在 TBD 检测之前先设置第一级门限 T_h=1200 控制数据量，使检测概率 p_d 保持 0.98 并完成后续检测，经过 100 次蒙特卡罗仿真，图 3-32 和图 3-33 所示为两种算法的跟踪效果对比。海杂波背景数据量较大，因此在该实验中每个存活目标和新生目标的粒子个数均为 1000，OSPA 距离参数设置 c=40m，距离参数 p=2。从图 3-32 可以看出在信杂(噪)比为 9dB 时，实际海杂波背景下 APP-PF-PHD-TBD 和 PF-PHD-TBD 两种方法对目标都能实现较为准确的估计，但是在目标数目变化时的估计都出现了延迟。相较之下 APP-PF-PHD-TBD 方法的目标数目检测性能更为平稳，未出现目标数目波动的情况，在图 3-23 中 APP-PF-PHD-TBD 方法的位置误差相对较小。

综合上述实验，理论分析 PF-PHD-TBD 的算法复杂度为 $O(mn)$，其中，m 为量测数目，n 为目标数目。APP-PF-PHD-TBD 相比于 PF-PHD-TBD 引入了与目标数目对应的第二层粒子，理论上算法复杂度会更高。实际仿真中，二者进行 100 次蒙特卡罗实验，统计得到三项实验一次运行的平均时间，如表 3-12～表 3-14 所示。

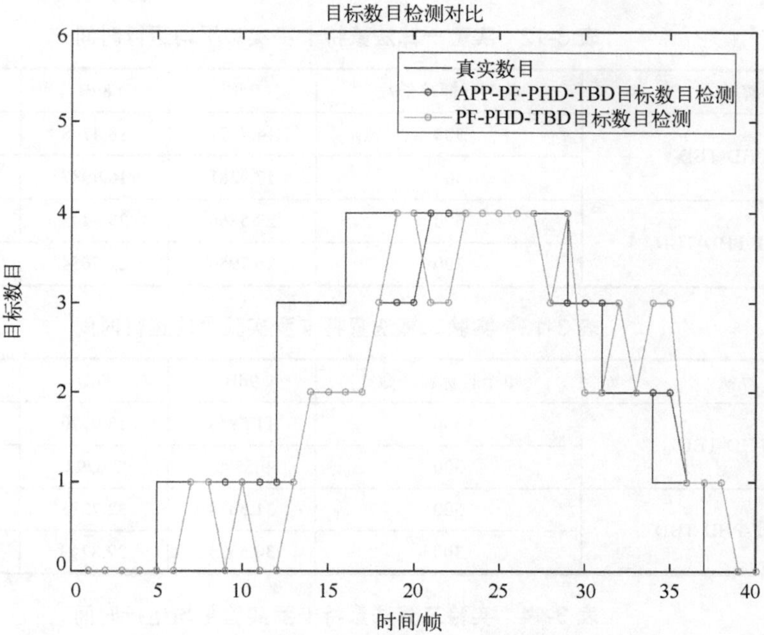

图 3-32　实验三中两种方法目标检测数目对比

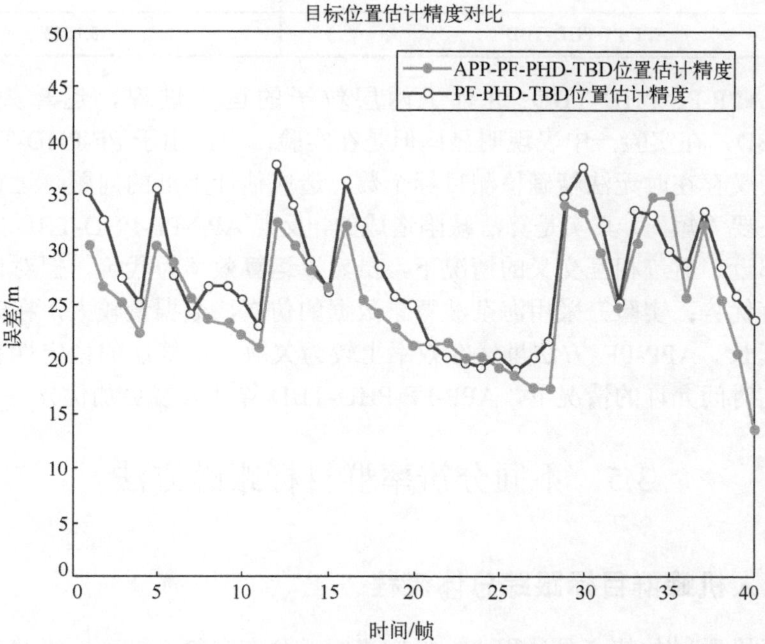

图 3-33　实验三中两种方法位置估计精度对比

表 3-12　实验一算法蒙特卡罗实验平均运行时间　　(单位：s)

算法	单个目标粒子数	9dB	8dB	6dB
PF-PHD-TBD	500	14.7771	18.4788	16.1523
	300	17.9281	16.9987	19.4703
APP-PF-PHD-TBD	500	29.5866	29.9445	27.9817
	300	26.7950	21.5654	22.0255

表 3-13　实验二算法蒙特卡罗实验平均运行时间　　(单位：s)

算法	单个目标粒子数	9dB	8dB	6dB
PF-PHD-TBD	500	11.5948	12.0970	9.1321
	300	9.5399	7.6792	8.4194
APP-PF-PHD-TBD	500	31.5074	32.7218	28.6130
	300	30.5533	29.8249	26.3135

表 3-14　实验三算法蒙特卡罗实验平均运行时间　　(单位：s)

算法	运行时间
PF-PHD-TBD	25.3594
APP-PF-PHD-TBD	40.1553

由于 APP-PF-PHD-TBD 进行了两层粒子的运算过程，运算效率略低于 PF-PHD-TBD，在实验一中表现明显；但是在实验二中，由于 PF-PHD-TBD 方法在目标航迹交叉存在时无法精确检测目标个数，造成估计不准的问题，运算时间相比实验一时还要“短”，其实是算法缺陷造成的，反观 APP-PF-PHD-TBD 方法在实验二多目标邻近、航迹相互交叉的情况下，虽然以运算效率为代价，但对目标的估计结果更具有优势；实验三采用海杂波背景数据的仿真，数据量较大，在时间上两种方法都有延长。APP-PF 方法虽然在效率上较为欠缺，但算法的稳定性和鲁棒性更强，因此在时间允许的情况下，APP-PF-PHD-TBD 算法表现更加优异。

3.5　不同分辨率群目标跟踪方法

3.5.1　无人机蜂群目标跟踪总体流程

无人机蜂群[49]的特点是体积小、低空飞行、分布密集、机动性强并且能够根据环境情况进行智能化、协作化编队变化，可以避免大部分的传统检测和跟踪手段。无人机蜂群作战作为一种新的作战方式，在高度对抗性、动态性的战场环境下与单无人机作战相比，其生存和作战能力得到大幅度的提高。

无人机蜂群主要有以下两个特点：第一是无人机群从整体上看其空间上分布是密集的；第二是从个体上看，群内的无人机之所以能稳定地形成群，是因为无人机成员之间有相似的运动状态并满足一定的运动状态约束关系。因此雷达得到的点迹量测同样具有上述两个特点，在群跟踪的过程中需要充分考虑群整体结构及运动状态的变化。无人机蜂群跟踪算法的流程图如图 3-34 所示。

由图 3-34 可以看出，对群目标进行跟踪需要进行量测划分及群数据关联。

1. 量测划分

量测划分是对当前获取的 n_k 个量测 $\boldsymbol{Z}_k=\{z_k^1,\cdots,z_k^{n_k}\}$ 依照一种特定的准则划分为 m_k 个群，得到 m_k 个未进行数据关联的集合 S_k^i（$i=1,\cdots,m_k$），S_k^i 中的元素即对应被划分到该群中的量测。分群方法上，Granström 等[50]提出的距离划分的方法实现对量测分群是当前应用最广泛的划分方法。该方法为，对于给定概率条件下，时刻的两个量测值 z_k^i 和 z_k^j（$i\neq j,i\leqslant n_k,j\leqslant n_k$）的距离划分公式如下：

$$(z_k^i-z_k^j)^{\mathrm{T}}\boldsymbol{R}_k^{-1}(z_k^i-z_k^j)<\delta_{P_G} \tag{3-39}$$

式中，$\boldsymbol{R}_k$ 为量测噪声协方差矩阵，δ_{P_G} 为单位距离划分的阈值。若 z_k^i 和 z_k^j 满足上述距离，则划分到同一量测子集。

2. 群数据关联

完成量测划分之后点迹被划分为多个群，跟踪时需要进行群数据关联。文献[51]给出的处理方法是先对量测值 $\boldsymbol{Z}_k$ 进行分群，然后与跟踪滤波算法的预测步回传的第 k 步群状态的预测量测数据进行群目标的数据关联；文献[52]的处理方法是在群目标稳定跟踪的情况下，即没有群合并或分裂的情况下先不对量测值 $\boldsymbol{Z}_k$ 进行分群检测，直接将第 k 步的预测群量测产生的跟踪门中的量测值与该产生跟踪门的群关联，从而筛选出当前时刻属于该群的量测值。

群数据关联通常是和群目标滤波算法联合使用，群目标滤波算法在跟踪步得到预测的量测信息后，一般紧接着需要对采集到的量测值进行数据关联。对于多群目标而言，其跟踪算法同样可以看成是传统多目标跟踪算法的发展，关联环节可以对联合概率数据关联(joint probabilistic data association，JPDA)算法和概率多假设跟踪(probabilistic multiple hypothesis tracking，PMHT)算法等传统的关联方法进行密集群目标跟踪适配，以改造成适合于密集群目标的关联方法[53,54]；跟踪环节则可以对每个群沿用上述的单群跟踪算法进行跟踪滤波。

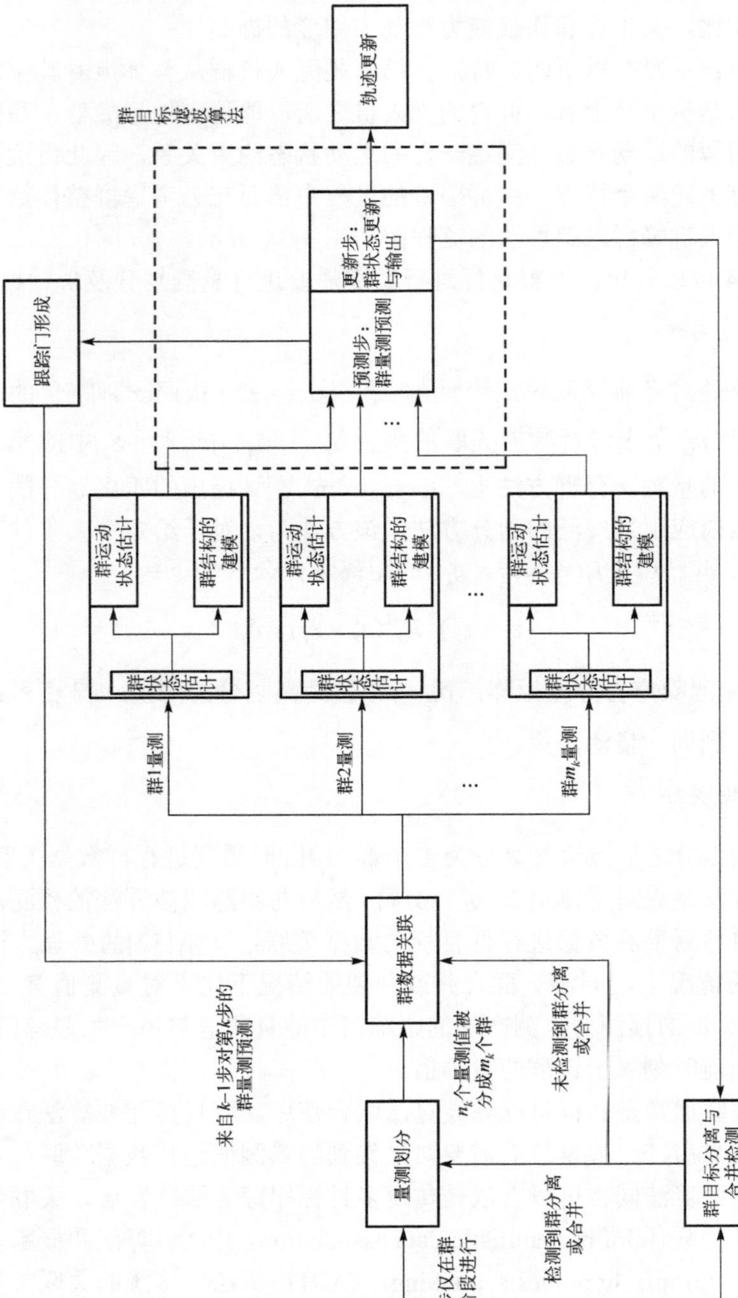

图 3-34　无人机蜂群跟踪算法的流程图

除传统关联算法，还有一类基于随机有限集(random finite set，RFS)算法[55]的方法。RFS 算法将目标状态和量测值都看作未知数的随机集，集合中的元素的数量称为集合基数，与贝叶斯滤波框架下群状态和每个量测都看作随机变量的函数的假设是十分契合的。相对于上面提到的两种关联算法，RFS 算法主要针对的并非数据关联问题，而是直接寻求多目标状态的最优和次优解。基于 RFS 的多群目标算法主要包括概率假设密度(probability hypothesis density，PHD)[56]，势概率假设密度(cardinality PHD，CPHD)[57]，多伯努利(multi-Bernoulli，MB)[58]，泊松多伯努利(Poisson multi-Bernoulli，PMB)[59]，广义标签多伯努利(generalized labeled multi-Bernoulli，GLMB)[60]等多目标跟踪方法通过结合群扩展外形状态相结合改进而成。

3. *群目标建模与跟踪*

在不同的体制或工作模式下，雷达的距离维和多普勒维的分辨率不同，所得的密集蜂群目标量测可能会呈现不完全可分辨或完全可分辨的情况。针对上述两种分辨情况，需要对群目标进行不同的建模方式和跟踪策略，后面两节将对此展开叙述。

3.5.2　复杂扩展外形的扩展目标建模下的不完全可分辨群跟踪

当雷达工作在窄带模式的时候，其距离分辨率比较低，密集群的群内目标可能存在有多个目标落入相同的距离分辨单元的现象，从而呈现出不可分辨的状态，此时大部分群为不完全可分辨群，如图 3-35 所示。

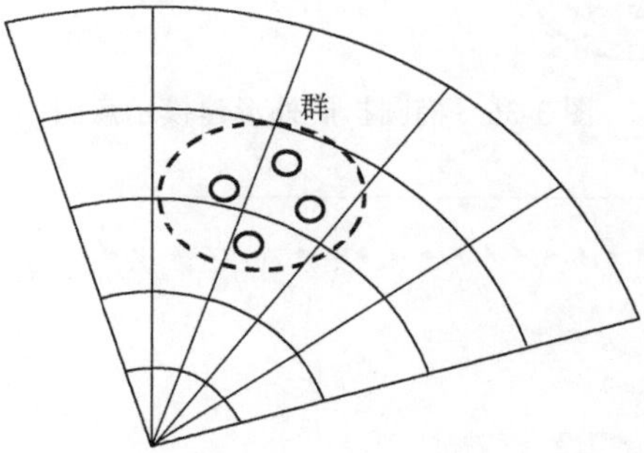

图 3-35　不完全可分辨群示意图

群内的部分目标落入了同一个分辨单元，这种模糊现象导致在对群进行建模和跟踪时难以对群内的每个目标都进行细节上的把控，需要将重心放在对群整体状态的把控上，对群目标建模时需要包括群整体的空间分布信息，跟踪时需要基于所建模型的基础上对群整体的运动状态进行估计。

与群目标类似的另一类目标是扩展目标[61]。扩展目标的特点是每个时刻的一个扩展目标可以得到多个量测，且量测均来自同一目标。因此来自一个扩展目标的多个量测不仅间距小，还有着相近的运动状态，为了达到更好的跟踪效果，跟踪时需要根据其量测建立扩展外形，把扩展外形作为一个整体进行跟踪。这与群目标的特点和整体处理方式相符，因此群目标跟踪的方法和扩展目标跟踪的方法是相通的。但两者有不同之处：扩展目标在运动过程中一般情况下扩展外形的大小和形状是不会有太大变化，而群目标尤其是无人机蜂群目标，行进过程中可以进行灵活的编队变化，其扩展外形可能会有较大的变化，因此对群目标建立扩展外形时还需要考虑到扩展外形演变带来的影响。

扩展外形的建模方法主要可以分为椭圆扩展外形[62]、星凸扩展外形[63,64]和非星凸扩展外形[65,66]建模法。最经典的是 Koch[62]提出的利用随机矩阵将群目标的外形建模成单个椭圆外形的方法。如图 3-36 所示，扩展状态矩阵 $\boldsymbol{X}_k$ 被建模为一个服从逆威沙特分布的随机矩阵，群的运动状态 $\boldsymbol{x}_k$ 是依赖于扩展目标的分布 $p(\boldsymbol{x}_k \mid \boldsymbol{X}_k, \boldsymbol{Z}_{1:k})$，随后利用两者的联合概率分布 $p(\boldsymbol{x}_k, \boldsymbol{X}_k \mid \boldsymbol{Z}_{1:k})$ 对群目标状态进行估计。随机矩阵 $\boldsymbol{X}_k$ 在二维平面上刻画的是一个椭圆，定义为：$\boldsymbol{S} := \{z \mid z \in \mathbb{R}^2, (z - \boldsymbol{H}_k \boldsymbol{x}_k)^{\mathrm{T}} \boldsymbol{X}_k^{-1} (z - \boldsymbol{H}_k \boldsymbol{x}_k) \leqslant 1\}$，其中，$z$ 表示量测点，$\boldsymbol{H}_k$ 表示量测矩阵，$\boldsymbol{H}_k \boldsymbol{x}_k$ 为目标质心位置，整个集合包括椭圆的轮廓和内部是 $\boldsymbol{X}_k$ 描述的将群中量测包裹在内的扩展外形。图 3-37 为跟踪效果图。

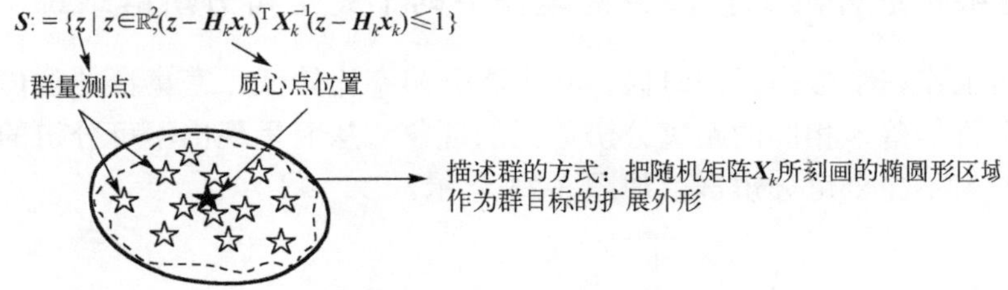

图 3-36　椭圆扩展外形建模示意图

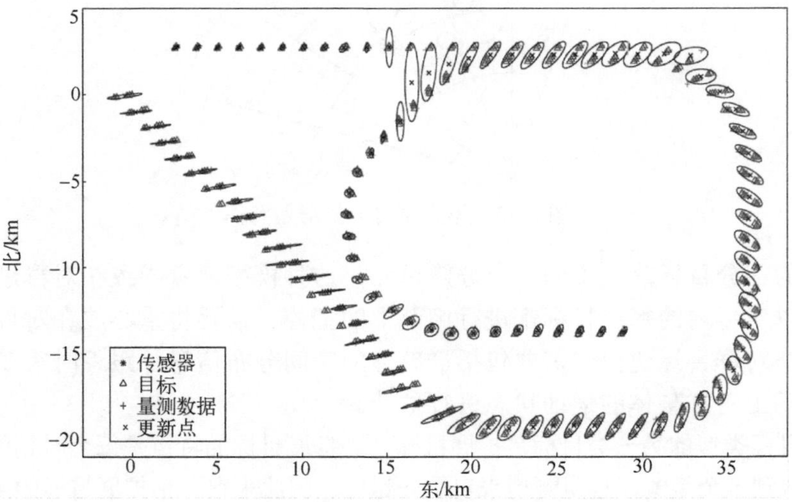

图 3-37　对群目标进行椭圆扩展外形建模后的跟踪图

对于无人机蜂群一类的高机动性、扩展外形在行进过程中灵活变化的编队目标而言，星凸扩展外形建模和非星凸扩展外形建模更能满足复杂扩展外形的需求，如图 3-38 所示。星凸外形的轮廓在极坐标系中可以建立起以群质心为原点，角度到半径的映射关系，得到以角度 ϕ 为变量的半径函数 $r(\phi)$，如图 3-39 所示。

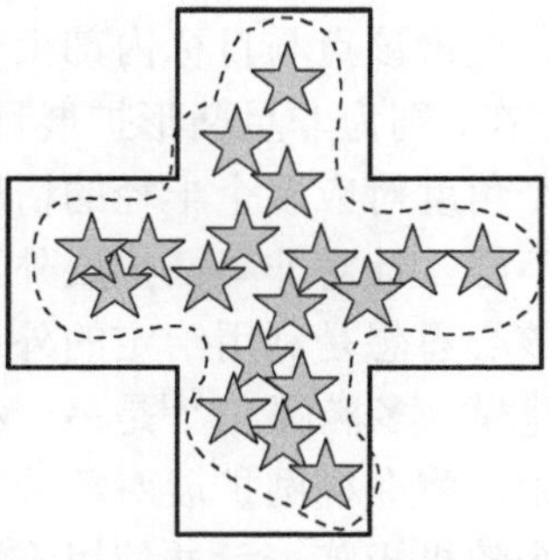

图 3-38　星凸扩展外形建模示意图

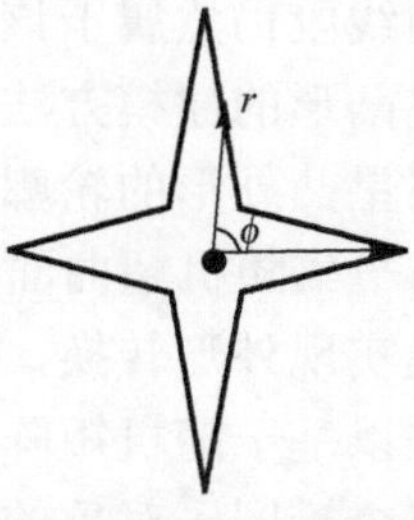

图 3-39　星凸扩展外形角度与半径函数关系示意图

其中一种方法是随机超曲面法[15]，该方法将半径函数 $r(\phi)$ 进行有限项的傅里叶展开，此时傅里叶展开系数也作为半径函数的参数：

$$r(\boldsymbol{b}_k,\phi)=\frac{a_k^{(0)}}{2}+\sum_{n=1}^{N}a_k^{(n)}\cos(n\phi)+\boldsymbol{b}_k^{(n)}\sin(n\phi) \tag{3-40}$$

式中，$\boldsymbol{b}_k=[a_k^{(0)},a_k^{(1)},b_k^{(1)},\cdots,a_k^{(N)},b_k^{(N)}]$ 为半径函数 $r(\phi)$ 的傅里叶展开式的系数；N 为傅里叶展开的项数，此时扩展外形参数可以用随机向量 $\boldsymbol{p}_k=[\boldsymbol{b}_k^{\mathrm{T}},\boldsymbol{m}_k^{\mathrm{T}}]^{\mathrm{T}}$ 来描述，其中 $\boldsymbol{m}_k^{\mathrm{T}}$ 为群中心。

另一种是使用高斯过程对轮廓进行建模[64]，基本原理是假设任意角度 ϕ 下质心到轮廓上对应点的极径的长度 $f(\phi)$ 服从高斯分布，$f(\phi)$ 表达式为

$$f(\phi)\sim\mathcal{GP}(r,k(\phi,\phi')) \tag{3-41}$$

式中，随机变量 $r\sim N(0,\sigma_r^2)$ 表示高斯过程的均值函数，$k(\phi,\phi')$ 为协方差函数：

$$k(\phi,\phi')=\sigma_f^2\exp\left(-\frac{|\phi-\phi'|^2}{2l^2}\right) \tag{3-42}$$

式中，ϕ' 为预先采样的参考点对应的角度，σ_f^2 为信号幅度的先验方差，l 为预设的长度标量。为保持 ϕ 周期性，对其指数部分进行修改后得到：

$$k(\phi,\phi')=\sigma_f^2\exp\left(\frac{-2\sin^2\left(\frac{|\phi-\phi'|}{2}\right)}{l^2}\right) \tag{3-43}$$

此时选定超参数极径先验方差 σ_r^2 、幅度的先验方差 σ_f^2 、预设的长度标量 l 后，以群质心位置状态 $\boldsymbol{x}^c$ 为中心建立局部的 $\boldsymbol{x}^L / \boldsymbol{y}^L$ 坐标系，预先采样的参考点对应的 N 个局部坐标系角度 $\boldsymbol{f} = [\phi_1^L, \phi_2^L, \cdots, \phi_N^L]^{\mathrm{T}}$ 作为输入值，输出的结果即为先验的扩展轮廓状态 $\boldsymbol{x}^f = [f(\phi_1^L), f(\phi_2^L), \cdots, f(\phi_N^L)]^{\mathrm{T}}$ 。

星凸形的扩展目标要求扩展目标中至少存在一点，使得该点与目标内部上任意一点连接的线段仍然属于该目标的内部，若这一点不存在，则为非星凸形扩展目标，此时若用星凸形的建模方法，构建半径函数时存在一个角度对应多个半径的情况，故直接使用星凸外形的轮廓建模的此类群目标的效果不好。针对非星凸扩展外形的群目标，水平集随机超曲面法[65]是其中一种方法，其核心思想是利用给定的外形函数的水平集实现外形转换，能够对任意填充外形进行建模；多椭圆法[66]是另一种方法，该方法以基于随机矩阵的椭圆扩展外形法作为基础，将非椭圆扩展对象或群目标建模成多个椭圆子对象的组合，每个子对象都由一个随机矩阵表示并使用不同的运动模型。

经过群扩展外形建模之后，每个群目标可以看作是特殊的“单目标”，因此在跟踪滤波算法上，群目标的跟踪方法和单目标跟踪或多目标跟踪的方法是相通的，但又有不同之处。传统的单目标跟踪算法过程基本上是以贝叶斯滤波为框架进行量测预测和状态更新的递推过程，而群目标跟踪的独特和精髓之处在于把扩展外形建模成概率分布后，与群的等效运动状态联合组成群的运动状态融入跟踪的过程中，并不破坏递归贝叶斯滤波的基本框架。上述两种跟踪方法的流程图如图 3-40 和图 3-41 所示。

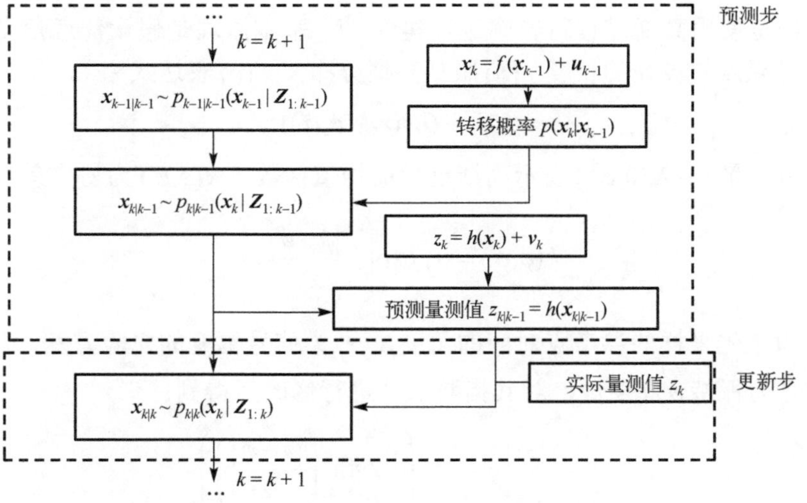

图 3-40　传统单目标跟踪的贝叶斯滤波框架

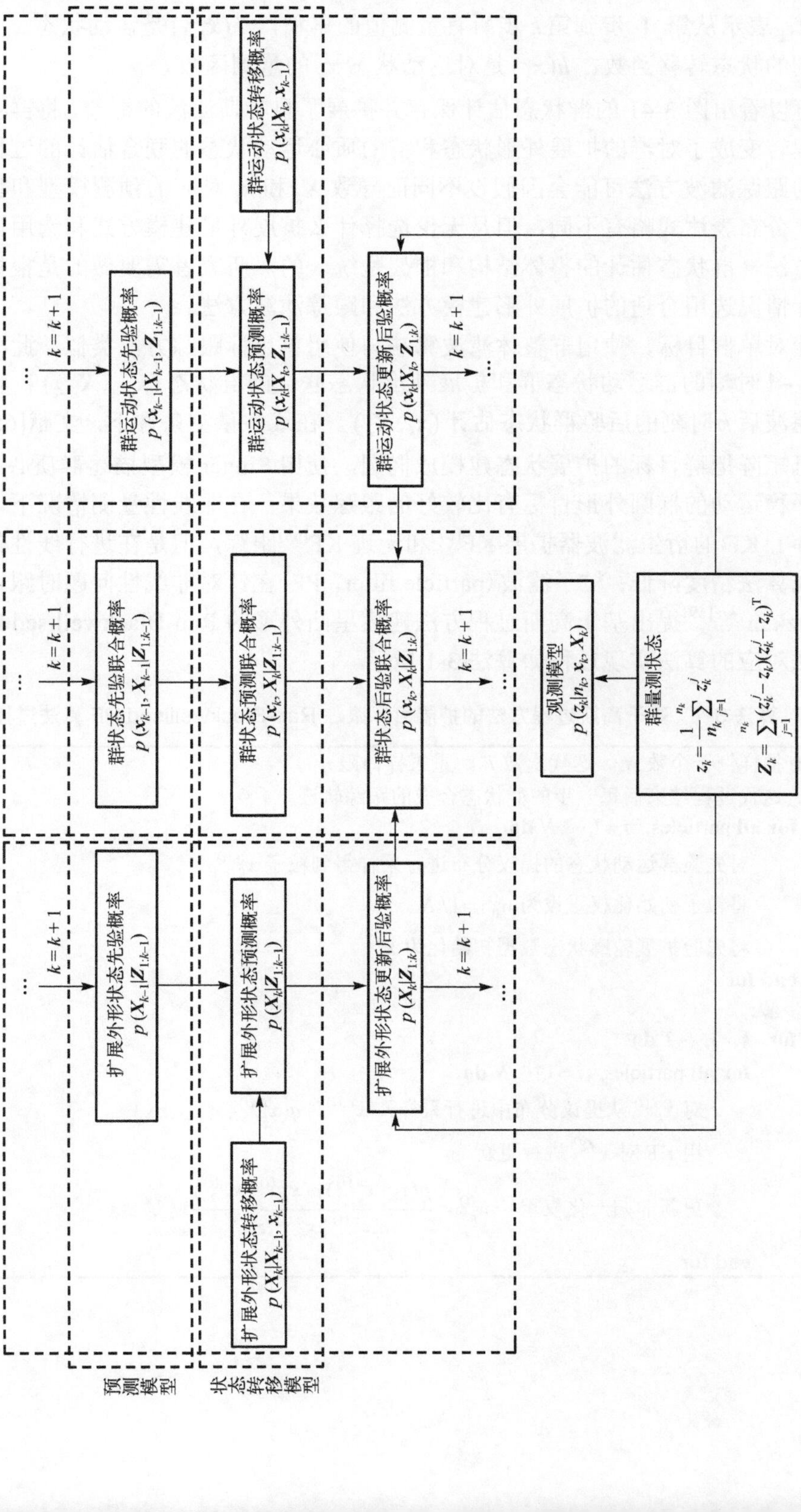

图 3-41　群目标跟踪下的贝叶斯滤波框架

图中 $\boldsymbol{Z}_{1:k}$ 表示从第 1 步到第 k 步所有量测值的累积，$f(\boldsymbol{x}_{k-1})$ 是运动状态 $\boldsymbol{x}_{k-1}$ 转移到下一刻的状态转移函数，$h(\boldsymbol{x}_k)$ 是对运动状态 $\boldsymbol{x}_k$ 的量测函数。

可以看出图 3-41 的群状态估计保存并扩展了贝叶斯滤波的框架，将群状态估计的过程转变成了对群的扩展外形状态和群的质心运动状态的联合估计的过程。选用不同的跟踪滤波方法可能会因假设不同而导致 $\boldsymbol{X}_k$ 和 $\boldsymbol{x}_k$ 对应的预测模型和状态模型的概率分布表达式略有不同，但是无论选择什么扩展外形建模方式和选用何种跟踪滤波方法，群状态估计的整体结构和框架是统一的，研究者需要做的是根据群目标的实际情况选用合适的扩展外形建模方法和跟踪滤波方法。

针对单群目标，使用群整体滤波算法与使用单目标跟踪方法类似，此时输入的是在 $k-1$ 时刻的群运动状态群和扩展外形状态联合的群状态 $(\boldsymbol{x}_{k-1},\boldsymbol{X}_{k-1})$，输出的是经过滤波后 k 时刻的后验群状态估计 $(\boldsymbol{x}_k,\boldsymbol{X}_k)$。在线性量测条件下，文献[65]中将使用随机矩阵把群目标的扩展状态建模成椭圆，使用 Singer 模型描述群质心的运动，对于平稳运动的椭圆外形目标有比较好的跟踪效果；在非线性量测情况下，可使用算法 3-1 KF 的衍生滤波器扩展 KF[67]和无迹 KF[68]跟踪，但是在进行线性化过程中会造成算法精度降低；粒子滤波(particle filter，PF)在针对非线性问题时跟踪精度更高，Özkan 等[69]提出基于高斯过程方法建模星凸外形的 Rao-Blackwellised PF 方法，该方法对应的算法实现过程如算法 3-1 所示。

算法 3-1　基于高斯过程方法的扩展目标跟踪 Rao-Blackwellised PF 算法过程

输入： 抽样例子个数 N、迭代次数 T、重采样门限 η

输出： 迭代过程结束后每一步的群状态合成的跟踪轨迹

1：　**for all** particles, $i=1,\cdots,N$ **do**

2：　　　对先验群运动状态的提议分布进行采样得到粒子 $\boldsymbol{x}_0^{n,(i)}$

3：　　　将粒子初始化权重设为 $w_0^{(i)}=1/N$

4：　　　将先验扩展轮廓状态数据初始化为 $\boldsymbol{x}^{f_0^{(i)}}$

5：　**end for**

迭代步骤：

6：　**for** $k=1,\cdots,T$ **do**

7：　　　**for all** particles, $i=1,\cdots,N$ **do**

8：　　　　　对 $\boldsymbol{x}_k^{n,(i)}$ 从提议分布中进行采样：$\boldsymbol{x}_k^{n,(i)}\sim q(\boldsymbol{x}_k^{n,(i)}\mid \boldsymbol{x}_{0:k-1}^{n,(i)},\boldsymbol{z}_{1:k})$

9：　　　　　用 KF 对 $\boldsymbol{x}^{f_0^{(i)}}$ 进行更新

10：　　　　　更新非归一化权重：$\tilde{w}_k^{(i)}=\dfrac{p(z_k\mid \boldsymbol{x}_k^{n,(i)})p(\boldsymbol{x}_k^{n,(i)}\mid \boldsymbol{x}_{k-1}^{n,(i)})}{q(\boldsymbol{x}_k^{n,(i)}\mid \boldsymbol{x}_{k-1}^{n,(i)},z_{1:k})}w_{k-1}^{(i)}$

11：　　　**end for**

归一化权重 $w_k^{(i)} = \dfrac{\tilde{w}_k^{(i)}}{\sum_{i=1}^{N} \tilde{w}_k^{(i)}}$

　　计算 $N_{\text{eff}} = \dfrac{1}{\sum_{i=1}^{N} (w_k^{(i)})^2}$

　　if $N_{\text{eff}} = \dfrac{1}{\sum_{i=1}^{N} (w_k^{(i)})^2} \leqslant \eta$ **then**

　　对粒子进行重采样

　　权重设置为 $w_k^{(i)} = \dfrac{1}{N}$

　　end if

end for

文献[70]中给出了两种目标模型：目标轮廓模型和目标表面模型，前者假定目标的量测来源于物体的轮廓，后者假定量测来源于目标区域的内部。文献中为上述两类模型分别使用所提出的高斯过程 Rao-Blackwellised PF（GP RBPF）与随机矩阵（random matrix，RM）模型以及高斯过程 EKF（GP EKF）进行仿真对比试验，设计的仿真条件为扩展目标在以 0.2m/s 的慢速下和 2m/s 的快速下的 U 字形运动。该仿真效果图如图 3-42～图 3-45 所示。

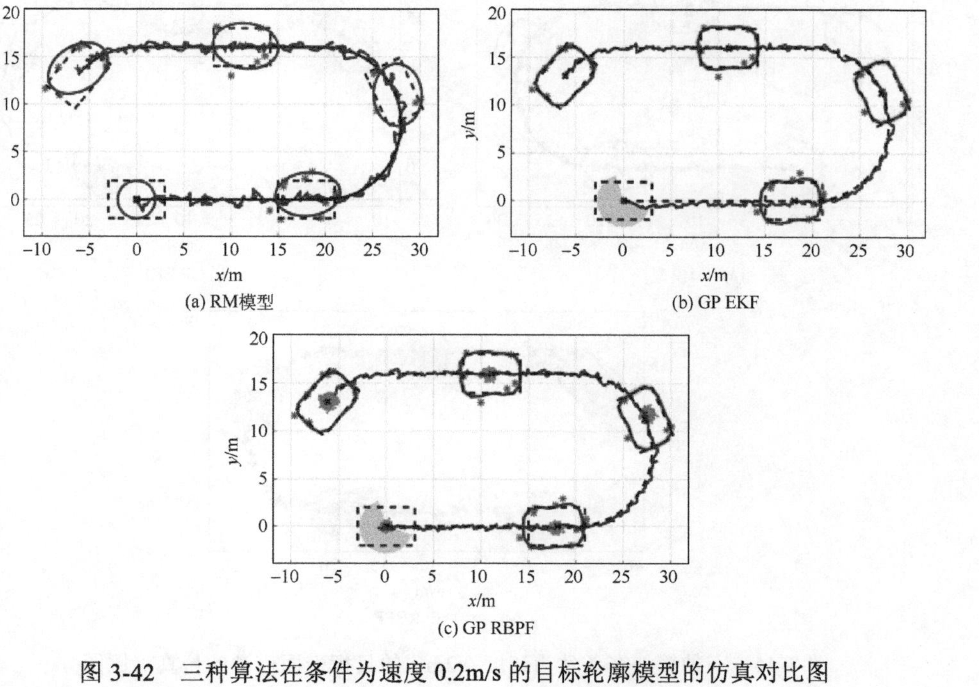

图 3-42　三种算法在条件为速度 0.2m/s 的目标轮廓模型的仿真对比图

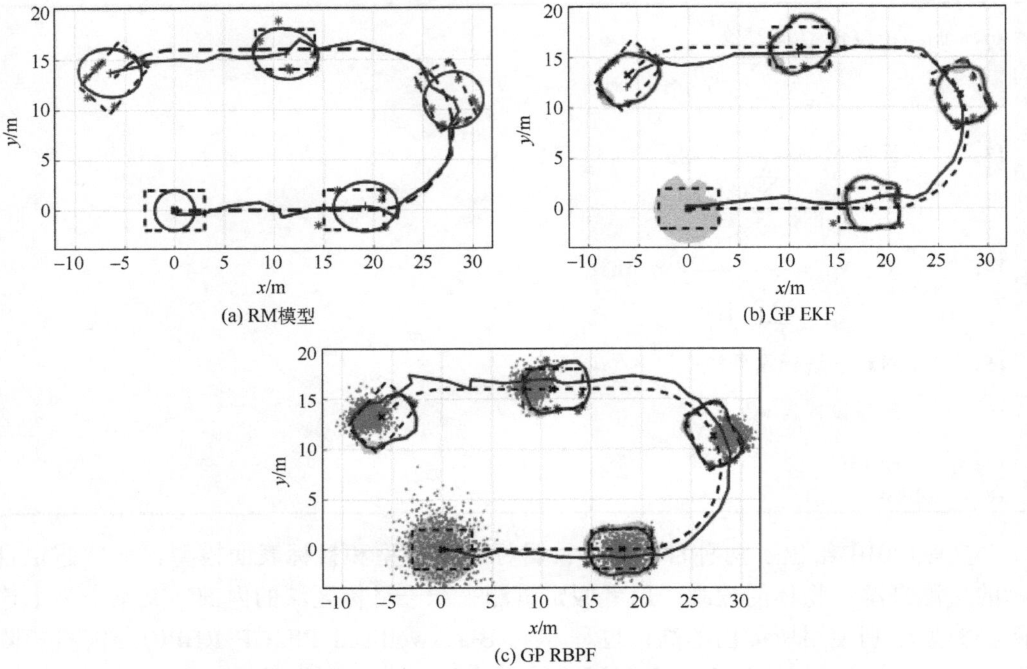

(a) RM模型　(b) GP EKF　(c) GP RBPF

图 3-43　三种算法在条件为速度 2m/s 的目标轮廓模型的仿真对比图

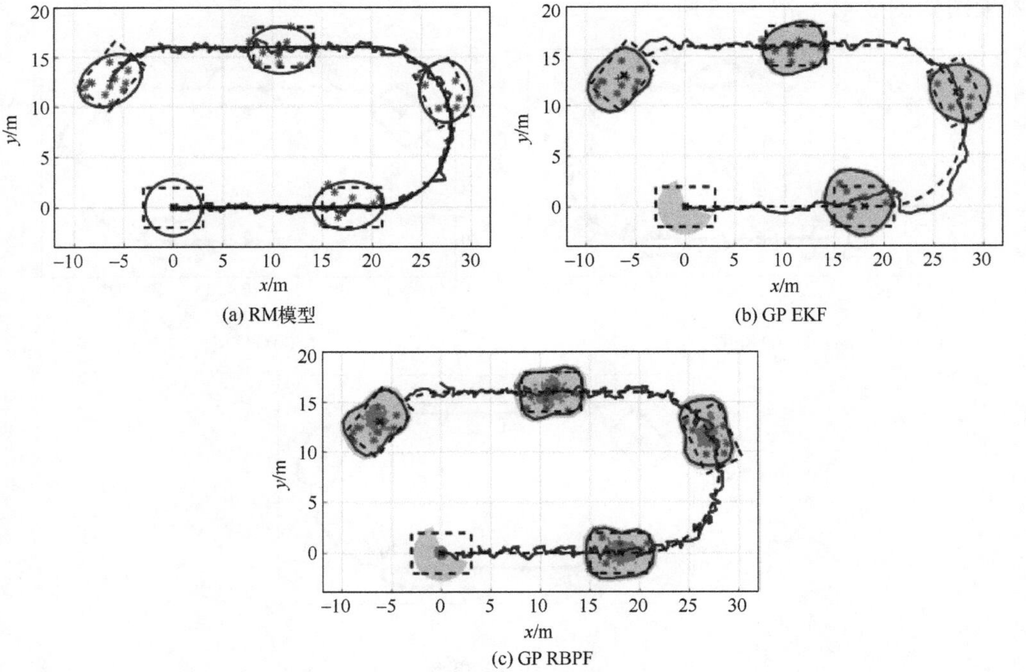

(a) RM模型　(b) GP EKF　(c) GP RBPF

图 3-44　三种算法在条件为速度 0.2m/s 的目标表面模型的仿真对比图

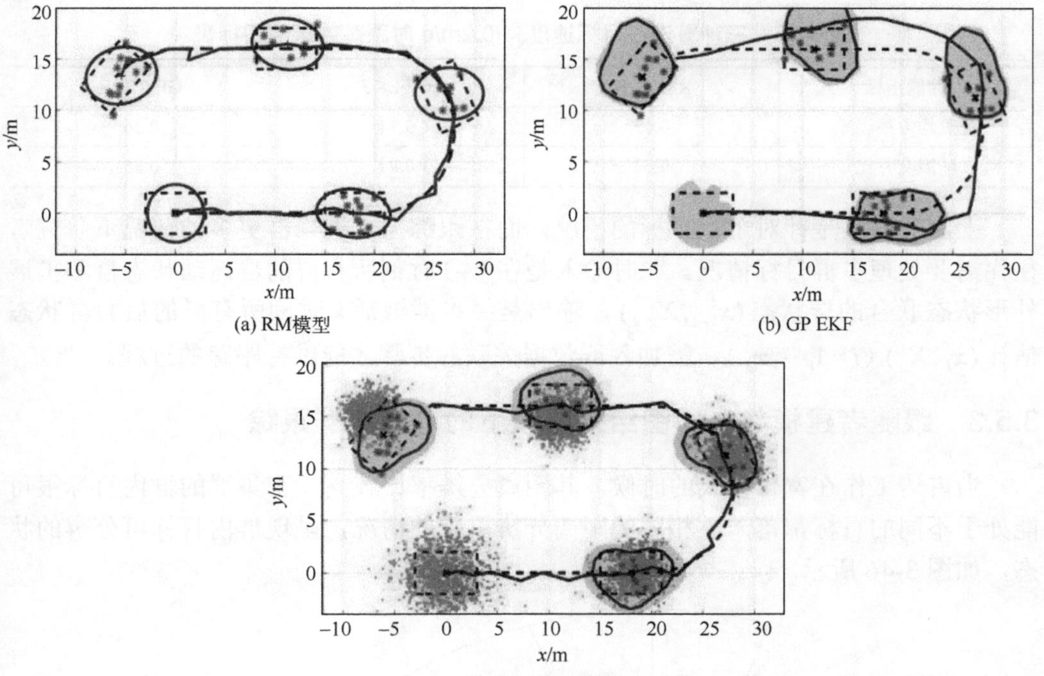

(a) RM模型　(b) GP EKF　(c) GP RBPF

图 3-45　三种算法在条件为速度 2m/s 的目标表面模型的仿真对比图

图中的虚线表示目标的实际外形与实际轨迹，而实线表示预测的外形与轨迹。

为衡量算法对群状态的估计效果，常使用估计外形与实际外形的交并比(intersection-over-union, IOU)和目标中心的位置估计值与实际值的均方根误差RMSE(root mean square error)作为评判标准，其中，IOU 的表达式为

$$\mathrm{IOU}(\hat{X}, X_0) = \frac{\mathrm{area}(\hat{X} \cap X_0)}{\mathrm{area}(\hat{X} \cup X_0)} \tag{3-44}$$

式中，X_0 表示目标的实际外形区域，$\hat{X}$ 表示估计的外形区域，$\mathrm{IOU}(\hat{X}, X_0)$ 取值范围为 0 到 1，当外形估计效果越好时，$\mathrm{IOU}(\hat{X}, X_0)$ 越接近 1。

另一个标准 RMSE 的表达式为

$$\mathrm{RMSE}(\hat{\boldsymbol{c}}, \boldsymbol{c}^{\mathrm{true}}) = \sqrt{\frac{1}{N}\sum_{k=1}^{N}(\hat{\boldsymbol{c}}_k - \boldsymbol{c}_k^{\mathrm{true}})^2} \tag{3-45}$$

式中，$\boldsymbol{c}_k^{\mathrm{true}}$ 为实际的群位置，$\hat{\boldsymbol{c}}_k$ 为估计的群位置。表 3-15 为三种算法的 IOU 和 RMSE，第三种算法所设场景下的 IOU 要更大且 RMSE 更小，具有更好估计的效果。

表 3-15　三种算法在目标速度为 0.2m/s 时跟踪效果的指标表

性能指标	RM 模型	GP EKF	GP RBPF
位置均方根误差	0.65	0.34	0.36
区域交并比	0.72	0.84	0.85

上面的算法是针对单群目标的情况，而在跟踪无人机蜂群更多的情况下研究者往往需要处理多群目标情况。此时输入是在 $k-1$ 时刻所有群的群运动状态群和扩展外形状态联合的群状态 $(\boldsymbol{x}_{k-1}^i, \boldsymbol{X}_{k-1}^i)$，输出是经过滤波后 k 时刻所有群的后验群状态估计 $(\boldsymbol{x}_k^i, \boldsymbol{X}_k^i)$（$i=1,\cdots,m_k$），需加入群数据关联的步骤才能维持跟踪的过程。

3.5.3　跟随者建模与有向图结构建模下的可分辨群跟踪

当雷达工作在宽带模式的时候，其距离分辨率比较高，密集群的群内目标很可能处于不同的目标都落入不相同的距离分辨单元的情况，呈现群内目标可分辨的状态，如图 3-46 所示。

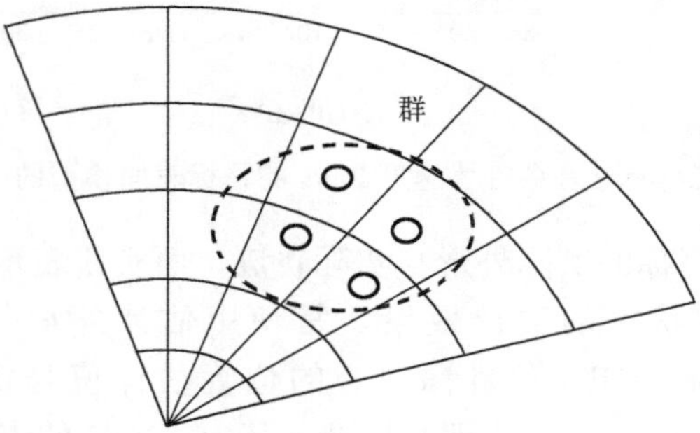

图 3-46　可分辨群示意图

与不完全可分群相比，相同之处在于在建模时需要对群的整体状况进行合理的把控，不同之处在于可分辨群由于群内目标在跟踪平面上的量测信息并未混叠，因此建模和跟踪的研究重心从群的整体转移到了“既要群整体，更要群内的局部”。群之所以在持续的一段时间内仍然为群的结构，是因为群内成员的运动状态受到了一定约束从而保证了群结构的相对稳定，可分辨群的建模本质是建立群内目标之间的约束关系，后续跟踪重心要从群整体状态的粗略跟踪向群内目标的精细化跟踪的方向上转移。

文献[71]中给出一个基础模型，该模型给群中目标设定一个假设的向着群位置收拢的恢复力，对应的加速度为下面的随机差分方程：

$$\begin{aligned}\mathrm{d}\dot{x}_{t,i} = &\{-\alpha[x_{t,i} - f(x_t)] - \gamma \dot{x}_{t,i} - \beta[\dot{x}_{t,i} - g(\dot{x}_t)]\}\mathrm{d}t \\ &+ \sigma_x \mathrm{d}W_{t,i}^x + \sigma_g \mathrm{d}G_t^x\end{aligned} \tag{3-46}$$

式中，$x_{t,i}$ 表示群中第 i 个目标在时刻 t 的位置，$\dot{x}_{t,i}$ 为对应的速度；G_t^x 是群体标准布朗运动，用来描述群整体在运动过程中的随机性，$W_{t,i}^x$ 是群中第 i 个目标在时刻 t 对应的布朗运动，用来描述群内的个体目标在运动过程中的随机性。函数 $f(x_t)$ 和 $g(\dot{x}_t)$ 分别取群内 N 个目标的平均位置和平均速度：

$$f(x_t)=\frac{1}{N}\sum_{j=1}^{N}x_{t,j} \tag{3-47}$$

$$g(\dot{x}_t)=\frac{1}{N}\sum_{j=1}^{N}\dot{x}_{t,j} \tag{3-48}$$

上式所表达的含义为当群内目标的运动位置或运动速度偏离群体的平均位置或平均速度时，物体将会受到一个力使其尽量恢复到群的平均运动状态，从而保证群结构的相对稳定。参数 α 、β 和 γ 是三个正数，前两个参数反映了把目标拖拽回群平均运动状态的恢复力大小，$\gamma\dot{x}_{t,i}$ 一项的作用是防止目标随时间向上漂移到特别大的数值。

虚拟领导者-跟随者模型是基于上述基础模型得到的，用虚拟领导者 z_t^x 来代替基础模型中的群平均运动状态：

$$\begin{aligned}\mathrm{d}\dot{x}_{t,i}=&\{-\alpha[x_{t,i}-z_t^x]-\gamma_1\dot{x}_{t,i}-\beta[\dot{x}_{t,i}-\dot{z}_t^x]\}\mathrm{d}t\\&+\sigma_x\mathrm{d}W_{t,i}^x+\sigma_g\mathrm{d}G_t^x\end{aligned} \tag{3-49}$$

$$\mathrm{d}\dot{z}_t^x=-\gamma_2\dot{z}_t^x\mathrm{d}t+\sigma_g\mathrm{d}G_t^x \tag{3-50}$$

上述的式子可以改写成以下形式：

$$\mathrm{d}\boldsymbol{X}_t=A\boldsymbol{X}_t\mathrm{d}t+\boldsymbol{D}\mathrm{d}N_t^v \tag{3-51}$$

式中，$\boldsymbol{X}_t=[x_{t,1},\dot{x}_{t,1},y_{t,1},\dot{y}_{t,1},\cdots,x_{t,N},x_{t,N},y_{t,N},\dot{y}_{t,N},x_{t,N},z_t^x,\dot{z}_t^x,z_t^y,\dot{z}_t^y]^{\mathrm{T}}$，矩阵 $\boldsymbol{A}\in\mathcal{R}^{4(N+1)\times4(N+1)}$，定义如下：

$$\boldsymbol{A}=\begin{bmatrix}A_1 & 0 & . & 0 & A_2\\0 & A_1 & 0 & . & A_2\\. & . & . & . & .\\0 & . & . & A_1 & A_2\\0 & 0 & . & 0 & A_3\end{bmatrix} \tag{3-52}$$

$$\boldsymbol{A}_1=\begin{bmatrix}0 & 1 & 0 & 0\\-\alpha & -\beta-\gamma_1 & 0 & 0\\0 & 0 & 0 & 1\\0 & 0 & -\alpha & -\beta-\gamma_1\end{bmatrix} \tag{3-53}$$

$$A_2 = \begin{bmatrix} 0 & 0 & 0 & 0 \\ \alpha & \beta & 0 & 0 \\ 0 & 0 & 0 & 0 \\ 0 & 0 & \alpha & \beta \end{bmatrix} \tag{3-54}$$

$$A_3 = \begin{bmatrix} 0 & 1 & 0 & 0 \\ 0 & -\gamma_2 & 0 & 0 \\ 0 & 0 & 0 & 1 \\ 0 & 0 & 0 & -\gamma_2 \end{bmatrix} \tag{3-55}$$

矩阵 $\boldsymbol{D} \in \mathcal{R}^{4(N+1)\times 2(N+1)}$，定义如下：

$$\boldsymbol{D} = \begin{bmatrix} B_1 & . & . & 0 & 0 \\ . & B_1 & . & . & 0 \\ 0 & . & . & B_1 & . \\ 0 & 0 & . & . & B_1 \end{bmatrix} \tag{3-56}$$

$$\boldsymbol{B}_1 = \begin{bmatrix} 0 & 0 \\ 1 & 0 \\ 0 & 0 \\ 0 & 1 \end{bmatrix} \tag{3-57}$$

$\mathrm{d}N_t^v$ 是协方差矩阵为 $\boldsymbol{Q}_c^v = \mathrm{diag}[\sigma_x^2, \sigma_y^2, \cdots, \sigma_x^2, \sigma_y^2, \sigma_g^2, \sigma_g^2]$ 的布朗运动。

除此之外，由于群内目标是按照一定的协作模式运动，故还可以使用图论中的有向图结构来描述可分辨群的子目标结构[72]。此时把可分辨群 $\boldsymbol{X}_k$ 中的子目标看作图的节点，群 $\boldsymbol{X}_k$ 中的子目标的父子关系可使用邻接矩阵表示：

$$\boldsymbol{A}_d = \begin{bmatrix} 0 & a(1,2) & \cdots & a(1,n) \\ a(2,1) & 0 & \cdots & a(2,n) \\ \vdots & \vdots & & \vdots \\ a(n,1) & a(n,2) & \cdots & 0 \end{bmatrix} \tag{3-58}$$

若第 i 个目标为第 j 个目标的父节点时，邻接矩阵中的 $a(i,j)=1$，否则 $a(i,j)=0$。每个目标可能不存在父节点，或者存在单个或多个父节点时，此时可分辨群目标的线性运动方程和量测方程如下所示：

$$\boldsymbol{x}_{k+1,i} = \sum_{l\in P(i)} \omega_k(l,i)[\boldsymbol{F}_{k,l} x_{k,l} + b_k(l,i)] + \boldsymbol{B}_{k,i} w_{k,i} \tag{3-59}$$

$$\boldsymbol{z}_{k+1,i} = \boldsymbol{C}_{k+1} \boldsymbol{x}_{k+1,i} + v_{k+1,i} \tag{3-60}$$

$\boldsymbol{x}_{k,i}=[p_{k,x_{k,i}},\dot{p}_{k,x_{k,i}},p_{k,y_{k,i}},\dot{p}_{k,y_{k,i}}]^{\mathrm{T}}$，$p_{k,x_{k,i}}$、$\dot{p}_{k,x_{k,i}}$ 和 $p_{k,y_{k,i}}$、$\dot{p}_{k,y_{k,i}}$ 分别为目标 i 在 x 和 y 轴的位置和速度，并且 $\boldsymbol{x}_{k,i}\in\boldsymbol{X}_k$。$\boldsymbol{F}_{k,l}$ 和 $\boldsymbol{C}_{k+1}$ 分别为状态转移矩阵和量测矩阵，$\boldsymbol{B}_{k,i}$ 为状态噪声系数矩阵。w 和 v 分别为系统噪声和量测噪声，并且两者都假设服从零均值的正态分布。$\mathcal{P}(i)$ 表示目标 i 所有的父节点组成的集合。$b_k(l,i)$ 为表示目标 i 与父节点 l 在时刻 k 的 x 和 y 轴方向的相对位置差，若目标 i 没有父节点，$b_k(l,i)=0$。权重 ω 满足归一化条件：

$$\sum_{l\in\mathcal{P}(i)}\omega_k(l,i)=1,\quad \omega_k(l,i)\in[0,1] \tag{3-61}$$

群中两个子目标之间的父子关系由两个子目标的状态估计距离与群整体运动方向决定，前者决定群中两个子目标是否有相互关联的关系，后者决定何者为父节点。通过滤波算法可得到群的状态估计，$\hat{\boldsymbol{X}}_k=\{\hat{x}_{k,1},\cdots,\hat{x}_{k,n_k}\}$ 表示 k 时刻的由 n_k 个子目标组成的群目标的状态估计集，此处使用向量 2 范数描述群中目标 i 和目标 j 之间的状态差值：

$$d_k(i,j)=\|\hat{x}_{k,i}-\hat{x}_{k,j}\|_2,\ i\neq j \tag{3-62}$$

群中每对子目标之间算出的状态差值按照上式的形式可组成偏差矩阵估计：

$$\boldsymbol{D}_k(\hat{X}_k)=\begin{bmatrix} 0 & d_k(1,2) & \cdots & d_k(1,\hat{n}_k) \\ d_k(2,1) & 0 & \cdots & d_k(2,\hat{n}_k) \\ \vdots & \vdots & & \vdots \\ d_k(\hat{n}_k,1) & d_k(\hat{n}_k,2) & \cdots & 0 \end{bmatrix} \tag{3-63}$$

通过两个子目标的相对位置差 $b_k(l,i)$ 与状态差值 $d_k(i,j)$ 可以计算出以下值：

$$\eta_k(i,j)=\sum_{n=1}^{n_k}\mathcal{N}(d_k(i,j);\|b_{k,n}\|_2,\mathrm{tr}(Q_{k,n})) \tag{3-64}$$

其中，$Q_{k,n}$ 为过程噪声的协方差，目标 i 和目标 j 得到的值 $\eta_k(i,j)$ 为多个高斯分布之和，为 $\eta_k(i,j)$ 设定一个阈值 η_λ，此时可得到一个估计的邻接矩阵：

$$\hat{\boldsymbol{A}}_{dk}(i,j)=\begin{cases}1, & \eta_k(i,j)\leqslant\eta_\lambda,\ i\neq j\\ 0, & \text{其他}\end{cases} \tag{3-65}$$

上式得到的邻接矩阵对应的是无向图，只能得到两个节点相互关联的关系而不能得到父子关系。划分父子关系时，可以把群的整体运动方向定为正方向，两个相互关联的节点中处于所定正方向位置的前面对应的节点作为父节点，如图 3-47 所示，两群的子目标具有相同的位置信息，但群的整体运动方向不同，父节点的归属也不同，确立了父节点之后，把 $\hat{\boldsymbol{A}}_{dk}(i,j)$ 中子节点对应的位置变为 0，即可得到有向图的邻接矩阵。

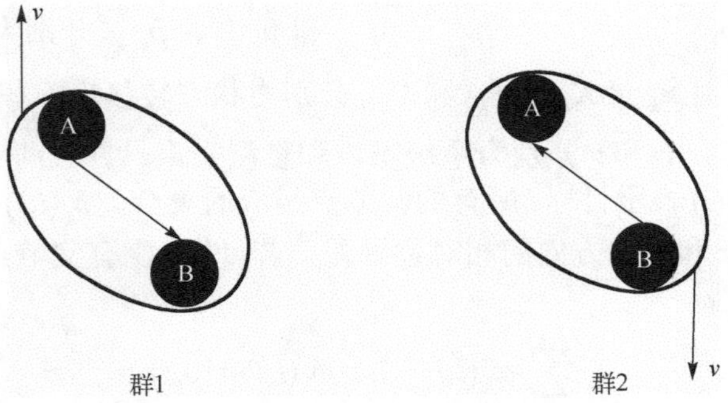

图 3-47　子目标之间的父节点归属示意图

可分辨群的跟踪算法与不完全可分辨群的跟踪算法相比，更注重群内目标精细化跟踪，既要跟踪群内目标各自的运动状态，又要考虑群目标内部结构的变化[73]。这一部分需要解决的问题主要包括非线性滤波算法和群内目标的关联两点。

非线性滤波算法主要的经典方法有 EKF、无迹卡尔曼滤波(unscented Kalman filter，UKF)、PF 等以及对应的改进方法：文献[74]中使用马尔可夫链蒙特卡罗(Markov chain Monte Carlo, MCMC)的方法进行 MCMC 粒子滤波(MCMC particle filter, MCMC-PF)，该方法与传统的 PF 算法相比有更高效的采样机制；针对传统 PF 算法不能直接适用于点量测转换成区间量测的情况，文献[75]提出一种基于箱式粒子滤波(box particle filter，Box-PF)的群跟踪算法。

针对数据关联问题，文献[76]对最近邻(nearest neighbor，NN)关联法做出改进，提出基于双向互选方法解决群数据关联产生的“先占先得”问题；文献[77]中提出群期望最大化置信传播(group expectation maximization belief propagation, GEMBP)方法，其跟踪精度要优于 JPDA 和 PMHT；然而上面的方法只能用在目标数已知且不会变化的跟踪场景中，针对目标数未知且目标数会发生变化的场景，RFS 算法能够解决此类场景下的关联问题：文献[70]中引入高斯混合-概率密度假设(Gaussian mixture PHD，GM-PHD)方法并与虚拟领导者-跟随者模型相结合完成群目标的跟踪；文献[78]中提出的多传感器的多目标多伯努利滤波器(multi-sensor multi-target multi-Bernoulli，MS-MeMBer)，该方法以增加计算量为代价，能够有效地估计出群内成员的数量和群的数量；文献[73]则利用有向图描述群结构，引入广义标签多伯努利(generalized labelled multi-Bernoulli，GLMB)算法，与上面提到的两种方法不同，GLMB 算法为每个目标赋予与其他目标不同的标签，能够直接建立目标航迹。下面以文献[74]提出的 UKF-δ-GLMB 算法为例，对可分辨群跟踪算法展开描述。

在 k 时刻，目标可来源于上一刻目标的存活、上一刻目标的衍生和这一刻目标的新生，分别用 RFS $S_{k|k-1}(x)$，$B_{k|k-1}(x)$ 和 $\varGamma_k$ 表示，并且三者共同组成 RFS X_k：

$$X_k = [\bigcup_{x\in X_{k-1}} S_{k|k-1}(x)] \cup [\bigcup_{x\in X_{k-1}} B_{k|k-1}(x)] \cup \varGamma_k \tag{3-66}$$

集合中的单个目标可以使用伯努利 RFS X 描述，由于集合个数为 1，因此其子集只有个数为 0 的空集和个数为 1 的全集，其概率密度为

$$\pi(X)=\begin{cases}1-r, & X=\varnothing\\ rp(x), & X=\{x\}\\ 0, & \text{其他}\end{cases} \tag{3-67}$$

式中，r 表示单个目标 x 的存在概率，$p(x)$ 为目标 x 的概率密度。

多伯努利 RFS X 可看成多个相互独立的伯努利 RFS $X^{(i)}$ 的联合，即 $X=\bigcup_{i=1}^{N}X^{(i)}$。此时单个伯努利的存在概率为 $r^{(i)}$，概率密度为 $p^{(i)}$，对于 n 个成员的 RFS $\{x_1,\cdots,x_n\}$，其多伯努利概率密度为

$$\pi(\{x_1,\cdots,x_n\})=\prod_{j=1}^{N}(1-r^{(j)})\times\sum_{1\leqslant i_1\neq\cdots\neq i_n\leqslant N}\prod_{l=1}^{n}\frac{r^{(i_l)}p^{(i_l)}}{1-r^{(i_l)}} \tag{3-68}$$

其中，$x_1,\cdots,x_n\in X=\bigcup_{i=1}^{N}X^{(i)}$ 并且相互独立，故多伯努利 RFS 可完全由参数 $\{(r^{(i)},p^{(i)})\}_{i=1}^{n}$ 描述。

标签 RFS 则在目标状态的基础上为不同的目标添加上可以识别身份的标签，此时多伯努利 RFS 由 $X=\{x_1,\cdots,x_n\}\in\mathbb{X}$ 扩充为标签 RFS $\boldsymbol{X}=\{(x_1,l_1),\cdots,(x_n,l_n)\}=\{\boldsymbol{x}_1,\cdots,\boldsymbol{x}_n\}\in\mathbb{X}\times\mathbb{L}$，其中，$\mathbb{X}$ 和 $\mathbb{L}$ 分别表示状态空间和离散标签空间。GLMB 滤波算法要求不同目标的标签是不同的，故加入以下约束：

$$\Delta(\boldsymbol{X})=\begin{cases}1, & |\mathcal{L}(\boldsymbol{X})|=|\boldsymbol{X}|\\ 0, & |\mathcal{L}(\boldsymbol{X})|\neq|\boldsymbol{X}|\end{cases} \tag{3-69}$$

式中，$\mathcal{L}(\boldsymbol{X})=\{\mathcal{L}(\boldsymbol{x}):\boldsymbol{x}\in\boldsymbol{X}\}$，$\mathcal{L}(\boldsymbol{x})=\mathcal{L}((x,\ell))=\ell$，$|\cdot|$ 表示集合元素的个数。

与多伯努利 RFS 类似，标签多伯努利的参数集合为 $\{(r^{(\zeta)},p^{(\zeta)}):\zeta\in\varPsi\}$，$\varPsi$ 为索引的集合，若单个伯努利成员 $(r^{(\zeta)},p^{(\zeta)})$ 是非空集合，则会给该成员贴上标签 $\alpha(\zeta)$，其中，$\alpha:\varPsi\to\mathbb{L}$ 是 1-1 映射，因此不同成员所贴的标签是不同的。此时的概率密度为

$$\begin{aligned}\pi(\{(x_1,\ell_1),\cdots,(x_n,\ell_n)\})=&\,\delta_n(|\{\ell_1,\cdots,\ell_n\}|)\prod_{\zeta\in\varPsi}(1-r^{(\zeta)})\\ &\times\prod_{j=1}^{n}\frac{1_{\alpha(\varPsi)}(\ell_j)r^{(\alpha^{-1}(\ell_j))}p^{(\alpha^{-1}(\ell_j))}(x_j)}{1-r^{(\alpha^{-1}(\ell_j))}}\end{aligned} \tag{3-70}$$

$\delta_Y(X)$ 和 $1_Y(X)$ 的表达式如下：

$$\delta_Y(X)\triangleq\begin{cases}1, & X=Y\\ 0, & \text{其他}\end{cases} \tag{3-71}$$

$$1_Y(X) \triangleq \begin{cases} 1, & X \subseteq Y \\ 0, & \text{其他} \end{cases} \tag{3-72}$$

标准的 GLMB 算法定义如下：

$$\pi(\boldsymbol{X}) = \Delta(\boldsymbol{X}) \sum_{c\in\mathbb{C}} \omega^{(c)}(\mathcal{L}(\boldsymbol{X}))[p^{(c)}]^{\boldsymbol{X}} \tag{3-73}$$

其中，$\mathbb{C}$表示离散变量，$p^{(c)}(\cdot,\ell)$表示目标ℓ的概率密度，$\omega^{(c)}$为权重，并且满足归一化条件：$\sum_{(I,c)\in\mathcal{F}(L)\times\mathbb{C}} \omega^{(c)}(I)=1$，$\mathcal{F}(L)$为$L$上所有有限子集的集合。上式可改写成以下形式：

$$\pi(\boldsymbol{X}) = \Delta(\boldsymbol{X}) \sum_{(I,\xi)\in F(\mathbb{L})\times\Xi} \omega^{(I,\xi)} \delta_I(\mathcal{L}(\boldsymbol{X}))[p^{(\xi)}]^{\boldsymbol{X}} \tag{3-74}$$

上式称为$\delta-$GLMB，对应的预测和更新参数递推过程参考文献[79]。

文献中在非线性运动模型下使用 UKF 算法进行预测，群内目标在预测步的运动模型式子改写为

$$x_{k+1,i} = \sum_{l\in\mathcal{P}(i)} \omega_k(l,i)[f_k(x_{k,l}) + b_k(l,i)] + B_{k,i} w_{k,i} \tag{3-75}$$

更新步中获得的量测值有两个来源，一部分来源于杂波，其概率密度与杂波强度函数相关，另一部分来源于目标，其概率密度与目标的似然函数相关；目标也有两个来源，一部分来源于上一时刻存活下来的目标，一部分来源于这一步新生的目标。对于目标而言，有两种结果，其一是成功与量测值关联，即目标被成功检测，另一个是没有与量测值关联，即目标漏检。在更新环节中，目标 RFS 中的成员对应的生存概率与后验概率都进行更新。算法步骤如算法 3-2 和算法 3-3 所示。

算法 3-2　UKF 算法过程

---

1. 初始状态的 Sigma 点

$$\boldsymbol{s}_{k-1,n}^{0} = [\boldsymbol{x}_{k-1,n}^{\mathrm{T}}, \boldsymbol{w}_{k-1,n}^{\mathrm{T}}]^{\mathrm{T}}$$
$$\boldsymbol{s}_{k-1,n}^{\pm i} = \boldsymbol{a}_{k-1,n}^{0} \pm \left(\sqrt{(n_s+\beta)\mathrm{diag}(\boldsymbol{P}_{k-1,n}, \boldsymbol{Q}_{k-1,n})}\right)_i$$
$$\boldsymbol{w}_{k-1}^{0} = \beta/(n_s+\beta), \boldsymbol{w}_{k-1}^{\pm i} = 1/2(n_s+\beta), i=1,\cdots,n_s$$

2. 预测步

$$\boldsymbol{s}_{k,n}^{i} = \boldsymbol{\phi}_k(\boldsymbol{s}_{k-1,n}^{i}) + \boldsymbol{w}_{k-1,n}, \boldsymbol{s}_{k|k-1,n} = \sum \boldsymbol{w}_{k-1,n}^{i} \boldsymbol{s}_{k,n}^{m}$$
$$\boldsymbol{P}_{k|k-1,n} = \sum \boldsymbol{w}_{k-1,n}^{i} (\boldsymbol{s}_{k,n}^{i} - \boldsymbol{s}_{k|k-1,n})(\boldsymbol{s}_{k,n}^{i} - \boldsymbol{s}_{k|k-1,n})^{\mathrm{T}}$$
$$\boldsymbol{b}_{k,n}^{0} = [\boldsymbol{s}_{k|k-1,n}^{\mathrm{T}}, \bar{\boldsymbol{v}}_{k,n}^{\mathrm{T}}]^{\mathrm{T}}$$

$$\boldsymbol{b}_{k-1,n}^{\pm i}=\boldsymbol{b}_{k-1,n}^{0}\pm\left(\sqrt{(n_b+\beta)\mathrm{diag}(\boldsymbol{P}_{k|k-1,n},\boldsymbol{R}_k)}\right)_i$$

$$\boldsymbol{z}_{k,n}^{i}=h_k(\boldsymbol{b}_{k,n}^{i}),\boldsymbol{z}_{k|\,k-1,n}=\sum\boldsymbol{w}_{k,n}^{i}\boldsymbol{z}_{k,n}^{i}$$

$$\boldsymbol{S}_{k,n}=\sum\boldsymbol{w}_{k-1,n}^{i}(\boldsymbol{z}_{k,n}^{i}-\boldsymbol{z}_{k|\,k-1,n})(\boldsymbol{z}_{k,n}^{i}-\boldsymbol{z}_{k|\,k-1,n})^{\mathrm{T}}$$

$$\boldsymbol{C}_{k,n}=\sum\boldsymbol{w}_{k-1,n}^{i}(\boldsymbol{s}_{k,n}^{m}-\boldsymbol{s}_{k|\,k-1,n})(\boldsymbol{z}_{k,n}^{i}-\boldsymbol{z}_{k|\,k-1,n})^{\mathrm{T}}$$

$$\boldsymbol{K}_{k,n}=\boldsymbol{C}_{k,n}^{xz}\boldsymbol{S}_{k,n}^{-1}$$

3．更新步

$$\hat{\boldsymbol{x}}_{k,n}=\boldsymbol{s}_{k|k-1,n}+\boldsymbol{K}_k(\boldsymbol{z}_{k,n}-\boldsymbol{z}_{k|k-1})$$

$$\boldsymbol{P}_{k,n}=\boldsymbol{P}_{k|k-1,n}-\boldsymbol{K}_{k,n}\boldsymbol{S}_{k,n}\boldsymbol{K}_{k,n}^{\mathrm{T}}$$

算法 3-3　UKF-δ-GLMB 算法过程

1．给定初始状态的 Sigma 点：$\{\boldsymbol{w}_{0,n}^{\pm(j,i)},\boldsymbol{s}_{0,n}^{\pm(j,i)}\}_{i=1}^{J_{\Gamma,k}^{(j),n}}$

运动状态函数：$\phi_k(\cdot)$，量测状态函数：$h_k(\cdot)$

2．Sigma 参考点预测

①矩阵参数：通过算法 3-2 计算出的 $\boldsymbol{s}_{k|k-1,n}^{(j)}$，$\boldsymbol{P}_{k|k-1,n}^{(j)}$，通过 δ-GLMB 计算出目标存在概率 $r_{k|k-1,n}$

②其余参数：通过算法 3-2 计算出的 $\boldsymbol{S}_{k|k-1,n}^{(j)}$，$\boldsymbol{C}_{k,n}^{(j),xz}$ 和 $\boldsymbol{K}_{k,n}^{(j)}$

3．Sigma 参考点更新

通过算法 3-2 获取以下值：目标状态 $\hat{\boldsymbol{x}}_{k,n}^{(j)}$，协方差矩阵 $\boldsymbol{P}_{k,n}^{(j)}$

通过 δ-GLMB 的更新得到目标存在概率：$r_{k,n}^{(j)}$

针对线性系统文献[72]给出仿真条件：在跟踪平面上有三个子群目标，每个子群做匀速直线运动，检测时间持续 100s。三个子群图结构如图 3-48 所示。

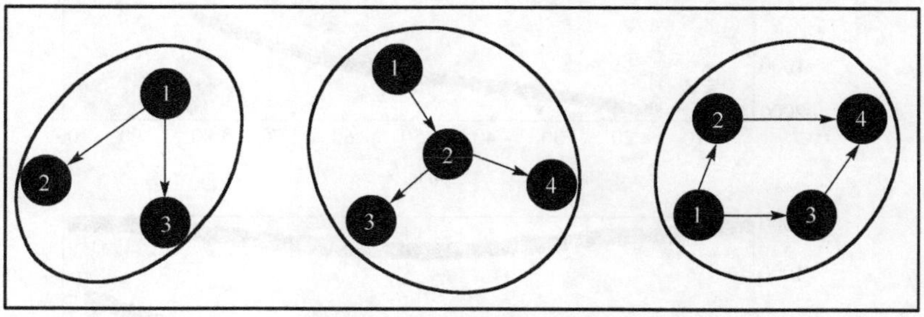

图 3-48　三个子群的图结构

三个子群的运动是相互独立的，它们的出现时间和初始状态以及消失时间如表 3-16 所示，初始状态包括子群的 x 轴和 y 轴方向的方位和速度。

表 3-16　三个子群目标的仿真状态

子群	出现时间/s	初始状态/(m, m/s，m, m/s)	消失时间/s
1	20	[−1800,20,−1900,20]	80
2	30	[1800,−20,−1800,30]	95
3	0	[1800,−10,1800,−10]	100

图 3-49 和图 3-50 为使用 GLMB 滤波算法后得到的轨迹估计与目标状态估计。

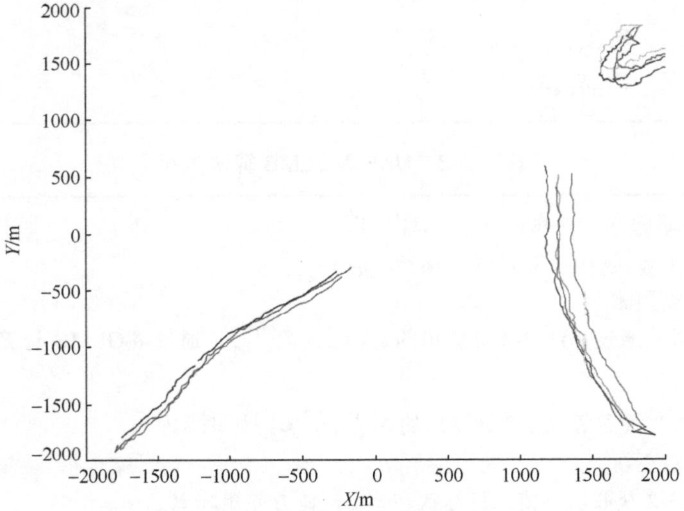

图 3-49　GLMB 滤波算法得到的轨迹估计

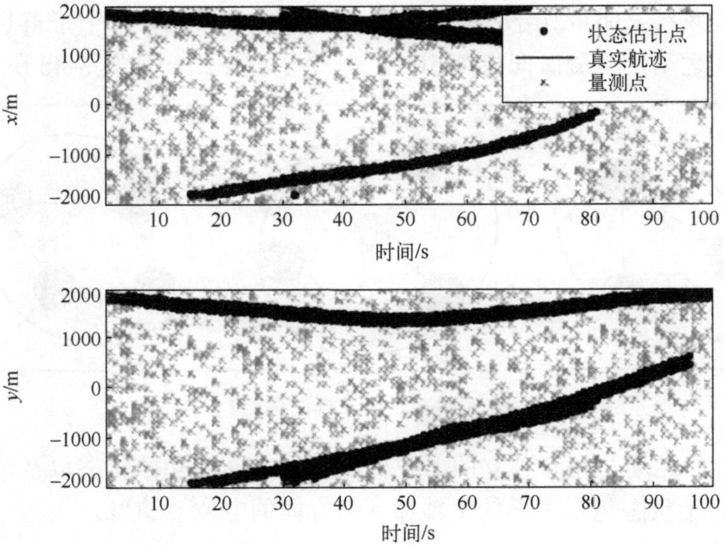

图 3-50　GLMB 滤波算法得到状态估计

为评价滤波器对群的运动性能的估计效果，采用 OSPA 指标进行评价，对任意两个集合 $\boldsymbol{X}=\{\boldsymbol{x}_i\}_{i=1}^m$ 和 $\boldsymbol{Y}=\{\boldsymbol{y}_i\}_{i=1}^n$，若 $m\leqslant n$，其定义式为

$$d_p^{(c)}(\boldsymbol{X},\boldsymbol{Y})=\left(\frac{1}{n}\left(\min_{\pi\in\Pi_n}\sum_{i=1}^{m}d^{(c)}(\boldsymbol{x}_i,\boldsymbol{y}_{\pi(i)})^p+c^p(n-m)\right)\right)^{\frac{1}{p}} \tag{3-76}$$

式中，$d^{(c)}(\boldsymbol{x},\boldsymbol{y})=\min(c,\|\boldsymbol{x},\boldsymbol{y}\|)$，$\prod_n$ 表示从集合 $\{1,\cdots,n\}$ 的全排列，$\pi(i)$ 表示其中第 i 种排列，距离阶次 $1<p<\infty$，截断系数 $c>0$。当 $m>n$ 时，$d_p^{(c)}(\boldsymbol{X},\boldsymbol{Y})=d_p^{(c)}(\boldsymbol{Y},\boldsymbol{X})$。图 3-51～图 3-53 分别是 GLMB 算法与势均衡多目标多伯努利(cardinality balanced multi-target multi-Bernoulli，CBMeMBer)算法的 OSPA 距离图、群成员个数估计图和子群个数估计图。

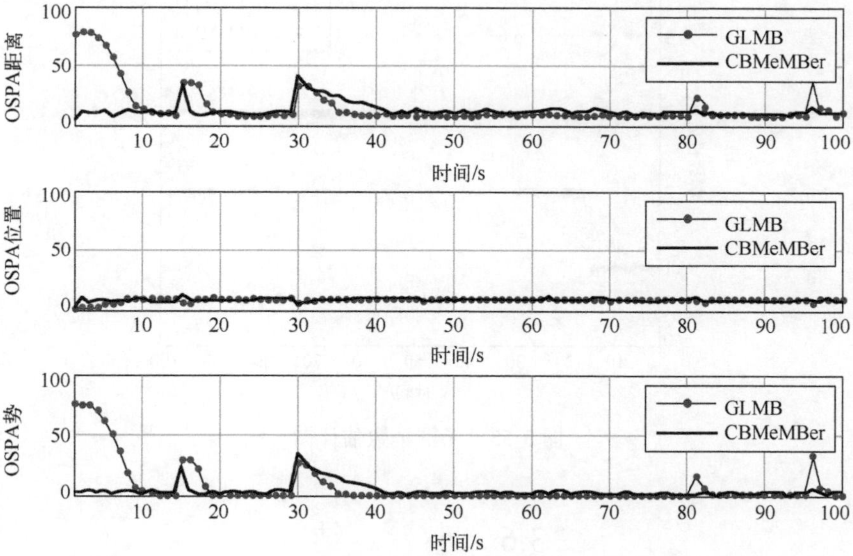

图 3-51　OSPA 距离图

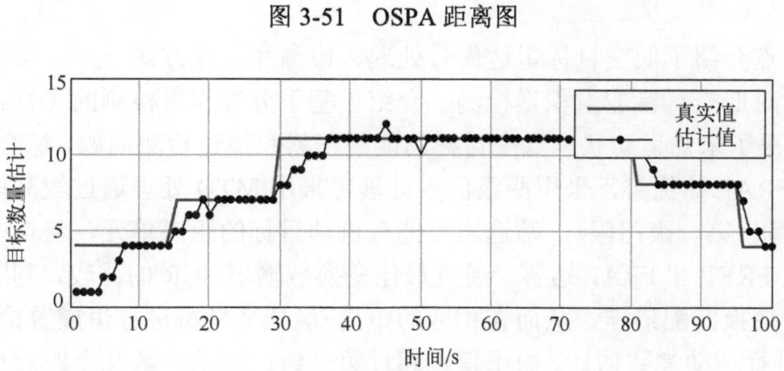

(a) GLMB滤波器

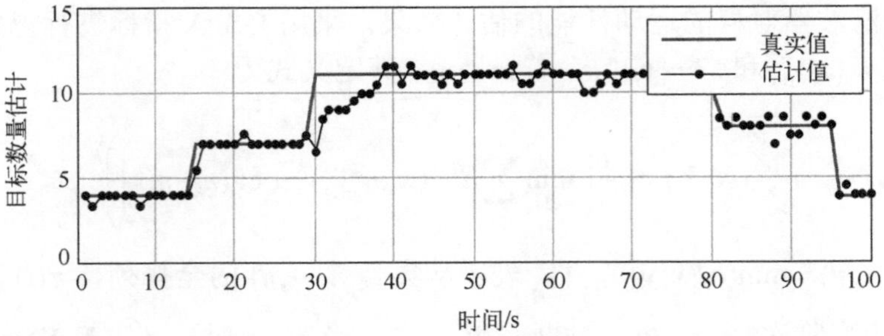

(b) CBMeMBer滤波器

图 3-52　群成员个数估计图

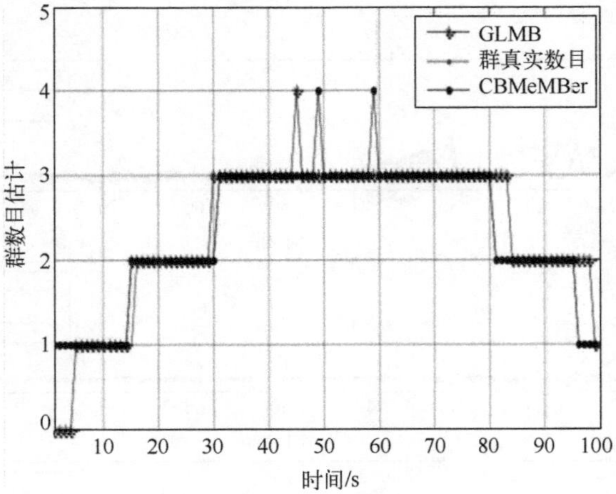

图 3-53　子群个数估计图

3.6　小　　结

本章重点介绍了低空目标雷达信号处理、检测和跟踪方法。

首先针对低空目标能量积累检测，介绍了基于分级积累检测的飞行目标快速检测方法，解决了未知运动状态低空目标的能量积累和快速检测问题，综合利用 MTD 和 FRFT、FRAF 的优势，采用两级门限处理，采用 MTD 处理通过较高的虚警概率条件下的门限(第一级门限)，筛选出可能有机动目标的距离单元，将这些单元的回波并行经过 FRFT 和 FRAF 运算，通过最佳变换域输出 SCR 的比较，判断机动目标回波与哪种变换匹配最佳，从而在相应的距离-最佳变换域进行恒虚警检测(第二级门限)，并进行运动参数估计，由于仅在超过第一级门限的少数几个距离单元内进行处理，从而在保证较高检测性能的同时降低运算量，并能准确估计出机动目标的多个运动参数，如速度、加速度和急动度等，实现机动目标的快速精细化处理。

其次，针对雷达长时间积累过程中容易发生距离和多普勒走动的问题，分别提出了基于 Keystone 和基于 Dechirping 的距离和多普勒走动补偿方法，并基于全息凝视雷达实测数据，对不同运动状态的民航飞机、运输机、无人机等目标积累检测结果进行了对比分析，给出了适合工程应用的处理方法。

然后，针对低 SCR/SNR 条件下的多目标检测问题，介绍一种基于概率假设密度滤波的平行分割辅助粒子滤波检测前跟踪方法。为了解决计算量与估计精度之间的矛盾，本节引入两层粒子的概念，将平行分割理论(PP)与辅助粒子滤波(APF)结合，在 PHD 滤波的粒子滤波实现方法基础上进行改进，提出了基于平行分割的辅助粒子滤波 PHD-TBD 方法(APP-PF-PHD-TBD)。该方法利用平行分割理论，避免联合采样时的维数灾难；再利用 APF 的辅助变量对第二层粒子标记，对当前目标进行状态预测时，结合与当前目标相邻近目标的状态似然，得到目标的预测似然函数；最后利用两层粒子的更新迭代，可在粒子数较少或是目标较多、较密集情况下对多目标状态准确估计。仿真结果和海杂波数据实验表明 APP-PF-PHD-TBD 算法相较 PF-PHD-TBD 具有更好的目标数目和状态估计效果，在目标密集情况下优势更为明显。

最后，针对低空目标的跟踪问题，针对无人机蜂群跟踪问题，将群目标按照雷达的不同工作模式和群内目标落在距离与多普勒分辨单元的情况划分为不完全可分辨群和可分辨群两种。其中，不完全可分辨群利用扩展目标建模方法对群的外形进行建模，在跟踪时对群的运动状态与群的扩展外形状态的联合群状态进行估计，从而对群整体进行把控与跟踪，本章给出了不同扩展外形的建模方法，并介绍了一种基于高斯过程方法建模的星凸扩展外形的 Rao-Blackwellised PF 跟踪方法；可分辨群的建模既要把握群整体的特征，又要反映群内目标之间的约束关系，并将这种约束关系体现在目标跟踪的运动状态方程上，从而进行群目标的精细化跟踪，本章给出了虚拟领导者-跟随者模型以及有向图结构模型的建模方法，并结合 RFS 滤波算法介绍了一种基于有向图的广义标签多伯努利算法对多群目标进行精细化的跟踪。

参 考 文 献

[1] 陈小龙, 陈唯实, 饶云华, 等. 飞鸟与无人机目标雷达探测与识别技术进展与展望[J]. 雷达学报, 2020, 9(5): 803-827.

[2] 陈小龙, 关键, 黄勇, 等. 雷达低可观测动目标精细化处理及应用[J]. 科技导报, 2017, 35(20): 19-27.

[3] Chen X L, Guan J, Wang G Q, et al. Fast, refined processing of radar maneuvering target based on hierarchical detection via sparse fractional representation[J], IEEE Access, 2019, 7:

149878-149889.

[4] Chen X L, Yu X H, Huang Y, et al. Adaptive clutter suppression, detection algorithm for radar maneuvering target with high-order motions via sparse fractional ambiguity function[J]. IEEE Journal of Selected Topics in Applied Earth Observations and Remote Sensing, 2020, 13: 1515-1526.

[5] Chen X L, Guan J, Chen W S, et al. Sparse long-time coherent integration-based detection method for radar low-observable maneuvering target[J]. IET Radar, Sonar&Navigation, 2020, 14(4): 538-546.

[6] Chen X L, Guan J, Zheng J B, et al. Radar fast long-time coherent integration via TR-SKT and robust sparse FRFT[J]. Journal of Systems Engineering and Electronics, 2023, 34(5): 1116-1129.

[7] Perry R, Dipietro R, Fante R. Sar imaging of moving targets[J]. IEEE Transactions on Aerospace and Electronic Systems, 1999, 35(1): 188-200.

[8] 张顺生，曾涛. 基于 Keystone 变换的微弱目标检测[D]. 电子学报, 2005, 33(9): 10-15.

[9] Kirkland D. Imaging moving targets using the second-order keystone transform[J]. IET Radar Sonar & Navigation, 2011, 5(8): 902-910.

[10] 王娟，赵永波. Keystone 变换实现方法研究[J]. 火控雷达技术, 2011, (1): 45-51.

[11] 陈远征，朱永锋，赵宏钟，等. 基于包络插值移位补偿的高速运动目标的积累检测算法研究[J]. 信号处理, 2004, 20(4): 387-390.

[12] 吴孙勇，廖桂生，朱圣棋，等. 提高雷达机动目标检测性能的二维频率域匹配方法[J].电子学报, 2012, 40(12): 2415-2420.

[13] Zheng J, Su T, Zhu W, et al. Radar high-speed target detection based on the scaled inverse fourier transform[J]. IEEE Journal of Selected Topics in Applied Earth Observations and Remote Sensing, 2014, 8(3): 1108-1119.

[14] Li X, Cui G, Yi W, et al. A fast maneuvering target motion parameters estimation algorithm based on ACCF[J]. IEEE Signal Processing Letters, 2014, 22(3): 270-274.

[15] 张月，邹江威，陈曾平. 泛探雷达长时间相参积累目标检测方法研究[J]. 国防科技大学学报, 2010, 32(6): 15-20.

[16] Xia X G. Discrete chirp-fourier transform and its application to chirp rate estimation[J]. IEEE Transactions on Signal Processing, 2000, 48(11): 3122-3133.

[17] Namias V. The fractional order fourier transform and its application to quantum mechanics[J]. IMA Journal of Applied Mathematics, 1980, 25(3): 241-265.

[18] Rao P, Taylor F. Estimation of instantaneous frequency using the discrete wigner distribution[J]. Electronics Letters, 1990, 26(4): 246-248.

[19] Lv X, Bi G, Wan C, et al. Lv's distribution: Principle, implementation, properties, and

performance[J]. IEEE Transactions on Signal Processing, 2011, 59(8): 3576-3591.

[20] 赵海刚. 高速目标检测与参数估计方法研究[D]. 西安: 西安电子科技大学, 2013:20-30.

[21] Xing M, Su J, Wang G, et al. New parameter estimation and detection algorithm for high speed small target[J]. IEEE Transactions on Aerospace and Electronic Systems, 2011, 47(1): 214-224.

[22] 吴兆平, 何学辉, 苏涛. 带有距离走动和多普勒扩散的高速运动目标检测[J]. 哈尔滨工程大学学报, 2010, 31(4): 476～480.

[23] Li X, Cui G, Kong L, et al. Fast non-searching method for maneuvering target detection and motion parameters estimation[J]. IEEE Transactions on Signal Processing, 2016, 64(9): 2232-2244.

[24] Li X, Zhi S, Wei Y, et al. Detection of maneuvering target with complex motions based on ACCF and FRFT[C]. 2017 IEEE Radar Conference (RadarConf), 2017: 17-20.

[25] Xu J, Yu J, Peng Y N, et al. Radon-fourier transform for radar target detection (i): Generalized doppler filter bank[J]. IEEE Transactions on Aerospace and Electronic Systems, 2011, 47(2): 1186-1202.

[26] 吴兆平, 符渭波, 苏涛, 等. 基于快速 radon-fourier 变换的雷达高速目标检测[J]. 电子与信息学报, 2012, 8: 1866-1871.

[27] Su J, Xing M, Wang G, et al. High-speed multi-target detection with narrowband radar[J]. IET Radar, Sonar & Navigation, 2010, 4(4): 595-603.

[28] Yu J, Xu J, Peng Y N, et al. Radon-fourier transform for radar target detection (iii): Optimality and fast implementations[J]. IEEE Transactions on Aerospace & Electronic Systems, 2012, 48(2): 991-1004.

[29] Chen X, Jian G, Liu N, et al. Maneuvering target detection via radon-fractional fourier transform-based long-time coherent integration[J]. IEEE Transactions on Signal Processing, 2014, 62(4): 939-953.

[30] Li X, Cui G, Yi W, et al. Coherent integration for maneuvering target detection based on radon-lv's distribution[J]. IEEE Signal Processing Letters, 2015, 22(9): 1467-1471.

[31] Carlson B, Evans E, Wilson S. Search radar detection and track with the hough transform. I. System concept[J]. IEEE Transactions on Aerospace and Electronic Systems, 1994, 30(1): 102-108.

[32] Ballard D H. Generalizing the hough transform to detect arbitrary shapes[J]. Pattern recognition, 1981, 13(2): 111-122.

[33] Cai L, Du S. Rotation, scale and translation invariant image watermarking using radon transform and fourier transform[C]. Proceedings of the IEEE 6th Circuits and Systems Symposium on Emerging Technologies: Frontiers of Mobile and Wireless Communication,

2004: 281-284.

[34] Kramer J D R, Reid W S. Track-before-detect processing for an airborne type radar[C]. IEEE International Conference on Radar, 1990: 422-427.

[35] Gordon N J, Salmond D J, Smith A F. Novel approach to nonlinear/non-gaussian Bayesian state estimation[C]. IEE Proceedings F (radar and signal processing), 1993: 107-113.

[36] Boers Y, Driessen J. Particle filter based detection for tracking[C]. Proceedings of the 2001 American Control Conference (Cat No 01CH37148), 2001: 4393-4397.

[37] Mahler R P. Statistical Multisource-Multitarget Information Fusion[M]. Norwood: Artech House, 2007: 40-50.

[38] Wong J, Vo B T, Vo B N, et al. Multi-bernoulli based track-before-detect with road constraints[C]. 2012 15th International Conference on Information Fusion, 2012: 840-846.

[39] Hoseinnezhad R, Vo B N, Vo B T, et al. Visual tracking of numerous targets via multi-Bernoulli filtering of image data[J]. Pattern Recognition, 2012, 45(10): 3625-3635.

[40] Vo B N, Vo B T, Pham N T, et al. Joint detection and estimation of multiple objects from image observations[J]. IEEE Transactions on Signal Processing, 2010, 58(10): 5129-5141.

[41] Punithakumar K, Kirubarajan T, Sinha A. A sequential monte carlo probability hypothesis density algorithm for multitarget track-before-detect[C]. Proceedings of SPIE-The International Society for Optical Engineering Signal and Data Processing of Small Targets, 2005: 59131.

[42] 童慧思，张颢，孟华东，等. PHD 滤波器在多目标检测前跟踪中的应用[J].电子学报，2011, 39(9): 2046-2051.

[43] Luis Ú, Ángel F, García F, et al. Adaptive auxiliary particle filter for track-before-detect with multiple targets[J]. IEEE Transactions on Aerospace and Electronic Systems, 2017, 53(5): 2317-2330.

[44] Pitt M K, Shephard N, Gate Q. Filtering via simulation: Auxiliary particle filters[J]. Journal of the American Statistical Association, 1999: 590-599.

[45] García-Fernández A F. Detection and tracking of multiple targets using wireless sensor networks[D]. Madrid: Universidad Politécnica de Madrid, 2011.

[46] 裴家正，黄勇，董云龙，等. 改进的 SMC-CBMeMBer 前向后向平滑检测前跟踪算法[J].通信学报, 2019, 40(8): 102-113.

[47] 裴家正，黄勇，董云龙，等. 杂波背景下基于概率假设密度的辅助粒子滤波检测前跟踪改进算法[J]. 雷达学报, 2019, 8(3): 355-365.

[48] 裴家正，黄勇，董云龙，等. 基于 PHD 的粒子滤波检测前跟踪改进算法[J]. 雷达科学与技术, 2019, 17(3):263-270, 279.

[49] Abdelkader M, Güler S, Jaleel H, et al. Aerial swarms: Recent applications and challenges[J]. Current robotics reports, 2021, 2: 309-320.

[50] Granström K, Lundquist C, Orguner U. A Gaussian mixture PHD filter for extended target tracking[C]. 2010 13th International Conference on Information Fusion, 2010: 1-8.

[51] Chen Y, Jiao Y, Wu M, et al. Group target tracking for highly maneuverable unmanned aerial vehicles swarms: A Perspective[J]. Sensors, 2023, 23(9): 4465.

[52] 陈雨迪，武敏，焦义文，等. 密集群目标跟踪的研究进展[J].电讯技术，2023, 63(4): 589-597.

[53] 杜浩翠,谢维信,范建德. 基于 PPP 模型的多扩展目标跟踪的 JPDA 算法研究[J].信号处理, 2019, 35(6): 1079-1087.

[54] Wieneke M, Koch W. A PMHT approach for extended objects and object groups[J]. IEEE Transactions on Aerospace and Electronic Systems, 2012, 48(3): 2349-2370.

[55] Mahler R. "Statistics 102" for multisource-multitarget detection and tracking[J]. IEEE Journal of Selected Topics in Signal Processing, 2013, 7(3): 376-389.

[56] Granstrom K, Orguner U. A PHD filter for tracking multiple extended targets using random matrices[J]. IEEE Transactions on Signal Processing, 2012, 60(11): 5657-5671.

[57] Lundquist C, Granström K, Orguner U. An extended target CPHD filter and a Gamma Gaussian inverse Wishart implementation[J]. IEEE Journal of Selected Topics in Signal Processing, 2013, 7(3): 472-483.

[58] 陈辉，李国财，韩崇昭，等. 高斯过程回归模型多扩展目标多伯努利滤波器[J]. 控制理论与应用, 2020, 37(9): 1931-1943.

[59] Guerlin L, Pannetier B, Rombaut M, et al. Study on group target tracking to counter swarms of drones[C]. Signal Processing, Sensor/Information Fusion, and Target Recognition. SPIE, 2020: 11423: 8-27.

[60] Ru X, Chi Y, Liu W. A detection and tracking algorithm for resolvable group with structural and formation changes using the Gibbs-GLMB filter[J]. Sensors, 2020, 20(12): 3384.

[61] Granström K, Baum M. A tutorial on multiple extended object tracking[DB/OL]. [2022-02-10]. https://www.techrxiv.org/doi/full/10.36227/techrxiv.19115858.v1.

[62] Koch J W. Bayesian approach to extended object and cluster tracking using random matrices[J]. IEEE Transactions on Aerospace and Electronic Systems, 2008, 44(3): 1042-1059.

[63] Baum M, Hanebeck U D. Shape tracking of extended objects and group targets with star-convex RHMs[C]. 14th International Conference on Information Fusion, 2011: 1-8.

[64] Wahlström N, Özkan E. Extended target tracking using Gaussian processes[J]. IEEE Transactions on Signal Processing, 2015, 63(16): 4165-4178.

[65] Lan J, Li X R. Tracking of maneuvering non-ellipsoidal extended object or target group using random matrix[J]. IEEE Transactions on Signal Processing, 2014, 62(9): 2450-2463.

[66] Zea A, Faion F, Baum M, et al. Level-set random hypersurface models for tracking nonconvex

extended objects[J]. IEEE Transactions on Aerospace and Electronic Systems, 2016, 52(6): 2990-3007.

[67] Yang S, Baum M. Extended Kalman filter for extended object tracking[C]. 2017 IEEE international conference on acoustics, speech and signal processing (ICASSP), 2017: 4386-4390.

[68] Baum M. Simultaneous Tracking and Shape Estimation of Extended Objects[M]. Karlsruhe: KIT Scientific Publishing, 2014: 79-80.

[69] Özkan E, Wahlström N, Godsill S J. Rao-Blackwellised particle filter for star-convex extended target tracking models[C]//2016 19th International Conference on Information Fusion (FUSION). IEEE, 2016: 1193-1199.

[70] Clark D, Godsill S. Group target tracking with the gaussian mixture probability hypothesis density filter[C]. 2007 3rd International Conference on Intelligent Sensors, Sensor Networks and Information, 2007: 149-154.

[71] Pang S K, Li J, Godsill S J. Models and algorithms for detection and tracking of coordinated groups[C]. IEEE Aerospace Conference, 2008: 1-17.

[72] 朱书军，刘伟峰，崔海龙. 基于广义标签多伯努利滤波的可分辨群目标跟踪算法[J]. 自动化学报, 2017, 43(12): 2178-2189.

[73] 甘林海，王刚，刘进忙，等. 群目标跟踪技术综述[J]. 自动化学报, 2020, 46(3): 411-426.

[74] Carmi A Y, Mihaylova L, Septier F, et al. Inferring leadership from group dynamics using Markov chain Monte Carlo methods[J]. Modeling, Simulation and Visual Analysis of Crowds: A Multidisciplinary Perspective, 2013: 325-346.

[75] 李振兴，刘进忙，李松，等. 基于箱式粒子滤波的群目标跟踪算法[J]. 自动化学报，2015, 41(4): 785-798.

[76] 修建娟，董凯，徐从安. 可分辨空间密集目标群跟踪算法研究[J]. 弹道学报，2021, 33(3): 1-8.

[77] Lau R A, Williams J L. Tracking a coordinated group using expectation maximisation[C]//2013 IEEE Eighth International Conference on Intelligent Sensors, Sensor Networks and Information Processing, 2013: 282-287.

[78] Zhang Z, Sun J, Zhou H, et al. Group target tracking based on MS-MeMBer filters[J]. Remote Sensing, 2021, 13(10): 1920.

[79] Reuter S, Vo B T, Vo B N, et al. The labeled multi-Bernoulli filter[J]. IEEE Transactions on Signal Processing, 2014, 62(12): 3246-3260.

第 4 章　雷达低空目标分类与识别技术

4.1　引　言

"低慢小"目标种类繁多，其尺寸、形状及运动特性的不同导致目标具有不同的雷达散射特性和多普勒特性。目标特性精细化处理能力是后续目标分类与识别的基础。目标特征提取和估计技术仍有很多问题亟待解决和研究，雷达精细化处理过程面临挑战，目标分类识别难度大。本章重点介绍雷达低空目标分类与识别技术。4.2 节以无人机和飞鸟目标为例，建立两种类型目标的雷达微多普勒信号模型，并从雷达参数、目标类型、观测条件等多个角度重点分析了微动特征的影响因素，为后续目标分类识别奠定基础；4.3 节主要基于凝视或泛探雷达获取的信号和航迹特征，提出基于多维特征的目标分类方法，并采用泛探全息雷达数据进行验证分析；4.4 节构建了飞鸟与无人机目标调频连续波雷达微动数据集，并在此基础上，提出一种基于多尺度 CNN 模型的低空目标分类方法，基于 6 种低空目标雷达数据集进行了验证；4.5 节通过提取目标运动模型转换频率等目标特征进行目标分类，根据目标运动模型转换频率联合估计值区分飞鸟和无人机目标。

4.2　无人机和飞鸟目标雷达微动特征建模与分析

4.2.1　飞鸟微多普勒特征建模与参数化表征

飞鸟扑翼是一种典型的带关节的非刚性物体的运动，把通过关节连接的多个段的运动看作是刚体运动进行处理。图 4-1 为飞鸟扑翼的运动模型简图。

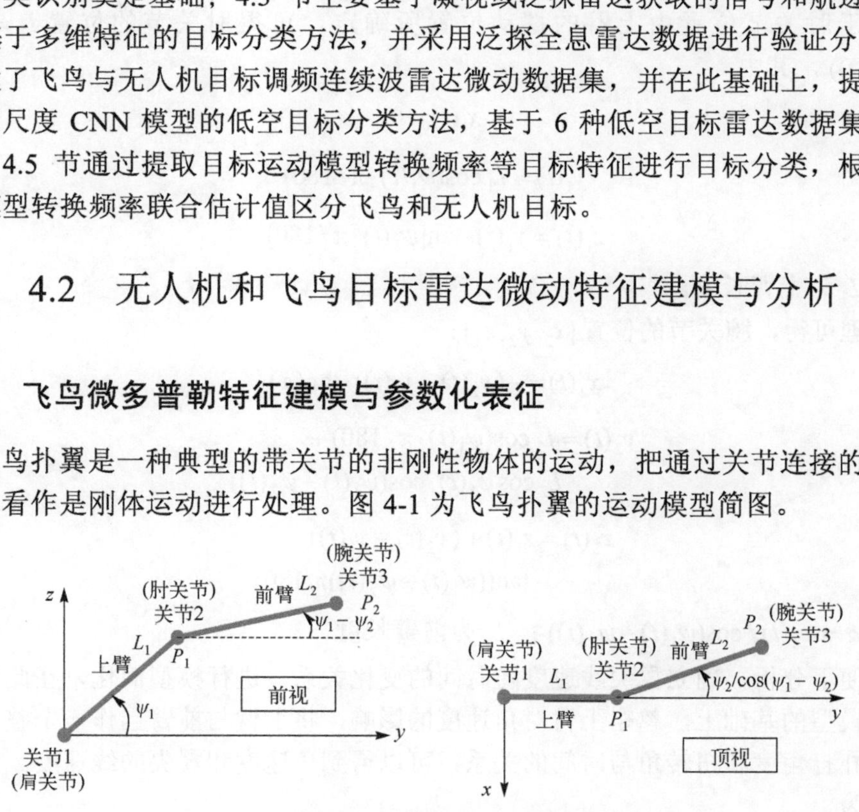

图 4-1　飞鸟扑翼的运动学模型图

飞鸟翅膀包括上臂、前臂及手。其中，肘关节连接上臂和前臂，腕关节连接前臂和手。在飞鸟扑翼运动学模型建立中，假设翅膀有两个相互连接的部件，即肘关节和腕关节。肘关节只围绕一个运动轴在固定平面做屈伸运动；腕关节可围绕两个相互垂直的运动轴分别做屈伸和环绕运动。翅膀扑打角度及扭转角均用一般的正余弦函数来表示，在此基础上构建出翅膀的运动模型。上臂的扑打角度[1]为

$$\psi_1(t) = A_1 \cos(2\pi f_{\text{flap}} t) + \psi_{10} \tag{4-1}$$

式中，A_1为上臂扑动幅度；f_{flap}为扑打频率；ψ_{10}为上臂扑打角度的滞后。

前臂的扑打角度为

$$\psi_2(t) = A_2 \cos(2\pi f_{\text{flap}} t) + \psi_{20} \tag{4-2}$$

式中，A_2为前臂扑动幅度；ψ_{20}为前臂扑打角度的滞后。

前臂的扭转角为

$$\varphi_2(t) = C_2 \cos(2\pi f_{\text{flap}} t) + \varphi_{20} \tag{4-3}$$

式中，C_2为前臂的扫角幅度；φ_{20}为前臂扭转角度的滞后。

由于肘关节位置由上臂的摆动位置所确定，可得肘关节的位置$P_1 = (x_1(t), y_1(t), z_1(t))$，其中，

$$x_1(t) = 0 \tag{4-4}$$

$$y_1(t) = L_1 \cos(\psi_1(t) \cdot \pi / 180) \tag{4-5}$$

$$z_1(t) = y_1(t) \cdot \tan[\psi_1(t) \cdot \pi / 180] \tag{4-6}$$

式中，L_1为上臂长度。

同理可得，腕关节的位置$[x_2, y_2, z_2]$：

$$x_2(t) = -(y_2(t) - y_1(t)) \cdot \tan(d) \tag{4-7}$$

$$\begin{aligned} y_2(t) = {} & L_1 \cos(\psi_1(t) \cdot \pi / 180) + \\ & L_2 \cos\varphi_2(t) \cdot \cos(\psi_1(t) - \psi_2(t)) \end{aligned} \tag{4-8}$$

$$\begin{aligned} z_2(t) = {} & z_1(t) + (y_2(t) - y_1(t)) \\ & \cdot \tan((\psi_1(t) - \psi_2(t))\pi/180) \end{aligned} \tag{4-9}$$

式中，$d = \varphi_2(t) / \cos(\psi_1(t) - \psi_2(t))$；$L_2$为前臂长度。

为便于分析，确立翼尖线速度随时间的变化关系，进行模型简化，在此鸟类翅膀运动模型的基础上，忽略上臂对角速度的影响，将上臂与前臂当作一个整体。利用前臂扑打角度和扭转角与时间的关系，可以得到角速度和翼尖的线速度。角速度表达式为

$$\omega_{\psi}(t)=\frac{\mathrm{d}}{\mathrm{d}t}\psi_2(t)=-2\pi A_2 f_{\text{flap}}\sin(2\pi f_{\text{flap}}t) \tag{4-10}$$

$$\omega_{\varphi}(t)=\frac{\mathrm{d}}{\mathrm{d}t}\varphi_2(t)=-2\pi C_2 f_{\text{flap}}\sin(2\pi f_{\text{flap}}t) \tag{4-11}$$

所以，飞鸟翼尖的线速度可以表示为

$$\begin{aligned}v_{\psi}(t)&=(L_1+L_2)\omega_{\psi}(t)\\&=-2(L_1+L_2)\pi A_2 f_{\text{flap}}\sin(2\pi f_{\text{flap}}t)\end{aligned} \tag{4-12}$$

$$\begin{aligned}v_{\varphi}(t)&=(L_1+L_2)\omega_{\varphi}(t)\\&=-2(L_1+L_2)\pi C_2 f_{\text{flap}}\sin(2\pi f_{\text{flap}}t)\end{aligned} \tag{4-13}$$

式中，L_1+L_2 为飞鸟翼展长度的一半，即半翼展。式(4-12)和式(4-13)是在一定简化基础上得出的，可根据速度和多普勒的关系给出微多普勒表达式。然而，由于鸟类飞行扑翼运动过程较为复杂，涉及多个关节的活动，关节的旋转角速度又各不相同，因此翼尖速度的推导需要建立关节角速度之间的定量关系，导致影响微动的主要因素即翅膀的翼尖线速度和多普勒的关系复杂。

4.2.2　无人机旋翼微多普勒特征建模与参数化表征

多旋翼无人机回波信号表现为无人机主体的多普勒信号和旋翼部件微多普勒信号的叠加。旋翼无人机的微多普勒特征由运动中旋转的旋翼产生，因此重点对旋转旋翼叶片进行研究。

1. 单旋翼叶片微动建模

首先建立空间固定坐标系(X,Y,Z)、物体固定坐标系(x,y,z)，两坐标系互相平行，并将雷达及旋翼中心位置分别取在空间固定坐标系及物体固定坐标系的原点，两者之间的距离为 R_0，旋翼叶片的长度为 l_0。另外，将旋翼叶片看作是由无数散射点组成，在旋翼无人机目标运动过程中，散射点 P 以角速度 ω 绕旋翼中心旋转，旋翼相对于雷达的方位角、俯仰角是 α、β，如图 4-2 所示[2]。

分析当方位角 α 和俯仰角 β 均为零时的情况，此时雷达及旋翼在同一平面内，如图 4-3 所示。

假设点 P 的初始旋转角为 φ_0，则经过时间 t 旋转角就会变为 $\varphi_t=\varphi_0+2\pi ft$，坐标点由 $(x_0,y_0,0)$ 变为点 P' $(x_t,y_t,0)$。

从旋翼中心到点 P 的距离为一固定值 $l=\sqrt{(x_0^2+y_0^2)}$，根据余弦公式可得从散射点 P' 到雷达的距离为

$$R_P(t)=\sqrt{R_0^2+l^2+2R_0 l\cos(\varphi_t)} \tag{4-14}$$

假定远场，有 $(l/R_0)^2 \to 0$，即 $\varphi_t \to 0$ 近似可得

$$R_P(t) \approx R_0 + l\cos(\varphi_t) \tag{4-15}$$

则散射的相位函数为

$$\Phi_P(t) = \frac{4\pi R_P(t)}{\lambda} = \frac{4\pi}{\lambda}(R_0 + l\cos(\varphi_t)) \tag{4-16}$$

雷达接收到的散射点 P 的回波信号[3]为

$$\begin{aligned} s_R(t) &= \exp\left(\frac{\mathrm{j}(\omega t - 4\pi R_P(t))}{\lambda}\right) \\ &= \exp\left(\frac{\mathrm{j}(\omega t - 4\pi R_0(t))}{\lambda}\right)\exp\left(\frac{-\mathrm{j}4\pi l\cos(\varphi_0 + 2\pi f t)}{\lambda}\right) \end{aligned} \tag{4-17}$$

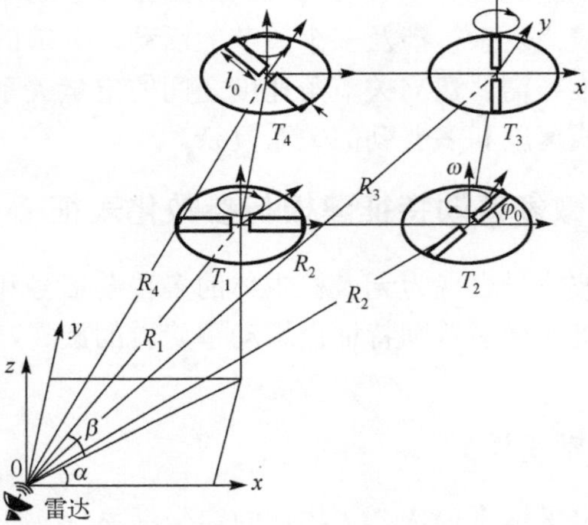

图 4-2　雷达与四旋翼无人机的几何关系图

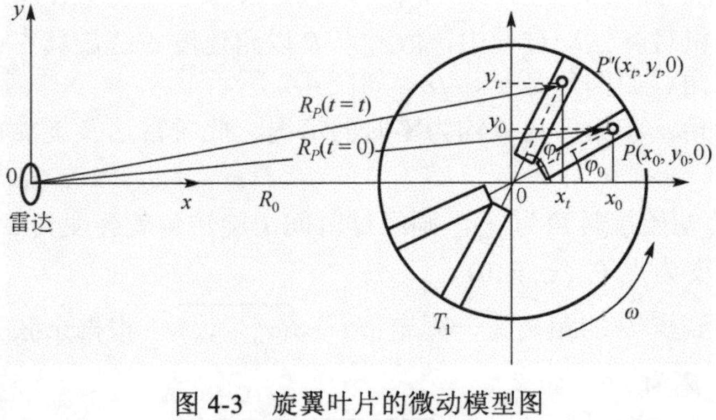

图 4-3　旋翼叶片的微动模型图

在研究旋翼叶片散射点的基础上，对点 P 的回波信号做长度上的积分可得单个完整叶片回波：

$$\begin{aligned} s_R(t) &= \int_0^{l_0} s_R(t)\mathrm{d}x = l_0 \exp\left(\frac{\mathrm{j}(\omega t - 4\pi R_0(t))}{\lambda}\right) \\ &\cdot \exp\left(\frac{-\mathrm{j}2\pi l\cos(\varphi_0 + 2\pi f t)}{\lambda}\right)\mathrm{sinc}\left(\frac{2l\cos(\varphi_0 + 2\pi f t)}{\lambda}\right) \end{aligned} \tag{4-18}$$

假设每个旋翼有 N 个叶片且每个叶片的初始相位不同，旋翼片叶间的初始旋转角存在以下关系：

$$\Delta\varphi = 2\pi/N \tag{4-19}$$

则第 k 个叶片的初始旋转角为

$$\varphi_k = \varphi_0 + \frac{2(k-1)\pi}{N}, \quad (k = 1,2,3,\cdots,N) \tag{4-20}$$

所以单个旋翼总的雷达回波为

$$\begin{aligned} s_\Sigma(t) &= \sum_{k=0}^{N-1} s_R(t) \\ &= \sum_{k=0}^{N-1} l_0 \exp\left(\frac{\mathrm{j}(\omega t - 4\pi R_0(t))}{\lambda}\right) \\ &\cdot \exp\left(\frac{-\mathrm{j}2\pi l\cos\left(\varphi_0 + 2\pi f t + \dfrac{2(k-1)\pi}{N}\right)}{\lambda}\right)\mathrm{sinc}\left(\frac{2l\cos\left(\varphi_0 + 2\pi f t + \dfrac{2(k-1)\pi}{N}\right)}{\lambda}\right) \end{aligned} \tag{4-21}$$

若俯仰角 β，即旋翼叶片相对于雷达的高度不为零时，该通过积分的散射点模型能够较好地反映旋翼叶片的信息，更贴近于现实生活中的情况。

通过分析可得此时旋翼的接收信号为

$$\begin{aligned} s_\Sigma(t) &= \sum_{k=0}^{N-1} s_R(t) \\ &= \sum_{k=0}^{N-1} l_0 \exp\left(-4\pi\mathrm{j}\frac{(R_0 + Z_0\sin\beta)}{\lambda}\right)\exp(-\mathrm{j}\Phi_k(t)) \\ &\cdot \mathrm{sinc}\left(\frac{4\pi}{\lambda}\frac{l_0}{2}\cos\beta\cos\left(2\pi f t + \varphi_0 + \frac{2(k-1)\pi}{N}\right)\right) \end{aligned} \tag{4-22}$$

式中，$\Phi_k(t)$ 为相位函数：

$$\Phi_k(t) = \frac{4\pi}{\lambda}\frac{l_0}{2}\cos\beta\cos\left(2\pi f t + \varphi_0 + \frac{2(k-1)\pi}{N}\right) \tag{4-23}$$

对接收信号相位函数时间求导可以得到回波信号的瞬时多普勒频率，得到旋翼第k个叶片等效瞬时微多普勒频率：

$$f_k(t) = -\frac{2\pi f l_0}{\lambda}\cos\beta\sin\left(2\pi f t + \varphi_0 + \frac{2(k-1)\pi}{N}\right) \tag{4-24}$$

2. 多旋翼无人机微动建模

对于多旋翼的无人机，其反映微动特性的旋翼回波可看作由多个单旋翼回波叠加形成。假设各旋翼叶片的 RCS 相同且均为 1，在直升机旋翼模型基础上，构建出多旋翼无人机目标回波模型[4, 5]：

$$\begin{aligned} s_\Sigma(t) = &\sum_{m=1}^{M} l_0 \exp\left(-4\pi \mathrm{j}\frac{(R_{0,m} + Z_{0,m}\sin\beta_m)}{\lambda}\right) \\ &\cdot \sum_{k=0}^{N-1} \mathrm{sinc}\left(\frac{4\pi}{\lambda}\frac{l_0}{2}\cos\beta_m\cos\left(\omega_m t + \varphi_{0,m} + \frac{2(k-1)\pi}{N}\right)\right) \\ &\cdot \exp(-\mathrm{j}\Phi_{k,m}(t)) \end{aligned} \tag{4-25}$$

式中，M为旋翼数；l_0表示旋翼叶片长度；$R_{0,m}$为雷达到第m个旋翼中心的距离；$Z_{0,m}$为第m个旋翼叶片的高度；β_m为雷达到第m个旋翼的俯仰角；N为单个旋翼叶片数；ω_m为第m个旋翼的转动角频率；$\varphi_{0,m}$为第m个旋翼的初始旋转角；相位函数为

$$\Phi_{k,m}(t) = \frac{4\pi}{\lambda}\frac{l_0}{2}\cos\beta_m\cos\left(\omega_m t + \varphi_{0,m} + \frac{2(k-1)\pi}{N}\right) \tag{4-26}$$

通过对回波信号相位函数时间求导，得到第m个旋翼的第k个叶片等效瞬时微多普勒频率：

$$f_{k,m}(t) = -\frac{l_0\omega_m}{\lambda}\cos\beta_m\sin\left(\omega_m t + \varphi_{0,m} + \frac{2(k-1)\pi}{N}\right) \tag{4-27}$$

微多普勒频率被旋转速率以正弦函数进行调制。由于无人机旋翼转动时，叶尖处的线速度最大，对应的多普勒频率也最大，最大的微多普勒频率为

$$f_{\max} = \frac{2v_{叶尖}}{\lambda}\cos\beta = \frac{2l_0\omega}{\lambda}\cos\beta = \frac{4l_0\pi n}{\lambda}\cos\beta \tag{4-28}$$

式中，$v_{叶尖}$为旋翼叶尖的线速度；ω为旋翼的旋转角速度(rad/s)；n为旋翼叶片转速(r/s)。

通过对无人机目标叶片的数目、旋翼叶片的转速、叶尖的速度以及旋翼叶片的长度参数的估计可以判断无人机的运动状态，实现对多旋翼无人机特征的精细化描述[6]。

4.2.3 微动特征影响因素分析

1. 飞鸟微动影响因素分析

飞鸟自身对于回波频谱的影响因素有扑打频率、飞行速度、翼弦长度、扑打角度的幅度等。对一般的飞鸟而言飞行速度、扑打角度等因素相差不大，但是对于不同鸟类如飞燕和雀类的扑翼运动状态、翼展长度等却不尽相同。

1) 扑打频率与微多普勒的关系

假设某 X 波段雷达(波长 λ=0.03m)位于 x=20m、y=0m、z=−10m 的位置，飞鸟的飞行速度为 1.0m/s，上臂和前臂长度均为 0.5m。图 4-4 为仿真的飞鸟目标运动轨迹、雷达距离像。在雷达和飞鸟几何分布关系中，飞鸟目标在起始位置与该雷达的直线距离为 22.36m，两者之间的相对高度为 10m。运动过程中，飞鸟水平匀速朝向雷达飞行。随着观测时间增长即脉冲数逐渐积累，飞鸟与雷达距离逐渐缩短。

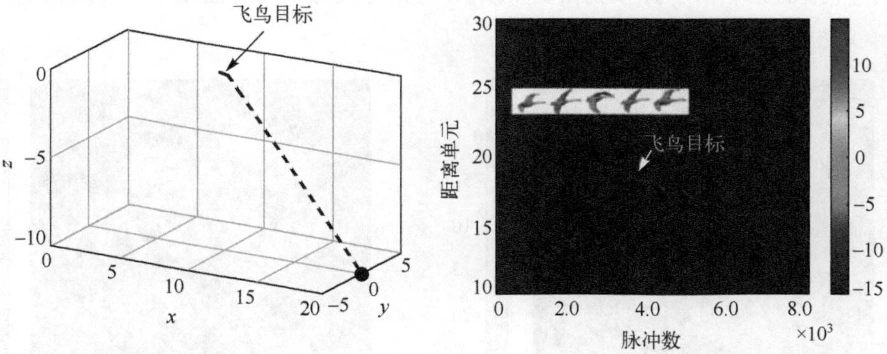

(a) 运动轨迹　(b) 目标回波(距离-脉冲)

图 4-4　雷达和飞鸟几何分布关系

图 4-5 分别给出了相同参数下扑打频率为 1.0Hz 和 2.0Hz 时的微多普勒特征。随着扑打频率的增加，飞鸟扑翼微多普勒特征越明显，即在主体运动过程中产生的发射信号多普勒偏移频率附近所产生的边频越明显，并且目标微多普勒特征的周期变化情况与飞鸟扑打频率呈线性关系。在雷达实测中可以通过微多普勒特征图像对飞鸟扑打频率做出估计。

2) 翼展长度与微多普勒的关系

图 4-6 给出了半翼展长度分别为 0.25m 和 1m 的飞鸟微多普勒特征，其中，半翼展长度为上臂和前臂长度之和。随着翼展长度的增加，飞鸟扑翼运动微多普勒特征越明显；随着观测时间的增加，飞鸟与雷达之间的距离逐渐缩短，雷达对飞鸟目标观测角度也随之增大。由于飞鸟扑翼运动是翼弦围绕某个关节以一定的扑翼角度

上下运动，随着时间增长，扑翼上下运动速度的径向分量会随之增大，主体移动产生的多普勒偏移频率和扑翼运动产生的边频随之展宽，如图 4-6(b)所示。

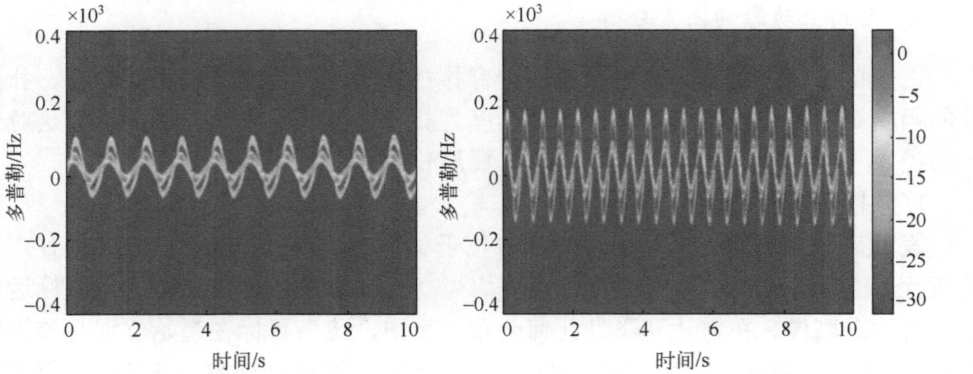

(a) 1.0Hz　　(b) 2.0Hz

图 4-5　不同扑打频率下飞鸟扑翼的微多普勒特征(飞行速度为 0.2m/s；上臂和前臂长度均为 0.5m)

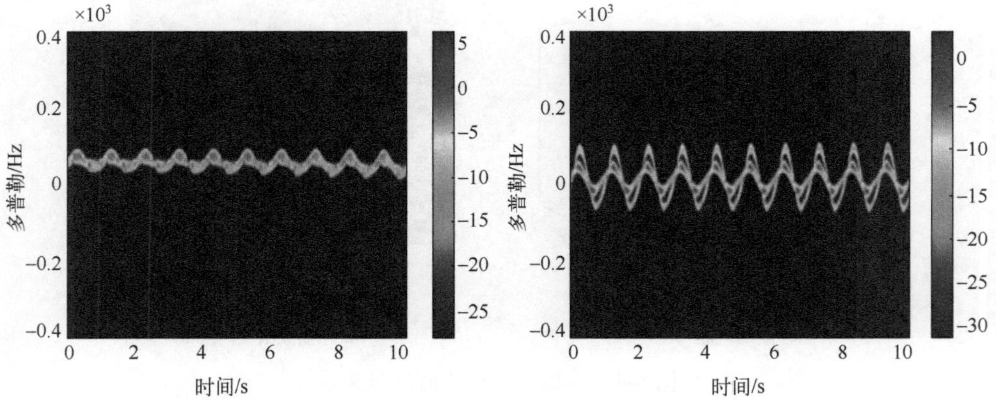

(a) 0.25m　　(b) 1.0m

图 4-6　不同半翼展长度下飞鸟微多普勒特征(1m/s 速度)

2. 旋翼无人机微动影响因素分析

旋翼无人机目标的微多普勒受到载波频率、旋翼叶片长度、雷达俯仰角、旋翼叶片初始相位、旋翼数目、旋翼叶片转速和旋翼叶片数目的影响。其中，前三个参数仅与微多普勒频率幅度有关，而相位和幅度则受后四个参数的影响。

1) 微动参数估计

设雷达工作在 C 波段，λ=0.06m，距离分辨力为 0.5m，观测时间为 0.1s。旋翼无人机目标处于悬停状态，有四个旋翼，每个旋翼为两个叶片，叶片的长度 l_0=13.5m，方位角 $\alpha=0^{\circ}$，俯仰角 $\beta=45^{\circ}$，雷达与旋翼中心间的距离为 707m，旋翼

叶片的旋转速率 n=40r/s，得到叶尖的旋转线速度为 $v = 2\pi l_0 n = 3\,391.2\ \text{m/s}$。最大多普勒频移为 $f_{\text{d,max}} = (2v/\lambda)\cos\beta = 79931.35\ \text{Hz}$。奈奎斯特采样速率为两倍的最大多普勒频率即 159862.70Hz，为防止混叠现象，信号采样速率须大于等于奈奎斯特采样速率，所以采用 200kHz 采样速率。

利用多旋翼散射点的积分回波模型，得到叶片时域特征和微多普勒特征如图 4-7 和图 4-8 所示。每个旋翼有两个叶片，叶片的旋转速率是 40r/s，每个叶片在 0.1s 之内就会产生 8 次闪烁，时间间隔为 0.125s。四旋翼无人机回波的时域和对应的时频域闪烁的次数相同，均为 8 次。

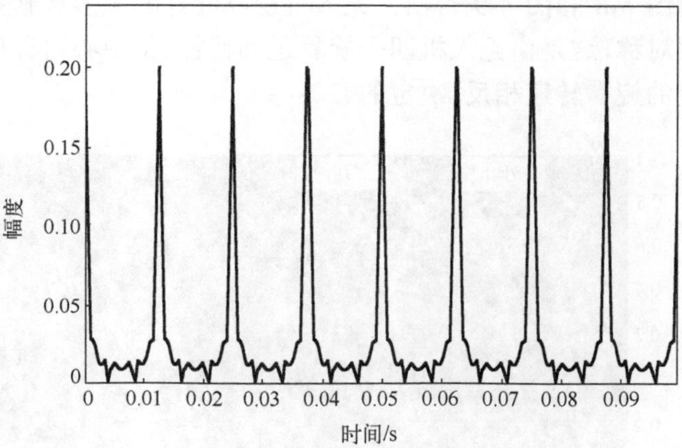

图 4-7　旋转叶片的时域波形

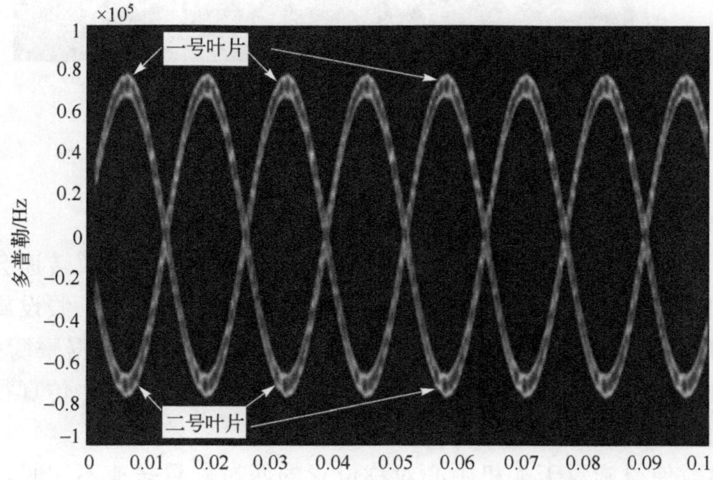

图 4-8　旋转叶片的微多普勒特征

2) 旋翼叶片数对微多普勒的影响

图 4-9 给出了当旋翼无人机的叶片数为 3 时，目标的微多普勒特征。在 0.1s 之内的每个叶片闪烁次数相同，且为 24 次。结合两叶片旋翼微多普勒特征图像及闪烁次数可得，闪烁的频率与旋翼叶片的数目以及旋转速率有关，具体关系为闪烁频率 $f = kNn$。其中，n 为转速；N 为旋翼叶片数；当 N 为偶数时 k 取 1，N 为奇数时 k 取 2。由此可以根据旋翼的微多普勒特征来进一步估算出旋翼叶片的转动速率，并且可以明显看出图中有三条交替变化的正弦曲线。当旋翼叶片个数为 2 时，在 0.1s 内出现 8 次闪烁，可以估计出叶片的旋转速率是 40r/s，验证了理论分析的正确性。另外，通过分析图 4-8 和图 4-9 得出，无人机旋翼叶片的微多普勒频率关于平均多普勒频率即零频对称，这是由无人机四个旋翼运动特征(呈中心对称位置的旋翼转速相同，相邻位置的旋翼转速相反)决定的。

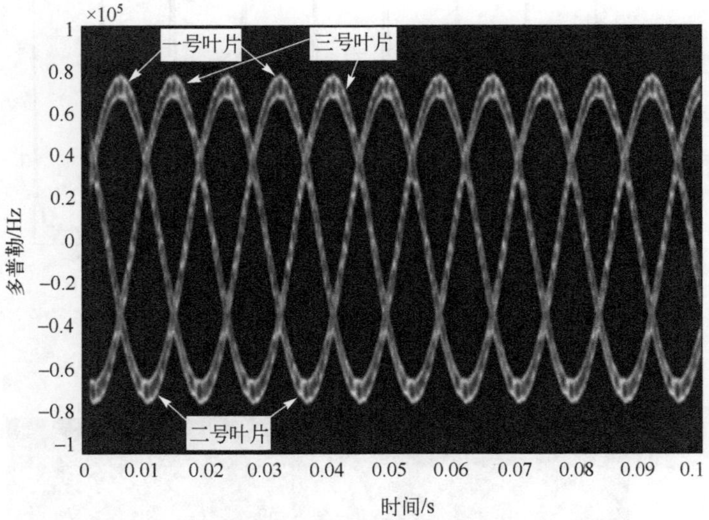

图 4-9　旋翼叶片数目为 3 的微多普勒特征

3) 旋翼叶片转速对微多普勒的影响

根据第 k 个叶片的等效瞬时微多普勒频率函数关系式，旋翼转速会直接影响瞬时微多普勒频率幅度的大小，且微多普勒频率受旋转速率影响。假设旋翼的叶片数均为 2，观测时间设为 0.1s，设置不同的旋转速率进行仿真。根据平衡条件，旋翼 1 和 3 转速相同且均为 20r/s，旋翼 2 和 4 转速相同且均为 30r/s，仿真得到的旋翼叶片的微多普勒特征如图 4-10 所示。

当改变参数使得旋翼无人机中心对称位置的两对旋翼转速不同时，闪烁现象不再呈单一的周期性变化。转速为 20r/s 的旋翼对应的闪烁次数为 4 次，转速为 30r/s 的旋翼对应的闪烁次数为 6 次，且旋翼转速会导致微多普勒频率发生变化。转动速率越大，多普勒频率也会随之变大。因此，微多普勒频率的大小、闪烁现象的周期变化及出现的次数都会受到旋翼叶片的转速影响。

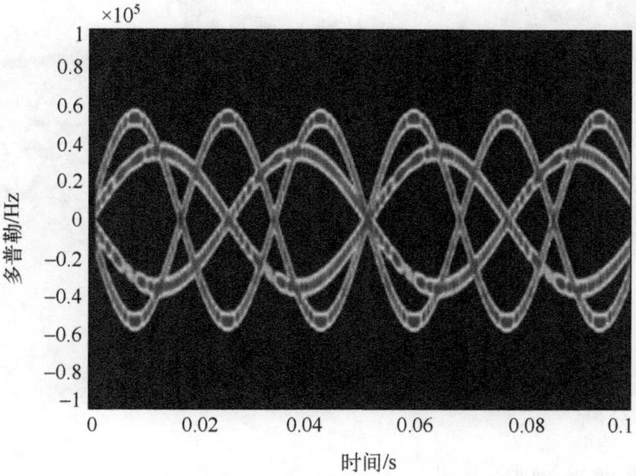

图 4-10　两组转速不同旋翼叶片的微多普勒特征

4.2.4　雷达微动测量实验结果

1. 实验方案与配置

本节采用 K 波段调频连续波雷达采集飞鸟和无人机数据并进行分析。雷达系统主要由射频模块、控制模块、采集模块以及软件模块四部分组成。射频模块实现调频连续波信号的发射，并对接收信号进行混频、滤波、放大；控制模块负责接收上位机命令，产生控制信号，并对回波信号滤波放大；采集模块负责采集回波信号，并将原始回波信号传输到上位机；软件模块完成上位机 Windows 系统下的驱动、信息显示，以及雷达核心参数设置。主要技术性能指标如表 4-1 所示。

表 4-1　K 波段调频连续波雷达主要技术指标

工作频率	调制带宽	调制周期
23.7 GHz	10～2000 MHz	0.2～10 ms
重复频率	–3dB 波束范围	
100～5000 Hz	方位：16°；俯仰：12°	

为减少外界环境干扰因素的影响，达到雷达对目标的观测距离、角度等因素方便可控的目的，分别对不同旋翼无人机进行室内观测实验，场景图 4-11 所示。

(a) 大疆御 2

(b) 大疆悟 2

图 4-11　不同无人机的雷达测量场景

2. 实验结果分析

1) 无人机微多普勒测量

实验所用无人机为大疆系列的“御 2”无人机和“悟 2”无人机。大疆御 2 的螺旋桨直径为 22.0cm(即旋翼叶片的长度 l_1=11.0cm)，转速 n_1=1950r/min。经调试，雷达的参数设置为：信号的调制带宽 B=200MHz，采样频率 f=500kHz，信号的调制周期 T=0.2ms，周期数 N=1024，时间窗长为 16，观测距离 d=1.2m，观测角度 θ=−55°。大疆悟 2 的螺旋桨直径为 38.0cm(即 l_2=19.0cm)，转速 n_2=1500r/min，进行实验时雷达的相关参数设置与大疆御 2 相同。大疆御 2 最大微多普勒频率 $f_{\max,1}=(4l_1\pi n_1/\lambda)\cos\beta$=2031.3Hz；同理，大疆悟 2 最大的微多普勒频率为 2703.3Hz。大疆御 2 以及大疆悟 2 旋翼转动时的微多普勒特征分别如图 4-12 和图 4-13 所示。

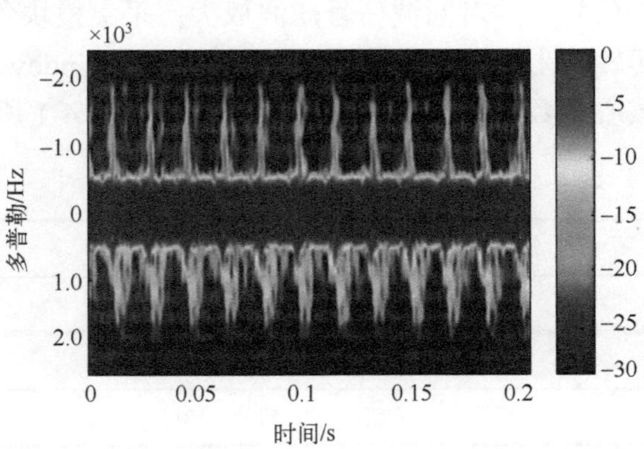

图 4-12　大疆御 2 的微多普勒特征

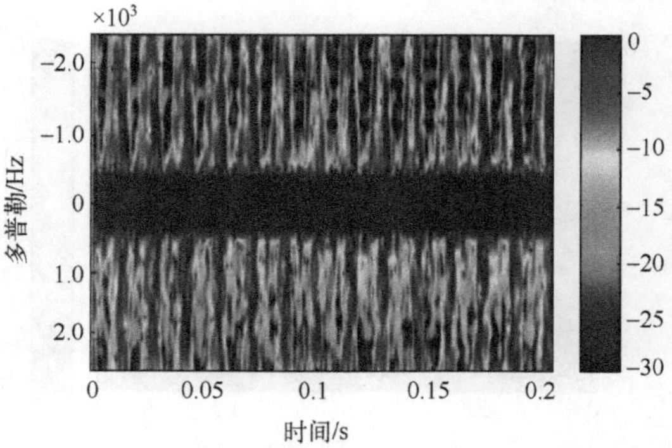

图 4-13　大疆悟 2 的微多普勒特征

根据微多普勒特征估计可得出目标旋翼叶片数目、旋翼转速、叶尖速度以及叶片长度信息。从时频图可粗略估计目标的多普勒峰值为 2000Hz，计算数据与实验结果相吻合。由于雷达可设置的最小调制周期为 0.2ms，因此采样频率最大为 5kHz，从而使得目标旋翼转动时产生的多普勒超过了雷达采样频率的量程范围，造成了目标多普勒信息的缺失。对比图 4-12 和图 4-13 可知，在旋翼数目相同的情况下，无人机的旋翼叶片越长(越大)，转速越高，目标的回波幅度就越强，微多普勒特征越明显，对应的多普勒频率也越大。

2) 飞鸟微多普勒测量

受季节性影响，海鸥及其他飞鸟的作息及外出觅食规律难以掌握，为解决这一问题，采用高度仿真扑翼飞行运动的模拟鸟进行实验。实验场景如图 4-14 所示。

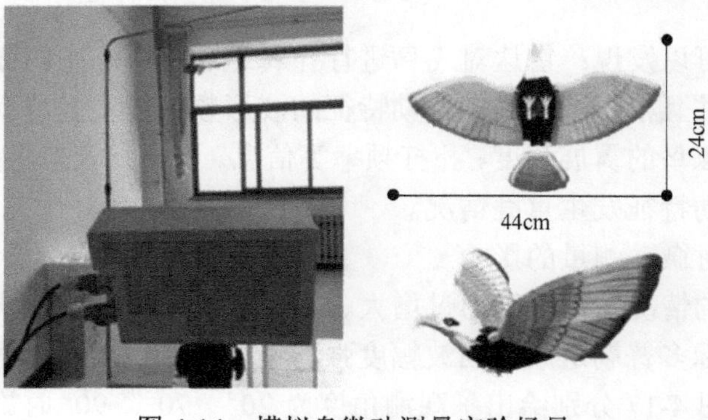

图 4-14　模拟鸟微动测量实验场景

实验所用模拟鸟的骨架为塑料材质，翅膀为布质，半翼展长度 42.0cm，扑打频率 3.5Hz。经调试，雷达的参数设置为：信号的调制带宽 200MHz，采样频率 500kHz，信号的调制周期为 1ms，周期数为 2048，时间窗长为 32，观测距离为 1.95m，观测角度为 35°。实验时单只模拟鸟和双模拟鸟扑翼运动的微多普勒特征分别如图 4-15 和图 4-16 所示。

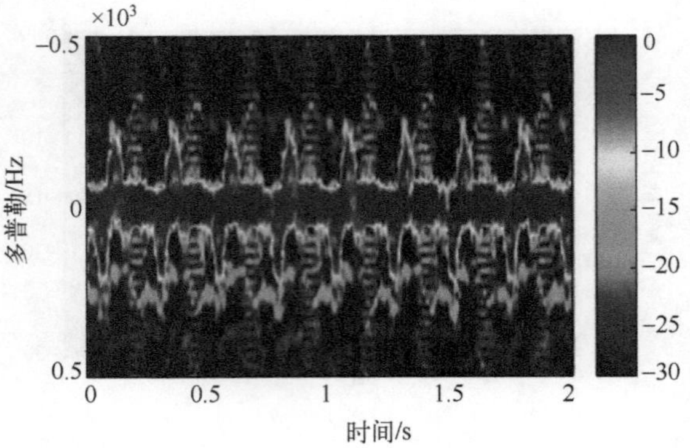

图 4-15　单只模拟鸟的微多普勒特征

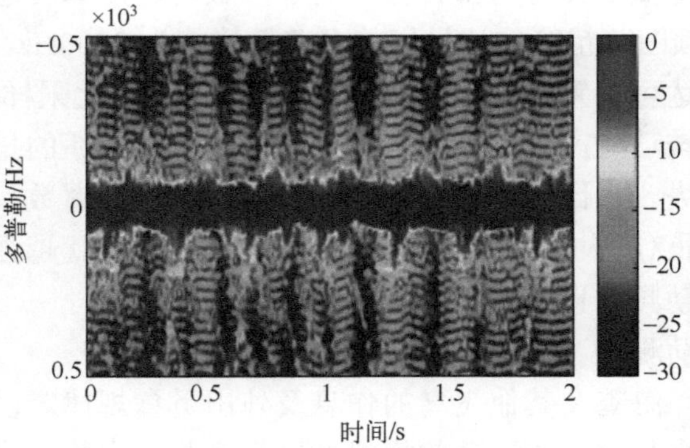

图 4-16　X 双模拟鸟的微多普勒特征

从时频图中可以发现：雷达对飞鸟进行扑翼运动时所产生的微多普勒效应可以进行有效观测；并且根据图中微多普勒特征的波形频率以及多普勒峰值数据可以进一步估计得出模拟鸟的翼展长度、扑打频率等信息。当两只模拟鸟并排扑翼运动时，在时频域里的微动特征发生重叠情况。

3) 观测角度对微动测量的影响

在正常观测的情况下，分别通过增大、减小观测角度来进行研究分析。为了消除斜视观测对目标多普勒造成的回波幅度强弱不一的影响，选取垂直照射的方式对目标进行观测。图 4-17 分别给出了观测角度为 20°、70°、90° 时旋翼目标的微多普勒特征。

通过对比分析可知，雷达对目标的探测存在最佳观测角度，当观测角度发生改变时，目标微动效应减弱。另外，当雷达对目标进行垂直观测(观测角 90°)时，时频图中的多普勒稳定度具有明显改善，峰值多普勒几乎保持稳定，且由于垂直照射，目标回波信号很强，叶片的微动特征明显。但在垂直照射时叶片朝向雷达方向的径向速度变小，从而导致目标的峰值多普勒频率显著减小。

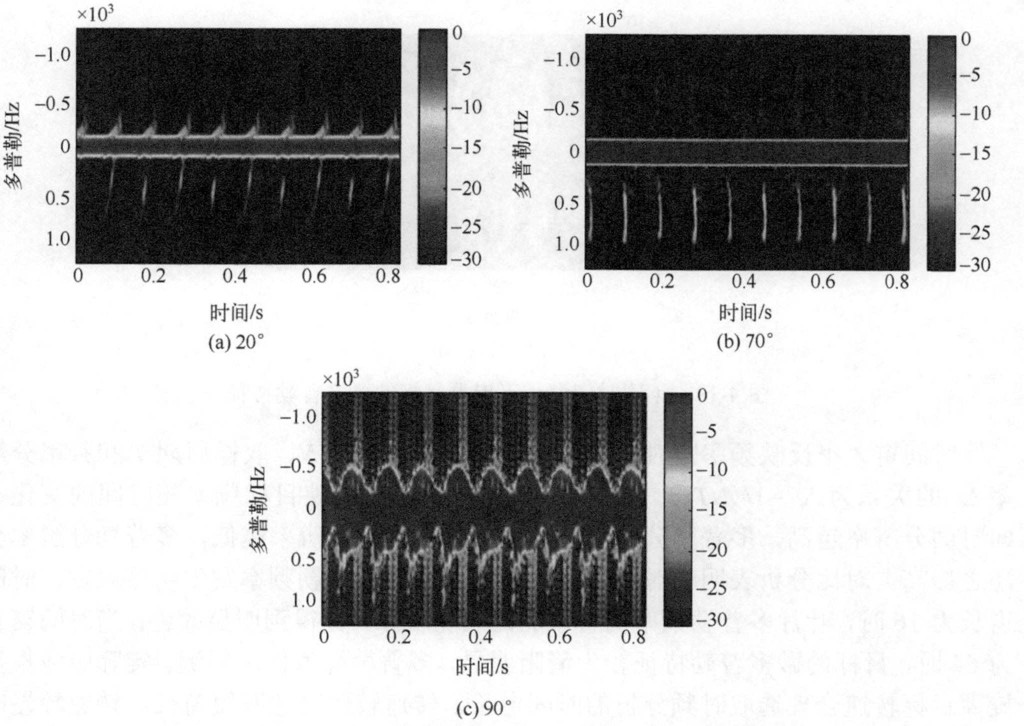

图 4-17　不同观测角度下旋翼目标的微多普勒特征

4) 时间窗长对微动测量的影响

时间窗即时频分析的窗长度，在一定程度上可反映频率随时间的变化。考虑到时间窗长度的设置一般为 2^n 倍，所以在正常观测的情况下，分别取与之时间窗长临近的三组数据进行研究分析。图 4-18 给出了时间窗长为 8、16、64 时旋翼目标的微多普勒特征。

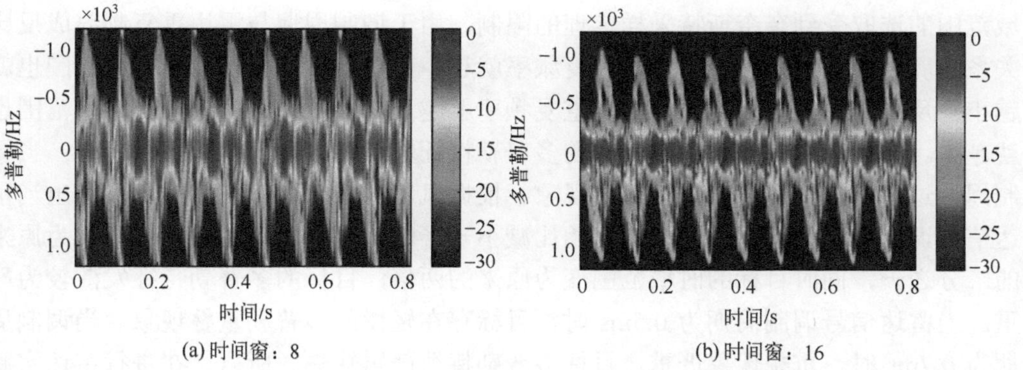

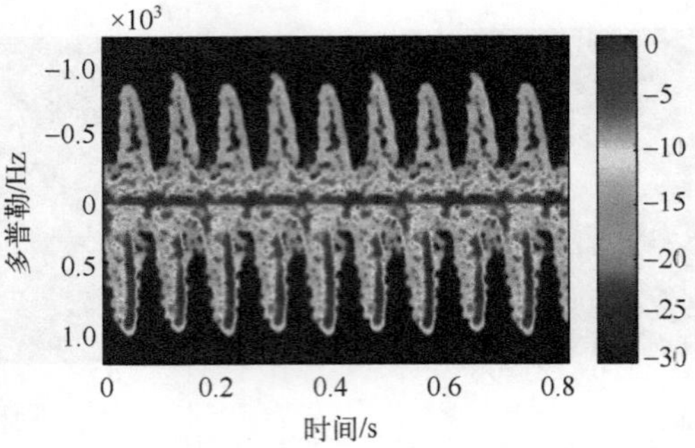

(c) 时间窗：64

图 4-18　不同时间窗长下旋翼目标的微多普勒特征

时间窗大小反映频率随时间的变化程度。窗口宽度 N、取样周期 T 和频率分辨率 Δf 的关系为 $\Delta f = 1/(NT)$。时间窗宽度越小，越能反映目标频率随时间的变化，即时间分辨率越高，多普勒分辨率会随之下降；时间分辨率越低，多普勒分辨率会随之提高。对比分析表明当时间窗长为 8 时，叶片多普勒频率发生明显展宽；时间窗长为 16 时，叶片多普勒频率仍有微弱的展宽现象，但得到明显改善；当时间窗长为 64 时，目标的微多普勒特征较为清晰明显，多普勒峰值便于观测。实际中应根据旋翼目标转速合理选取时频分析的时间窗长。转速较快时选取短窗长，转速较慢时选取长窗长。

5) 调制周期对微动测量的影响

正常观测的情况下，分别通过成倍数的增大、减小调频连续波的调制周期来进行研究分析。图 4-19 给出了调制周期为 0.2ms、0.5ms、0.7ms 时旋翼目标的微多普勒特征。

对于调频连续波体制的雷达，调制周期一方面影响发射的三角波调制信号的周期变化时间的长短进而影响观测时间，即观测时间=周期数×调制周期。另一方面时域范围的选取受到奈奎斯特采样定理的限制，由于调制周期与雷达重复频率成反比关系，所以调制周期越长，雷达重复频率就越小，对应目标多普勒的时域范围也就越小；反之，调制周期越短，雷达重复频率就越大，对应目标多普勒的时域范围也就越大。当调制周期过小时，目标的多普勒特征较为发散，不便于分析研究；当调制周期过大时，会产生多普勒混叠现象。根据风扇微多普勒特征图像可以看出当雷达信号调制周期为 0.2ms 即与原来相比减小一半时，观测时间也相应地缩短为原来的二分之一，同时目标的时域范围变为原来的两倍，目标的多普勒特征发散较为严重。当雷达信号调制周期为 0.5ms 时，目标存在轻微的多普勒重叠现象。当调制周期为 0.7ms 时，重叠现象严重，目标多普勒特征严重缺失。所以，在进行雷达实测时，雷达参数的选取尤为重要。

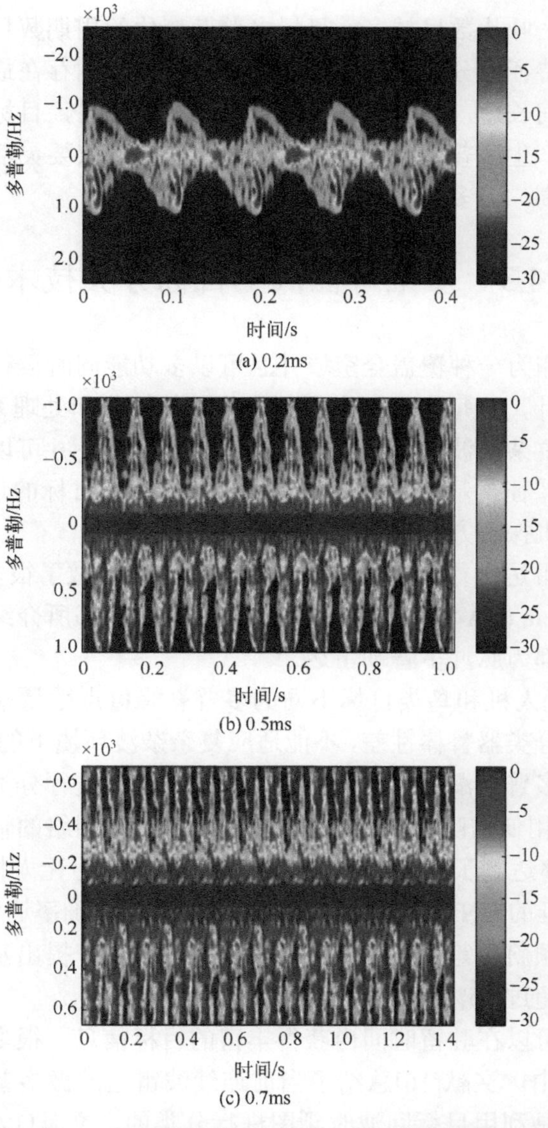

图 4-19　不同调制周期下旋翼目标的微多普勒特征

无人机和飞鸟微动的仿真结果和实测数据结果表明微多普勒受雷达功率、目标大小、旋翼个数、转速(无人机转速较高)、观测角度、雷达参数、环境背景等多种因素的影响。严格符合正余弦调制的微动特征(仿真结果)并不明显，但无人机和飞鸟多普勒调制效应有较大差异，可以通过该特征区分无人机和飞鸟目标。

通过实验分析可知：①无人机的旋翼叶片越长(越大)，转速越高，目标的回波幅度就越强，微多普勒特征越明显，对应的多普勒频率也越大；②叶片转速的不同，主要影响的是目标多普勒峰值的变化，转速越高，目标多普勒峰值越大；③在观测时间一定的情况下，叶片数目越多，目标多普勒变化的周期数目越多；当目标叶片数过多时存在微动特征部分重叠的现象；④对目标的探测存在最佳观测角度；⑤调制周期影响观测时间长短，并与采样频率成反比，过小时，目标的多普勒特征较为发散；过大时，会产生多普勒混叠现象；⑥时间窗的选取要灵活合适，时间窗宽度越小时间分辨率越高，但多普勒分辨率会随之下降。

4.3 多维特征低空目标分类技术

全息凝视雷达作为一种覆盖全空域并且可以多功能同时运行的雷达系统，采用宽发窄收的波束设计，且每个窄波束都包含单独的接收和处理系统[7]，并利用长时间积累技术，可在复杂杂波背景下检测“低慢小”目标，并可以提供目标运动特征和精细的微多普勒特征，基于此特征可实现“低慢小”目标的识别分类[8]，因此全息凝视雷达在无人机探测方面有较大的优势。

基于凝视体制雷达进行目标分类，国内外学者已经做了很多工作[9,10]，其中，Aveillant 公司的 Theia 64A 雷达和 Gamekeeper 16U 与本书所介绍的全息凝视雷达工作体制最为相近，都为脉冲多普勒雷达。

文献[11]利用无人机和鸟类目标不同的多普勒峰值点数量来分类两类目标。但此方法基于门限的分类器鲁棒性差，不能适应复杂杂波环境下的目标分类。文献[12]利用无人机和鸟的多普勒瀑布图，并使用 AlexNet 网络进行分类，分类准确率达到 96.5%。文献[13]利用低信噪比多普勒瀑布图作为 CNN 网络的输入对无人机和鸟进行分类，分类准确率达到了 93.5%。文献[14]利用多种型号无人机、鸟和车的多普勒瀑布图，使用低时延的 CNN 网络进行目标分类，分类准确率达 98%。文献[15]提取速度、旋转角度和倾斜角等特征，使用随机森林分类器，提出基于滑窗的实时分类方法，分类准确度超过 95%。

因连续波雷达可以在驻留时间内获得丰富的目标信息，很多目标分类工作应用在连续波体制雷达中。文献[16]总结了当前连续波雷达的微多普勒分析和目标分类工作。还有的工作是利用目标回波时频图进行分类的，文献[17]基于调频连续波雷达，使用多普勒频谱的 RGB 图和灰度图，利用 GoogLeNet 神经网络分类器对鸟和无人机进行分类，分类准确度达到了 99.32%。文献[18]基于连续波雷达，使用多种无人机的多普勒频谱图，利用 GoogLeNet 神经网络分类器进行分类，准确度为 99%。

文献[19]使用连续波雷达，基于经验模态分解(empirical mode decomposition，EMD)得到的振荡波形提取幅度过零点的数量、能量和、幅值标准差等 8 个特征，通过使用径向基函数核(radial basis function，RBF)的支持向量机(support vector machines，SVM)分类器对 11 类目标进行分类。文献[20]使用连续波雷达，以一组振荡波形中提取的六种熵作为特征向量，并选取了分类效率和精度都较高的特征组成特征向量，分类准确度达到了 92.61%。

总结国内外无人机分类工作的进展，用于探测无人机的多普勒雷达主要为连续波体制雷达，脉冲体制的多普勒雷达为少数；分类器主要集中在神经网络，数据集也主要集中在连续波雷达体制下的时频图和在脉冲雷达体制下的多普勒瀑布图；特征提取的分类工作中很少有对特征分类显著性进行系统评价，多数为直接利用 PCA 等算法对特征向量进行筛选，可应用于实际雷达系统中的实时分类工作很少有文献关注。

本书基于全息凝视雷达实测的低空目标回波数据，介绍雷达测量数据类型、低空目标数据集、特征提取与筛选、分类器选择与评价，并给出一些实际数据的分类识别效果。

4.3.1　雷达探测数据类型与特点

全息凝视雷达中可用来目标分类的数据为航迹和多普勒数据，数据分为两部分，第一部分为航迹信息，包括航迹编号和航迹中每个点的距离、方位、俯仰、RCS 等信息；第二部分为距离多普勒数据，即航迹中每个距离点(航迹点)对应的多普勒数据。

读取一个目标的航迹和多普勒数据并进行图像化显示，结果如图 4-20 所示。

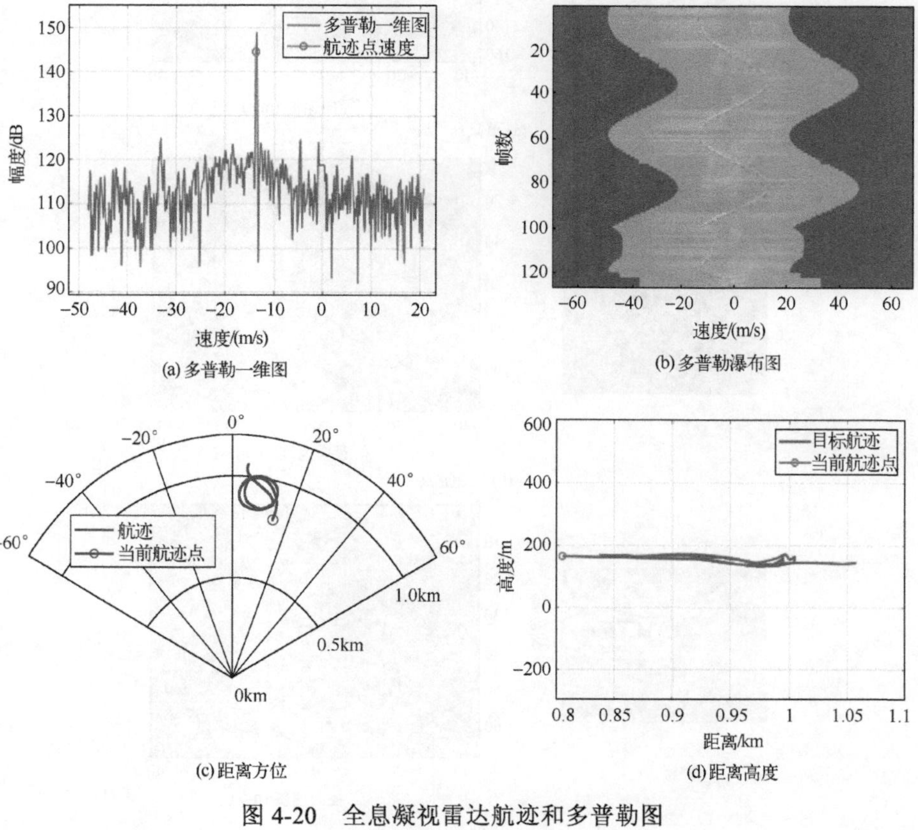

(a) 多普勒一维图　(b) 多普勒瀑布图

(c) 距离方位　(d) 距离高度

图 4-20　全息凝视雷达航迹和多普勒图

4.3.2 低空目标数据集构建

低空目标数据集在现代雷达、视觉系统和无人机技术中扮演着重要角色。随着无人机技术的迅速发展和广泛应用，对低空目标的检测和识别需求越来越高。现有的数据集多关注高空飞行器，缺乏针对低空目标的专门数据集。因此，构建一个高质量的低空目标数据集尤为重要。下面将从数据集概况和数据标注软件两方面介绍全息凝视雷达低空目标数据集。

1. 数据集概况

全息凝视雷达低空目标数据集覆盖各种低空目标，如无人机、鸟类、低空飞行器等，图 4-21 展示主要目标类型的多普勒二维图。

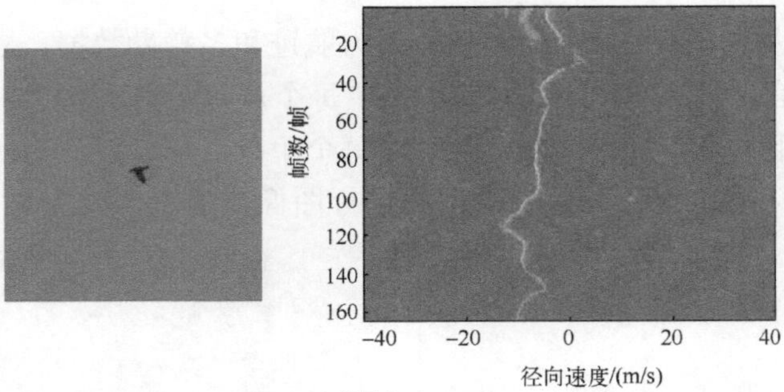

(a) 单只鸟

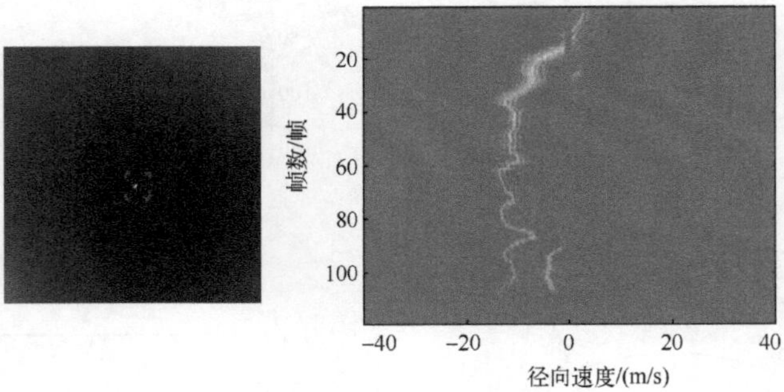

(b) 扇翅膀鸟

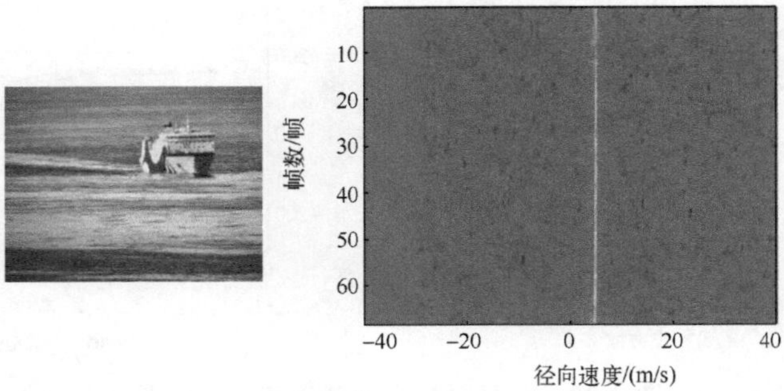

(c) 船

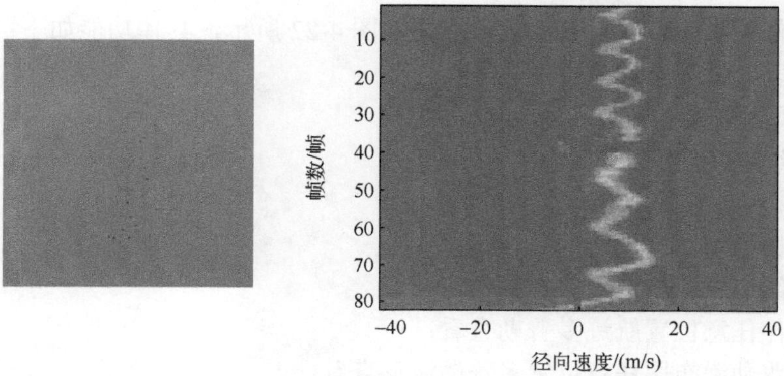

(d) 鸟群

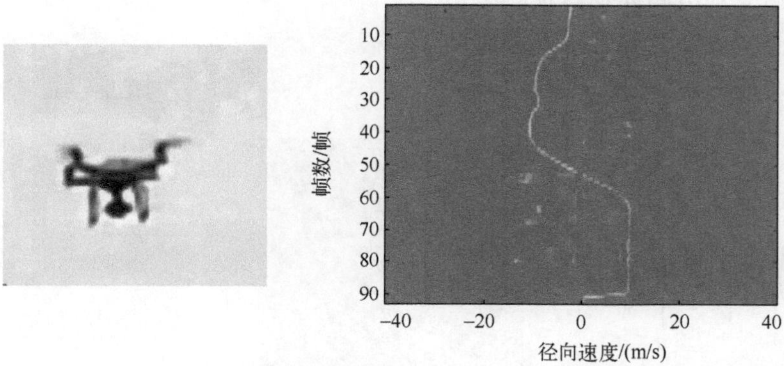

(e) 无人机

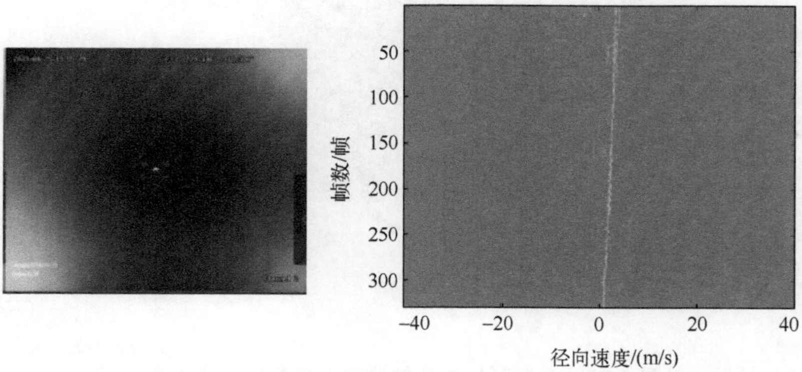

(f) 空飘物

图 4-21　低空目标数据集

2. 数据标注

全息凝视雷达航迹多普勒标签软件是一款集成多维数据显示、数据类别归属设定的一个开放式软件平台。可辅助目标分类工作，形成所需标签数据，可以加载标签数据，修正类别所述标签。软件界面如图 4-22 所示，具体功能如下：

①读取二进制航迹多普勒数据；

②读取标签数据；

③连续逐帧回放；

④手动逐帧回放；

⑤数据类别归属设定；

⑥多维度显示航迹多普勒数据；

⑦文件任意位置航迹多普勒查看；

⑧多普勒瀑布图任意位置多普勒波形查看；

⑨数据类别所属标签修正。

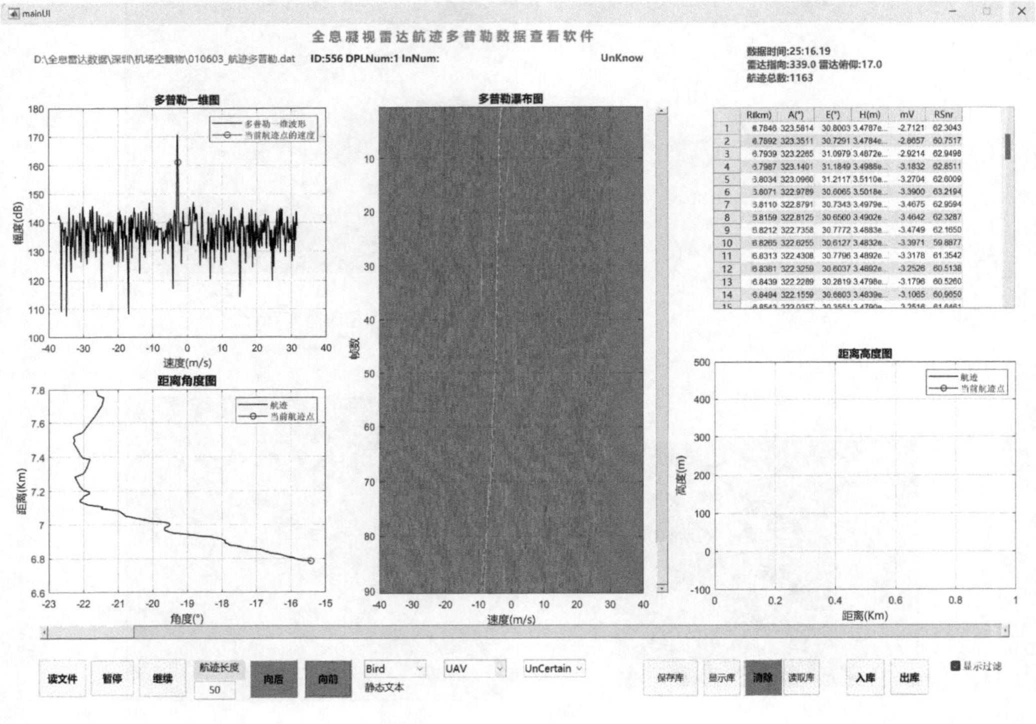

图 4-22　全息凝视雷达航迹多普勒标签软件界面

4.3.3　特征提取及筛选方法

1. 特征描述

本节通过鸟和无人机航迹多普勒数据对比，总结分类这两类目标需要的特征。

首先展示常规的无人机和鸟的航迹多普勒图，如图 4-23 和图 4-24 所示。通过对两类目标完整航迹的多普勒图可以看出，无人机的速度变化程度和轨迹变化程度小于鸟，速度变化的稳定性高于鸟。

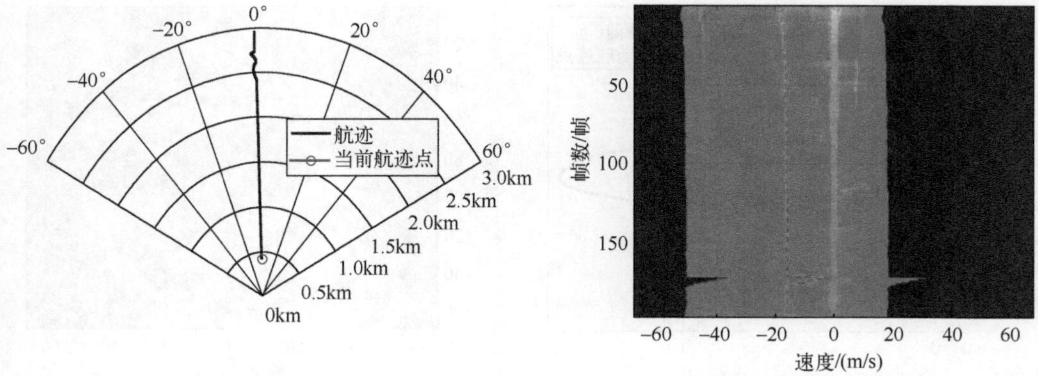

(a) 距离方位　　(b) 多普勒瀑布图

图 4-23　常规运动无人机

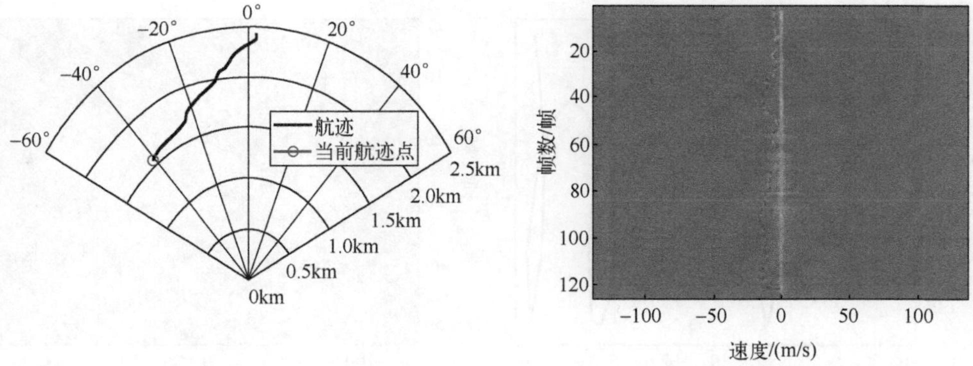

(a) 距离方位　　(b) 多普勒瀑布图

图 4-24　常规运动鸟

图 4-25 和图 4-26 展示了高机动无人机和鸟的航迹多普勒图。在实际的数据集中还包含如 Z 字形、M 字形、圆周、急加急减速和急转掉头等运动方式的无人机目标。通过对两类目标完整航迹的多普勒图可以看出，无人机的速度变化的稳定性大于鸟，无人机轨迹变化的程度和速度变化程度大于鸟。

基于序贯特征提取缩小了特征提取的数据维度，需要提取能在更短的数据维度反映目标之间区别的特征，同时具备较好的不变性。通过对比可以看出，速度变化稳定性的结论在两种运动模式下的全航迹对比中一致，速度变化程度和轨迹变化程度在两种运动模式下的全航迹对比中存在相反的结果，这两类特征在基于序贯的分类场景中是否也存在这种情况需要在特征显著性分析中进行详细分析。本节计划从速度变化程度、速度变化稳定性和轨迹变化程度 3 方面共提取 6 个特征来分类无人机和鸟两类目标，如表 4-2 所示。

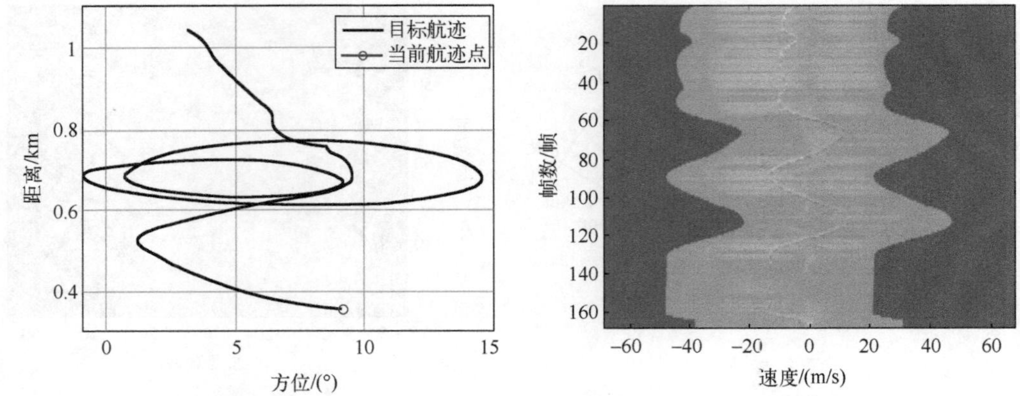

(a) 距离方位　(b) 多普勒瀑布图

图 4-25　高机动无人机

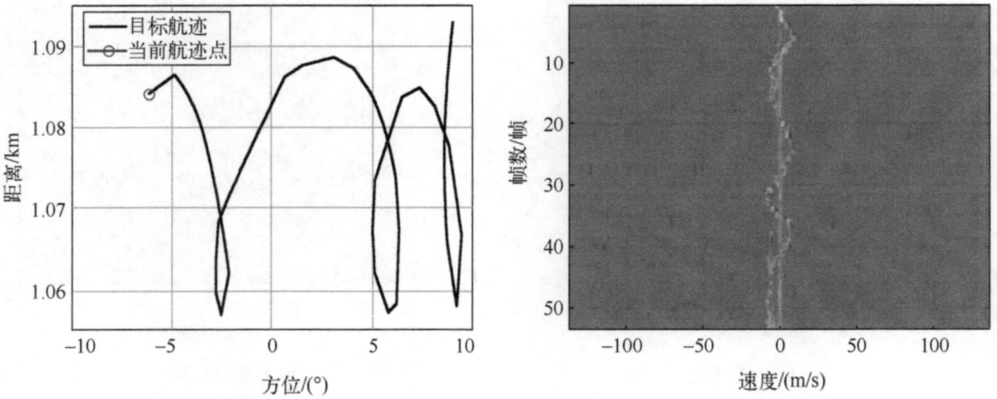

(a) 距离方位　(b) 多普勒瀑布图

图 4-26　高机动鸟

表 4-2　特征构成

速度变化程度	速度变化稳定性	轨迹变化程度
速度标准差	加速度标准差	水平距离标准差
	加加速度标准差	高度标准差
	速度相邻窗间相关系数	

利用水平距离和高度的标准差来描述轨迹变化的程度，利用速度窗口间的互

相关系数、加速度标准差和加加速度的标准差来表述速度变化的稳定性，利用速度标准差来描述速度变化的大小程度。其中速度相邻窗间的相关系数用于表述轨迹每次延伸时新航迹点速度的相对波动大小，波动小即速度变化稳定性高，相关系数值就高，无人机的灵活性一般低于鸟，轨迹延伸时速度变化的稳定性一般也高于鸟类目标。

2. 特征提取

基于实时目标分类的需求，本节设计基于序贯特征提取的目标分类流程，此流程分为两步，第一步为基于滑窗的分类器训练，第二步为基于滑窗的目标分类。

雷达运行时，通过积累检测得到当前相参处理间隔(coherent processing interval, CPI)内所有的点迹，经滤波和航迹关联后，更新当前保持航迹的最新航迹点。根据最新航迹点的测量信息从积累检测的中间结果R-D数据中获取距离的一维多普勒数据(即多普勒信息)，将当前航迹点的测量信息和多普勒合并形成航迹多普勒数据。

利用航迹多普勒数据，结合系统实时运行时目标轨迹逐帧延伸的情况，设计基于滑窗的分类器训练流程，如图 4-27 所示。

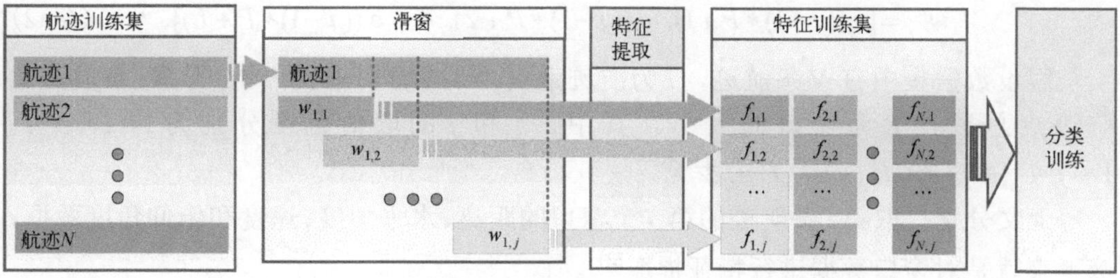

图 4-27　滑窗分类器训练

基于滑窗的目标分类流程如图 4-28 所示，特征提取也是随着航迹的延伸滑动提取，所有航迹当前最新窗口特征提取完成之后输入分类器进行分类并输出当前航迹点的类属标签。

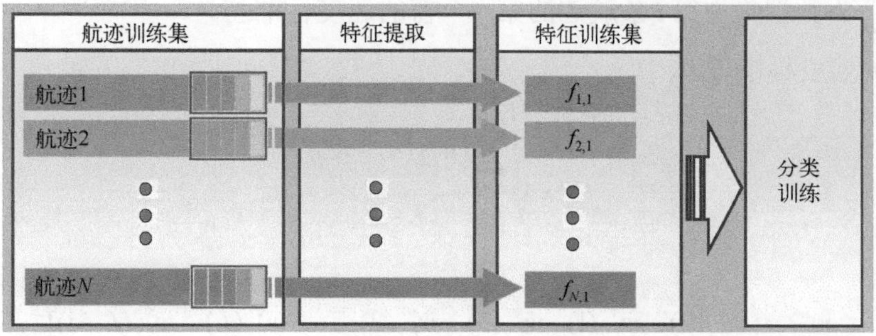

图 4-28　滑窗目标分类

综合上述介绍，基于序贯特征提取的分类流程首先通过对已存训练集进行滑窗特征提取，从而得到训练特征集，并利用训练特征集进行分类器训练。目标分类时，在目标轨迹循序延伸的同时进行特征提取，当所有航迹最新窗口的特征提取完成后形成测试特征集，利用训练好的分类器对测试集进行分类。

基于序贯特征提取的分类流程，分别提取距离、水平角度、速度和俯仰角度的窗口数据。

距离窗口数据：

$$\boldsymbol{w}_{i,j}^{\mathrm{r}}=[r_i((j-1)*P+1),\ r_i((j-1)*P+2),\ \cdots,\ r_i((j-1)*P+L)] \tag{4-29}$$

水平角度窗口数据：

$$\boldsymbol{w}_{i,j}^{\theta}=[\theta_i((j-1)*P+1),\ \theta_i((j-1)*P+2),\ \cdots,\ \theta_i((j-1)*P+L)] \tag{4-30}$$

速度窗口数据：

$$\boldsymbol{w}_{i,j}^{\mathrm{v}}=[v_i((j-1)*P+1),\ v_i((j-1)*P+2),\ \cdots,\ v_i((j-1)*P+L)] \tag{4-31}$$

俯仰角度窗口数据：

$$\boldsymbol{w}_{i,j}^{\mathrm{e}}=[e_i((j-1)*P+1),\ e_i((j-1)*P+2),\ \cdots,\ e_i((j-1)*P+L)] \tag{4-32}$$

假设数据集中有N条航迹，i为航迹索引，j为窗口索引，M_i为第i条航迹的航迹点总数，L为窗口的大小。其中，i和j的取值范围分别为$1\leqslant i\leqslant N$，$1\leqslant j\leqslant\lfloor (M_i-L)/P\rfloor+1$，$P$为步长。

上文分别提取第i条航迹的第j个窗口的距离、水平角度、速度和俯仰角度数据，接下来就是对窗口数据进行特征提取[21]。

(1)速度标准差：

$$f_{i,j}^{\mathrm{v}}=\sqrt{\frac{\sum_{n=1}^{L}(\boldsymbol{w}_{i,j}^{\mathrm{v}}(n)-\bar{\boldsymbol{w}}_{i,j}^{\mathrm{v}})^2}{L-1}} \tag{4-33}$$

其中，$f_{i,j}^{\mathrm{v}}$为数据集中第i条航迹的第j个窗的速度标准差。

(2)加速度标准差：

$$f_{i,j}^{\mathrm{a}}=\sqrt{\frac{\sum_{n=1}^{L-1}(\boldsymbol{w}_{i,j}^{\mathrm{a}}(n)-\bar{\boldsymbol{w}}_{i,j}^{\mathrm{a}})^2}{L-2}} \tag{4-34}$$

其中，

$$\boldsymbol{w}_{i,j}^{\mathrm{a}}=[\boldsymbol{w}_{i,j}^{\mathrm{v}}(2)-\boldsymbol{w}_{i,j}^{\mathrm{v}}(1),\ \boldsymbol{w}_{i,j}^{\mathrm{v}}(3)-\boldsymbol{w}_{i,j}^{\mathrm{v}}(2),\ \cdots,\ \boldsymbol{w}_{i,j}^{\mathrm{v}}(L)-\boldsymbol{w}_{i,j}^{\mathrm{v}}(L-1)] \tag{4-35}$$

其中，$f_{i,j}^{\mathrm{a}}$ 为数据集中第 i 条航迹的第 j 个窗的加速度标准差。

(3) 加加速度标准差：

$$f_{i,j}^{\mathrm{aa}}=\sqrt{\frac{\sum_{n=1}^{L-2}(\boldsymbol{w}_{i,j}^{\mathrm{aa}}(n)-\overline{\boldsymbol{w}}_{i,j}^{\mathrm{aa}})^2}{L-3}} \tag{4-36}$$

其中，

$$\boldsymbol{w}_{i,j}^{\mathrm{aa}}=[\boldsymbol{w}_{i,j}^{\mathrm{a}}(2)-\boldsymbol{w}_{i,j}^{\mathrm{a}}(1),\ \boldsymbol{w}_{i,j}^{\mathrm{a}}(3)-\boldsymbol{w}_{i,j}^{\mathrm{a}}(2),\ \cdots,\ \boldsymbol{w}_{i,j}^{\mathrm{a}}(L-1)-\boldsymbol{w}_{i,j}^{\mathrm{a}}(L-2)] \tag{4-37}$$

其中，$f_{i,j}^{\mathrm{aa}}$ 为数据集中第 i 条航迹的第 j 个窗的加加速度标准差。

(4) 速度相邻窗间相关系数：

$$f_{i,j}^{\mathrm{cov}}=\frac{\mathrm{cov}(\boldsymbol{w}_{i,j}^{\mathrm{v}},\boldsymbol{w}_{i,j+1}^{\mathrm{v}})}{\sqrt{D(\boldsymbol{w}_{i,j}^{\mathrm{v}})}\cdot\sqrt{D(\boldsymbol{w}_{i,j+1}^{\mathrm{v}})}} \tag{4-38}$$

其中，

$$\mathrm{cov}(\boldsymbol{w}_{i,j}^{\mathrm{v}},\boldsymbol{w}_{i,j+1}^{\mathrm{v}})=E\{[\boldsymbol{w}_{i,j}^{\mathrm{v}}-E(\boldsymbol{w}_{i,j}^{\mathrm{v}})][\boldsymbol{w}_{i,j+1}^{\mathrm{v}}-E(\boldsymbol{w}_{i,j+1}^{\mathrm{v}})]\} \tag{4-39}$$

其中，$f_{i,j}^{\mathrm{cov}}$ 为数据集中第 i 条航迹的第 j 个窗的速度相邻窗间相关系数，$\boldsymbol{w}_{i,j}^{\mathrm{v}}$ 为第 i 条航迹第 j 个窗口，$\boldsymbol{w}_{i,j+1}^{\mathrm{v}}$ 为第 i 条航迹第 $j+1$ 个窗口。

(5) 水平距离标准差：

$$f_{i,j}^{\mathrm{d}}=\sqrt{\frac{\sum_{n=1}^{L-1}(\boldsymbol{w}_{i,j}^{\mathrm{d}}(n)-\overline{\boldsymbol{w}}_{i,j}^{\mathrm{d}})^2}{L-2}} \tag{4-40}$$

其中，

$$\boldsymbol{w}_{i,j}^{\mathrm{d}}(n)=\sqrt{\boldsymbol{w}_{i,j}^{\mathrm{r}}(n)^2+\boldsymbol{w}_{i,j}^{\mathrm{r}}(n+1)^2-2*\boldsymbol{w}_{i,j}^{\mathrm{r}}(n)*\boldsymbol{w}_{i,j}^{\mathrm{r}}(n+1)\cos(\boldsymbol{w}_{i,j}^{\theta}(n+1)-\boldsymbol{w}_{i,j}^{\theta}(n))} \tag{4-41}$$

其中，$f_{i,j}^{\mathrm{d}}$ 为数据集中第 i 条航迹的第 j 个窗的水平距离标准差。

(6) 高度标准差[22]：

$$f_{i,j}^{\mathrm{h}}=\sqrt{\frac{\sum_{n=1}^{L}(\boldsymbol{w}_{i,j}^{\mathrm{h}}(n)-\overline{\boldsymbol{w}}_{i,j}^{\mathrm{h}})^2}{L-1}} \tag{4-42}$$

其中，

$$\boldsymbol{w}_{i,j}^{\mathrm{h}}(n)=\boldsymbol{w}_{i,j}^{\mathrm{r}}(n)*\sin(\boldsymbol{w}_{i,j}^{\mathrm{e}}(n)) \tag{4-43}$$

其中，$f_{i,j}^{\mathrm{h}}$ 为数据集中第 i 条航迹的第 j 个窗的高度标准差。

利用上述特征提取方法，可以得到如下特征向量：

$$\boldsymbol{f}_{i,j}=[f_{i,j}^{\mathrm{v}}\quad f_{i,j}^{\mathrm{a}}\quad f_{i,j}^{\mathrm{aa}}\quad f_{i,j}^{\mathrm{cov}}\quad f_{i,j}^{\mathrm{d}}\quad f_{i,j}^{\mathrm{h}}] \tag{4-44}$$

3. 特征显著性评价

经过上述特征提取部分之后，会形成一个特征向量，我们只知道特征向量中的某个特征是为了表述目标的某种特性，如机动性或轨迹的平滑性，但是当这些特征组合成一个特征向量的时候，我们需要对每个特征的分类显著性做一个直观的评价。

本节对 6 个特征的分类显著性进行分析评价。通过线箱图中每个特征的类内聚集度和类间重叠度来直观地分析每个特征的分类能力，如图 4-29 所示。

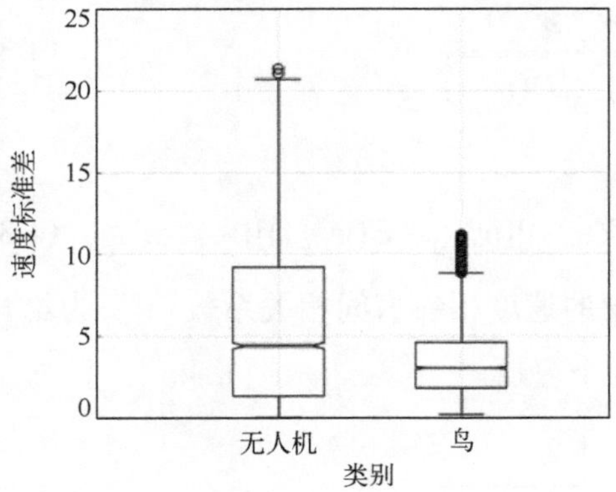

(a) 速度标准差

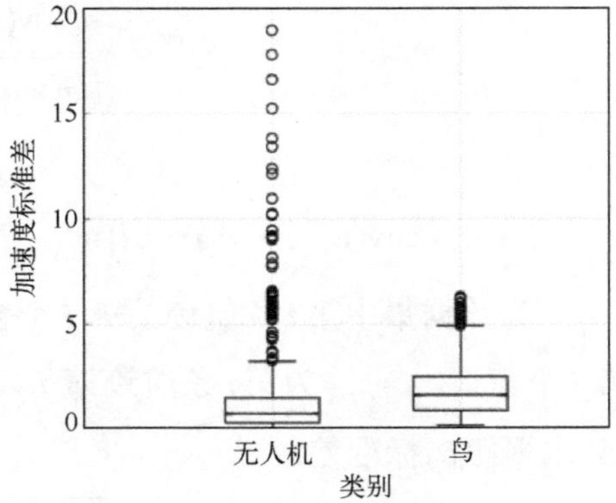

(b) 加速度标准差

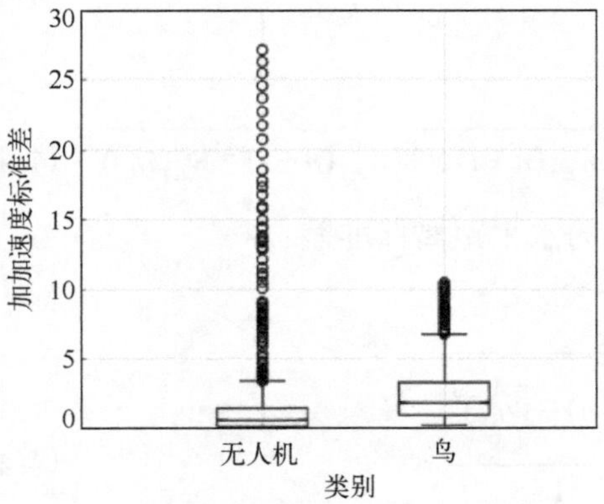

(c) 加加速度标准差

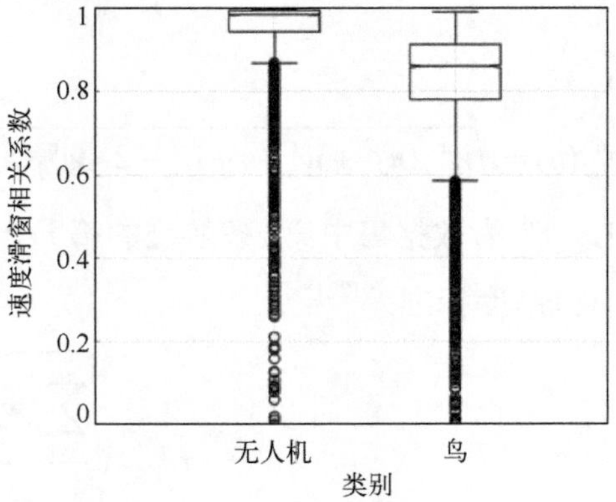

(d) 速度相邻窗间相关系数

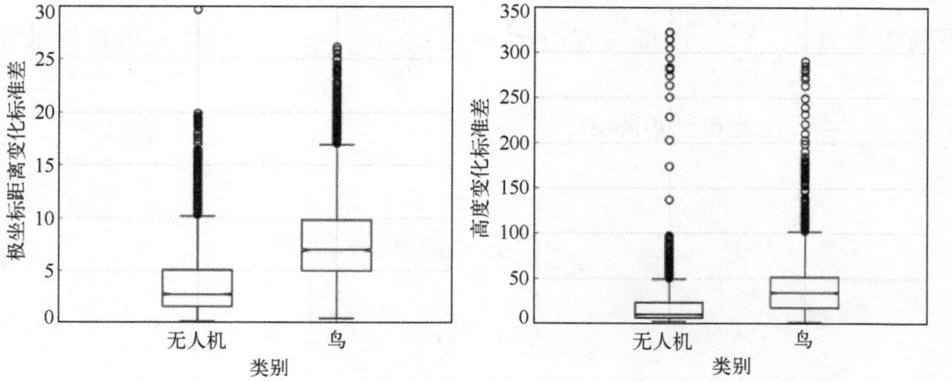

(e) 水平距离标准差　(f) 高度标准差

图 4-29　训练特征集分布线箱图

从特征分布情况来看，无人机的速度标准差离散程度大于鸟，类间重叠度高，分类能力较差。除速度标准差之外的五个特征，类间重叠度都较低，具备良好分类能力。

4. 特征筛选

好的特征选择能够提升模型的性能，更能帮助我们理解数据的特点、底层结构，这对进一步改善模型、算法都有着重要作用。特征选择主要有两个功能：

①减少特征数量、降维，使模型泛化能力更强，减少过拟合；

②增强对特征和特征值之间的理解。

全息凝视雷达特征选择主要采用如下两个方法。

1) 人工筛选

人工筛选可以根据上节的特征值分布情况和利用近邻成分分析(neighbourhood component analysis，NCA)得到的特征权值综合判断去掉一些重叠度高且分类权值低的特征。

2) PCA

主成分分析法是运用降维思想，把多个指标变换成少数综合指标的多元统计方法，这里的综合指标就是主成分。每个主成分都是原始变量的线性组合，彼此相互独立，并保留了原始变量的绝大部分信息。其本质是通过原始变量的相关性，寻求相关变量的综合替代对象，并且保证了转化过程中的信息损失最小。

对于一组样本 $\boldsymbol{X}$，其中有 m 个观测值 $x_1, x_2, \cdots, x_m$，共 n 次采样：

$$\boldsymbol{X} = \begin{bmatrix} x_{11} & x_{12} & \cdots & x_{1m} \\ x_{21} & x_{22} & \cdots & x_{2m} \\ \vdots & \vdots & & \vdots \\ x_{n1} & x_{n2} & \cdots & x_{nm} \end{bmatrix} \tag{4-45}$$

每列均值 $\mu_i = \frac{1}{n}\sum_{j=1}^{n} x_{ji}$，每列方差 $\sigma_i^2 = \frac{1}{n-1}\sum_{j=1}^{n}(x_{ji}-\mu_i)^2$。对数据进行标准化处理 $z_{ji} = \frac{x_{ji}-\mu_i}{\sigma_i}$，由此得到矩阵 $\boldsymbol{Z}$：

$$\boldsymbol{Z} = \begin{bmatrix} z_{11} & z_{12} & \cdots & z_{1m} \\ z_{21} & z_{22} & \cdots & z_{2m} \\ \vdots & \vdots & \vdots & \vdots \\ z_{n1} & z_{n2} & \cdots & z_{nm} \end{bmatrix} \tag{4-46}$$

利用 $r_{ij} = \frac{\sum_{k=1}^{n} z_{ki} z_{kj}}{n-1}\ (i,j=1,2,\cdots,m)$ 计算相关系数矩阵得矩阵 $\boldsymbol{R}$：

$$\boldsymbol{R} = \begin{bmatrix} r_{11} & r_{12} & \cdots & r_{1m} \\ r_{21} & r_{22} & \cdots & r_{2m} \\ \vdots & \vdots & \vdots & \vdots \\ r_{m1} & r_{m2} & \cdots & r_{mm} \end{bmatrix} \tag{4-47}$$

设特征值为 $\lambda_1 \geqslant \lambda_2 \geqslant \lambda_3 \geqslant \cdots \geqslant \lambda_p \geqslant 0$ 对应正交化后得单位特征向量为

$$\boldsymbol{a}_1 = \begin{bmatrix} a_{11} \\ a_{21} \\ \vdots \\ a_{p1} \end{bmatrix}; \boldsymbol{a}_2 = \begin{bmatrix} a_{12} \\ a_{22} \\ \vdots \\ a_{p2} \end{bmatrix}; \cdots; \boldsymbol{a}_p = \begin{bmatrix} a_{1p} \\ a_{2p} \\ \vdots \\ a_{pp} \end{bmatrix} \tag{4-48}$$

$\boldsymbol{X}$ 的每一列代表一个特征合成向量，记为 $\mathbf{Var} = [\mathrm{Var}_1, \mathrm{Var}_2, \cdots, \mathrm{Var}_p]^{\mathrm{T}}$，则 X 的第 i 个成分为

$$F_i = (\boldsymbol{a}_i)^{\mathrm{T}} \mathbf{Var}^2 = a_{1i} * \mathrm{Var}_1 + a_{2i} * \mathrm{Var}_2 + \cdots + a_{pi} * \mathrm{Var}_p \tag{4-49}$$

每个成分的贡献率和累计贡献率为

$$b_j = \frac{\lambda_j}{\sum_{k=1}^{n} \lambda_k} (j=1,2,\cdots,n) \tag{4-50}$$

$$\alpha_p = \frac{\sum_{k=1}^{p} \lambda_k}{\sum_{k=1}^{n} \lambda_k} \quad (p \leqslant n) \tag{4-51}$$

4.3.4　分类器

1．常见分类算法概述及比较

在分类任务中，加权 K 最近邻（K-nearest neighbors，KNN）与其他主流分类器（如 SVM、决策树、随机森林、朴素贝叶斯和神经网络）在原理上存在显著差异。

SVM 是一种监督学习算法，主要用于分类，也可用于回归。它通过构建一个能够最大化类别间隔的超平面进行分类，并利用核函数处理非线性数据。然而，由于需要精细地调整参数（如正则化系数和核函数类型），在高维特征空间中使用 SVM 可能会比较复杂。此外，其分类过程涉及求解一个凸二次规划问题，这可能导致较高的计算成本。

决策树通过反复划分数据特征来创建分类规则。这种方法虽然直观，但可能导致过拟合问题。首先，它采用的是一种逐层选择最佳划分方式的方法，这往往只考虑到局部的最优而忽视了整体的数据特征，从而在多次划分后形成复杂的规则。其次，决策树对数据中的噪声或异常值非常敏感，这可能导致生成不必要的分支。如果不对树的深度进行限制，过于细化的节点可能会记住训练数据中的细节，从而导致过拟合。最后，由于没有全局观的指导，早期的划分如果基于效果不佳的特征，会迫使后续的划分增加复杂度来弥补，从而生成多余的规则。预剪枝（限制最大深度）与后剪枝（合并冗余节点）是常用优化手段。

随机森林通过结合多棵决策树提升泛化能力，尽管如此，其多模型的并行训练与预测显著增加了计算资源消耗，并且降低了模型的可解释性。

朴素贝叶斯基于贝叶斯定理和特征独立性假设，虽然具备高效的计算性能，但在实际应用中，特征间常存在相关性，独立性假设的失效可能降低分类性能。

神经网络通过多层非线性变换学习复杂映射关系，表现出强大的表征能力，但需要大量的训练数据，以避免过拟合，并且训练过程需要大量计算资源保证。

相比之下，加权 KNN（K 近邻算法）无须进行模型训练，而是直接通过比较数据间的相似性进行分类。它通过为邻近样本赋予较高的权重（如根据距离反比或高斯核）来提高分类准确性，从而在提升精度和计算效率之间取得平衡。加权 KNN 能够适应数据的局部特性，特别适合处理复杂类别边界或局部聚类的数据。此外，它省去了训练步骤，直接利用原始数据进行计算和分类，降低了计算开销。通过使用统一的距离指标（如欧氏距离或曼哈顿距离），加权 KNN 能够简化多维特征的处理。与朴素贝叶斯相比，它不依赖于特征的独立性假设；与决策树和随机森林相比，加权 KNN 具有更灵活的分类边界，避免了树结构带来的僵化问题。尽管在大型数据集上，计算可能较慢，但对于中小规模数据和多特征情况下，加权 KNN 的高效与稳健使其成为一种理想的选择。

2. 加权 KNN 算法流程

加权 KNN 的基本思想是根据最近的 K 个相似样本，通过加权平均的方式来预测待分类样本的标签或数值。其核心流程包括：对数据集进行标准化与划分，利用训练集构建 KD 树以加速近邻搜索；设定 K 值后，针对测试样本检索 K 个最近邻，计算权重（如反距离权重或高斯核权重），并通过加权投票确定类别。算法通过权重差异化邻近样本的贡献，提升分类精度。图 4-30 以结构化的形式完整呈现了上述流程，各步骤的逻辑衔接与关键操作可参考图示。

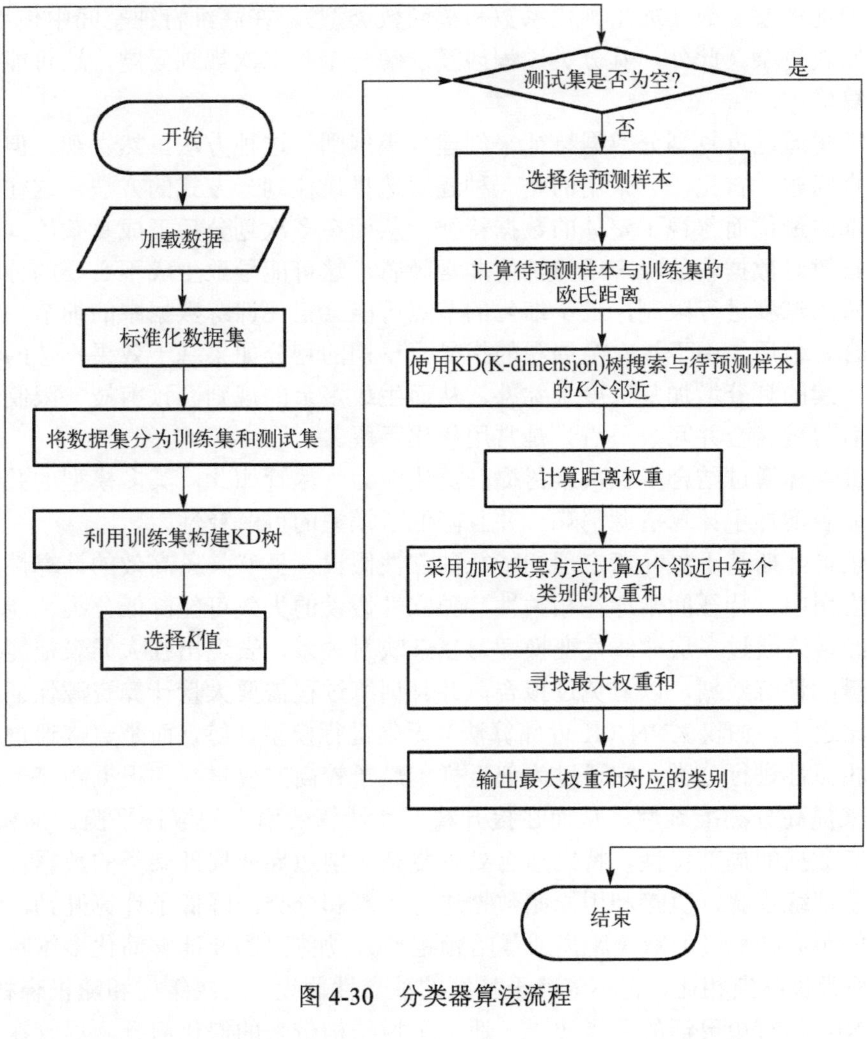

图 4-30　分类器算法流程

4.3.5　分类结果展示

1. 数据集展示

数据集包含无人机和鸟类两种目标，由于本节采用的是基于序贯的特征提取方法，每种窗口对应的特征集数量各不相同，表 4-3 为不同窗口特征数量。

表 4-3　不同窗口特征数量

窗口大小	训练集(鸟)	训练集(无人机)	训练集	测试集(鸟)	测试集(无人机)	测试集
5	7679	5696	13375	4074	5880	9954
10	7039	5446	12485	3769	5680	9449
15	6339	5196	11595	3464	5480	8944
20	5759	4946	10705	3159	5283	8442
25	5143	4696	9836	2854	5088	7942
30	4577	4447	9024	2550	4893	7443
35	4047	4205	8252	2254	4701	6955
40	3565	3972	7537	1987	4520	6507

2. 最优分类器选择

本节利用窗口大小为 10 的特征数据集，对比分类时间和准确率，确定系统最优分类器，如图 4-31 所示。

对比分类准确率，精细高斯 SVM、中等高斯 SVM、中等 KNN、粗略 KNN、三次 KNN 和加权 KNN 这六类分类器都有着较好的分类准确率。对比分类时间，加权 KNN 分类器的分类时间最少。综合分类准确率和分类时间，选择在分类准确率相当的情况下，选择分类用时最少的加权 KNN 分类器。

3. 分类器评价

在机器学习中，性能评估是必不可少的任务，因此，当涉及分类问题时，我们可以使用曲线下面积(area under the curve，AUC)-接受者操作特性曲线(receiver operating characteristic curve，ROC)进行评价，当需要检查或可视化多类分类问题的性能时，我们使用 AUC-ROC 曲线，这是检查任何分类模型性能的最重要的评估指标之一。

ROC 曲线是一种描绘分类器性能的图形工具，它显示了在不同阈值下分类器的真阳性率(true positive rate，TPR)和假阳性率(false positive rate，FPR)之间的关系。

AUC 值表示 ROC 曲线下的面积，用于衡量分类器性能。AUC 值越接近 1，表示分类器性能越好；AUC 值越接近 0，表示分类器性能越差。

AUC-ROC 曲线如图 4-32 所示。

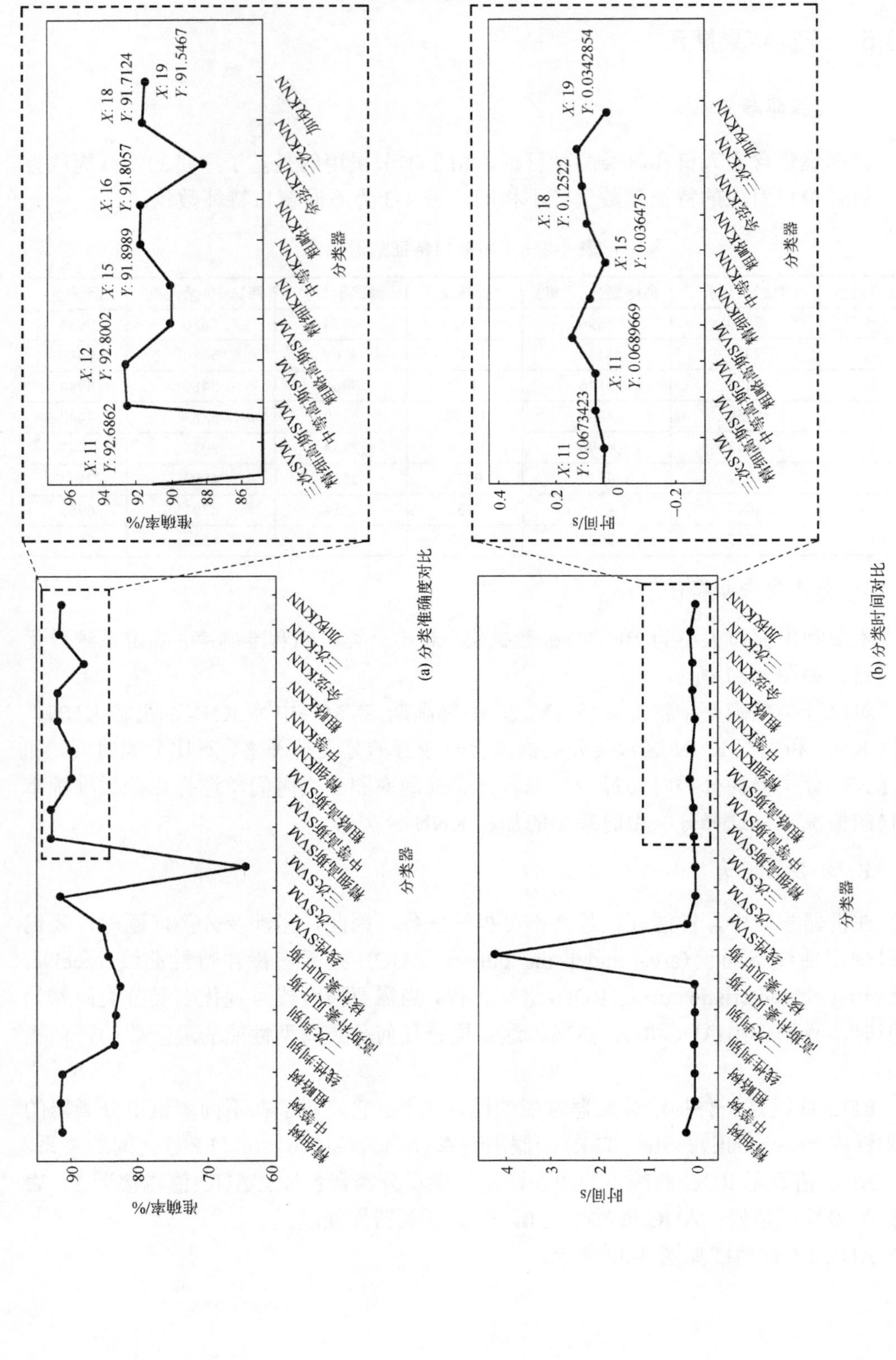

图 4-31　不同分类器分类时间和准确率统计图

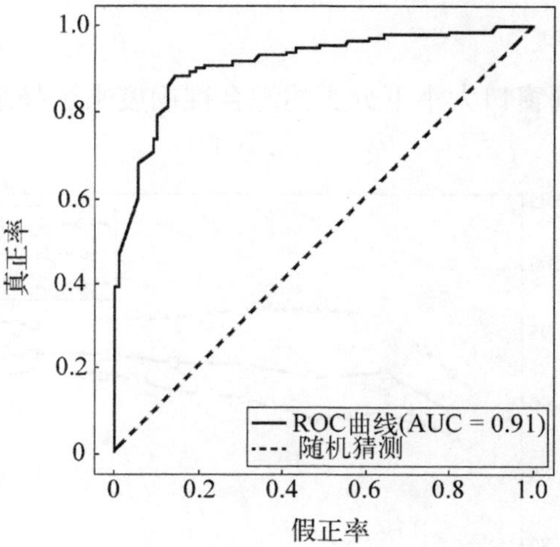

图 4-32　AUC-ROC 曲线

理论上，完美的分类器的 AUC 值为 1，而随机分类器的 AUC 值为 0.5。这是因为完美的分类器将所有的正例和负例完全正确地分类，而随机分类器将正例和负例的分类结果随机分布在 ROC 曲线上。

综上，ROC 曲线和 AUC 值是用于评估二分类模型性能的两个重要指标。通过 ROC 曲线，可以直观了解分类器在不同阈值下的性能；通过 AUC 值可以对分类器的整体性能进行量化评估。

图 4-33 是全息凝视雷达两类目标分别对应的 ROC 曲线，该曲线表明目前使用的分类模型具备良好的分类性能。

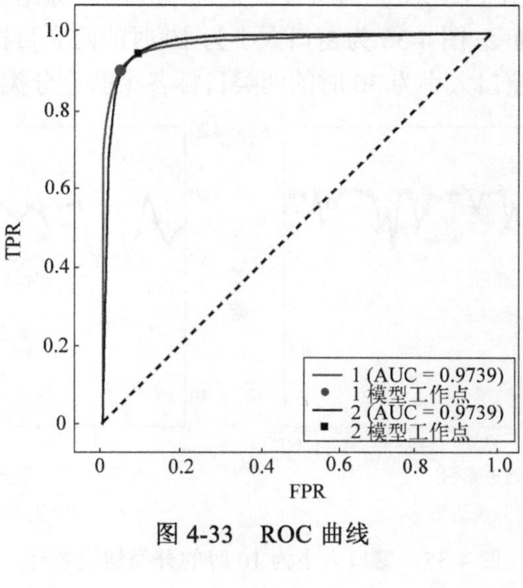

图 4-33　ROC 曲线

4. 最优窗选择

本节通过对比不同窗口大小下分类的综合准确度来选择最优的窗口大小，如图 4-34 所示。

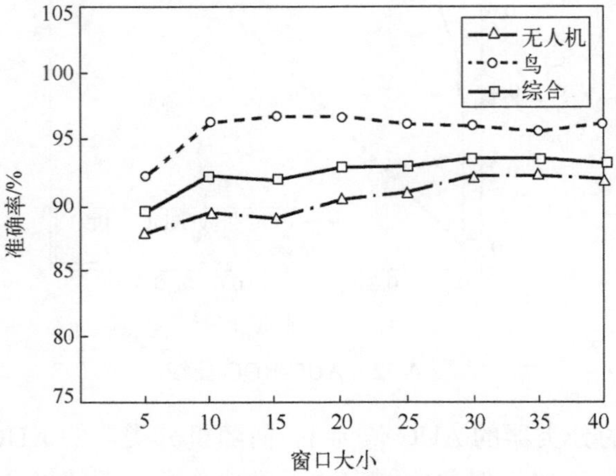

图 4-34　不同窗口大小分类结果统计

分类器应用到实时系统中，除了要考虑准确度之外，还需要充分考虑窗口过大带来的运算负担较大的问题，且如果窗口过大，就会导致航迹类属输出的等待时间过长。综合以上问题，选择序贯特征提取中的特征提取的窗口大小为 10。

5. 特征集整体分类

在最优分类器的基础上，将测试特征集整体作为已训练完成的分类器的输入，统计每条航迹的分类准确度。图 4-35 为窗口大小为 10 时的两类目标各个航迹分类准确率统计结果。图 4-36 为窗口大小为 30 时的两类目标各个航迹分类准确率统计结果。

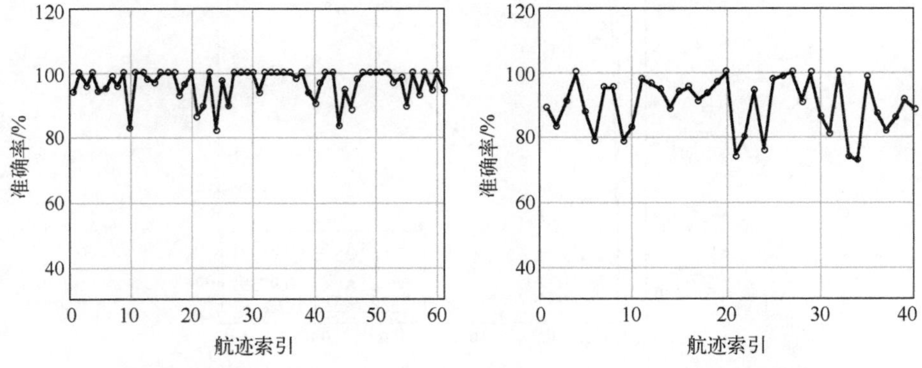

(a) 鸟分类结果　　(b) 无人机分类结果

图 4-35　窗口大小为 10 时的分类结果统计

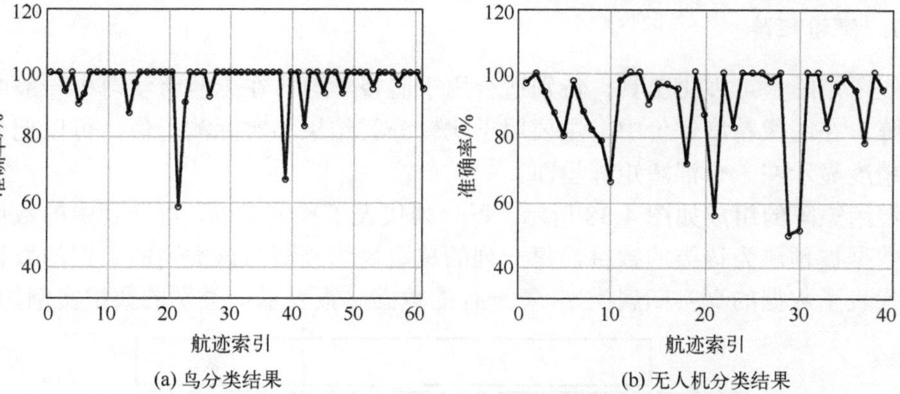

图 4-36　窗口大小为 30 时的分类结果统计

虽然图 4-36 的窗口大小为 30 的分类综合准确率大于窗口大小为 10 的综合准确，但对比图 4-35 和图 4-36 可以看到，两类目标的各个航迹在窗口为 30 的分类结果的波动高于窗口为 10，因此选择 10 作为窗口大小是目前系统环境下的最优选项。

6. 特征集随机抽样分类

由图 4-37 所示，通过随机不放回抽样来模拟系统在实时运行时每个 CPI 内若干个航迹点分类的情况。随机抽样即从测试特征集中通过随机不放回抽样，每次抽样 100 个特征向量进行分类并统计分类结果，最终所有的测试特征集都分类完成后，统计每个航迹的分类准确率。通过统计结果可以看出，基于随机抽样的方式模拟实时运行时航迹点到达分类器情况下的分类结果和整个特征集统一进行分类的结果相同，更进一步证实了本章提出的分类流程可以很好地融合到雷达系统并完成分类工作。

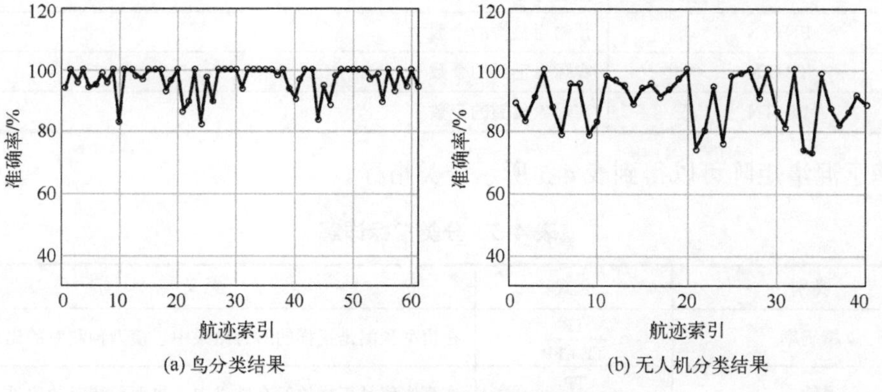

图 4-37　随机抽样分类结果统计

7. 混淆矩阵

混淆矩阵是可视化工具，特别适合用于监督学习，在无监督学习中一般叫作匹配矩阵。在图像精度评价中，主要用于比较分类结果和实际测得值，可以把分类结果的精度显示在一个混淆矩阵里面。

混淆矩阵的组成如图 4-38 所示。每一列代表了预测类别，每一列中的数值表示真实数据被预测为该类的数目，每一列的总数表示预测为该类别的数据的数目。每一行代表了数据的真实归属类别，每一行的数据总数表示该类别的数据实例的数目。

	预测		总数
真实	TP	FN	TP + FN
	FP	TN	FP + TN
总数	TP + FP	FN + TN	TP + FP + FN + TN

图 4-38　混淆矩阵组成

图中每个单元格的详细说明如表 4-4 所示。

表 4-4　混淆矩阵单元详解

类别	说明	预测正确与否
TP	实际为正类，预测为正类	正确
TN	实际为负类，预测为负类	正确
FN	实际为正类，预测为负类	错误
FP	实际为负类，预测为正类	错误
TP+FP	预测为正类的个数	
FN+TN	预测为负类的个数	
TP+FN	实际为正类的个数	
FP+TN	实际为负类的个数	

基于混淆矩阵可以得到表 4-5 所示分类指标。

表 4-5　分类指标详解

类别	公式	意义
精确率	$\frac{TP}{TP+FP}$	在模型预测是正样的所有结果中，模型预测对的比重
灵敏度	$\frac{TP}{TP+FN}$	在真实值是正样的所有结果中，模型预测对的比重

续表

类别	公式	意义
准确率	$\frac{TP+TN}{TP+FN+FP+TN}$	分类模型所有判断正确的结果占总观测值的比重
特异度	$\frac{TN}{TN+FP}$	在真实值是负样的所有结果中，模型预测对的比重

基于特征显著性分析中对速度标准差特征的结论，设计本节实验，对比全特征向量和去除速度标准差的特征向量的分类结果，如图 4-39 所示，其中图 4-39(a)所用的特征向量为$[f_{i,j}^{v} \quad f_{i,j}^{a} \quad f_{i,j}^{aa} \quad f_{i,j}^{cov} \quad f_{i,j}^{d} \quad f_{i,j}^{h}]$，图 4-39(b)所用的特征向量为$[f_{i,j}^{a} \quad f_{i,j}^{aa} \quad f_{i,j}^{cov} \quad f_{i,j}^{d} \quad f_{i,j}^{h}]$。

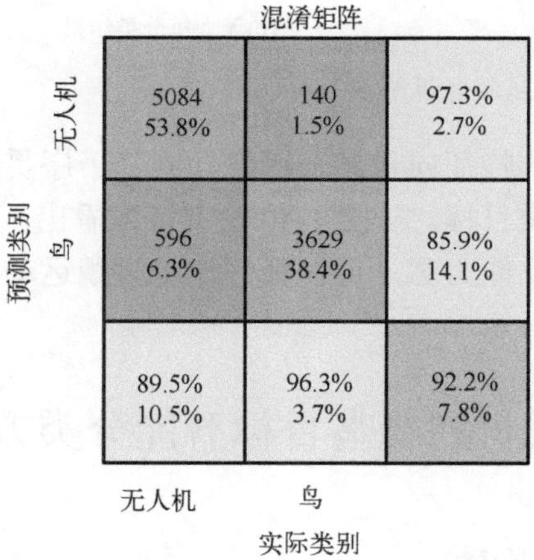

(a) 全特征

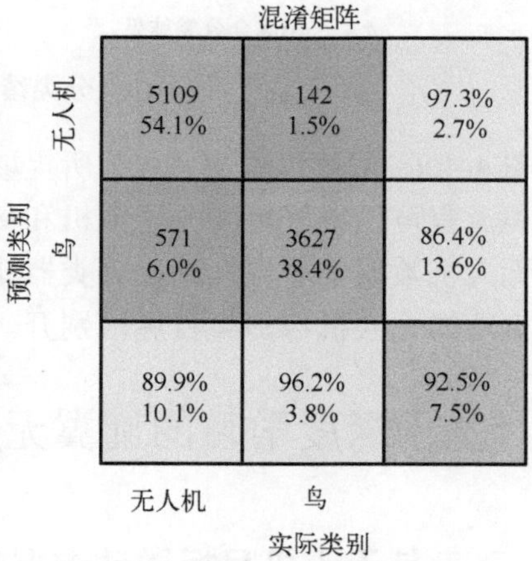

(b) 去除速度标准差

图 4-39 特征显著性对比

综合对比实验结果和特征显著性分析中速度标准差特征的分布情况，去掉此特征减少了冗余信息和噪声的干扰，使模型能够更好地学习重要的特征，综合分类准确率有了 0.3%的提升。

8. 分类结果

我们使用高德地图应用程序编程接口（application programming interface, API）和 Python 将目标航迹解析成路径数据并嵌入到 HTML 静态页面中进行可视化展示，使用窗口为 10 的测试集，根据本节分类方法，随着轨迹的逐步延伸，可即时输出每个延伸航迹点的类属标志，综合所有轨迹的测量信息和对应航迹点的类属标签，绘制分类结果如图 4-40 所示，其中用蓝色航迹线代表鸟类目标，黄色航迹线代表无人机类目标，两类目标分类错误的航迹点用红色表示，使用颜色渐变描述轨迹延伸方向，轨迹由深色逐步向浅色延伸。

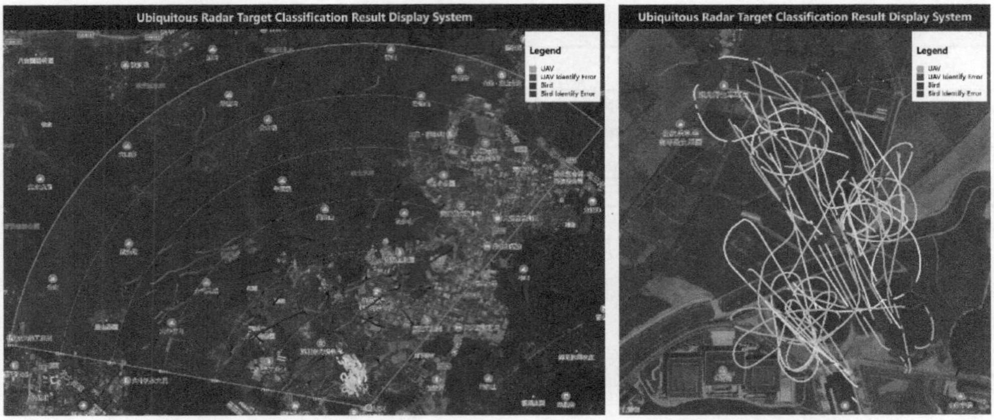

(a)综合分类结果　　(b)无人机分类结果

图 4-40　分类结果展示（见彩图）

从图 4-40(a)中可以看出，本节所提取的特征向量结合所设计的基于序贯特征提取的分类流程可以很好地区分无人机和鸟类目标。从图 4-40(b)中可以看出，本节所设计的无人机数据集多样性好，分类器泛化能力强，可以很好地将常规运动的无人机和高机动的无人机与鸟类目标区别开。

4.4　基于深度学习的旋翼无人机和飞鸟目标智能分类方法

4.4.1　飞鸟与无人机目标微动数据集构建

选择民用级别大、中、小型无人机作为典型的旋转无人机，即世季 SJRC-S70W、大疆御 2、大疆悟 2、六旋翼无人机(六旋翼机)和单螺旋桨固定翼无人机，以及飞鸟目标。图 4-41 和表 4-6 为不同目标的照片和主要参数。

大疆悟2　　大疆御2　　世季SJRC S70W

固定翼无人机　　六旋翼机　　仿生鸟和海鸥

图 4-41　不同种类的无人机和飞鸟图片

表 4-6　不同类型鸟类和无人机的目标参数

类型	名称	缩写	类型*	旋翼个数	旋翼长度/cm
1	六旋翼机	H	Q	6	38
2	大疆悟 2	I	Q	4	38
3	固定翼无人机	F	P	2	30
4	大疆御 2	M	Q	4	22
5	世季 SJRC S70 W	S	Q	4	23
6	飞鸟	B	B	2#	22#

注：类型* 一栏中“Q”代表四翼机，“P”代表飞机，“B”代表鸟的目标参数表示为翅膀的数量和鸟翼展的一半长度。

不同类型无人机和飞鸟的微多普勒数据集如表 4-7 和图 4-42 所示。微动数据集的构建主要包括数据预处理和数据增强。预处理通过动目标指示(moving target indicator，MTI)进行平稳杂波抑制。可通过设置不同微多普勒特征的能量显示幅度来扩展数据集。分别切割距离周期和微多普勒谱图的有效信息，将时间-距离信息和时间-多普勒信息结合起来，实现微动特征的增强。为实现 CNN 模型的训练，需修改数据集去除输入图像水平轴和垂直轴的比例和色条，并对其大小进行规格化。

表 4-7　微运动分类数据集的组成(每个数据持续约 0.4s)

类型	数据		
	训练数据	验证数据	测试数据
大疆御 2	720	180	40
大疆悟 2	720	180	40
世季 SJRC S70 W	720	180	40
六旋翼机	720	180	40
固定翼无人机	720	180	40
飞鸟	720	180	40
总计	4320	1080	240

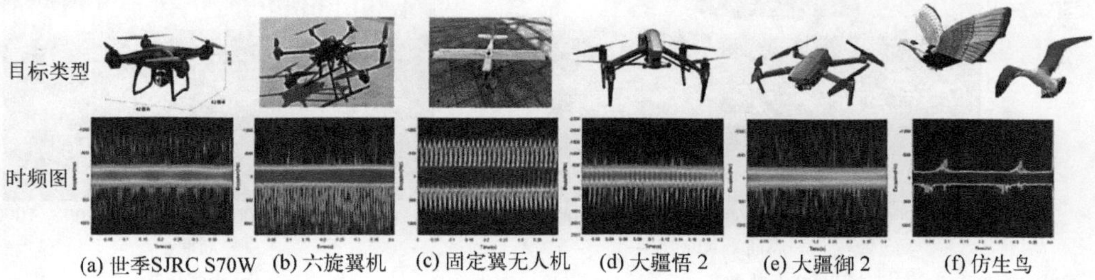

(a) 世季SJRC S70W　(b) 六旋翼机　(c) 固定翼无人机　(d) 大疆悟 2　(e) 大疆御 2　(f) 仿生鸟

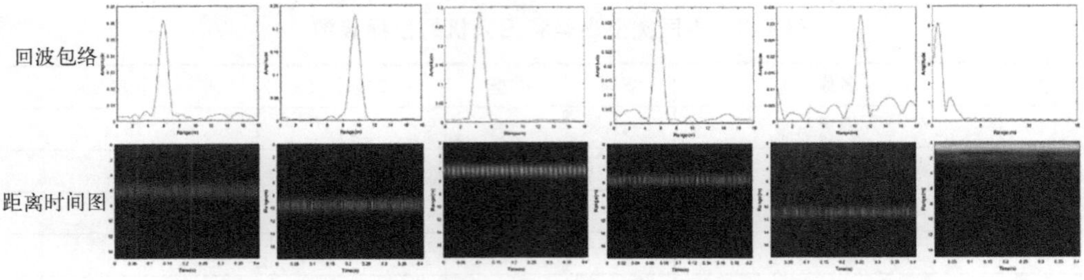

图 4-42　不同类型无人机和飞鸟的 M-D 数据集

实验场景如图 4-43 所示。从旋翼无人机微多普勒特征图像可看出，回波强度主要位于零频率，其周围环境非常强，反映了主体运动和微动。大疆悟 2(图 4-44(b))的时频(time-frequency, T-F)图比图 4-44(a)中的大疆御 2 具有更清晰的微多普勒特征。

(a) 大疆御 2　　(b) 大疆悟 2

图 4-43　FMCW 雷达采集小型无人机数据的室外实验场景

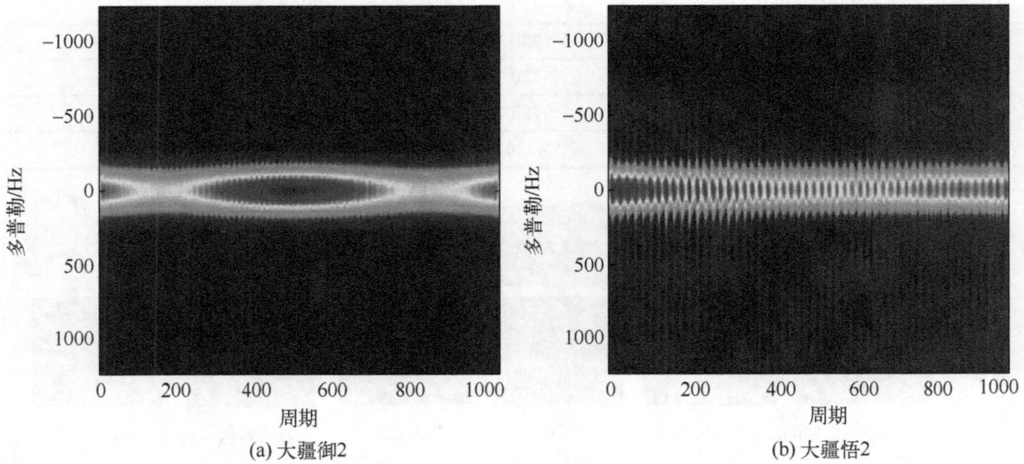

(a) 大疆御2　　(b) 大疆悟2

图 4-44　户外实验用小型无人机的微多普勒

1. 无人机的微多普勒分析

图 4-45 显示了大疆御 2 在不同距离(3 米、6 米、9 米和 12 米)处的微多普勒特性。随着距离的增加，由旋翼叶片引起的微多普勒特性逐渐减弱，其最大多普勒振幅减小，这是由于旋翼回波减弱。虽然微多普勒信号已经减弱，但旋翼根部的反射特性仍然很明显，表现为靠近主体的微小运动频率小特性。

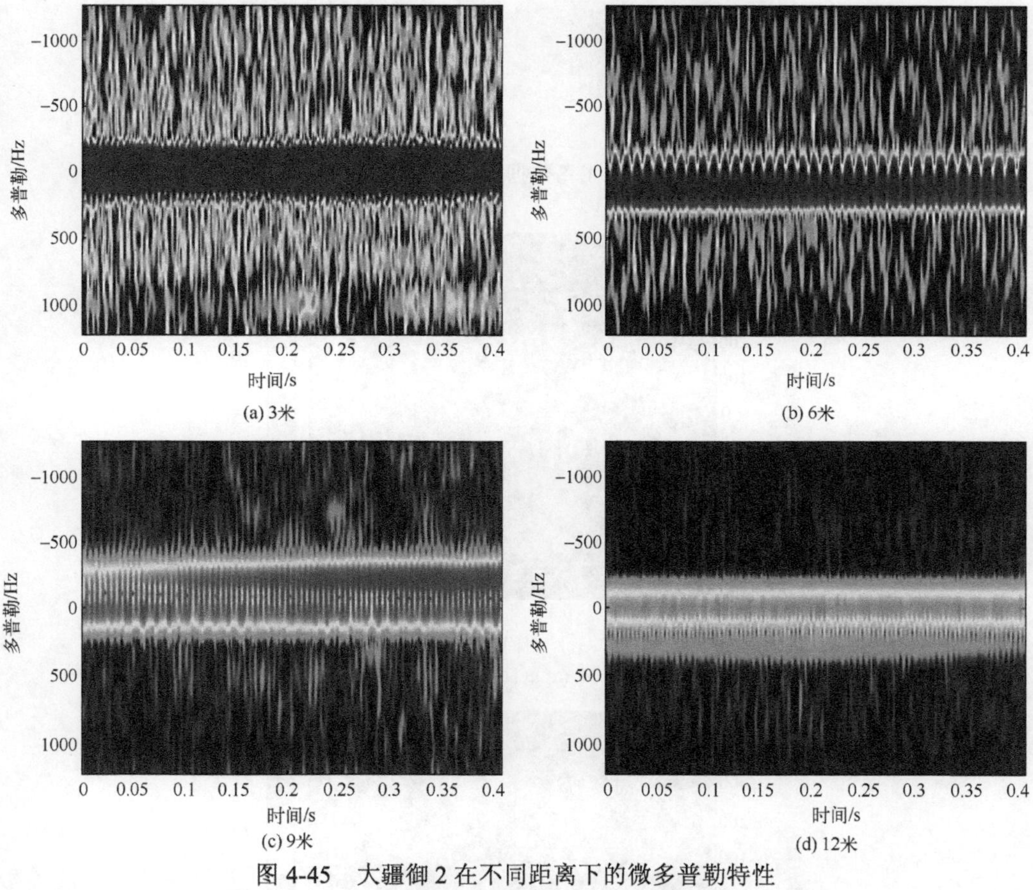

图 4-45　大疆御 2 在不同距离下的微多普勒特性

2. 飞鸟的微多普勒分析

由于真实飞鸟的机动性，鸟类雷达数据的数量是有限的。采集了两种类型的鸟类数据：一种是利用仿生鸟类进行的室内实验，高度模拟真实鸟类的拍打飞行；另一种是真实海鸥鸟类的室外实验。室内实验的对象是一只鸟和两只翅膀拍动的鸟，如图 4-46 所示。

单只与两只飞鸟的微多普勒特性如图 4-47 所示。实验雷达可以有效地观察到鸟类拍动翅膀产生的微多普勒效应。根据图中微多普勒特征的波形频率和最大多普勒，可进一步估计鸟的翼展长度和拍打频率。在模拟两只鸟并排拍打运动时，时频域的微动特性可能会重叠。

(a) 单只鸟　　(b) 两只鸟

图 4-46　仿生飞鸟数据采集的室内实验场景

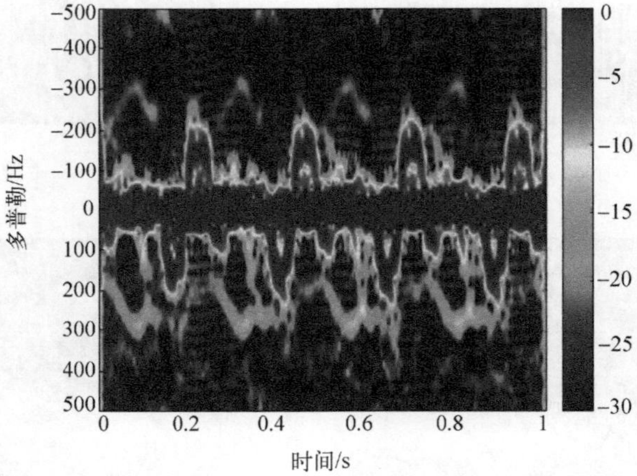

(a) 单只鸟

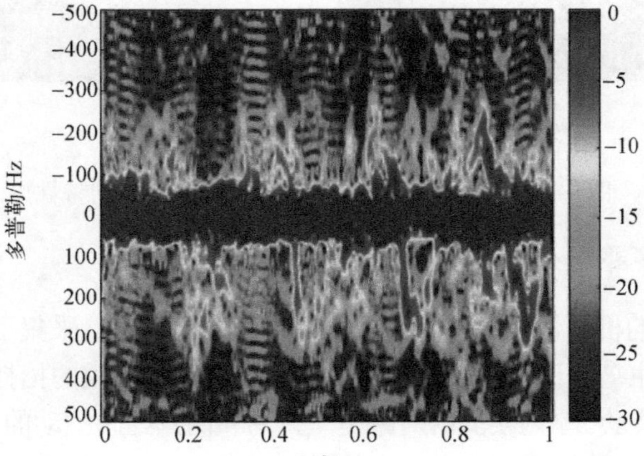

(b) 两只鸟

图 4-47　仿生飞鸟的微多普勒特征(室内实验)(见彩图)

在室外实验中，观测距离为3m，其他参数保持不变。鸟类飞行的微多普勒特征如图4-48所示。根据时频图可观察到扑翼的微多普勒效应，真实鸟类和仿生鸟类的微多普勒特征既有相似之处，也有不同之处。相似之处在于微动具有明显的周期性特征，具有更长的间隔和更强的振幅，这也是无人机目标的显著特征。不同之处在于，由于距离较远，真实鸟类的微多普勒信号相对较弱，并且存在一些细微的波动。然而，与旋翼无人机不同，其整体微动特性是明显的，因此室内和室外鸟类数据结合在一起，作为进一步训练和测试的整体数据集。

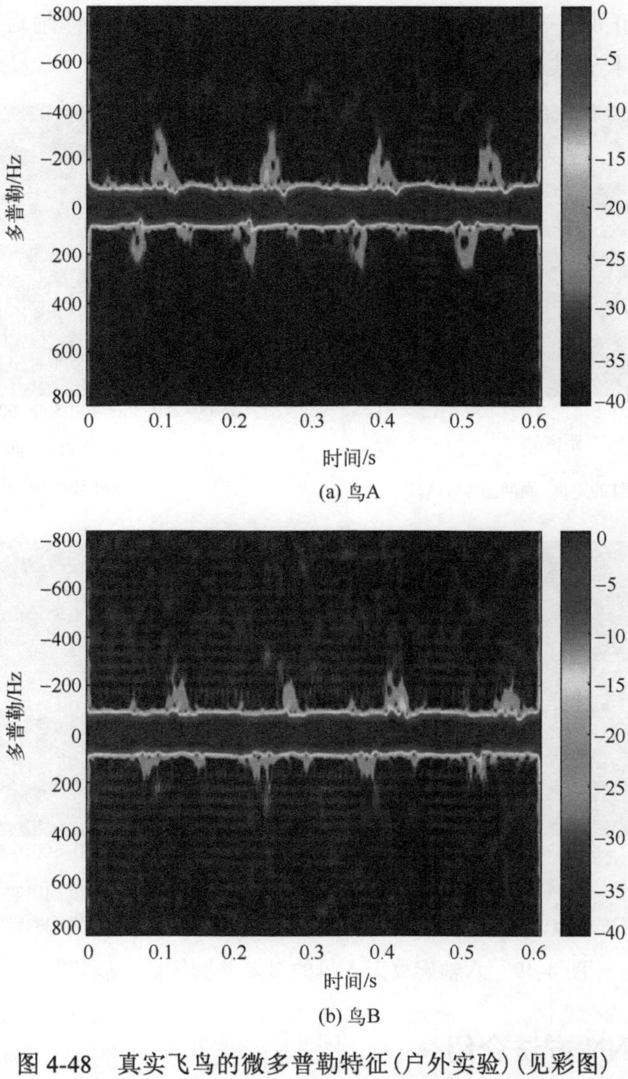

(a) 鸟A

(b) 鸟B

图4-48　真实飞鸟的微多普勒特征(户外实验)(见彩图)

3. *旋翼无人机的微多普勒分析*

图 4-49 显示了六旋翼无人机，即六架直升机在两个距离处的微多普勒特性。可以清楚地看到，在 11.5m 和 8.5m 左右分别有明显的回波，雷达距离分辨率为 7.5cm（带宽为 2 GHz）。在高分辨率条件下，由于旋翼的旋转，无人机的回波占据多个距离单位，并呈现明显的周期性变化。由于叶片的长度和尺寸不同，各种扩展范围单位和调制周期特性可以反映在范围周期图中，验证了范围周期信息的有用性。由于多个旋翼高速旋转，时频图中的微动分量相互重叠。旋翼旋转（即朝向雷达）产生的微动特性的正频率比其他部件更明显。大型旋翼会在主体附近产生明显的周期调制特性，有助于后续分类。

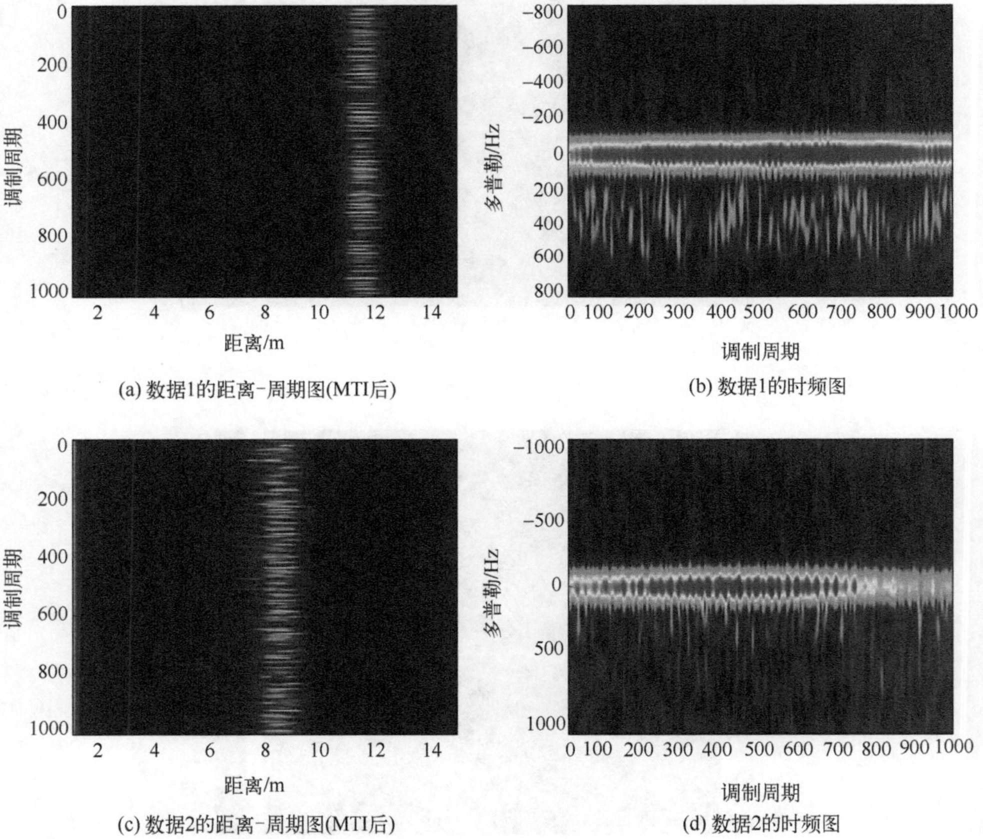

(a) 数据1的距离-周期图(MTI后)　　(b) 数据1的时频图

(c) 数据2的距离-周期图(MTI后)　　(d) 数据2的时频图

图 4-49　六轴旋翼无人机的微多普勒特征（见彩图）

4.4.2　常用 CNN 方法介绍

CNN 由输入层、隐藏层和输出层三个主要部分构成。输入层是目标不同运动的微多普勒谱图。隐藏层由卷积层、非线性激活函数和池化层构成。卷积层由多层固定尺寸的卷积核组成，卷积核通过滑动窗口的形式依次对输入数据进行局部处理以提取特定的目标特征。非线性激活函数通常接在卷积层之后，对输出数据进行空间上的非线性变换，使分类变得更容易。非线性激活函数主要有 Sigmoid 函数、Tanh 函数和 ReLU 函数。池化层的作用是通过降低层与层之间的特征尺度来减少网络的参数，池化层主要有最大池化(Max pooling)和平均池化(Average pooling)等操作。隐藏层在完成内部层间连接和特征提取后，还需将学到的分布式特征映像到样本空间，即将隐藏层的全部输出节点连接到输出层的输入节点，称作全连接。

LeNet-5 网络是最早提出的 CNN 模型，它构建了现代 CNN 的基本结构，并在图像分类中获得了较好的成绩，但受到计算机性能的限制而没有得到广泛的应用。2012 年 Alex 等人提出的 AlexNet 网络在 ImageNet 大赛上以巨大优势成功夺冠，使得 CNN 在图像识别的应用再次引起了关注。AlexNet 相比 LeNet 具有以下特征：用更深的网络结构学习了更高维的图像特征；用 ReLU 启动函数 $f(x)=\max(0,x)$ 替代之前的 Sigmoid 函数，使网络训练速度更快；加入了退出(Dropout)能有效避免网络出现过拟合现象；使用局部正规化(local response normalization, LRN)可以对局部神经的活动起到抑制作用，能使模型的泛化能力得到增强；另外，AlexNet 在两台 GPU 上进行分布式计算能极大地加快计算速度。

2014 年，一种具有多种模型和配置的 Deep-CNN 被提出并命名为 VGG。VGG 网络是由卷积层和池化层构成的最简单的网络模型，相比于 AlexNet 采用较大的卷积核(11×11,7×7,5×5)，VGG 网络模型有更小的卷积核和更深的层级以提升网络性能[23]。对于一定的感受野，若采用堆积的小卷积核相比较大的卷积核能增加网络深度，使其能学习到更高维度的图像特征，并且能减少参数的计算。VGG 网络中采用了 3×3 和 1×1 两种尺寸的卷积核，以 VGG-16 网络结构进行分析，用 3 个堆栈的卷积层大小为 3×3 的卷积核替代一个卷积核大小为 7×7 的单层卷积核，假设输入输出的通道数均为 n，则 3×3 和 7×7 卷积核的计算参数分别为

$$\text{Weights}(3\times3)=3\times(3^2\times n^2)=27n^2 \tag{4-52}$$

$$\text{Weights}(7\times7)=7^2\times n^2=49n^2 \tag{4-53}$$

即 $\text{Weights}(3\times3)$ 比 $\text{Weights}(7\times7)$ 减少了 35%的参数数量。在获得同样感受的情况下，VGG 网络相比 AlexNet 具有更少的参数量，也进一步说明 VGG 网络能获得更深的网络层次。在 2014 年 ILSVRC 竞赛中 VGG 网络以更深的网络层次和好的泛化性能仅低于第一名 GoogLeNet 模型 0.65%获得第二名，表明增加网络的深度能够在一定程度上影响网络性能。VGG 网络的最大问题就在于参数量太大，由于每个隐藏层后面都接有三个全连接层，从而训练 VGG 网络对计算算力有较高要求。

深度学习在图像识别上的应用获得了极大的成功，对复杂的辨识任务也能用更

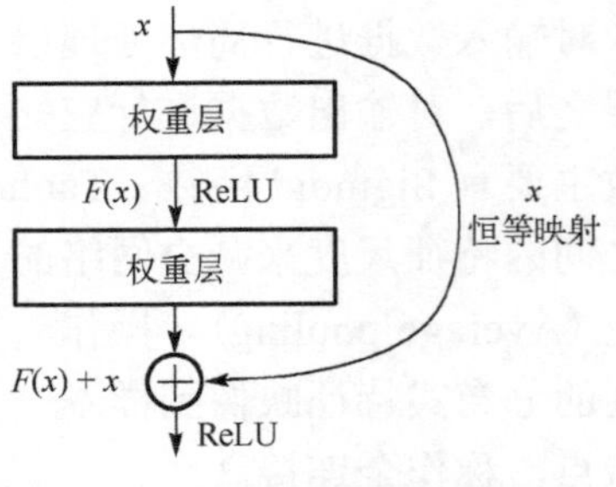

图 4-50　ResNet 的残差框架模块

深的网络模型来完成，但是复杂的网络模型通常意味着更深层次的网络和更宽广的神经元数据。更深的网络结构理论上可以取得更好的结果，但是更深的网络性能还存在较大未知。何凯明等人提出的 ResNet 模型，在实验中发现更深的网络会导致网络准确率出现饱和，甚至会下降。为了解决这类问题，ResNet 在网络中使用了大量的残差模块作为网络的基本组成部分，如图 4-50 所示。

残差模块相比传统的网络导入了“快捷结构”恒等映像 $y=x$ 层，其功能是随着网络深度的加深而不会产生权重衰减和梯度消失的问题。ResNet 网络使用快捷结构这一策略，使得它的网络深度即使加得很深也能高效地学习。ResNet 与之前的网络算法相比，用更深的网络层次和更少的参数能获得更优的分类性。

4.4.3　基于多尺度 CNN 模型的飞鸟与无人机目标分类方法

1. 卷积神经网络介绍

CNN 是一种具有局部连接、权值共享等特点的深层前馈神经网络(feedforward neural networks)，是深度学习(deep learning)的代表算法之一，擅长处理图像特别是图像识别等相关机器学习问题，如图像分类、目标检测、图像分割等各种视觉任务中都有显著的提升效果，是目前应用最广泛的模型之一。

卷积神经网络具有表征学习(representation learning)能力，能够按其阶层结构对输入信息进行平移不变分类(shift-invariant classification)，可以进行监督学习和非监督学习，其隐藏层内的卷积核参数共享和层间连接的稀疏性使得卷积神经网络能够以较小的计算量对格点化(grid-like topology)特征，例如像素和音频进行学习，并有稳定的效果，且对数据没有额外的特征工程(feature engineering)要求，被大量应用于计算机视觉、自然语言处理等领域，近年来也用于无人机和飞鸟目标的微动特征分类识别[19, 24-27]。

2. 多尺度 CNN 模型构建

本节提出了一种基于改进的多尺度卷积神经网络的目标微多普勒特征分类方法，它利用混合连接结构的多尺度分解方法。多尺度模块的输出包含不同感受野大小的组合，有利于提取目标的全局特征信息和局部信息。首先，使用 7×7 的卷积层提取输入图像的特征，然后采用多尺度网络表征模块。使用 1×1 的卷积核来调整输入通道的数量，以便下一个多尺度模块可以进行深度特征提取。多尺度卷积神经网络模型的结构如图 4-51 所示，该模型基于残差网络模块(residual network，Res2 Net)。使用 3×3 的卷积核大小的滤波器组替代 n 通道的 1×1 卷积特征图。经过两个通道的 1×1 卷积后，得到的特征图被分成 s 个特征图子集，每个特征图子集包含 n/s 个通道。除了第一个特征图子集直接传递下来，其他特征图子集后面都跟着一个 3×3 卷积层进行卷积操作。第二个特征图子集经过卷积处理，形成一个新的特征子集并通过两条线路传递：一条线路直接传递下来；另一条线路使用层次排列连接方法与第三个特征图子集相结合，并发送到卷积层以形成一个新的特征图子集。然后，新的特征图子集被分成两条线路；一条线路直接传递下来，另一条线路仍然使用层次渐进排列与第四个特征图子集连接，并发送到卷积层以获取其他新的特征图子集。重复上述操作直到所有特征图子集都被处理。每个特征图子集在通过卷积层之后与另一个特征图子集相结合。这个操作将逐渐增加每个卷积层的等效感受野，从而完成对不同尺度信息的提取。

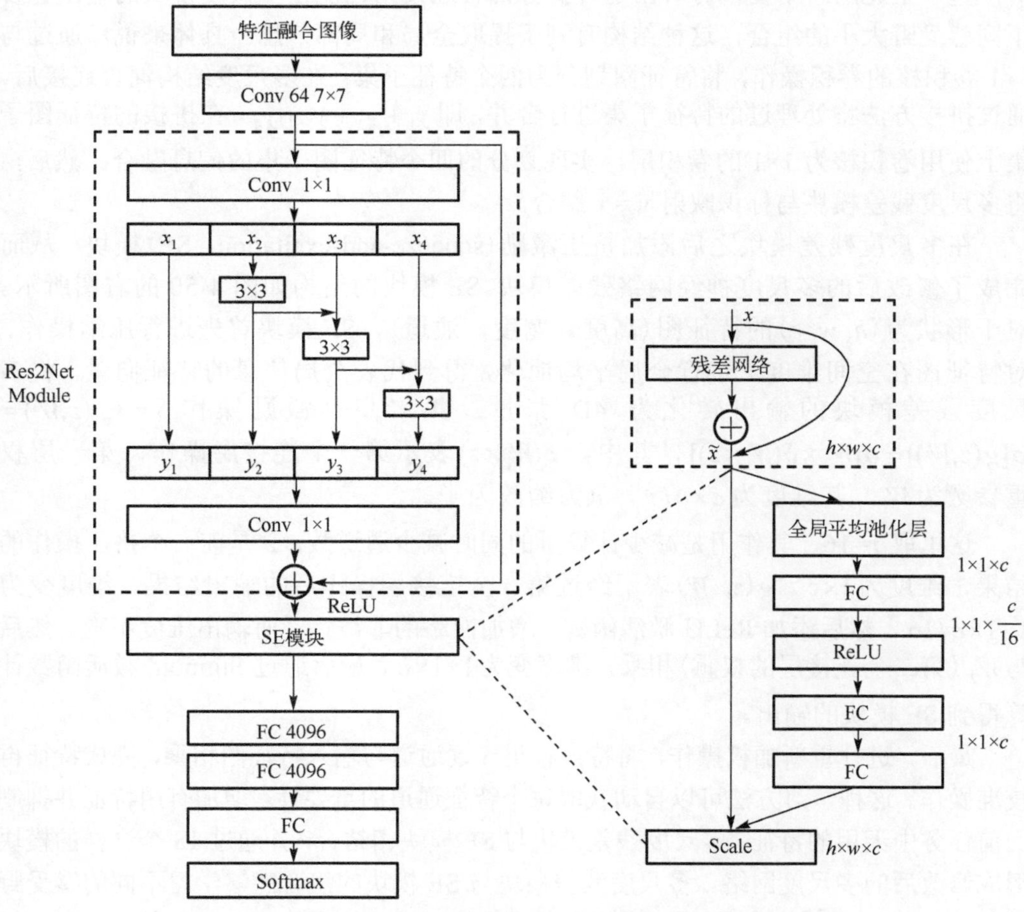

图 4-51　多尺度 CNN 结构，右图是 SE 模块的放大图

用 $K_i(\cdot)$ 表示卷积核的 3×3 输出，x_i 表示分割后的特征图子集，其中，k 表示特

征图分割得到的特征图子集数量，以上过程可以表示为

$$\begin{aligned} y_1 &= x_1 \\ y_2 &= K_2(x_2) \\ y_3 &= K_3(x_3+y_2)=K_3(x_3+K_2(x_2)) \\ y_4 &= K_4(x_4+y_3)=K_4(x_4+K_3(x_3+K_2(x_2))) \end{aligned} \tag{4-54}$$

输出 y_i 表示为

$$y_i=\begin{cases} x_i & i=1 \\ K_i(x_i) & i=2 \\ K_i(x_i+y_{i-1}) & 2<i\leqslant s \end{cases} \tag{4-55}$$

基于上述网络结构，可看出这种拆分混合连接结构能使多尺度模块的输出包含不同感受野大小的组合，这种结构有利于提取全局和局部信息。具体来说，通过与 1×1 卷积核的卷积操作，将特征图划分为四个特征子集；在多尺度结构混合连接后，通过拼接方法将处理过的特征子集进行合并，即 $y_1+y_2+y_3+y_4$。在拼接的特征图子集上使用卷积核为 1×1 的卷积层，实现划分的四个特征图子集的信息融合。然后，将多尺度残差模块与标识映射 $y=x$ 结合。

在多尺度残差模块之后添加挤压激励(squeeze-and-excitation，SE)模块，从而完成了修改后的多尺度神经网络残差模块。SE 模块的结构如图 4-50 的右图所示。对于形状为 (h, w, c) 的特征图(高度，宽度，通道)，SE 模块首先进行压缩操作，对特征图在空间维度上进行全局平均池化，得到代表全局信息的特征向量。将多尺度残差模块的输出转化为 4D 张量。第二步是激励操作 $S=F_{\mathrm{ex}}(z,W)=\sigma[g(z,W)]=\sigma[W_2\times\delta(W_1\times z)]$，其中，$\delta(W_1\times z)$ 表示第一全连接层操作，第一层权重参数为 W_1，其维度为 $c\times c/r$。r 为缩放因子。

这里取 r=16，其作用是减少计算量的同时减少通道数，z 是前一个挤压操作的结果，维度为 $1\times\mathrm{c}$。$g(z, W)$ 表示经过第一全连接层操作后的输出结果，维度变为 $1\times1\times c/16$，然后添加 ReLU 激活函数，增加网络的非线性，而输出维度不变。然后与 W_2 (第二全连接层的权重)相乘，维度变为 $1\times1\times c$，最后通过 Sigmoid 激活函数计算得到 SE 模块的输出。

最后，进行重新加权操作，将特征权重 S 逐通道与输入特征图相乘，完成特征再校准操作。这种学习方法可以自动获取每个特征通道的重要性，增加有用特征并抑制当前任务中无用的特征。多尺度残差模块与 SE 模块相结合，并通过 18 个这样的模块形成修改后的多尺度网络。多尺度残差模块与 SE 模块的组合能够学习不同的感受野组合，保留有用的特征并抑制无效的特征信息，从而大大减少了参数计算的负担。最后，添加一个三层全连接层，用于将多尺度模型学习到的有效特征映射到样本的标签空间；此外，增加网络模型的深度，使其能够学习到更精细的特征。相比全局平均池

化，全连接层能够实现更快的收敛速度和更高的识别精度。

通过设置求解算法 Adam、非线性激活函数 ReLU、初始学习率 0.0001、训练轮数 100 等参数，对数据集进行训练。训练一轮后，在验证集上进行验证，直到正确识别率达到要求，保存网络模型参数以获取合适的网络模型。最后的测试是将未参与训练和验证的测试数据输入训练好的网络模型中，验证多尺度 CNN 模型的有效性和泛化能力。通过计算测试数据集中分类正确的样本数量与整个测试集中样本总数之间的比例，得到分类准确率。

3. 算法流程

多尺度 CNN 的飞鸟和旋翼无人机分类方法的详细流程图如图 4-52 所示，该方法由雷达回波处理、m-D 数据集构建、CNN 模型训练和模型测试四部分组成。

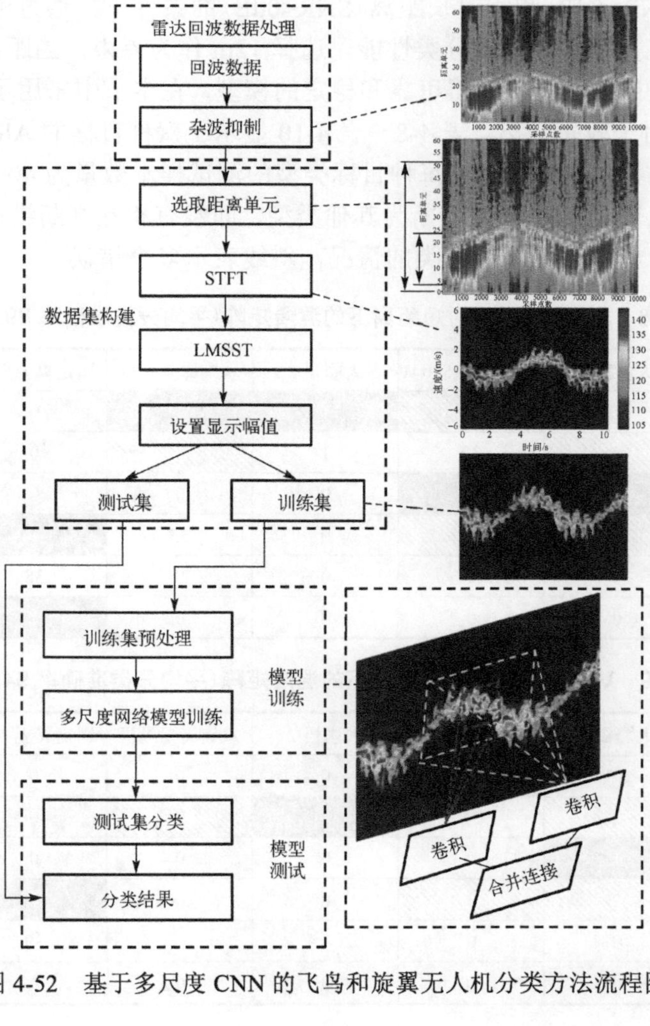

图 4-52　基于多尺度 CNN 的飞鸟和旋翼无人机分类方法流程图

4.4.4 实验验证与分析

1. 实验验证

所有的模型都是在一台搭载有 16G 内存、2.5GHz 的 Intel(R) Core(TM) i5-8400 CPU 和 NVIDIA GeForce GTX1050Ti GPU 的计算机上实现的。在实验中，我们使用 Adam 算法作为优化器，ReLU 作为激活函数，交叉熵作为损失函数。初始学习率设置为 0.0001，迭代次数为 100。此外，为了防止过拟合问题，采用了 Dropout 来提高模型的泛化能力。提取的频谱图大小为 560×420，经归一化处理成 100×100，以增加计算速度。

使用提出的方法以及其他流行的 CNN 模型，如 AlexNet 和 VGG-16，在相对短距离(信噪比 SNR>0dB)和相对长距离(SNR<0dB)的条件下，通过混淆矩阵给出了五种旋翼无人机类型和飞鸟的分类性能。选择 12m 作为界限，当距离大于 12m 时，称为相对较长的距离。为了获得可靠和稳定的模型，在本节中采用了 K 折交叉验证方法($K=5$)。对于较短距离，表 4-8～表 4-10 显示了六种目标的 AlexNet、VGG-16 和本节提出的方法的混淆矩阵，每种目标类型的测试样本数量为 40。真实类别显示在顶部。浅灰色表示将目标 A 判断为其他类型，即没有相互判断错误；白色表示正确判断的样本；黑色表示错误分类的情况，斜线表示多个错误。

表 4-8　AlexNet 在相对短距离下的混淆矩阵(平均分类准确率 89.6%)

目标类型	大疆御 2	世季 SJRC S70 W	大疆悟 2	六旋翼无人机	固定翼无人机	飞鸟
M	32	2	1	1	0	0
S	4	32	1	4	0	0
I	1	1	38	0	0	0
H	3	5	0	35	1	0
F	0	0	0	0	38	0
B	0	0	0	0	1	40

表 4-9　VGG-16 在相对短距离下的混淆矩阵(平均分类准确率 94.6%)

目标类型	大疆御 2	世季 SJRC S70 W	大疆悟 2	六旋翼无人机	固定翼无人机	飞鸟
M	35	1	0	0	0	0
S	2	36	1	2	0	0
I	1	0	39	0	0	0
H	2	3	0	38	1	0
F	0	0	0	0	39	0
B	0	0	0	0	0	40

表 4-10　本节提出的方法在相对短距离下的混淆矩阵(平均分类准确率 99.2%)

目标类型	大疆御 2	世季 SJRC S70 W	大疆悟 2	六旋翼无人机	固定翼无人机	飞鸟
M	39	1	0	0	0	0
S	1	39	0	0	0	0
I	0	0	40	0	0	0
H	0	0	0	40	0	0
F	0	0	0	0	40	0
B	0	0	0	0	0	40

从表 4-9 和表 4-10 可以看出，很难区分大疆御 2、SJRC S70 W 和六旋翼无人机，并且有许多错误分类的情况。图 4-53 中显示了距离-周期图和时频图，表明这三种目标都具有转子的微运动特征。由于速度快，T-F 图在短周期上密集分布。然而，也存在微小的差异。例如，六旋翼无人机具有广泛的微多普勒频谱和明显的微运动峰值，而大疆御 2 的微动频谱集中在−200～200Hz 附近，因为其转子尺寸较小。如果需要更好的分类能力，网络需要能够学习大尺度周期调制特征和小尺度微运动特征。与 AlexNet 相比，基于 VGG-16 的 CNN 的分类准确率更高，从 89.6%提高到 94.6%，但对于小型无人机而言，仍存在分类错误。固定翼无人机的旋转数较少，显示出明显的回波调制特征。六旋翼无人机具有较大尺寸和多个旋翼，因此在时域上占据更多的距离单元，这也是与小型无人机不同的有效特征。然后，用修改后的多尺度 CNN 在多个尺度上进行分割混合连接结构，使得多尺度模块的输出包含不同感受野大小的组合，有助于提取目标特征的全局和局部信息，将分类准确率提高到 99.2%。

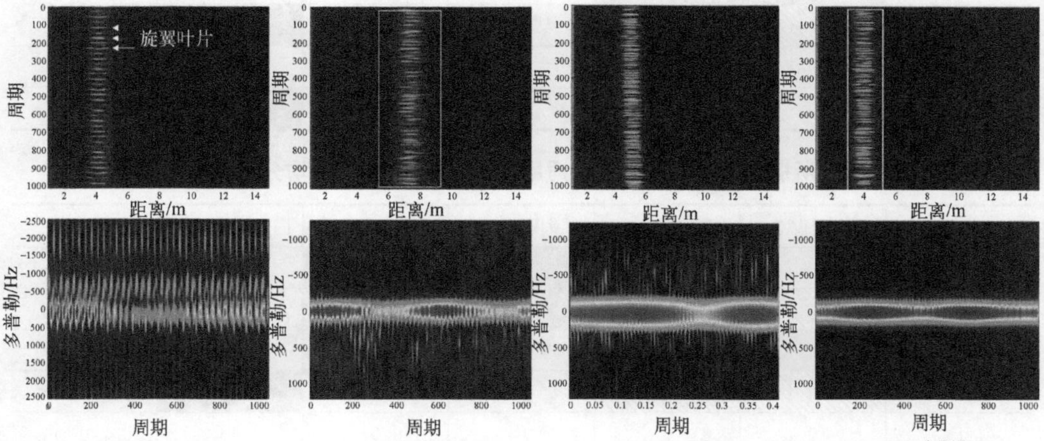

(a) 固定翼无人机　(b) 六旋翼无人机　(c) SJRC S70 W　(d) 大疆御2

图 4-53　相对短距离(4～8 米)的距离周期和 T-F 图(见彩图)

对于较远距离，混淆矩阵如表 4-11～表 4-13 所示。随着目标回波变弱，微多普勒特性也变得不明显。对于 AlexNet 而言，很难区分大疆悟 2、SJRC S70 W 和大疆悟 2 这三个较小尺寸的目标，如图 4-54(b)和图 4-54(c)所示。同时，很容易将六旋翼无人机判断为大疆悟 2，因为六旋翼无人机的频谱展宽特征不明显，如图 4-54(a)所示。本节提出的方法可以学习到弱而宽的频谱特征，从而将分类准确率提高到 97.5%，而其他两个模型的分类准确率分别为 88.3%和 92.9%。根据上述分析，本节提出的方法对不同类型的旋翼无人机具有良好的分类能力，并且能够区分飞鸟目标。

表 4-11　AlexNet 的相对长距离混淆矩阵(平均分类准确率 88.3%)

目标类型	大疆御 2	世季 SJRC S70 W	大疆悟 2	六旋翼无人机	固定翼无人机	飞鸟
M	32	3	1	2	0	0
S	4	32	1	0	0	0
I	2	2	36	1	1	0
H	2	3	2	37	0	2
F	0	0	0	0	38	1
B	0	0	0	0	1	37

表 4-12　VGG-16 的相对长距离混淆矩阵(平均分类准确率 92.9%)

目标类型	大疆御 2	世季 SJRC S70 W	大疆悟 2	六旋翼无人机	固定翼无人机	飞鸟
M	34	1	1	2	0	0
S	3	37	0	0	0	0
I	2	2	37	2	0	0
H	1	0	2	36	0	0
F	0	0	0	0	40	1
B	0	0	0	0	0	39

表 4-13　本节所提出方法的混淆矩阵适用于相对长的范围(平均分类准确率 97.5%)

目标类型	大疆御 2	世季 SJRC S70 W	大疆悟 2	六旋翼无人机	固定翼无人机	飞鸟
M	38	1	0	0	0	0
S	1	38	0	0	0	0
I	1	1	39	1	0	0
H	0	0	1	39	0	0
F	0	0	0	0	40	0
B	0	0	0	0	0	40

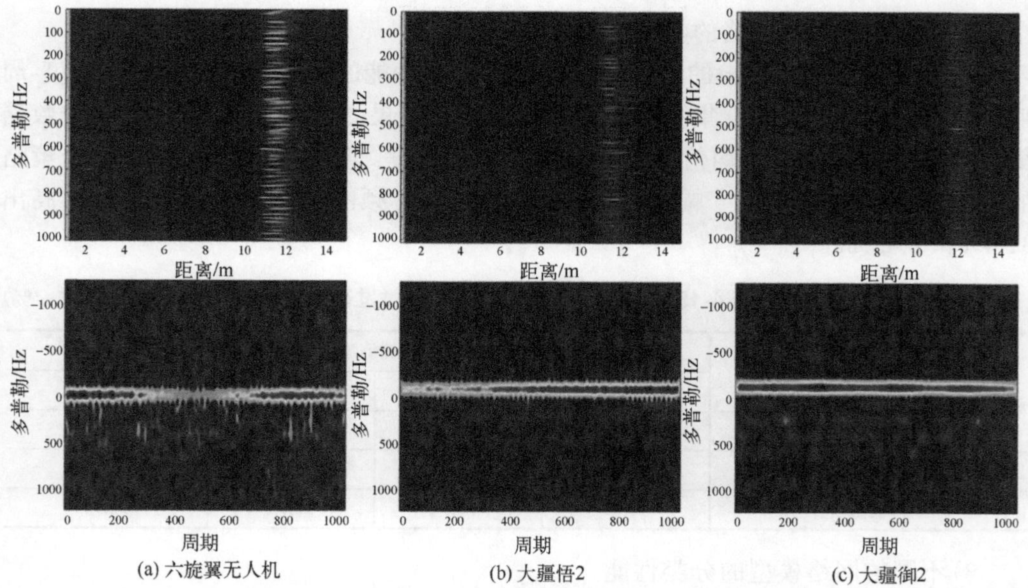

图 4-54　较远距离(11～13 米)的距离-周期和 T-F 图(见彩图)

2. 分析与讨论

1) 振幅显示范围对分类的影响

谱振幅显示设置为 clim(10^{-2}) 到 clim(10^{-6})，发现微多普勒谱变得越来越显著。当谱的振幅设置为 clim(10^{-6}) 时，多普勒能量更加发散，甚至出现一些故障。相反，当谱的振幅设置为 clim(10^{-2}) 时，微多普勒特征消失或减弱。此外，我们构建了一个具有不同 clim 值的数据集，研究谱振幅显示对微动分类的影响。不同 clim 的比较结果如表 4-14 所示。每个训练的准确性对应一个折叠。可以观察到，随着数据集数量的增加，目标分类的分类准确度越来越高。值得注意的是，数据集的扩展在提高目标分类准确度方面起着关键作用。在相同数据集中，clim(10^{-4}) 的识别准确度高于没有 clim(10^{-4}) 的情况，如 C1 和 C3 的识别准确度高于 C2。结果显示，具有 clim(10^{-4}) 的谱对于微多普勒分类具有最好的特性。

表 4-14　不同 clim 的分类准确度结果　(单位：%)

方法	数据集	数据集 1	数据集 2	数据集 3	平均值
C1	clim (10^{-3}, 10^{-4})	96.96	96.57	96.61	96.71
C2	clim (10^{-3}, 10^{-5})	95.42	95.39	95.40	95.40
C3	clim (10^{-4}, 10^{-5})	96.11	96.37	96.96	96.48
C4	clim (10^{-3},10^{-4}, 10^{-5})	98.13	97.26	97.48	97.62
C5	clim (-10^{-2}, 10^{-3}, 10^{-4}, 10^{-5})	98.61	98.28	98.48	98.46
C6	clim (10^{-2}, 10^{-3}, 10^{-4},10^{-5}, 10^{-6})	98.90	98.65	98.71	98.75

2) 使用特征融合策略的分类性能

为了进一步比较提出的特征融合方法对分类性能的影响，比较了单一幅度-周期图数据集、T-F 图数据集和特征融合数据集的结果，如表 4-15 所示。每个数据集进行三次训练，取平均值作为最终的分类准确度。实验证明使用特征融合策略的分类准确度分别比单一幅度-周期图数据集和时频图数据集的分类准确度高出 31.4%和 6.45%。

表 4-15　使用特征融合策略的分类准确度结果　(单位：%)

数据集	训练次数			
	1	2	3	平均值
距离-周期图	65.20	63.83	67.61	65.54
时频图	90.34	90.85	90.27	90.49
特征融合	97.01	96.9	96.93	96.94

3) 不同的网络模型的分类性能

验证改进的多尺度网络模型性能，并在相同条件下(网络层数均为 18 层，同时添加 SE 模块)比较了两种典型的 ResNet18 和 Res2Net18 网络模型，结果如图 4-55 所示。ResNet18、Res2Net18 和修改后的多尺度网络模型在验证集上的分类准确率分别为 93.9%、95.06%和 96.9%，表明修改后的模型具有更好的分类准确率。

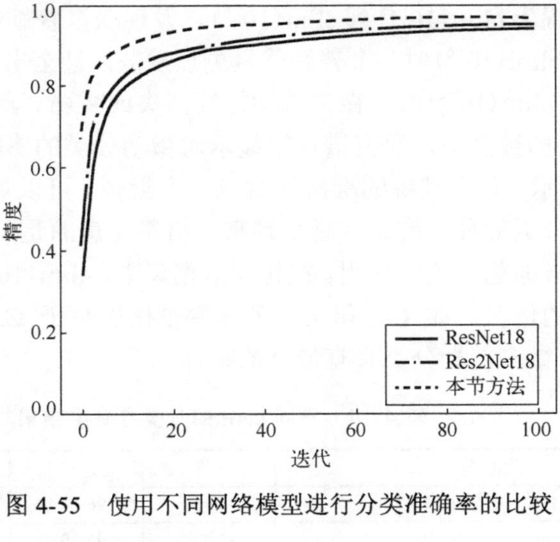

图 4-55　使用不同网络模型进行分类准确率的比较

4) 不同距离和信噪比的检测概率

由于使用 FMCW 雷达，对于低可观测的无人机或鸟类的检测范围有限。为证明所提出方法的普适性并进一步推广结论，采用不同 SNR 下的返回信号的检测性能作为参数，以展示目标的检测距离，而非范围参数。信噪比定义为范围-周期数据中目标范围单元和背景单元的平均功率比。表4-16给出了不同信噪比下大疆御2的检测概率。根据雷达范围方程，最大检测范围约为100米。检测过程在二维数据(即范围-周期)中进行，使用单元平均恒虚警(cell average-CFAR，CA-CFAR)算法，误警率为10^{-2}。应当注意的是，这个关系只适用于本节使用FMCW雷达的大疆御2，假设目标可以在分类的后续分析中被检测出来。

表4-16　不同距离下的检测概率(大疆御2)　(单位：%)

性噪比	SNR = −6 dB (约 50 m)	SNR = −3 dB (约 20 m)	SNR = 0 dB (约 12 m)	SNR = 2 dB (约 8 m)	SNR = 5 dB (约 6 m)
检测概率	75.9	80.7	86.3	93.2	99.1

需注意的是，所提出的算法基于正确检测目标(超过阈值)和明显的微多普勒特征。因此，杂波抑制和微多普勒信号增强的结果会影响分类结果。由于FMCW雷达功率较低，无人机的RCS较小，信号较弱，检测范围相对较短，但根据信噪比关系(表4-16)，结论可以适用于其他雷达。

5) 结论

本节基于数据增强和修改的多尺度CNN，提出了一种用于飞鸟和旋翼无人机的特征提取和分类方法。建立了旋翼无人机和飞鸟的微多普勒信号模型。采用多种特征，包括范围剖面、范围-时间/周期和微多普勒特征(时频图)，通过设置时频谱的颜色显示幅度来提出一种数据增强方法，以增加有效数据集并增强微多普勒特征。使用K波段FMCW雷达对五种不同大小的旋翼无人机和一种仿生鸟进行了微动信号测量实验。分析和比较了不同观测条件对微多普勒特征的影响，并修改了多尺度CNN模型，以更好地学习和区分不同的微动特征，即微多普勒特征的全局和局部信息。不同场景(室内、室外、高信噪比和低信噪比)的实验结果表明，与流行方法(如AlexNet和VGG-16)相比，新方法对于五种类型的无人机和飞鸟具有更好的分类准确性。

4.5　基于模型转换频率估计的低空飞行目标分类方法

4.5.1　建模与分析

本节在给出算法流程的基础上，分别详述了目标跟踪、目标平滑和特征提取的方法和数据处理流程。

1. 算法流程

图4-56所示的算法分为以下步骤：目标跟踪、目标轨迹平滑、特征提取与分类，通过提取目标运动模型转换频率等目标特征进行目标分类。本节算法基于飞鸟目标

的机动性高于轻小型无人机的假设，根据目标运动模型转换频率联合估计值区分飞鸟和无人机目标。

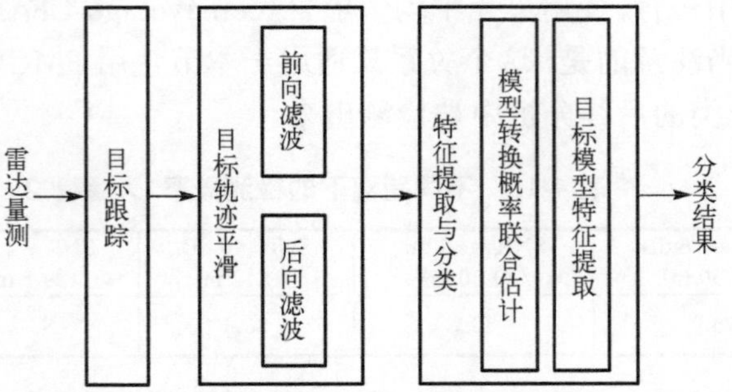

图 4-56　无人机与飞鸟目标分类算法流程

2. 程序设计步骤描述

本节以伪代码的方式对目标跟踪、轨迹平滑和特征提取的过程进行描述，便于加深对雷达数据输入、输出以及飞鸟与无人机目标分类的各个步骤中的数据处理方法的理解。在数据的处理过程中，输入为每个扫描周期的雷达量测，输出为目标轨迹的分类结果，如算法 4-1 所示。

算法 4-1　目标跟踪平滑与特征提取程序设计流程

输入：$\boldsymbol{y}_k, \boldsymbol{m}_k^0, \boldsymbol{P}_k^0$
输出：目标分类(飞鸟？无人机？)
目标状态初始化
多模型目标滤波(针对每个模型 i)：
　　for $k = 1{:}N$
　　　　$[\boldsymbol{m}_k^{-,i}, \boldsymbol{P}_k^{-,i}]=\mathrm{KF_p}[\cdot]$
　　　　$[\boldsymbol{m}_k^{i}, \boldsymbol{P}_k^{i}]=\mathrm{KF_u}[\cdot]$
　　end
目标轨迹平滑：
　　　　$[\boldsymbol{m}^s{}_{k=1:N}, \boldsymbol{P}^s{}_{k=1:N}, \mu^s{}_{k=1:N}]=\mathrm{Smooth}[\boldsymbol{m}_{k=1:N}, \boldsymbol{P}_{k=1:N}]$
　　$F^s=\mathrm{var}\{\mu^s{}_{k=1:N}\}$
　　if　$F^s>$ 阈值
　　　　目标为飞鸟；
　　else　$F^s<$ 阈值
　　　　目标为无人机。
程序结束

4.5.2　分类与识别结果

1. 仿真模型

本节基于匀速直线运动和机动变速运动两种仿真运动模型，对无人机和飞鸟目标运动进行仿真[28]。图 4-57 所示为 1 个无人机和 20 个飞鸟目标运动轨迹的仿真示例，包括全局视图和局部放大图。

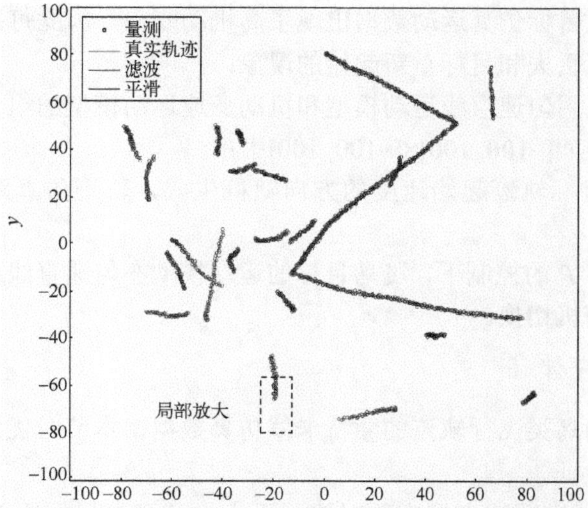

(a) 某飞鸟目标轨迹的全局图

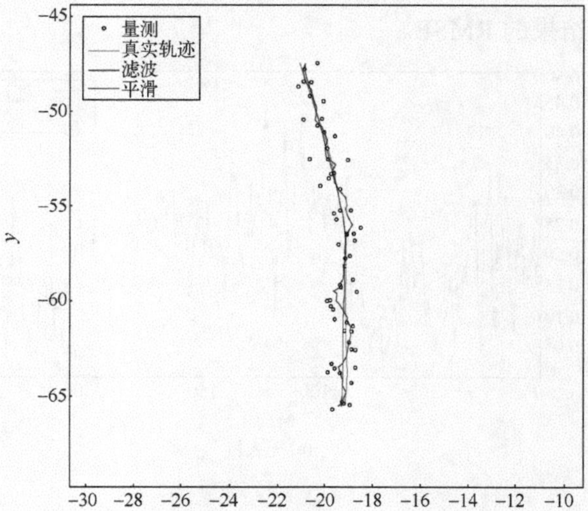

(b) 某飞鸟目标轨迹的局部放大图

图 4-57　无人机与飞鸟目标飞行轨迹仿真

本节提高了无人机与飞鸟目标飞行轨迹的复杂度，各项参数设置如下：

①无人机与飞鸟目标的轨迹均通过 1000 次蒙特卡罗仿真实验生成；

②无人机目标采用匀速直线运动模型，起始点随机分布在空间[−100, 100]×[−100, 100]中；

③为提高无人机飞行轨迹的复杂度，其飞行轨迹经过 2 次变向，分为 3 个阶段，第一阶段步数为 240，其起始速度为[2, −1]；第二阶段步数为 400，其起始速度为[−2, −2]；第三阶段步数为 300，其起始速度为[3, −1]，共计 940 步；

④由于无人机目标仿真运动数据出现了高机动变向，因此每次变向后的跟踪过程可能会出现目标丢失和目标重新起始的现象；

⑤飞鸟目标采用匀速直线运动模型和机动变速运动模型的组合，其轨迹的起始位置随机分布在空间[−100, 100]×[−100, 100]中；

⑥每个飞鸟目标轨迹起始速度的方向随机生成，轨迹仿真跟踪步数的范围为 20～60；

⑦在切换概率 P 的控制下，飞鸟目标的运动模型在匀速直线运动模型和机动可变运动模型之间随机切换。

2. *仿真结果分析*

基于无人机和鸟类飞行轨迹的蒙特卡罗仿真数据，本节对优化算法的目标识别效果进行分析和验证。

图 4-58 通过一次蒙特卡罗实验对比了无人机和飞鸟目标跟踪的 RMSE，很明显，平滑算法通过将前向和后向运行的两个多模型滤波器的估计值相结合，显著降低了两个目标跟踪结果的 RMSE。

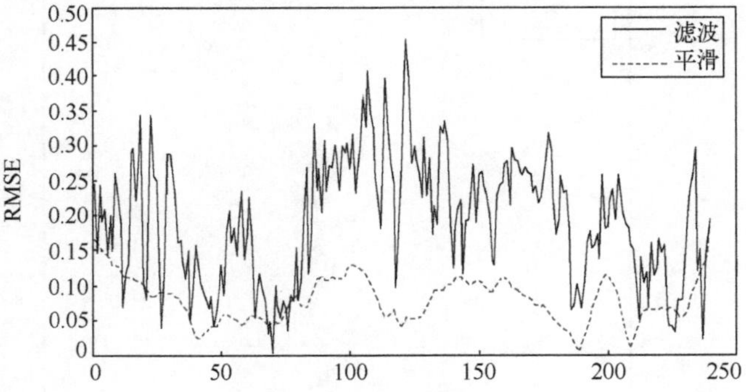

(a) 无人机

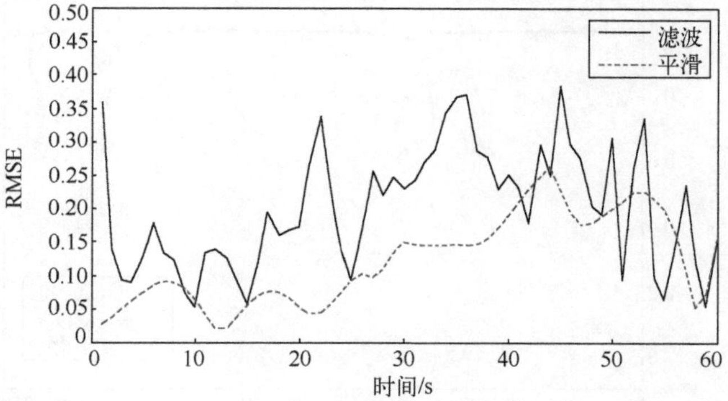

(b) 飞鸟

图 4-58　目标跟踪结果的 RMSE

表 4-17 提供了 1000 次蒙特卡罗实验平均值的精确定量对比，其中，N_T 代表跟踪步数。随着 N_T 值的增加，无人机滤波结果的 RMSE 减小，而飞鸟滤波结果的 RMSE 增大。对于平滑后的结果，无人机和飞鸟的 RMSE 跟踪结果均随仿真步数的增加而减小。由于无人机的航迹更为平滑，其跟踪效果总体优于飞鸟。从数据比较可以看出，如果采用一般的滤波跟踪算法，对于飞鸟这样的高机动目标，仿真步骤越多，跟踪效果往往越差。对于平滑算法，更多的仿真步骤能够降低 RMSE，提高对飞鸟和无人机等不同机动目标的跟踪效果。

表 4-17　1000 次蒙特卡罗实验获取的仿真目标跟踪 RMSE

N_T	目标	RMSE	
		滤波	平滑
50	无人机	0.1645	0.0922
	飞鸟	0.2143	0.1198
100	无人机	0.1595	0.0831
	飞鸟	0.2188	0.1175
150	无人机	0.1567	0.0803
	飞鸟	0.2210	0.1160
200	无人机	0.1556	0.0789
	飞鸟	0.2220	0.1158

图 4-59 和图 4-60 分别给出了某次无人机和飞鸟目标跟踪仿真的模型概率估计结果，其中飞鸟目标的模型切换频率为 $P = 0.3$。在无人机目标的跟踪仿真中，模型 1 和模型 2 的滤波估计概率分别约为 0.8 和 0.2，而平滑估计概率接近于 1 和 0，说明其仅采用了均匀线性运动模型。在飞鸟目标 60 步的跟踪仿真中，目标在模型 1 和模型 2 之间切换 5 次，两个模型的滤波平滑估计概率都有较大波动，明显高于无人机目标，利用这一特性可以区分这两个目标。

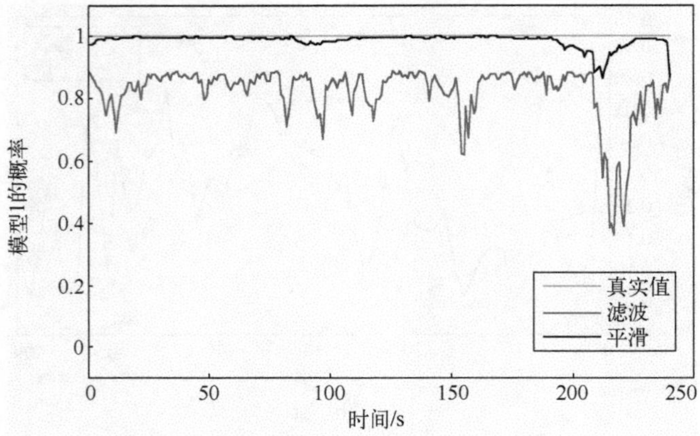

(a) 模型1

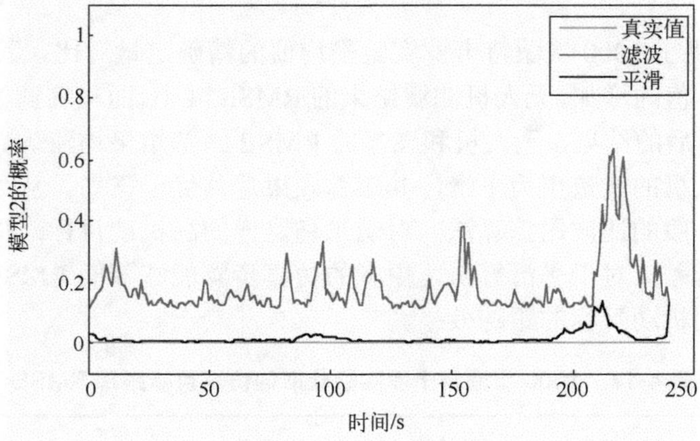

(b) 模型2

图 4-59　无人机目标跟踪的模型概率估计

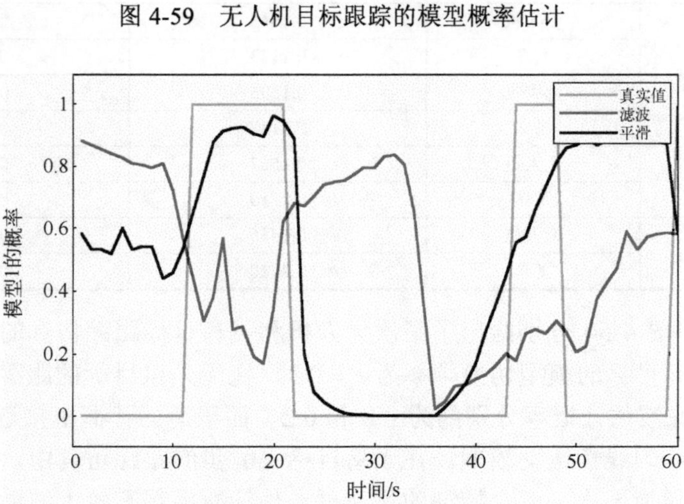

(a) 模型1

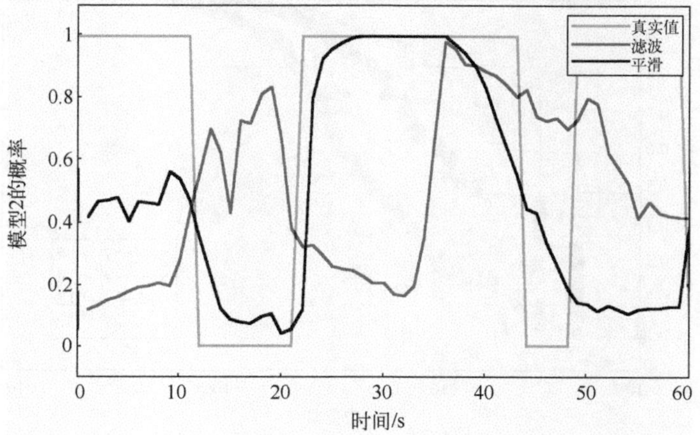

(b) 模型2

图 4-60　飞鸟目标跟踪的模型概率估计

图 4-61 所示为通过不同数目的跟踪步数 N_T，滤波算法生成的基于 1000 次蒙特卡罗仿真的 ROC 曲线。可以看出，步数越多，分类效果越好。原因显而易见，跟踪步数越多，无人机飞行轨迹的稳定性和飞鸟目标的机动性就表现得越明显，因此自然更容易准确分类。

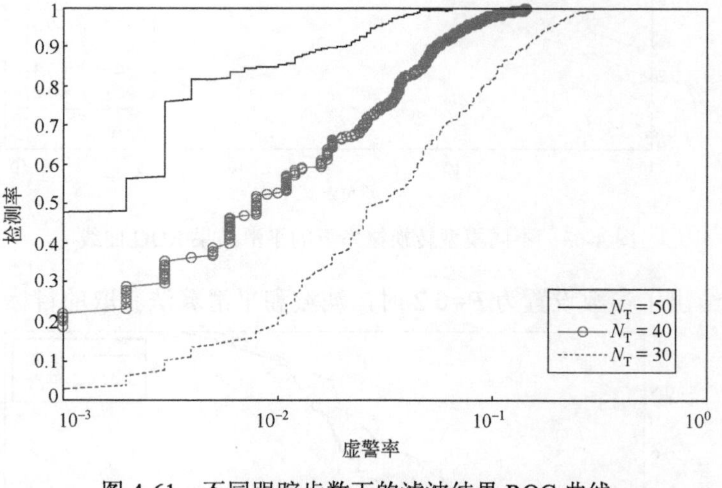

图 4-61　不同跟踪步数下的滤波结果 ROC 曲线

图 4-62 和图 4-63 显示了在不同模型变化概率下采用滤波和平滑算法的 ROC 曲线，跟踪步数设置为 N_T=50。P 值越大，目标运动模型的变换频率越高，越容易分类。可以看出，无论是滤波还是平滑算法，当无人机目标检测率接近 100%时，飞鸟目标的虚警率都小于 15%。总体上，经过平滑处理的目标分类结果优于基于跟踪滤波的目标分类结果。

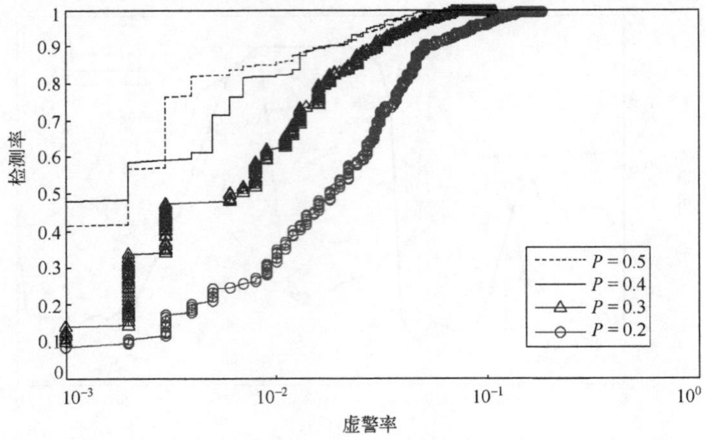

图 4-62　不同模型转换概率下的滤波结果 ROC 曲线

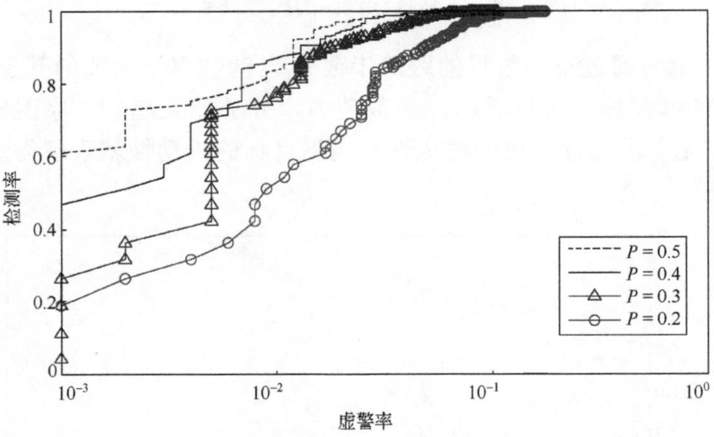

图 4-63　不同模型转换概率下的平滑结果 ROC 曲线

图 4-64 给出了参数设置为 P=0.2 时，滤波和平滑算法获取的目标分类 ROC 曲

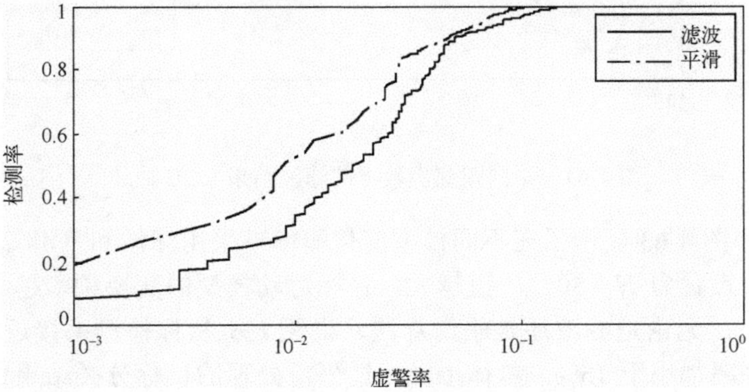

图 4-64　滤波与平滑算法的 ROC 曲线比对

线的对比结果。与滤波算法相比，平滑算法扩大了飞鸟与无人机目标模型转换频率估计值之间的差距，提高了目标分类的准确率。

4.5.3　算法复杂度分析

目标轨迹平滑算法明显提高了目标分类的准确度，但同时也增加了算法的复杂度。在 Inter(R)/Core(TM)/i5-4690/CPU@3.50GHz 台式机处理器、4.0GHz 内存、MATLAB R2014a 的运行环境下，通过 100 次蒙特卡罗仿真实验，对每条轨迹进行滤波和平滑处理的平均耗时进行统计，如表 4-18 所示。在目标轨迹跟踪步数取值不同(N_T=30, 40, 50)的情况下，滤波和平滑处理的总耗时约为仅滤波处理的 3 倍。当目标跟踪步数取值为 N_T=50 时，目标分类效果最优，每条目标轨迹的平均滤波处理时间为 0.0144s，每条目标轨迹的平均滤波和平滑处理时间共为 0.0541s，仍可满足实时处理的要求。

表 4-18　目标轨迹跟踪平均耗时　(单位：s)

N_T	滤波	滤波+平滑	平滑增加耗时
30	0.0092	0.0334	0.0242
40	0.0114	0.0422	0.0308
50	0.0144	0.0541	0.0397

4.5.4　实测数据分析

基于自行搭建的低空雷达预警系统[28]，采集了大量包含无人机和飞鸟目标的雷达数据。本节将处理和分析两组外场收集的雷达数据，实验中提高了无人机目标飞行轨迹的机动性，充分验证了算法的可行性。

1. 实例 1

本节给出了一个岸基低空预警雷达应用的实例。图 4-65 所示为安装在海岸附近高层建筑上的导航雷达。测试的无人机目标进行了一次往返飞行，探测半径达到 3 公里。除了无人机，雷达数据中的目标大多是沿海水鸟。

表 4-19 和图 4-66 给出了本例中无人机和飞鸟目标的分类结果。无人机沿直线进行往返飞行，识别难度不大。但是，飞鸟在海上的飞行方式同样以滑翔为主，机动性略低，更接近无人机。当阈值设置为 S=0.0001 时，雷达数据中的鸟类和无人机能够被完全正确区分，见图 4-66(c)。阈值 S 反映了目标运动模型的变化情况，当 S 取值增大时，飞鸟目标被误识别为无人机的数量也相应增多。总体上，轨迹平滑后的分类准确率高于跟踪滤波的分类结果。

图 4-65　某岸基低空导航雷达

表 4-19　实例 1 中飞鸟与无人机目标的识别结果

S	滤波		平滑	
	无人机	飞鸟	无人机	飞鸟
0.0001	1	20	1	20
0.001	3	18	2	19
0.01	7	14	5	16
0.1	9	12	8	13
0.12	9	12	8	13
0.14	14	7	12	9
0.16	16	5	15	6
0.18	17	4	17	4

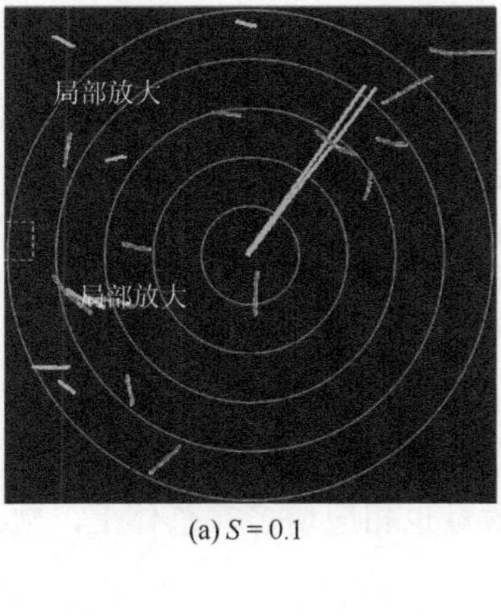

(a) $S=0.1$

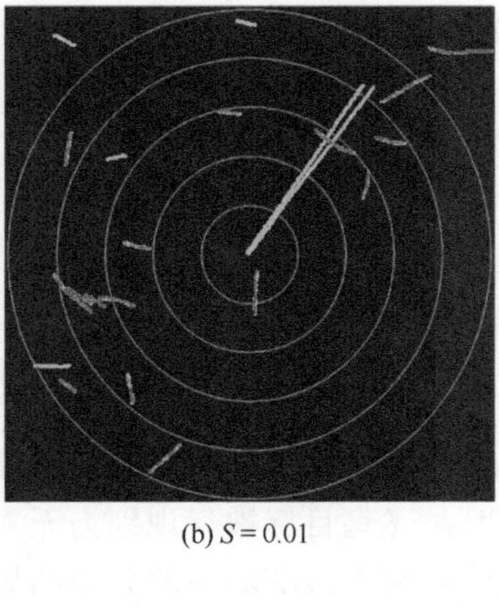

(b) $S=0.01$

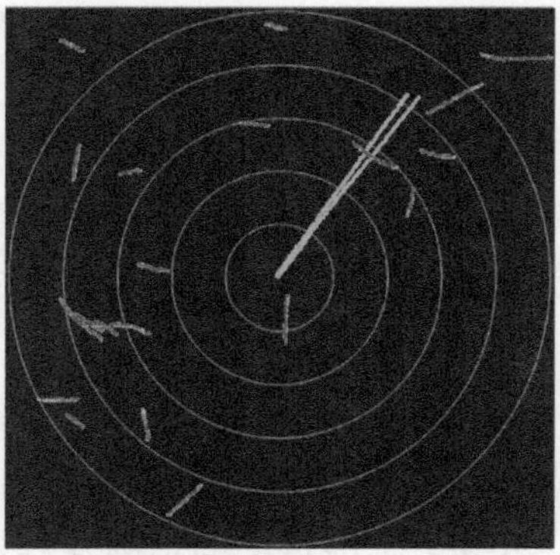

(c) S= 0.0001

(d) 无人机目标轨迹局部放大

(e) 飞鸟目标轨迹局部放大

图 4-66　实例 1 中无人机与飞鸟目标的分类识别(见彩图)

2. 实例 2

本节给出了一个机场应用的实例。图 4-67 所示为安装在某通用机场灯光站屋顶上的低空导航雷达，采用水平机械扫描方式。

图 4-67　某通用机场低空导航雷达

图 4-68(a)所示为特定时间段内采集的雷达数据，探测半径为 5km，量测数据“。”叠加在卫星地图上，无人机和飞鸟的跟踪轨迹分别由实线和“□”表示。测试无人机为大疆精灵 4，实验中模拟了无人机沿曲折路线逼近机场的情况，目标 4 次变更其飞行方向，部分时段沿切向飞行，极大增加了雷达跟踪的难度，但雷达系统足够的数据更新率仍然保证了跟踪的稳定性。雷达数据中的飞鸟多为觅食中的小型鸟，飞行距离短，机动性强。

图 4-68(b)列举了无人机和飞鸟目标在不同阈值下的跟踪识别结果。该算法跟踪步骤的数目设置为 N_T=50。当阈值很高时，一些机动性不高的飞鸟被错误分类为无人机。图 4-68(a)中，阈值设置为 S=0.04，实现了全部目标的正确分类。参照图 4-68，表 4-20 给出了不同阈值下的分类结果。轨迹平滑后的分类准确率总体上仍然优于跟踪滤波的分类结果。

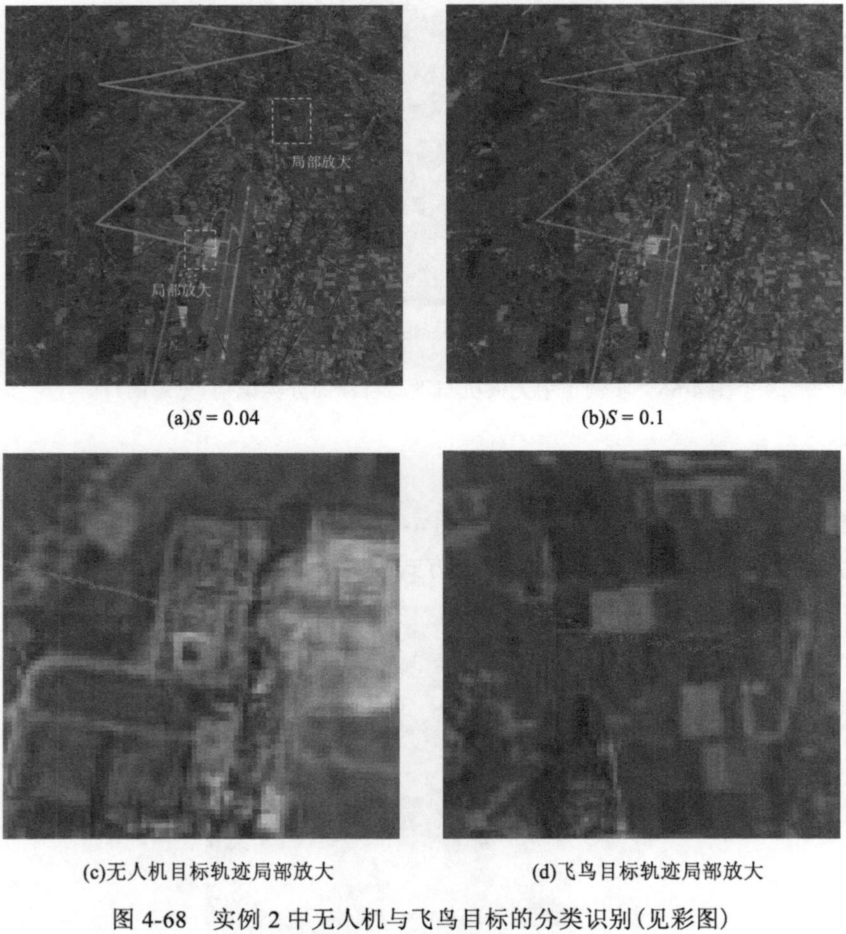

(a)S = 0.04　　(b)S = 0.1

(c)无人机目标轨迹局部放大　　(d)飞鸟目标轨迹局部放大

图 4-68　实例 2 中无人机与飞鸟目标的分类识别(见彩图)

表 4-20　实例 2 中飞鸟与无人机目标的识别结果

S	滤波		平滑	
	无人机	飞鸟	无人机	飞鸟
0.04	1	20	1	20
0.06	3	18	1	20
0.08	4	17	3	18
0.10	6	15	5	16
0.12	8	13	6	15
0.14	15	6	12	9
0.16	18	3	17	4

在实际应用中，首先需要对部分无人机和飞鸟目标轨迹进行人工分类标定，统计不同目标的模型转换概率估计，进而设定适当的分类阈值。因为，在不同的测试环境中，系统阈值可能发生变化，目前可行的办法是通过实验统计结果进行调整，以保证分类效果。

本章介绍了一种基于目标轨迹跟踪滤波与平滑的无人机与飞鸟目标分类方法，通过仿真和实测雷达数据验证了算法的有效性，得出以下结论。

(1) 该算法适用于常规的机械扫描雷达数据，利用目标的方位、距离、速度等少量回波信息，能够较好地区分出无人机和飞鸟目标，实现了雷达目标分类的低成本化。

(2) 仿真实验结果表明，平滑算法能够扩大飞鸟和无人机目标模型转换频率联合估计值之间的区别，在目标分类准确率上明显优于单纯的跟踪滤波算法；平滑算法虽然在算法的复杂度方面有所增加，但仍在可接受范围内，一般的硬件运行条件即可满足实时处理要求。

(3) 实验中多次改变无人机飞行方向，增加了雷达跟踪难度，但只要保证一定的目标跟踪步数，就基本不会对目标的分类结果产生影响；但是，对于一些机动性较低的飞鸟，其轨迹特征与无人机相似，可能导致分类错误。

(4) 除目标轨迹特征之外，利用 RCS、目标速度、极化特征等多维度目标信息，结合深度学习方法的传统机械扫描雷达目标分类技术，成为此领域未来的研究方向。

4.6　小　　结

与其他技术相比，雷达具有探测范围大、几乎不受光照和天气条件影响等优势，能够在机场净空区监视中发挥重要作用。一般情况下，传统雷达更适用于探测 RCS 较大且高空运动的高速目标，很难探测到飞鸟和无人机等 RCS 较小的低空低速目标，更不具备对这些“低慢小”目标的识别分类能力。近年来，随着电子技术的快速发展，部分经过专门设计的雷达系统已经能够探测“低慢小”目标且具备了一定的目标识别分类能力。

在目标检测跟踪的基础上，通过提取目标的精细化特征，并建立相应的分类模型，实现飞鸟和无人机目标的识别分类，是“低慢小”雷达系统要解决的重要问题。目前，此类雷达系统普遍采用的目标精细化特征包括微多普勒运动特征、目标运动轨迹特征、目标回波 RCS 和极化特征等。本章在 4.2 节详细介绍无人机与飞鸟目标微动特征建模方法的基础上，在 4.3 节讨论了基于多维特征的目标分类方法，并在 4.5 节提出一种基于模型转换频率的目标运动特征提取方法。在分类模型方面，深度学习网络作为飞鸟与无人机目标识别与分类的有效工具，开始成为一个重要的研究方向，本章在 4.4 节针对该内容进行了深入讨论分析。

参 考 文 献

[1] 陈小龙, 南钊, 关键, 等. 飞鸟与旋翼无人机雷达微多普勒测量实验研究[J]. 电波科学学报. 2021, 36(5): 704-714.

[2] Chen X L, Zhang H, Song J, et al. Micro-motion classification of flying bird, rotor drones via data augmentation, modified multi-scale CNN[J]. Remote Sensing, 2022, 14(5): 1107.

[3] Gong J K, Yan J, Li D K,et al. Using radar signatures to classify bird flight modes between flapping and gliding[J]. IEEE Geoscience and remote sensing letters, 2019, 17: 1518-1522.

[4] 陈小龙, 袁旺, 杜晓林, 等. 多波段 FMCW 雷达低慢小探测数据集(LSS-FMCWR-1.0)及高分辨微动特征提取方法[J]. 雷达学报, 2024, 13(3): 539-553.

[5] 何炜琨, 柳振明, 王晓亮. 微动特征和运动特征融合处理的鸟与旋翼无人机目标辨别方法[J]. 电子测量与仪器学报, 2022, 36(7): 33-43.

[6] Li T, Wen B, Tian Y, et al. Numerical simulation and experimental analysis of small drone rotor blade polarimetry based on RCS and micro-Doppler signature[J]. IEEE antennas and wireless propagation letters, 2019, 18: 187-191.

[7] 郭瑞, 张月, 田彪, 等. 全息凝视雷达系统技术与发展应用综述[J]. 雷达学报, 2023, 12(2): 389-411.

[8] 吴琪. 基于多维特征融合的“低慢小”目标自动识别关键技术研究[D]. 长沙: 国防科技大学, 2019.

[9] Taha B, Shoufan A. Machine learning-based drone detection and classification: State-of-the-art in research[J]. IEEE Access, 2019, 7: 138669-138682.

[10] Hanif A, Muaz M, Hasan A, et al. Micro-doppler based target recognition with radars: A review[J]. IEEE Sensors Journal, 2022, 22(4): 2948-2961.

[11] Bennett C, Jahangir M, Fioranelli F, et al. Use of symmetrical peak extraction in drone micro-Doppler classification for staring radar[C]. 2020 IEEE Radar Conference (RadarConf20), 2020: 1-6.

[12] Dale H, Baker C, Antoniou M, et al. A comparison of convolutional neural networks for low SNR radar classification of drones[C]. 2021 IEEE Radar Conference（RadarConf21）, IEEE, 2021: 1-5.

[13] Dale H, Jahangir M, Baker C J, et al. Convolutional neural networks for robust classification of drones[C]. 2022 IEEE Radar Conference（RadarConf22）, 2022: 1-6.

[14] Ahmad B I, Grey J, Newman M, et al. Low-latency convolutional neural network for classification of previously unseen drone types[C]. 2022 19th European Radar Conference（EuRAD）, 2022: 1-4.

[15] Doumard T, Riesco F G, Petrunin I, et al. Radar discrimination of small airborne targets through kinematic features and machine learning[C]. 2022 IEEE/AIAA 41st Digital Avionics Systems Conference（DASC）, 2022: 1-10.

[16] Oh B S, Guo X, Lin Z P. A UAV classification system based on FMCW radar micro-Doppler signature analysis[J]. Expert Systems with Applications, 2019, 132（C）: 239-255.

[17] Rahman S, Robertson D A. Classification of drones and birds using convolutional neural networks applied to radar micro-Doppler spectrogram images[J]. IET Radar, Sonar & Navigation, 2020, 14（5）: 653-661.

[18] Rahman S, Robertson D A. Multiple drone classification using millimeter-wave CW radar micro-Doppler data[C]. Radar Sensor Technology XXIV, 2020, 11408: 50-57.

[19] Oh B S, Guo X, Wan F Y, et al. Micro-Doppler mini-UAV classification using empirical-mode decomposition features[J]. IEEE Geoscience and Remote Sensing Letters, 2017, 15（2）: 227-231.

[20] Ma X Y, Oh B S, Sun L, et al. EMD-Based Entropy Features for micro-Doppler mini-UAV Classification[C]. 2018 24th International Conference on Pattern Recognition（ICPR）, 2018: 1295-1300.

[21] Duan J, Zhang L, Wu Y F, et al. Classification of birds and drones by exploiting periodical motions in Doppler spectrum series[J]. Journal of Systems Engineering and Electronics, 2023, 34（1）: 19-27.

[22] Mohajerin N, Histon J, Dizji R, et al. Feature extraction and radar track classification for detecting UAVs in civillian airspace[C]. 2014 IEEE Radar Conference, 2014: 674-679.

[23] Ding X, Zhang X, Ma N, et al. RepVGG: Making VGG-style ConvNets great again[C]. 2021 IEEE/CVF Conference on Computer Vision and Pattern Recognition（CVPR）, 2021: 13728-13737.

[24] Kim B K, Kang H S, Park S O. Experimental analysis of small drone polarimetry based on micro-Doppler signature[J]. IEEE Geoscience and Remote Sensing Letters, 2017, 14: 1670-1674.

[25] Gong J, Yan J, Li D, et al. Theoretical and experimental analysis of radar micro-Doppler signature modulated by rotating blades of drones[J]. IEEE Antennas and Wireless Propagation Letters, 2020, 19: 1659-1663.

[26] Wang C, Tian J, Cao J, et al. Deep learning-based UAV detection in pulse-Doppler radar[J]. IEEE Transactions on Geoscience and Remote Sensing, 2021, 60: 1-12.

[27] Kim B K, Kang H S, Park S O. Drone classification using convolutional neural networks with merged Doppler images[J]. IEEE Geoscience and Remote Sensing Letters, 2016, 14: 38-42.

[28] 陈唯实. 基于时域特性的非相参雷达目标检测与跟踪[J]. 系统工程与电子技术, 2016, 38(8): 1800-1807.

第 5 章　典型低空目标探测雷达系统

5.1　引　　言

低空目标探测面临复杂的低空杂波环境和目标环境，对雷达系统杂波背景下弱小目标探测能力和目标识别能力提出了新的挑战，国内外都开展了广泛的技术研究与产品研制。近年来的低空目标探测雷达系统，既有基于传统雷达的改造而实现的，也有采用新体制、新技术而研制的。按波束扫描体制来划分，主要有机械扫描雷达、机械扫描+一维相位扫描雷达、机械扫描+一维 DBF 雷达、二维相位扫描雷达、一维相位扫描+一维 DBF 雷达、二维 DBF 雷达等多种。从低空探测需求来看，通常要求雷达具有高的数据率和高的多普勒分辨率等特点，因此相控阵雷达、数字阵列雷达是必要的发展趋势。

本章重点介绍导航雷达、全息凝视雷达、外辐射源雷达等雷达系统和对应的基本信号方法，同时也对其他体制的低空探测雷达进行简要介绍，使读者能够对当前低空探测雷达系统和原理有一个全面的了解。

5.2　导航雷达低空目标探测

5.2.1　固态相参导航雷达系统

导航雷达是舰船必备的电子设备之一，广泛装备于各类战斗舰艇、辅助舰船及各级民用船只。当舰船在复杂海区、恶劣气象、夜间、雾天等不良条件下航行，目力观察受到限制时，导航雷达将对保障航行安全发挥举足轻重的作用。雷达导航主要完成两项任务，一是辅助观测舰艇航行环境，及时发现舰艇周围的关注目标，为指挥员提供合理的舰艇规避机动数据支持[1,2]，二是及时提供导航目标的数据，辅助测定舰位、航路的合理性。由于导航雷达性价比高、方位和距离分辨率较好，可用于飞鸟、无人机等“低慢小”目标检测，缺点是无法获得高度信息[3,4]。

图 5-1 为某 X 波段相参脉冲导航雷达，雷达参数如表 5-1 所示。雷达由天馈分机、雷达主机、显示单元、键盘、电源、连接电缆配件 6 部分组成；雷达使用固态功放，发射时间为 40ns～100μs，利用接收信号和发射信号的时差计算目标距离，水平面内 360° 全方位扫描。与传统脉冲雷达相比，具有超高距离分辨率、超高可靠

性、距离探测盲区小等特点；大多数脉冲雷达采用磁控管发射，而本雷达采用固态功放和脉冲压缩技术，高可靠性，低辐射，安全性高；采用嵌入式系统数字信号处理技术，革命性的实时数字自动增益/海浪雨雪控制，数据可实时显示，使雷达图像清晰真实；所有雷达操作可通过触屏完成，简单方便快捷；还具有雷达/海图/船舶自动识别系统叠加显示、自动雷达标绘(automatic radar plotting aid，ARPA)、选频/随机跳频等功能。

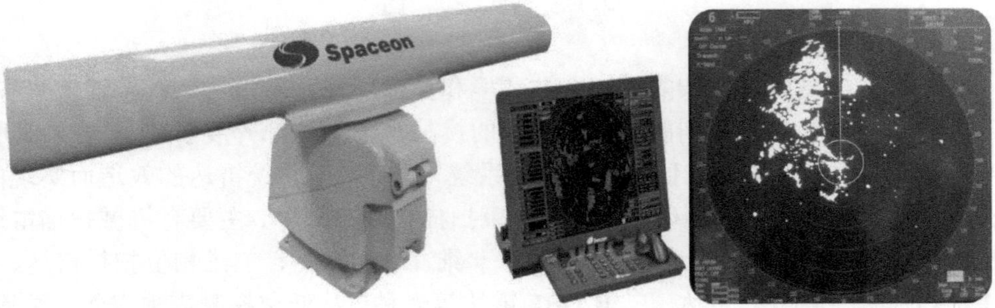

图 5-1　某 X 波段相参脉冲导航雷达

表 5-1　雷达技术参数

雷达主机 SPRM-50	
工作频率范围	9.3～9.5GHz
量程	0.0625～96nm
转速	24rpm,48rpm
重复频率	3000Hz
采样率	60MHz
发射峰值功率	50W
扫描带宽	最大 25MHz
外形尺寸	432.5mm×328mm×382.5mm
功耗	最大 160W
重量	23kg
天馈分机	
水平波束带宽	SPRA-04:1.8°；RA-06:1.2°
垂直波束带宽	22°
重量	10kg(1.8 米)；4kg(1.2 米)

5.2.2　导航雷达信息获取与处理

(1)确定雷达工作状态。

①设置计算机 IP 地址和子网掩码：

IP 地址：192.168.2.**；

子网掩码：255.255.255.0。

②打开雷达采集软件，进入页面。

③将雷达工作模式设置为单量程后、在下方发送设置栏中选择发送形式为自动发送。

④数据接收：显示为有数据(绿色)，且各项自检信息都正常(显示为绿色)，雷达界面扫描正常，则雷达工作状态正常。

⑤驻留模式：先选择单量程模式使雷达运转起来，稳定后选取要驻留的方向改为停止扫描，如果最终停止方向不准确，多尝试几次。

⑥扫描模式：扫描模式跟驻留模式流程大致相同，在雷达运转起来后，不需要停止扫描，各项自检信息都正常后(显示为绿色)，点击测试。

(2) 收取 AD 原始数据。

①将雷达工作模式设置为“测试”，自动发送。

②等到数据显示为无数据(红色)，勾选“保存 AD 数据”进行数据的录取。

③数据接收显示为有数据(绿色)，则正在录取数据中；确定测量时间，在一定时间后勾掉“保存 AD 数据”，勾掉后就会自动生成采集数据。

(3) 回放数据。

利用回放功能，选择 MATLAB 程序处理后的特定格式数据进行数据回放。

雷达数据的采集可以是扫描模式，也可以是驻留模式，本节以驻留模式数据为例，即将天线固定在一个角度，然后发射脉冲，进行数据的采集和无人机的数据获取与验证。

5.2.3 导航雷达低空目标探测数据分析

1. 实测海杂波背景中仿真运动目标特性分析

1) 运动目标雷达回波模型

设仿真目标在运动状态为匀加速直线运动，目标移动速度为 v_0，加速度为 a_1，雷达波长为 λ。雷达发射信号为 LFM 信号，记为 $S_r(t)$，时宽记为 T_n，载频记为 f_c，调制频率记为 k，且 $k = B / T_n$。

$$S_r(t) = \sigma \mathrm{rect}\left(\frac{t-\tau}{T_n}\right)\exp\left\{\mathrm{j}2\pi\left[f_c(t-\tau)+\frac{k}{2}(t-\tau)^2\right]\right\} \tag{5-1}$$

式中，σ 为目标 RCS，τ 为时间延迟，$\tau = 2r_s(t_n)/c$，设 t_n 为相参间隔内脉冲与脉冲之间的慢时间，$r_s(t_n)$ 为目标和雷达的视线距离，则 $r_s(t_n)$ 可近似为

$$r_s(t_n) = r_0 - (v_0 t_n + a_1 t^2 / 2) \tag{5-2}$$

解调后的雷达回波相参信号输出为

$$S_{TF}(t,t_n)=s_r\cdot s_t^*=\sigma\mathrm{rect}\left(\frac{t-\tau}{T_n}\right)\exp(-\mathrm{j}2kt\pi\tau)\exp(-\mathrm{j}2f_c\pi\tau) \tag{5-3}$$

式中，“*”表示复数共轭，此信号脉冲压缩后输出为

$$S_p(t,t_m)=A\sin c[B(t-\tau)]\exp(-\mathrm{j}2\pi\tau f_c) \tag{5-4}$$

式中，A表示回波幅度，将τ代入，并对时间求导可得：

$$f_t=-\frac{2(r_0-\nu_0t_n-a_1t^2/2)}{\lambda t}=\frac{2}{\lambda}(\nu_0+a_1t) \tag{5-5}$$

图 5-2(a)～图 5-2(c)为低中高海况下仿真匀速运动目标的时频分析图，信杂比分别为 5dB、0dB、–5dB。海况越高信杂比越低，时频分析中对目标识别度低。低海况下海杂波归一化幅度在 0.1 左右，多普勒频率约为–100Hz。相比之下仿真目标归一化幅度远远超过海杂波归一化幅度，多普勒频率约为–400Hz 时，仿真目标非常明显。中海况下海杂波归一化幅度在 0.5 左右，多普勒频率为–150Hz。仿真目标归一化幅度约为杂波的 2 倍，多普勒频率约为–400Hz 时仿真目标较为明显。高海况下海杂波归一化幅度为 1，多普勒频率约为–200Hz。目标归一化幅度为 0.3 左右，多普勒频率为–400Hz 左右时仿真目标不明显。同一目标以同一速度在不同海况下具有不同的信杂比，海况越高信杂比越低，目标越难识别。

2) 匀加速运动目标时频特性分析

将ν_0=1m/s，a_1=8m/s^{2}的目标仿真加入到实测得到的高中低三种海况中，可得低中高海况下仿真匀加速运动目标的时频分析图，如图 5-3(a)～图 5-3(c)所示。信杂比分别为 5dB、0dB、–5dB。海况越高信杂比越低，时频分析中对目标识别度低。低海况下海杂波归一化幅度在 0.25 左右，多普勒频率约为–200Hz。相比之下仿真

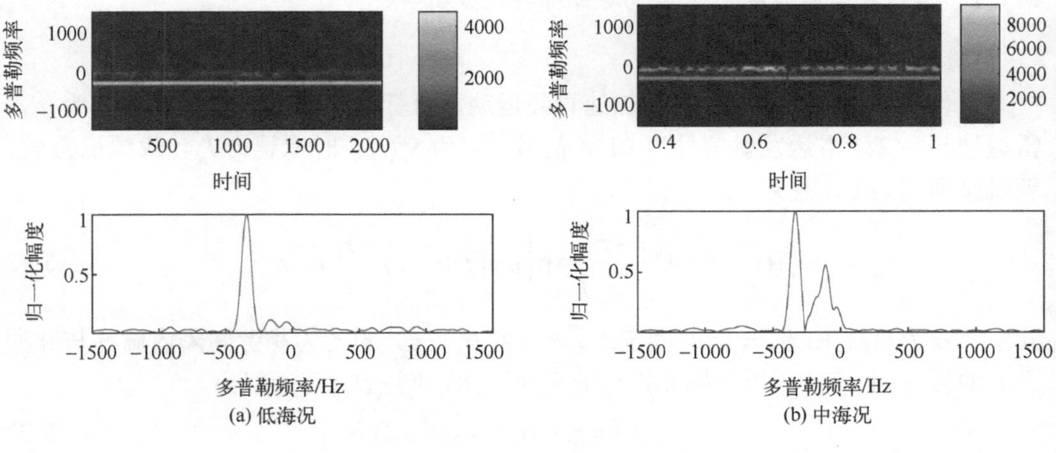

(a) 低海况　　(b) 中海况

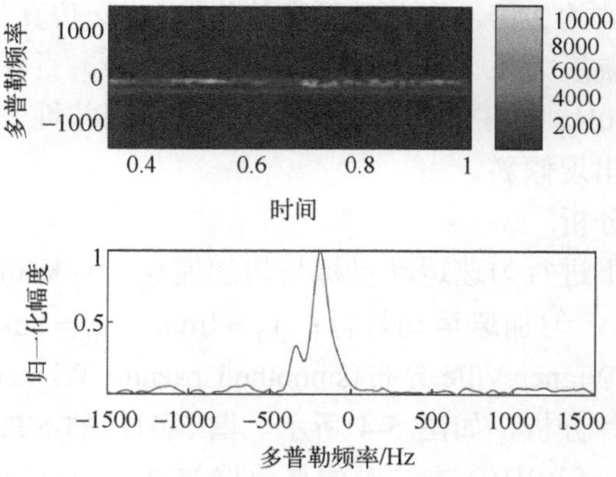

(c) 高海况

图 5-2　低中高海况下仿真匀速运动目标的时频分析图

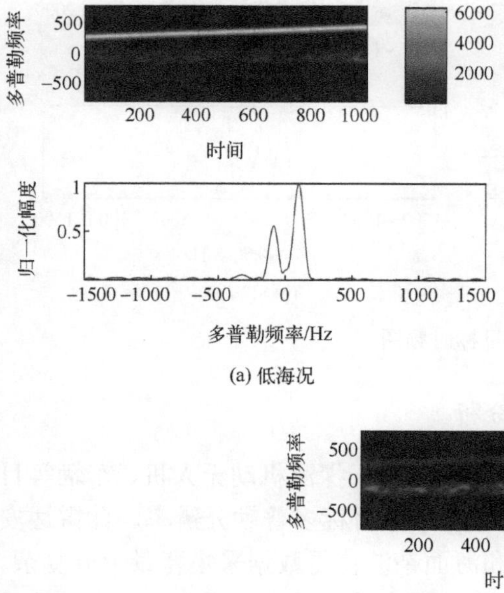

(a) 低海况

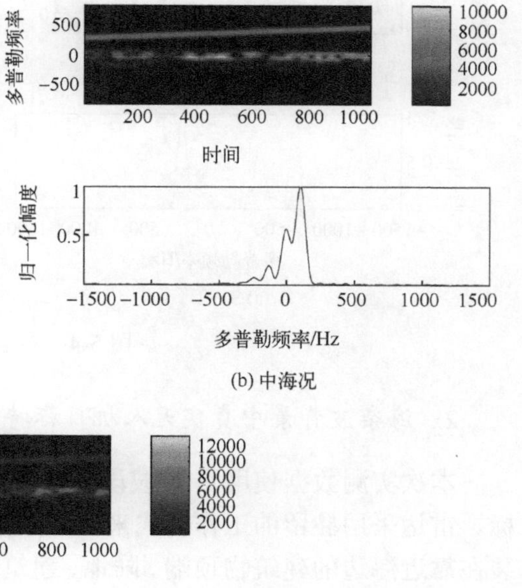

(b) 中海况

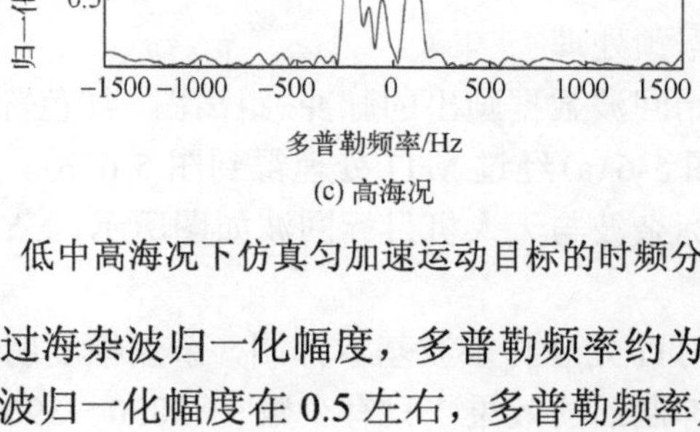

(c) 高海况

图 5-3　低中高海况下仿真匀加速运动目标的时频分析图

目标归一化幅度远远超过海杂波归一化幅度，多普勒频率约为−400Hz，仿真目标非常明显。中海况下海杂波归一化幅度在 0.5 左右，多普勒频率为−100Hz 左右。仿真目标归一化幅度约为杂波的 2 倍，多普勒频率约为–400Hz 仿真目标显示较为明显。高海况下海杂波归一化幅度为 1，多普勒频率约为–200Hz。目标归一化幅度为 0.25 左右，多普勒频率为–400Hz 左右仿真目标不明显。三幅图共性表现变化的速度使时频分析中多普勒频率谱出现倾斜。

3) 多运动目标时频分析

本节在实测高海况下进行匀速运动目标与匀加速运动目标仿真。匀速运动目标：$v_0 = -10\text{m/s}$，$a_1 = 0\text{m/s}^2$，匀加速运动目标：$v_0 = 1\text{m/s}$，$a_1 = 8\text{m/s}^2$。并用短时傅里叶变换(STFT)和平滑伪 Wigner-Ville 分布(smoothed pseudo Wigner-Ville distribution，SPWVD)对仿真目标进行分析，如图 5-4 所示。图 5-4(a)的 STFT 的方法分析的频率分辨率低于图 5-4(b)。SPWVD 方法对仿真数据的时频分析效果要优于 STFT。

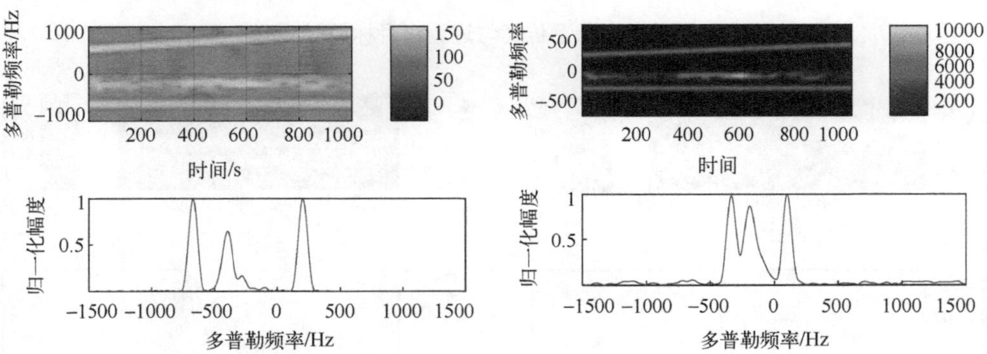

(a) STFT　　(b) SPWVD

图 5-4　多运动目标时频图

2. 海杂波背景中真实无人机目标特性分析

本次实测数据使用了 X 波段全相参导航雷达，用于探测机动无人机、车辆等目标。雷达采用驻留的工作模式来获取更多的脉冲增加目标多普勒分辨率。此雷达安装在靠近海边的建筑物顶端。陆地、建筑物和海面杂波使得数据采集背景十分复杂。无人机目标为四旋翼无人机，在距离雷达 3～5 公里的海面上辐射状飞行。实验场景如图 5-5 所示。

1) 无人机目标数据预处理

图 5-6(a)是由原始回波数据画出的脉冲-距离图，红色部分为陆地杂波，大片黄色部分为海杂波。将图 5-6(a)经过 MTI 处理得到图 5-6(b)，陆地杂波和大量的海杂波被抑制，剩余动目标杂波与无人机目标回波如图所示，杂波依然明显强于无人机目标。

由图 5-7 可看出 MTI 处理将杂波基本抑制，杂波幅度明显比目标幅度低。可以更加直观地看出杂波抑制后的效果，只有少数在 3850～3900 之间的杂波有一些残留。在此基础上再次进行 CFAR 检测，杂波被进一步抑制，图 5-8 为经过放大后的目标的图像点。图中目标点迹清晰，背景干净，分辨率和能量显示明显。

图 5-5　无人机探测场景

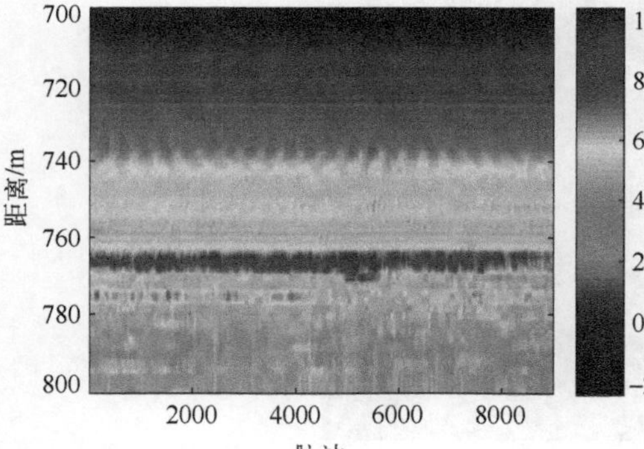

(a) 原始回波

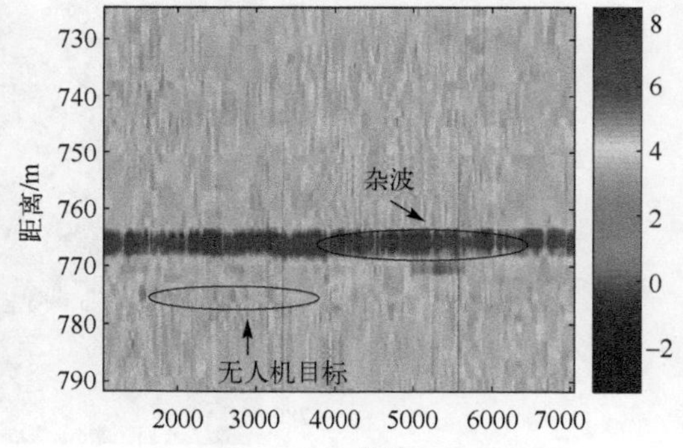

(b) 放大后回波

图 5-6　无人机雷达回波数据预处理(见彩图)

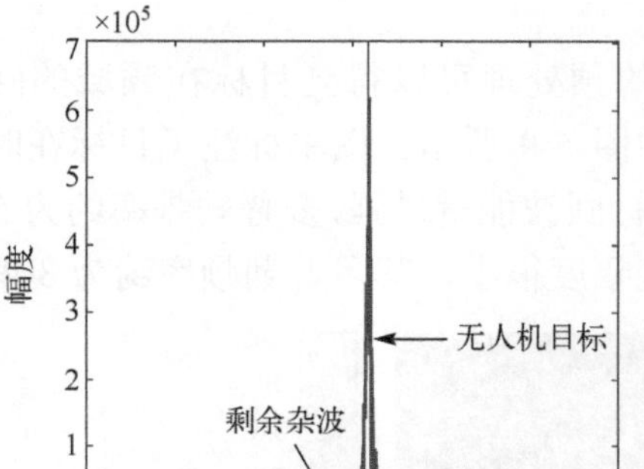

(a) 目标单元频谱

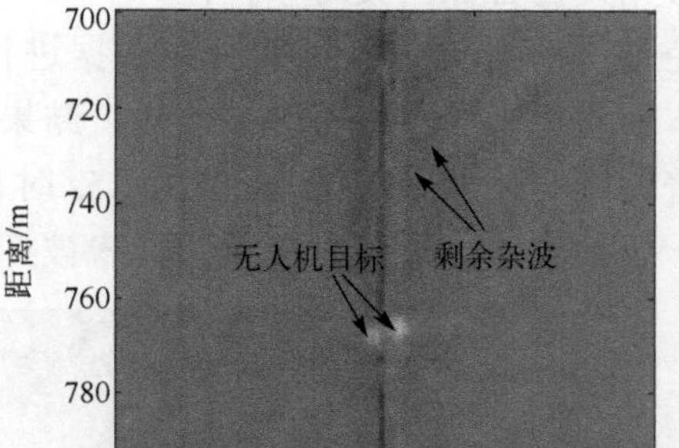

(b) 距离多普勒谱(见彩图)

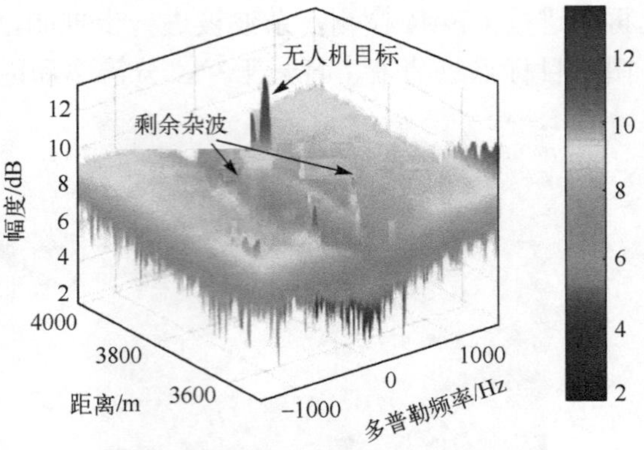

(c) 距离多普勒谱(三维)(见彩图)

图 5-7　经过 MTI 抑制后的无人机雷达回波数据

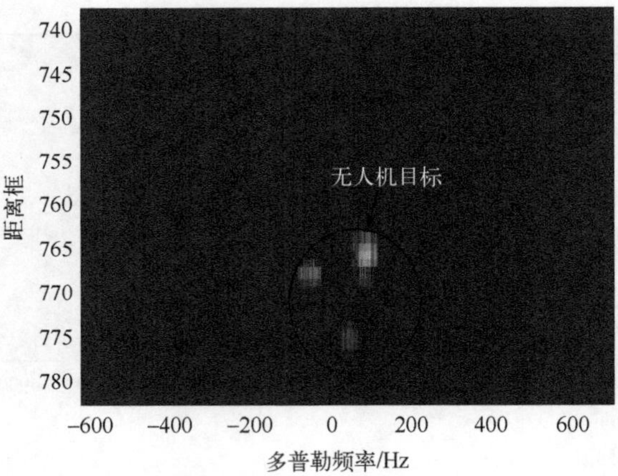

图 5-8　无人机目标检测结果

2) 无人机目标回波时频特性

经过上节对无人机目标回波数据进行的预处理可以得到目标在频域的回波特性。本节对目标回波进行时域分析，结果如图 5-9 所示。图中标注了目标在时间域的多普勒频率以及功率谱分布。在 0.5s 时目标回波能量最强，多普勒频率约为 50Hz。由归一化幅度图可看出有少量杂波未被抑制幅度很小，其多普勒频率约为 30Hz。

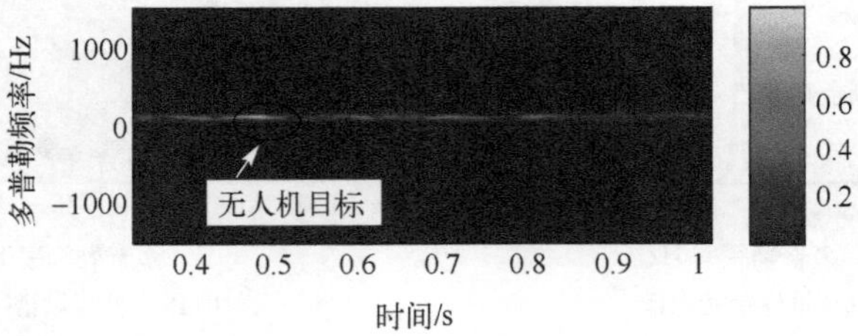

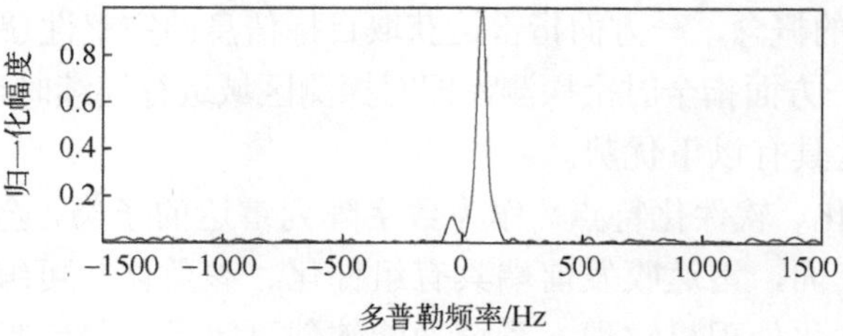

图 5-9　无人机目标时频分析结果(见彩图)

5.3　全息凝视雷达低空目标探测

5.3.1　全息凝视雷达系统

1. 全息凝视雷达概念与特点

全息凝视雷达(holographic staring radar)又称泛探雷达(ubiquitous radar)、数字形式同时多波束(digital beam forming，DBF)雷达或泛照灯雷达(floodlight radar)[5,6]。2017 年，IEEE 雷达定义标准[7]首次给出全息雷达定义，全息雷达是一种同时覆盖全空域、同时多功能的雷达，其特点在于发射采用宽波束，接收采用凝视阵列同时形成多个窄波束覆盖发射区域，每个波束输出包含单独的接收和处理系统用于实现任意波束的同时独立多功能。

全息凝视雷达概念示意如图 5-10 所示，其采用独立的数字化的收、发阵面，不需要波束扫描。从空间维度来看，全息凝视雷达宽波束发射，能量均匀照射到广阔空域，接收采用数字波束形成技术，同时获得多个窄波束覆盖发射区域实现对整个发射空域的连续探测，从而尽可能多地利用发射信号能量。从时间维度来看，全息凝视雷达采用长时间相参积累，尽可能利用雷达过去发射的信号能量，如此可在相同功率口径积条件下，提高雷达发射功率利用率，改进雷达探测性能和目标信息获取

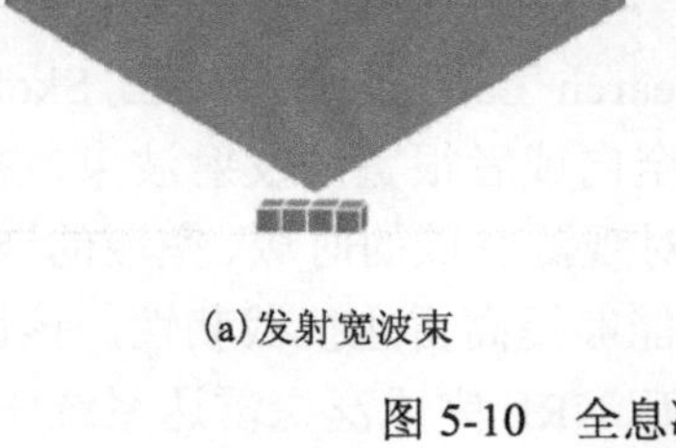
(a) 发射宽波束

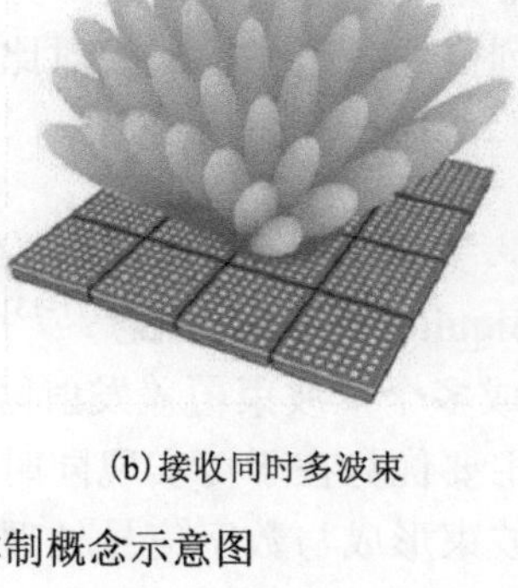
(b) 接收同时多波束

图 5-10　全息凝视雷达体制概念示意图

能力[8]。“全息”的概念，一方面指雷达获取目标信息的完整性(距离、速度、角度、微多普勒等)；另一方面指全时空探测，即对探测区域进行连续时空覆盖。

全息凝视雷达具有以下优势。

(1)具有数字化、软件化特点。作为数字阵列雷达的子类，全息凝视雷达收发阵面都采用全数字阵面，雷达收发前端具有组件化、参数化、可编程的特点。雷达功能主要由后端软件化处理机实现，系统功能软件可定义，易于扩展、升级。

(2)全息凝视雷达具有同时多功能特点。与传统多功能雷达同一时间仅能处理单个任务相比，全息凝视雷达同时形成多个接收波束，每个波束可针对不同目标选择不同驻留时间并单独处理，从而实现多任务并行处理。

(3)全息凝视雷达能够提高强杂波背景下弱小目标的检测和识别能力。与传统的目标监视雷达相比，全息凝视雷达无须波束扫描，通过长时间积累获得更高的增益和多普勒分辨率，实现了运动目标与杂波的有效分离，且高多普勒分辨率有助于提取目标的微多普勒特征，从而为目标分类识别提供了新的维度。

(4)全息凝视雷达易于实现集群目标探测。全息凝视雷达可实现全时空覆盖，无须波束扫描和复杂的资源调度，即可实现大批量目标的同时检测跟踪，目标容量大，更新速率高。

全息凝视雷达的工作特点也会带来难题。①发射增益低。全息凝视雷达宽波束发射不可避免地带来发射增益降低问题，需要通过更多的脉冲积累来获取与波束扫描雷达相当的增益，这就对较长时间范围内回波间的相参性提出了更高的要求，积累时必须考虑目标机动、多普勒模糊以及其他扰动带来的积累增益下降问题。②数据量、计算量大。接收时多波束同时处理将显著增加系统对数据传输带宽和信号处理资源的需求。③多径效应。复杂环境下宽波束发射更容易带来多径问题，严重时将为目标检测以及参数估计带来十分不利的影响。

全息凝视雷达模式、相控阵雷达模式以及 MIMO 雷达模式可以看作同一个数字阵列雷达硬件平台的不同工作模式[9,10]，具有各自不同的特点与适用场景。全息凝视雷达是从波束方面进行定义，强调的是宽发和同时多波束凝视接收，而 MIMO 雷达则是从波形角度，强调的是波形分集，一般同时也具有全息凝视特点。表 5-2 总结了数字阵列雷达各工作模式的对比。

2. 国外典型全息雷达系统

1999 年，美国海军研究实验室(Naval Research Laboratory，NRL)Skolnik 提出泛探雷达(ubiquitous radar)概念[11-13]，即采用全向或者很宽的发射波束，接收采用 DBF 同时形成多个窄波束覆盖发射区域，实现对观测空域的时域、空域的连续观测。泛探雷达的主要优势在于可实现同时多功能并能够提高雷达抗截获性，该性能主要依赖于数字波束形成与数字信号处理能力。随后 NRL 完成泛探雷达系统研制[14]，并验证了泛探雷达性能优势，同时指出，全息凝视雷达长时间积累必须解决跨距离单元和跨多普勒单元现象带来的积累增益下降问题。

表 5-2　相控阵雷达、全息凝视雷达和 MIMO 雷达对比

对比项	相控阵雷达	全息凝视雷达	MIMO 雷达
工作模式示意图	接收波束 发射波束 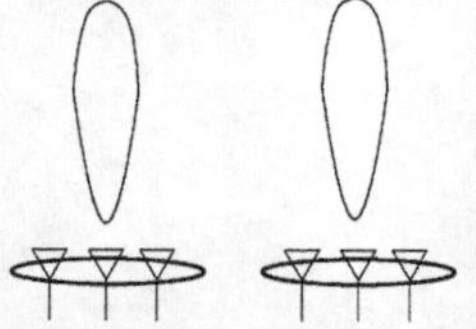	接收波束 发射波束 	接收波束 发射波束 正交波形 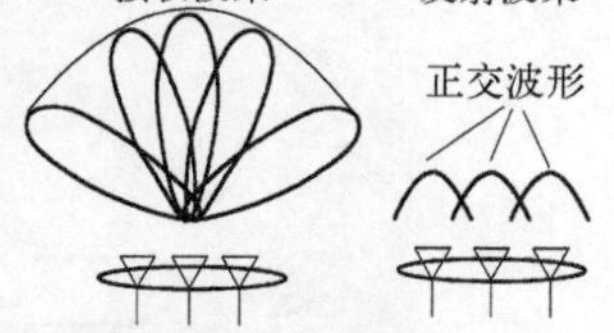
发射波束特点	单个集中波束发射	发射宽波束	多个发射天线发射分集波形
接收波束特点	单个集中波束接收	同时多波束接收	同时多波束接收
相同发射总功率、积累时间输出信噪比	SNR_{PA}	SNR_{PA}/e（e 为波束展宽倍数）	SNR_{PA}/N（N 为发射阵元数）
角度分辨率	由接收天线孔径决定	由接收天线孔径决定	由发射阵列与接收阵列卷积得到虚拟阵列孔径决定
优势	相同孔径发射增益大	多目标跟踪能力强、同时多功能、多普勒分辨率高、射频隐身性高等	多目标跟踪能力强、虚拟孔径扩展测角精度高、多普勒分辨率高、射频隐身性高等
劣势	相同孔径观测范围小	相同孔径发射增益低、计算量大、不适合单目标跟踪	相同孔径发射增益低、计算量大、脉冲综合距离副瓣高、不适合单目标跟踪

2003 年，美国林肯实验室对全息凝视模式和 MIMO 模式进行对比，并指出数字阵列雷达发射分集波形可进一步发挥全息凝视雷达性能优势，并研制 L 波段 MIMO 体制泛探多功能数字阵列雷达用于技术验证，泛探模式与 MIMO 的结合进一步增加系统时间-能量管理的灵活性，以适应不同场景的目标探测。

近年来，随着数字技术和高性能软件化处理技术的进展，推动了全息凝视雷达系统的工程化、实用化和产品化。下面介绍一些典型的全息凝视雷达系统。

1）Aveillant 全息凝视雷达

2010 年以来，英国 Aveillant 公司采用了泛探雷达的思想研制出不同威力、不同空域覆盖能力的系列化产品，如图 5-11 和表 5-3 所示，可对无人机实现最远 40 海里探测。该类产品可实现全空域、全时间的连续探测，且利用长时间相参积累带来的高多普勒分辨率，实现目标的微多普勒测量。基于该系列产品，已完成风力发电厂涡轮杂波抑制[15]、无人机探测识别[16-22]、鸟类探测识别[18,23]、非合作目标监视[24,25]、智能信号处理[26,27]、分布式探测[28-30]等试验验证，证明了该系统应用于鸟类、无人机等“低慢小”目标探测识别具有独特优势。

(a) 全息雷达原理样机　(b) QUAD (128) 全息雷达

(c) Gamekeeper 16U 全息雷达　(d) Theia 64A 全息雷达

图 5-11　Aveillant 公司全息雷达系统

表 5-3　Aveillant 公司全息雷达系统参数

参数名称	原理样机	Gamekeeper 16U	Theia 64A	QUAD (128)
频率	L 波段	L 波段	L 波段	L 波段
带宽	～2MHz	～2MHz	～2MHz	～2MHz
发射功率	～1kW	～1kW	～10kW	—
接收通道数	8×8	4×16	32×8	—
方位覆盖范围	90°	90°	90°	360°
俯仰覆盖范围	90°	30°	90°	90°
PRF	—	～7.5kHz	～3.8kHz	—
更新率	—	～0.25s	～0.5s	～1s
探测距离	5 海里 (@RCS $1m^2$)	5km (@RCS $0.01m^2$)	20 海里 (@RCS $0.01m^2$)	40 海里 (@RCS $0.01m^2$)

2) Alarm 凝视雷达

2015 年，QinetiQ 公司推出采用泛探思想的 Alarm 凝视雷达[31,32](图 5-12(a))，主要用于小型基地的防御。该雷达方位覆盖 120°。仰角覆盖 30°，工作频段为 C 波段(4～6GHz)，发射功率为 100W，已装备于英国部队，可实现火箭弹探测与告警以及悬停无人机探测等功能。处理过程中，该系统先进行俯仰维数字波束形成，再进行方位维数字波束形成，文献[31,32]给出了该系统试验结果，在火箭弹由远及近向雷达方向飞行的过程中，俯仰测量的最低角度约 3°。随后该公司又推出 Obsidian 凝视雷达[33]，天线采用无活动部件的全固态印制电路结构，降低维护成本，每个系统包含 5 个阵列天线，工作时同时形成 16 个固定波束。发射波形为调频连续波，工作频率约为 10GHz，方位覆盖 180°，仰角覆盖 90°，距离分辨率为 3m，具有良好的多普勒分辨率，可对低速旋翼无人机目标、高机动固定翼目标有效探测识别，最大距离为 2km。

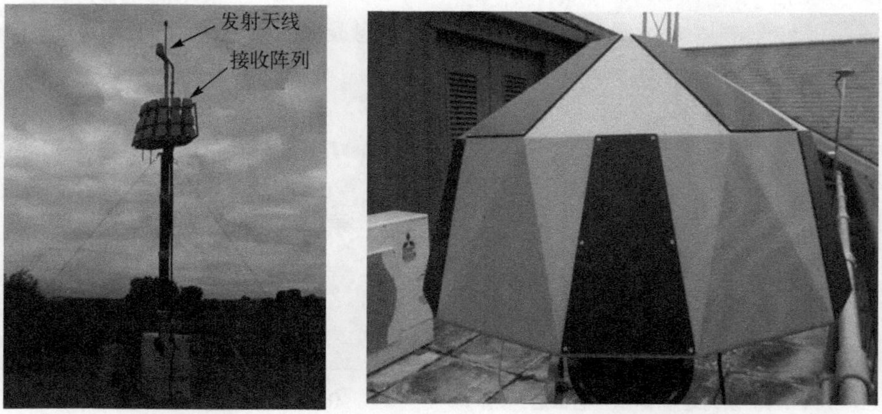

(a) Alarm凝视雷达　　(b) Obsidian凝视雷达

图 5-12　QinetiQ 公司全息雷达系统

3) OMEGA360 全息凝视雷达

2017 年，意大利芬坎特里集团公司旗下 SEASTEMA 公司推出新型 OMEGA360 全息凝视雷达[34-36]，如图 5-13 所示。该系统采用独特的环形结构天线，可同时实现方位维 360° 范围内凝视探测，工作频段为 X 波段，发射波形为线性调频信号，带宽为 5MHz，其可在严重杂波干扰下探测水面目标和低空目标，包括潜望镜、小艇、浮标、小型无人机、直升机、掠海导弹等。

4) ELM 系列全息凝视雷达

近年来，以色列航空工业公司推出了用于地面和海岸警戒全息凝视雷达系列产品，工作频段为 X 或 C 波段，可实现大范围内的行人、游泳者、移动车辆、无人机、舰船等多类目标的持续监视和即时跟踪，同时跟踪目标可达 500 个，跟踪精度可达

1～2m，根据产品不同，目标探测作用距离覆盖 1～30km 不等。同时针对特定需要，该公司又基于全息凝视技术推出便携式全息凝视雷达 ELM-2112 V8、树叶穿透雷达、周界探测雷达等产品，满足不同场景应用需要，如图 5-14 所示。

(a) OMEGA360雷达

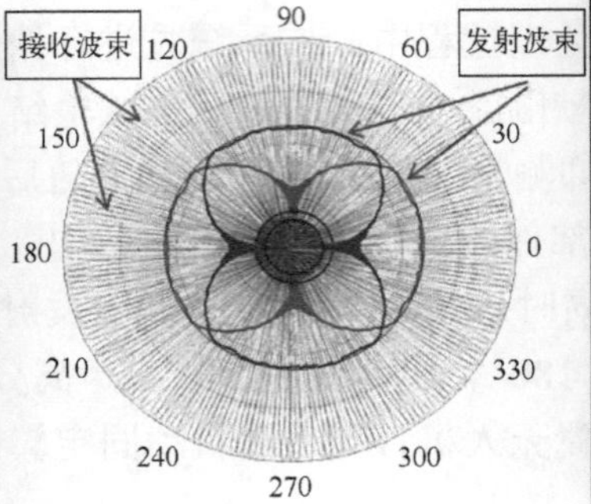

(b) 收发波束图

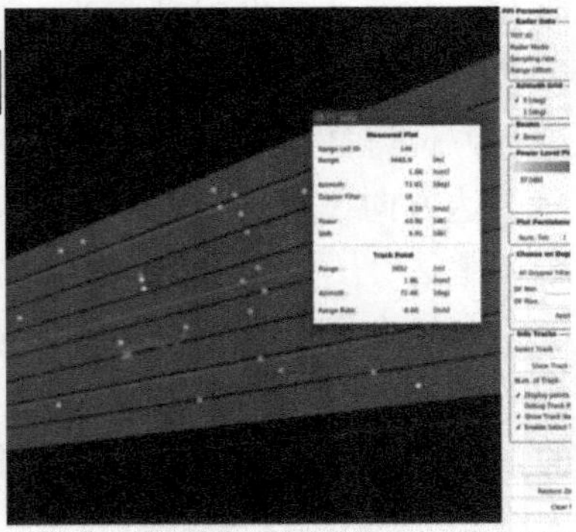

(c) 目标跟踪结果

图 5-13　OMEGA360 全息凝视雷达

(a) ELM-2112 系列地基/岸基全息雷达

(b) ELM-2112 V8 便携地基全息雷达

(c) ELM-2112FP 树叶穿透雷达

(d) ELM-2114 周界探测雷达

图 5-14　以色列航空工业公司全息雷达系统

5）其他全息凝视雷达

同类型系统还包括马德里理工大学研制的 X 波段全息雷达样机[37-41]（图 5-15）、

以色列埃尔比特公司(Elbit Systems)的 MBR 16 全息雷达系统(图 5-16)、匈牙利的 MBR-3D 地空监视雷达(图 5-17)，实现无人机、人等目标的自动检测跟踪识别。

图 5-15　马德里理工大学全息雷达样机

图 5-16　MBR 16 全息雷达系统

图 5-17　MBR-3D 地空监视雷达

3. 中山大学全息凝视雷达样机系统

中山大学智能感知团队与国外同步开展了全息雷达技术研究与系统研制工作[42-45]，经过十余年的研究，已成功研制了 L、S 等频段全息雷达产品，相关系统和典型探测结果简介如下。

雷达采用软件化雷达的设计思路，对雷达系统进行组件化的划分，系统组成如图 5-18 所示，分为前端和后端。

系统具体实现结构如图 5-19 所示，主要包括天线阵面和软件化通用信号处理机两个部分，以网络和光纤互联。天线阵面采用积木化、模块化设计，主要包括发射

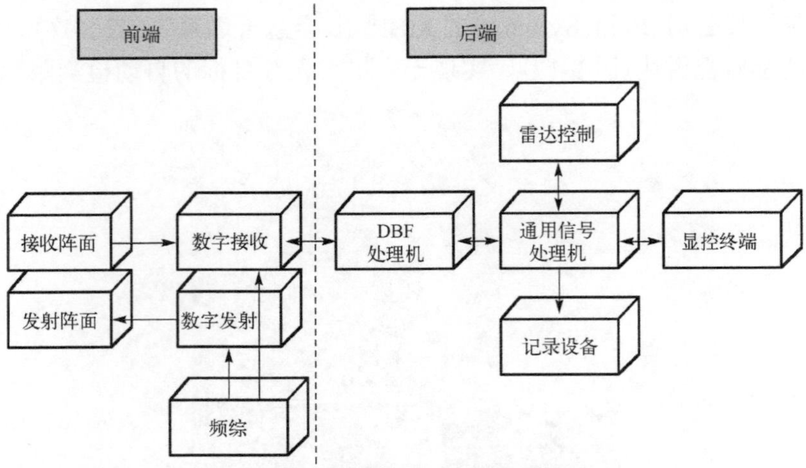

图 5-18　开放式架构雷达系统组成

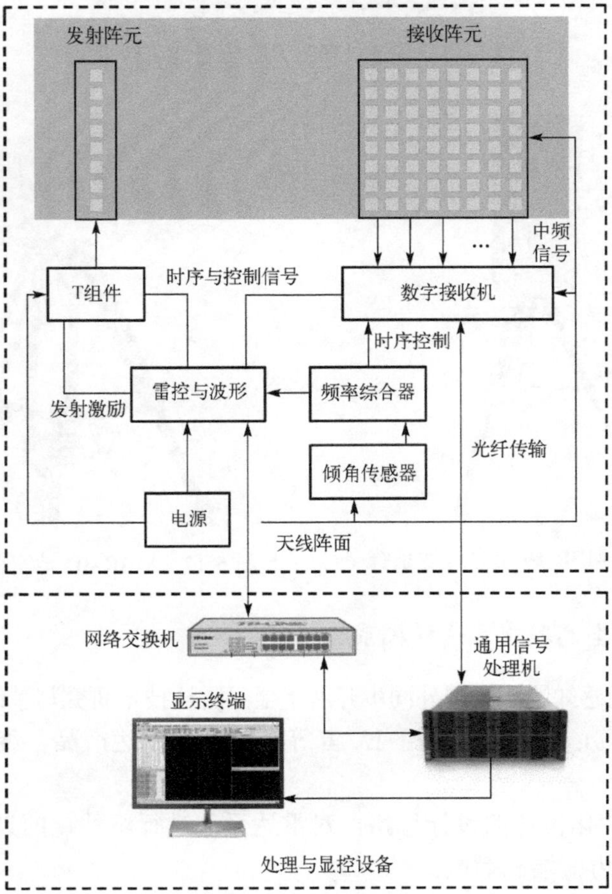

图 5-19　系统组成与互联框图

机模块、模拟接收机模块、数字接收机模块、时序控制模块(含波形产生模块)、频率综合器模块、电源模块、倾角传感器、定位授时模块等。

信号处理机采用 CPU+GPU 的处理架构，接收多通道数字接收机输出数据，并完成数字波束形成和长时间积累检测、点迹凝聚、关联跟踪、目标识别等处理，实现雷达系统的显控功能。

阵面设计采用如图 5-20 所示的模块化设计，易于扩展和升级。

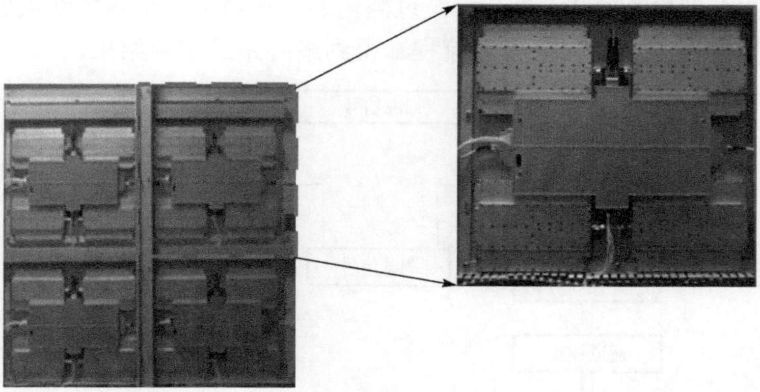

图 5-20　接收分系统积木化设计示意图

雷达系统实物如图 5-21 所示。

图 5-21　L 波段全息凝视雷达实物图

5.3.2　全息凝视雷达信息获取与处理

1. 全息凝视雷达数据处理流程

全息凝视雷达是数字阵列雷达的一个子类，故而数字阵列雷达的基本理论和信号处理方法在全息雷达中同样适用。同时，与常规波束扫描雷达相比，全息雷达特殊的波束收发模式使其信号处理流程具有一些自身特点。

本节提出一套适用于全息雷达的信号处理流程，如图 5-22 所示。雷达回波经各阵元接收后形成 N 路回波信号（N 为阵元数），经过下变频和正交解调后，转换为 N^N 路基带回波信号。经过通道校正和波束形成，输出 M 路回波信号（M 为波束个数）。由于发射功率较低，回波信噪比较弱，通过长时间积累，回波信噪比增强至可检测水平，并得到检测结果。随后，经过测角和点迹凝聚，合并各波束的检测结果。最后，通过关联跟踪和识别等处理流程，得到最终跟踪识别结果。

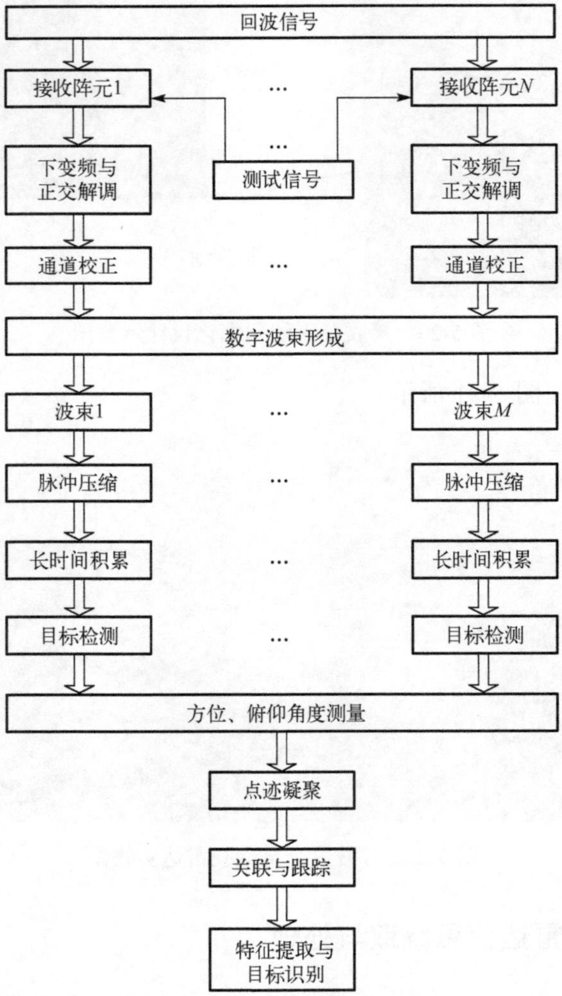

图 5-22　全息凝视雷达信号处理流程

下面针对全息雷达信号处理流程中的部分关键环节展开说明。

(1) 下变频与正交解调。

经过下变频与正交解调，回波信号由射频实信号变为基带复信号。通常，下变频在模拟域进行，将信号频谱搬移降至模数转换器(analog-to-digital converter，ADC)可直接采集频段。而正交解调在数字域进行，通过数字下变频和低通滤波，将 ADC 采集信号转换为基带 IQ 信号。

在下变频与正交解调中，需注意上下边带和正负频带的选取，这些环节共同决定了目标多普勒频率与运动速度的极性关系。

(2) 通道校正。

数字阵列雷达中，模拟滤波器、放大器、下变频器等射频前端及 ADC 器件本身会引起各接收通道幅相特性的失真和不一致性，造成脉压旁瓣的提高、天线方向图的畸变等。需要通过通道校正补偿各通道的失真和不一致性。

通常情况下，采用注入测试信号的方式对各通道的幅相特性进行测量，生成校正系数，并根据校正系数对各通道进行补偿。

(3) 波束形成。

波束形成，即通过对各接收通道进行加权合成，赋予波束一定的探测角度，实现空域滤波。全息雷达采用数字波束形成技术，同时形成多个接收波束，覆盖探测区域。由于接收波束指向固定，全息雷达波束形成算法实现较为简单，但需要数字处理端有强大的并行处理能力和数据传输带宽，以满足同时多波束的要求。

(4) 长时间积累。

各波束的回波数据通过脉冲压缩，实现脉冲内能量积累。由于全息雷达采用低增益全向发射波束，经过脉压后目标回波仍旧较弱，需要通过脉冲间长时间积累来进一步提升信噪比，以满足雷达探测要求。对于常规波束扫描雷达，波束驻留时间有限，可提供相参积累的脉冲数有限。而对于全息雷达，在探测区域内目标总会位于某个波束的照射范围，更适合通过长时间积累来实现目标检测。然而，随着积累时间的增长，运动目标会出现跨距离单元、跨速度单元和跨波束等情况。需要提出更为优化的长时间积累算法，克服距离和速度单元走动，提升积累效果。

对于各波束回波数据，经过长时间积累，目标的状态空间从一维距离空间拓展到多维空间(速度、加速度、微多普勒等)。长时间积累结果可为后续检测、跟踪及识别等环节提供数据支撑。

(5) 目标检测。

对于标准雷达阈值检测，假设干扰电平是已知常数，可根据设定的虚警概率求出对应的固定检测门限。但事实上，干扰电平可能是变化的。在这种情况下，通常采用 CFAR 检测来实现干扰电平的估计。

针对长时间积累结果，CFAR 检测需要通过待检测单元的周边区域估计干扰电平，并结合设定的虚警概率得到动态门限。将待检测单元与动态门限做比较来判定目标是否存在，并得到目标的距离、速度等信息。

(6) 点迹凝聚。

由于目标的扩展性，同一帧数据中可能有多个点迹来源于同一目标，可通过设定凝聚门限，将相应间距内的点迹进行合并，有效减少后续关联跟踪的运算量。

(7) 航迹关联与跟踪。

通过航迹关联，利用输入点迹结果得到目标航迹，剔除虚警点。通过跟踪滤波，进一步提升测量精度。部分长时间积累算法，也能完成一定的跟踪功能，此时需要对航迹关联与跟踪算法做出相应调整。

(8) 特征提取与目标识别。

结合长时间积累结果与跟踪结果，提取目标的 RCS、速度、高度、微多普勒等特征序列，进而完成目标分类与识别。

2. 低空目标数据获取

全息凝视雷达，采用单元级数字化的接收阵面和软件化处理机，可获取多种形式的目标回波数据，包括单元级原始回波数据、检测跟踪结果、微多普勒数据等。由于系统支持对多类目标的同时探测，因此可在多种环境下，采集多类目标的回波数据。典型的应用场景有机场、要地、边海防等，典型的目标包括人员、车辆、船只、鸟类、无人机、空飘物、飞机等。

从国内外全息凝视雷达的进展情况来看，当前全息凝视雷达主要的应用场景还是针对低空目标的探测。中山大学智能感知团队研制的全息凝视雷达产品主要应用在机场探鸟、边海防等场景，设备外场布设照片如图 5-23 所示。

图 5-23　机场探鸟

全息凝视雷达典型的信号处理流程是采用长时间积累得到距离多普勒平面，然后在距离多普勒平面内通过 CFAR 实现目标的检测，随着环境的不同，距离多普勒平面会受到不同程度的影响，从而给感兴趣目标的检测带来挑战。图 5-24～图 5-28 给出了多种场景下各类型目标的探测结果。

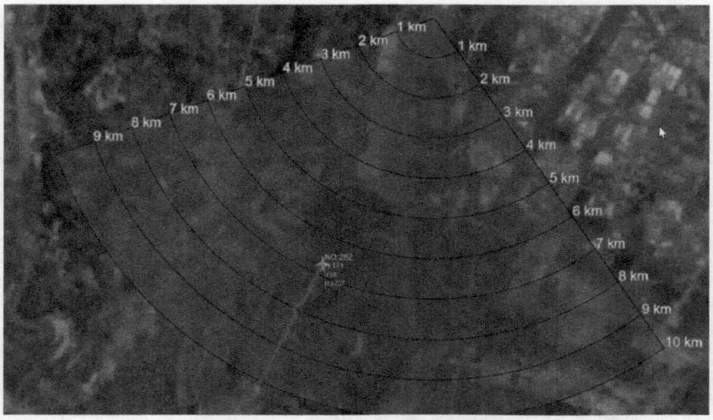

图 5-24　飞机目标探测结果

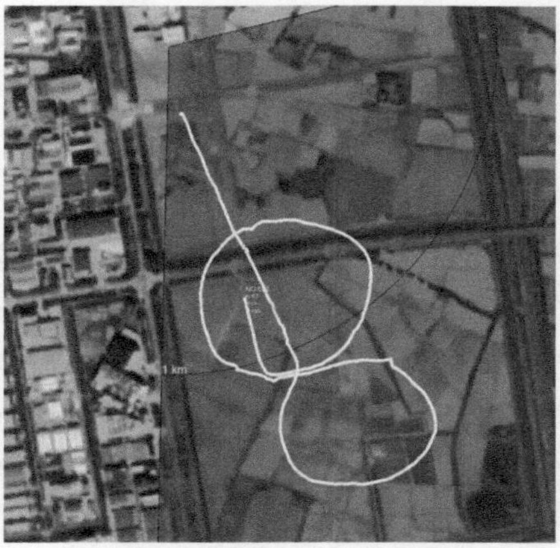

图 5-25　四旋翼无人机目标探测结果

图 5-26　固定翼无人机目标探测结果

图 5-27　地面人员目标探测结果

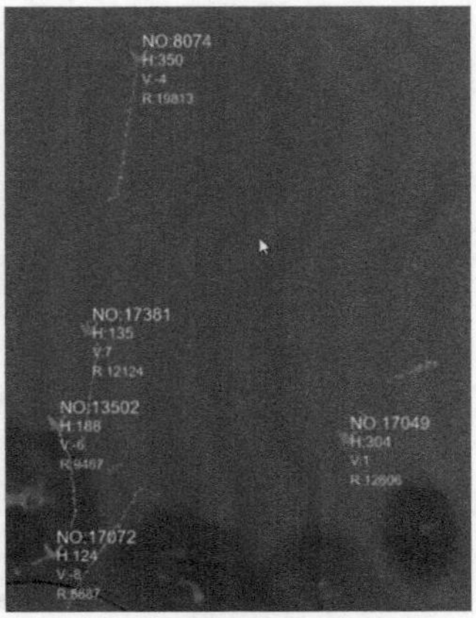

图 5-28　海面目标探测结果
（符号表示海面船舶目标）

5.3.3　全息凝视雷达低空目标探测数据分析

1. 低空环境分析

当雷达工作于不同环境时，会对雷达回波产生不同的影响，从而影响后续探测的效果。全息凝视雷达采用长时间相参积累检测，因此本节给出在几种典型环境下，长时间相参积累得到的距离多普勒平面(R-D 平面)所呈现的不同特性。

开阔地面场景且没有强目标是比较理想的环境。其 R-D 平面内主要的杂波是多普勒频率接近于零的地物杂波，其 R-D 平面的三维和二维图如图 5-29 所示。

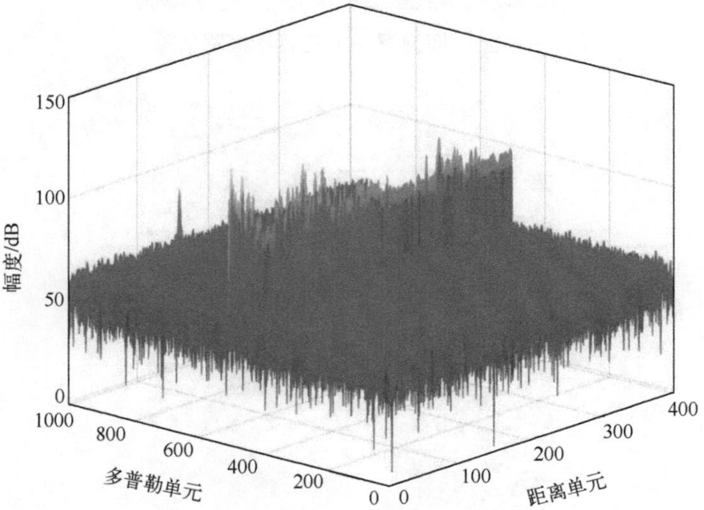

(a) 地面场景R-D平面三维图(包含一个强目标)

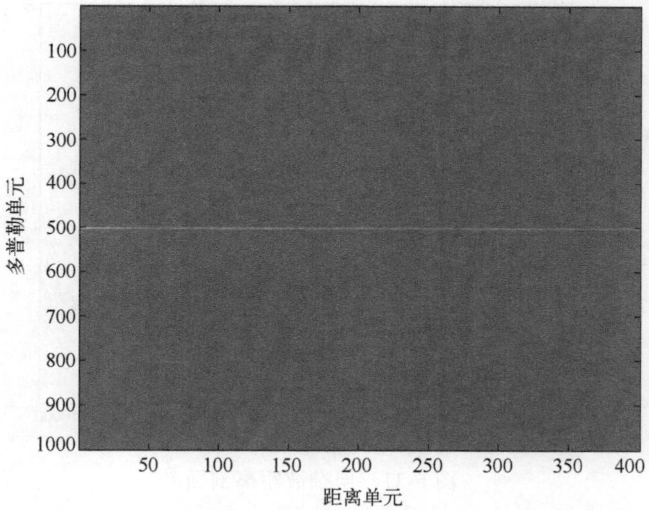

(b) 地面场景R-D平面二维图(包含一个强目标)

图 5-29　地面场景距离多普勒平面(见彩图)

雨杂波是雷达探测中普遍面临的一种杂波环境，其具有空间和多普勒维扩展的特性。全息凝视雷达对雨杂波处理结果如图 5-30～图 5-33 所示。

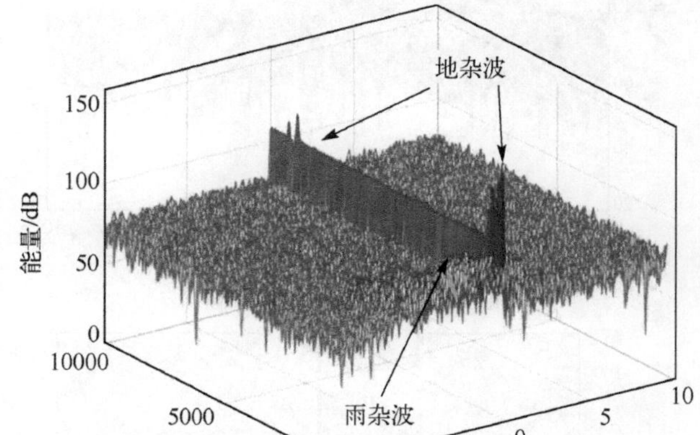

图 5-30　雨杂波积累结果

海面低空目标的探测，面临的主要挑战是海杂波的影响，海杂波特性受到多种因素影响，具有复杂性、多样性和时变性的特点。全息凝视雷达利用其高多普勒分辨率特点，可以更为精细刻画海杂波特性，在海面低空目标探测方面具有较大的潜力。图 5-34 为受海杂波影响的 R-D 平面。

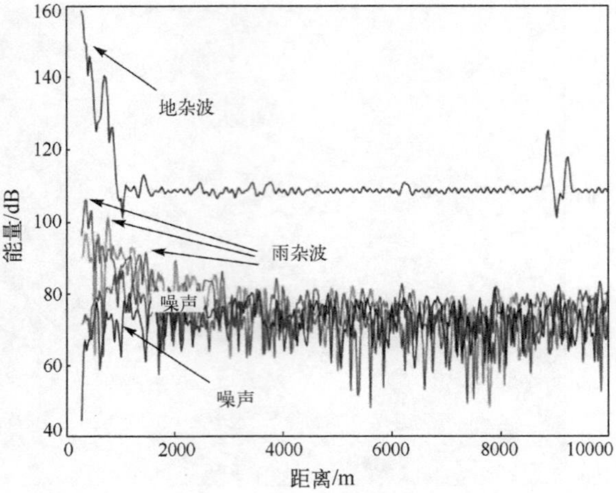

图 5-31　雨杂波距离剖面

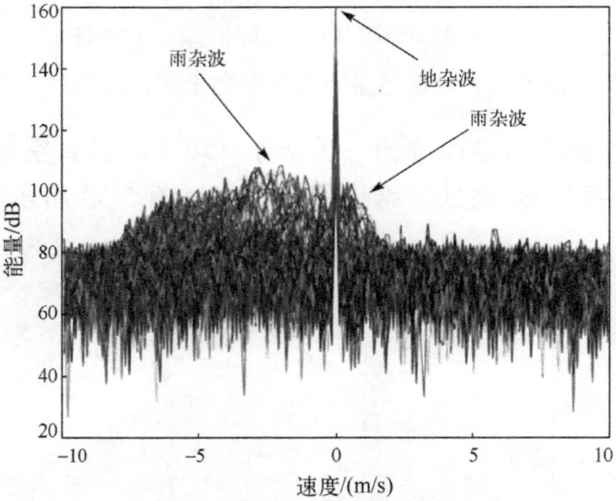

图 5-32　雨杂波速度剖面

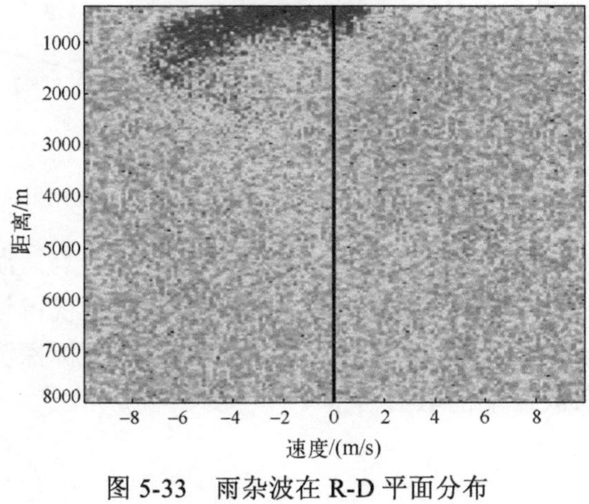

图 5-33　雨杂波在 R-D 平面分布

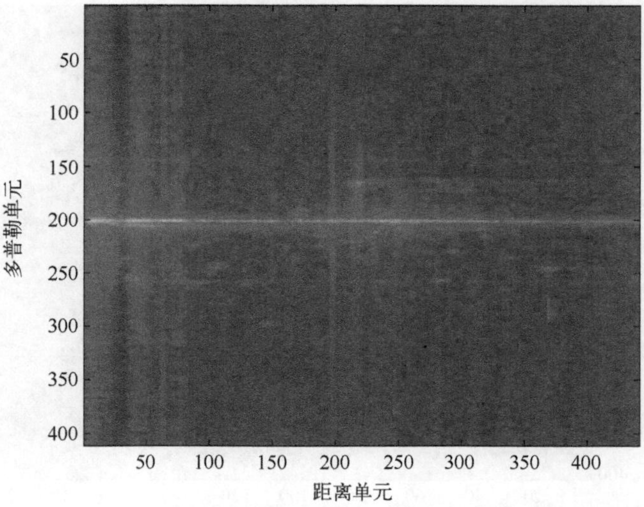

图 5-34　受海杂波影响的距离多普勒平面(见彩图)

地面或者低空的强目标，也会对低空小目标探测带来影响，如风力发电站、火车等目标。其典型的 R-D 平面分别如图 5-35 和图 5-36 所示。

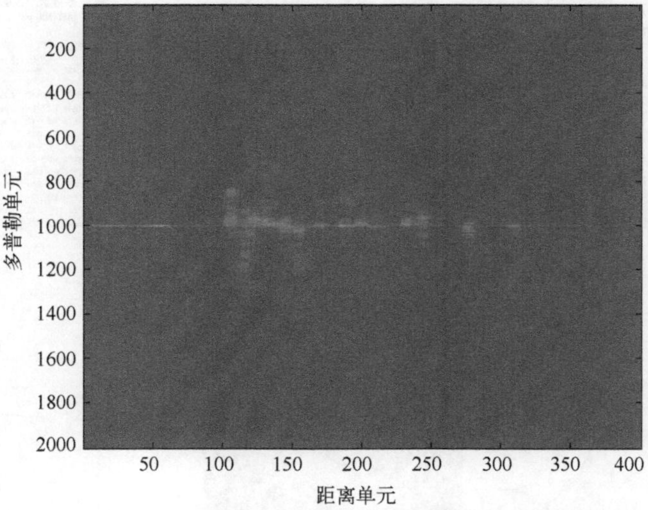

图 5-35　受风力发电站影响的距离多普勒平面(见彩图)

2. 低空目标特征分析

全息凝视雷达可实现低空多类目标的探测，并可获取其高数据率测量结果，从而对目标特性进行分析。可从目标的轨迹特征、多普勒特征、RCS 特征等多个维度对目标特征进行分析，图 5-37 给出了利用雷达数据进行低空目标特征分析的软件界面。

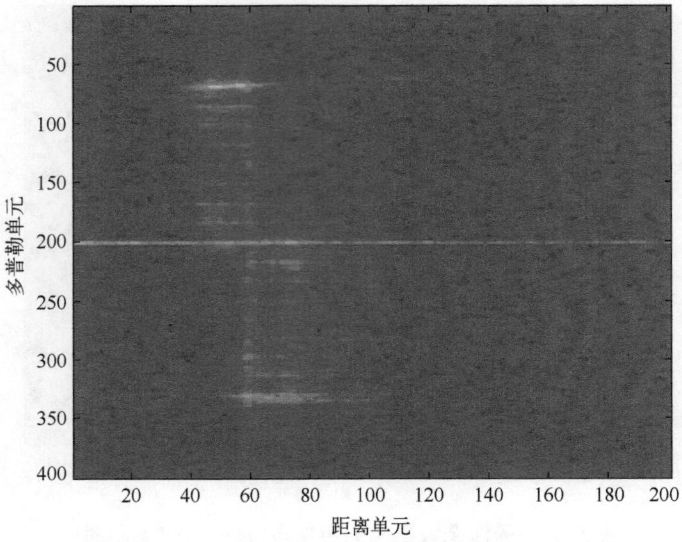

图 5-36　受火车影响的距离多普勒平面(见彩图)

图 5-37　雷达数据回放与目标特征分析软件

不同目标的单帧或者序列多普勒谱会呈现出不同的特征，图 5-38 给出一些典型目标的序列多普勒谱。

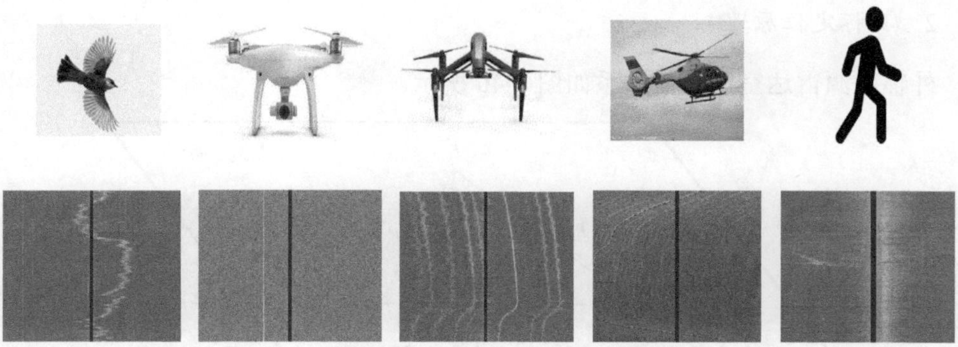

图 5-38　不同目标航迹多普勒特征

5.4　外辐射源雷达低空目标探测

5.4.1　外辐射源雷达系统

1. 外辐射源雷达的基本原理

外辐射源雷达是一种特殊体制的双基地雷达，其发射站为位置已知的广播电视发射台或者其他非合作的无线电发射设备，接收站为外辐射源雷达，接收目标的反射回波(图 5-39)。外辐射源雷达系统可探测跟踪无人机、直升机、鸟类、气球等多种类型的低空目标(包括无线电静默的非合作目标)，具有绿色环保、电磁隐蔽、节约频谱、易组网的特点和优势，适合于对电磁辐射有限制同时又对探测性能要求较高的应用场合[46-48]。

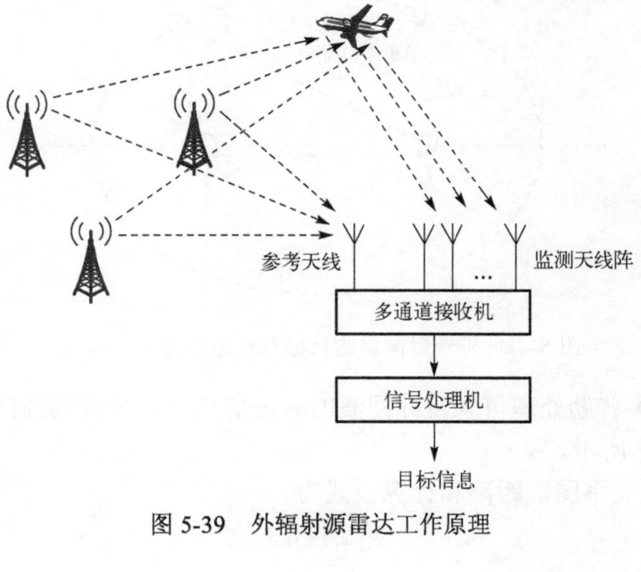

图 5-39　外辐射源雷达工作原理

2. 目标定位原理

外辐射源雷达空间几何关系如图 5-40 所示。

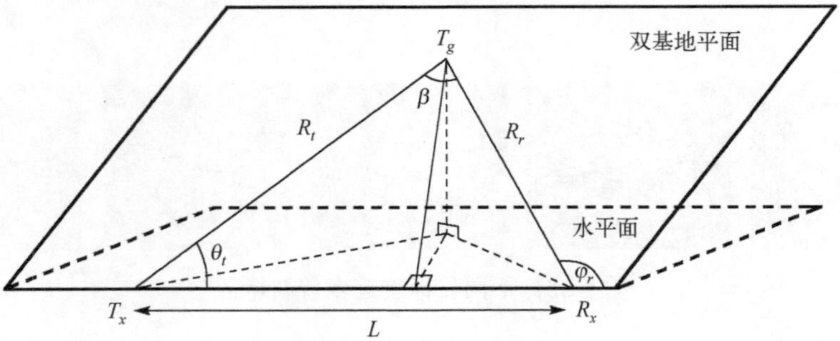

图 5-40　外辐射源雷达空间几何关系

辐射源(发射站)T_x、接收站R_x和目标T_g三者构成双基地平面。目标与辐射源和接收站连线形成的夹角 β 为双基地角。辐射源T_x和接收站R_x之间的连线称为基线，基线长度用 L 表示。R_t、R_r分别表示目标与发射站和接收站之间的距离，$R_s = R_t + R_r$称为双基地雷达距离和，θ_t和φ_r分别表示双基地平面上目标相对于发射站和接收站天线的夹角。

外辐射源雷达对目标的定位可以通过$R_s = R_t + R_r$与φ_r构成，通过双基地距离信息将目标的位置锁定在目标到辐射源和接收站的距离与R_s构成的等距离和椭圆曲线上，如图 5-41 所示。其中辐射源和外辐射源雷达接收天线分别位于椭圆的两个焦点，然后利用椭圆与接收天线指向角φ_r的交点，便可实现对目标的定位。

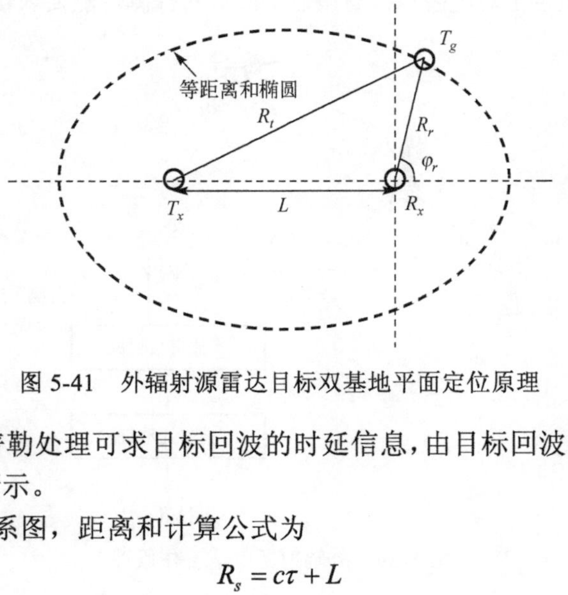

图 5-41　外辐射源雷达目标双基地平面定位原理

通过距离-多普勒处理可求目标回波的时延信息，由目标回波时延差可以得到距离和，如图 5-42 所示。

根据时延差关系图，距离和计算公式为

$$R_s = c\tau + L \tag{5-6}$$

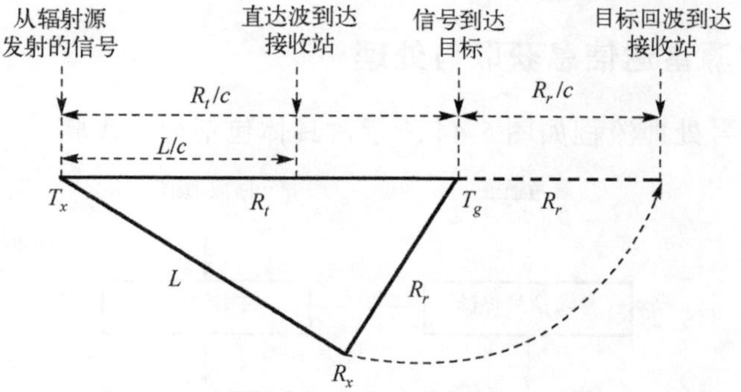

图 5-42　时延差关系图

式中，τ 为发射信号经目标反射到达接收机与发射信号直接到达雷达接收机的时间差，c 为光速。在已知距离和的前提下，获取目标到达接收天线的角度 φ_r 实现对目标的定位，同时求得目标与外辐射源雷达接收站的距离 R_r：

$$R_r = \frac{1}{2}\frac{{R_s}^2 - L^2}{R_s + L\cos\varphi_r} \tag{5-7}$$

外辐射源雷达系统组成如图 5-43 所示，由监测天线(含支架)、参考天线(含支架)、多通道接收机(多通道数字接收模块)和信号处理机(信号与数据处理模块)、数据接收与终端显控软件(系统软件)、线缆等组成。多通道接收机通过电缆与监测天线和参考天线连接，对天线接收信号进行放大、变频、AD 变换和预处理形成回波数据，再通过光缆将回波数据传输到信号处理机。信号处理机通过光纤电源复合光缆给多通道接收机提供 48V 直流供电，对回波数据进行处理得到探测结果。

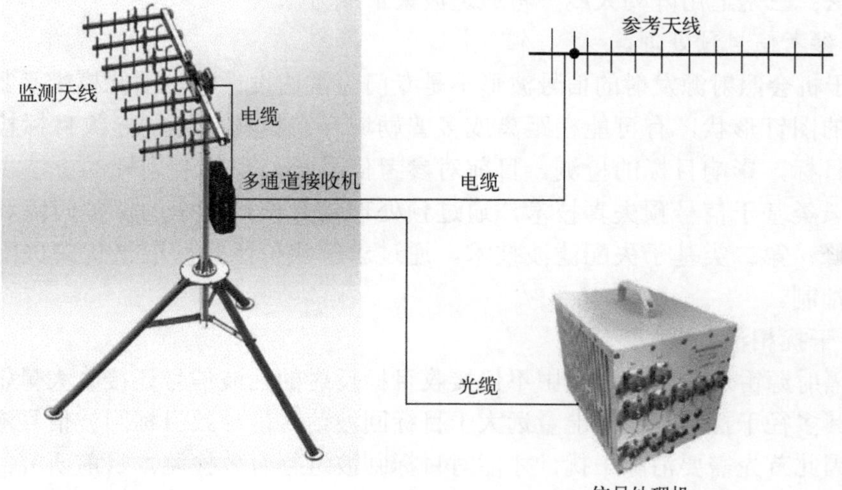

图 5-43　外辐射源雷达系统组成

5.4.2　外辐射源雷达信息获取与处理

外辐射源信号处理流程如图 5-44 所示，具体包括如下步骤。

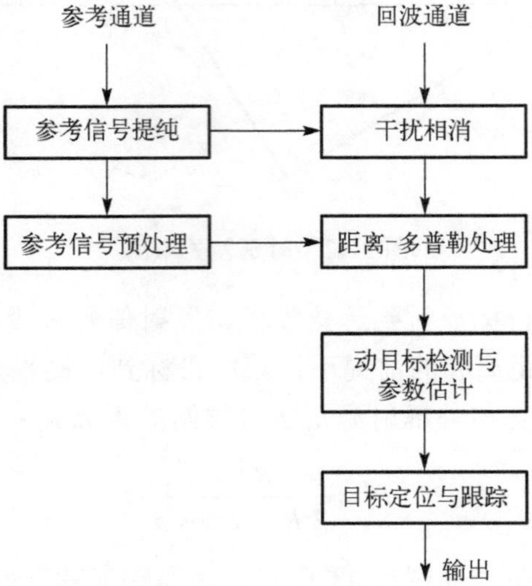

图 5-44　外辐射源雷达信号处理

(1) 参考信号提纯。

参考信号提纯是指将参考通道中除辐射源基站直达波以外的多径及其他干扰信号消除，只保留辐射源基站的直达波信号。目前研究的对参考信号提纯的方法主要有：一是适用模拟信号照射源的恒模均衡算法；二是适用数字信号照射源的解码和重构方法；三是适用阵列天线参考通道波束形成方法。

(2) 参考信号预处理。

由于机会照射源发射的信号波形不是专门为雷达设计的，因此模糊函数不一定是理想的图钉形状，有可能在距离或多普勒域存在模糊副峰，导致目标检测时输出虚假目标，影响目标的检测。目前对参考信号预处理抑制副峰的方法主要有两类：第一类基于信号预失真技术，通过预处理信号帧结构中的保护间隔和导频来抑制副峰；第二类基于失配滤波技术，通过求解代价函数获取最优的失配因子实现副峰抑制。

(3) 干扰相消。

外辐射源雷达的回波通道中不仅接收目标反射的回波信号还接收大量辐射源直达波及其多径干扰。干扰的能量远大于目标回波信号，导致目标回波信号淹没在干扰中，因此首先需要消除干扰，才能对目标回波进行有效检测。目前研究的干扰相消算法主要有：最小均方误差(least mean square，LMS)算法、扩展相消算法(extensive cancellation algorithm，ECA)等。在空域还可以通过在干扰方向形成零陷的方法抑制干扰，主要有低副瓣技术、稳健的自适应滤波技术等。

(4)距离-多普勒处理。

民用辐射源信号的发射功率一般较低，再加上空间中各种复杂的电磁干扰环境，即使经过时域干扰相消以后，目标回波信号的功率依然比较低，仍然有可能被剩余干扰信号掩盖。通常采用匹配滤波对目标回波信号进行长时间的相干积累，以提升目标信号的信噪比，同时弱化剩余弱干扰对目标检测的影响。

(5)动目标检测与参数估计。

经过距离-多普勒处理后，便可对距离-多普勒二维平面进行目标检测。目标检测是在杂波和噪声背景环境下检测并提取目标的参数，从距离-多普勒图中检测到目标后一般可以直接获取目标的双基地距离和多普勒参数，但是存在干扰导致获取目标的到达角(direction of arrival，DOA)信息较为复杂。

(6)目标定位与跟踪。

外辐射源雷达中常用的两种目标定位的方法：一是目标到达角和双基地距离联合定位法，首先根据双基地距离锁定目标位于某个椭圆曲线上，利用目标到达角确定目标在椭圆曲线的某个点上来实现定位；二是到达时间定位法，利用多发单收的模式，通过测量多个发射基站的信号经目标反射后到达接收机与其直达波直接到达接收机的时间之差来确定目标的位置。

5.4.3　外辐射源雷达低空目标探测数据分析

实测数据使用外辐射源雷达，用于探测无人机、直升机、飞鸟等目标。此雷达安装在靠近海边的建筑物顶端，利用广播电视信号作为外辐射源，对海面和低空目标具有良好的探测效果。表 5-4 和表 5-5 中是飞鸟、无人机、直升机三个目标的采集信息以及距离-多普勒数据，飞鸟的距离-多普勒数据在 2023 年 11 月 12 日 09 时 07 分 49 秒开始采集，外辐射源信号类型是 DTMB，信号频率为 634MHz；无人机距离-多普勒数据在 2023 年 6 月 12 日 20 时 01 分 26 秒开始采集，外辐射源信号类型为 DTMB，频率为 562MHz；直升机距离-多普勒数据在 2023 年 8 月 28 日 18 时 04 分 08 秒开始采集，外辐射源信号类型为 DTMB，频率为 562MHz。

表 5-4　采集目标的信息

目标	采集时间	目标批号	目标距离/km	目标方位/(°)	目标速度/(m/s)
飞鸟	0906-0908	471	1.3	339.8	11.2
无人机	2001-2003	1	7.1	197.1	18.5
直升机	1804-1806	555	1.2	3.5	36.7

表 5-5　目标的距离-多普勒数据

飞鸟	20231112090749_DTMB_634MHz_07 阵元_线阵_RD.bin
无人机	20230612200126_DTMB_562MHz_07 阵元_线阵_RD.bin
直升机	20230828180408_DTMB_634MHz_07 阵元_线阵_RD.bin

图 5-45 为采集飞鸟目标的航迹图和飞鸟的光学图，由航迹图和光学图可知，飞鸟群呈人字形由西向东在海面低空飞行，航迹存在时间短，由于雷达前面有一块区域被建筑遮挡，航迹不完整。

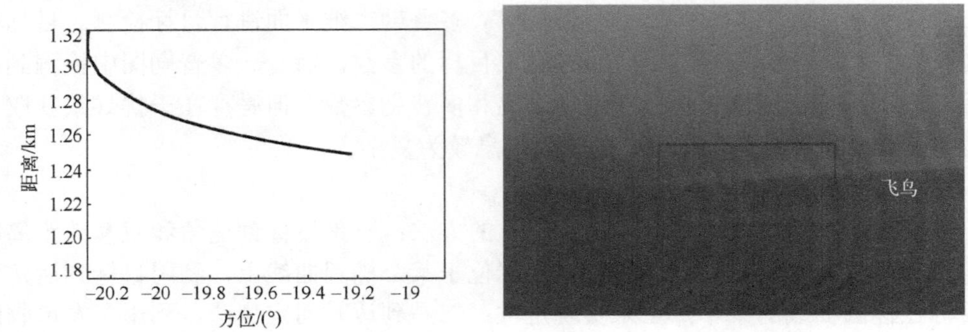

(a) 航迹图　　(b) 光学图

图 5-45　飞鸟目标的航迹及照片

在 09 时 07 分 49 秒方位 339.8°、距离外辐射源雷达 1.3km 的飞鸟目标经过计算可得到它的双基距离为 1.9km，双基速度为−17.9m/s，其距离-多普勒谱、双基速度一维谱、双基距离一维谱如图 5-46 和图 5-47 所示。

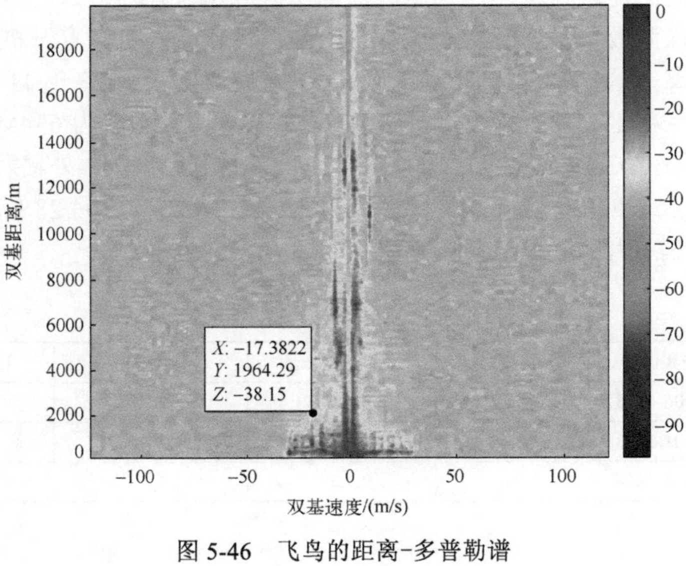

图 5-46　飞鸟的距离-多普勒谱

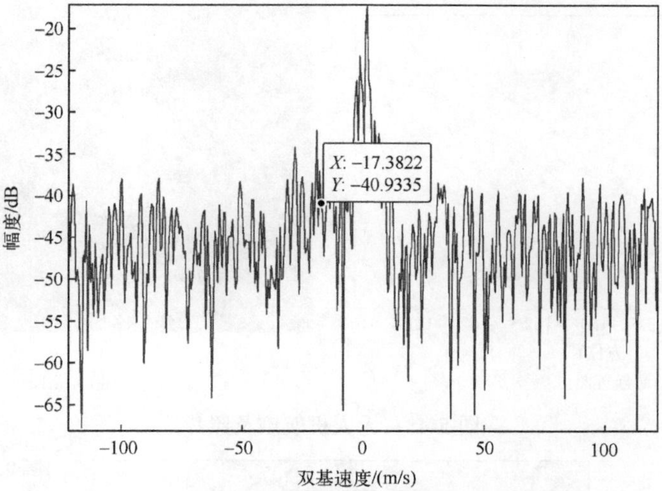

(a) 双基速度一维谱

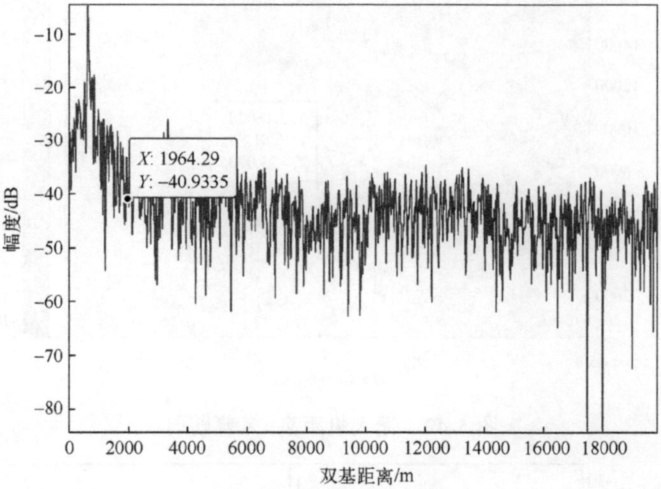

(b) 双基距离一维谱

图 5-47　飞鸟目标的速度和距离一维谱

无人机的航迹如图 5-48 所示。目标在外辐射雷达后方，在某一区域内来回运动。在 20 时 01 分 26 秒方位 197.1°、距离外辐射源雷达 7 公里左右的无人机目标，经过计算可得到它的双基距离为 7.2km，双基速度为 5.2m/s，无人机的距离-多普勒图谱、双基速度一维谱和双基距离一维谱如图 5-49 和图 5-50 所示。

直升机航迹图和光学图如图 5-51 所示，直升机一架由南向北运动，运动速度在 35m/s 左右，向远离外辐射源雷达的方向运动。在 18 时 04 分 08 秒方位 3.5°、距离 1.2km 批号为 555 的直升机的双基距离为 2.2km，双基速度为−70.4m/s，距离-多普勒图谱、双基速度一维谱、双基距离一维谱如图 5-52 和图 5-53 所示。

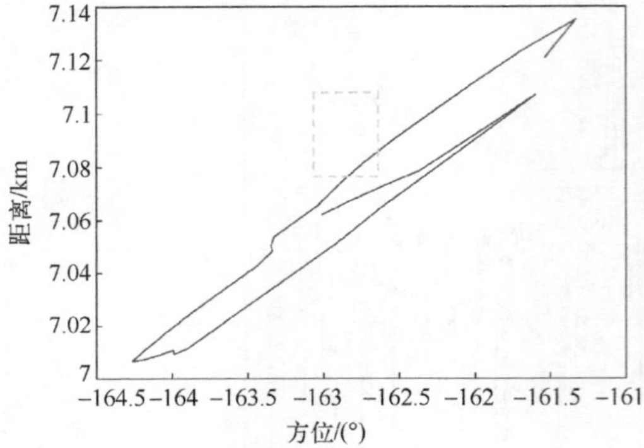

(a) 航迹图

(b) 光学图

图 5-48　无人机航迹及照片

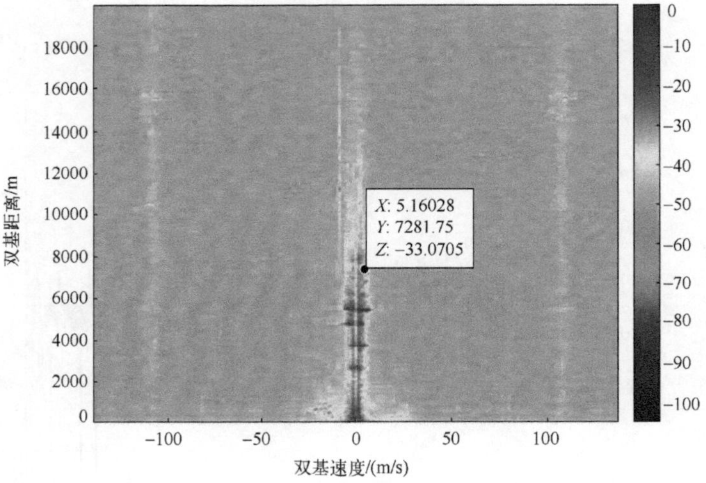

图 5-49　无人机距离-多普勒谱

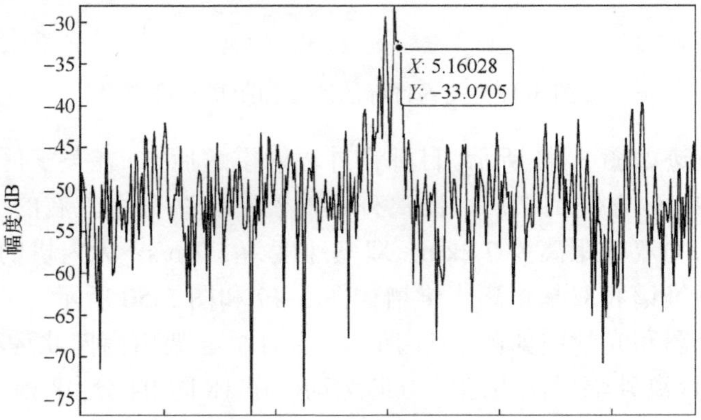

(a) 双基速度一维谱

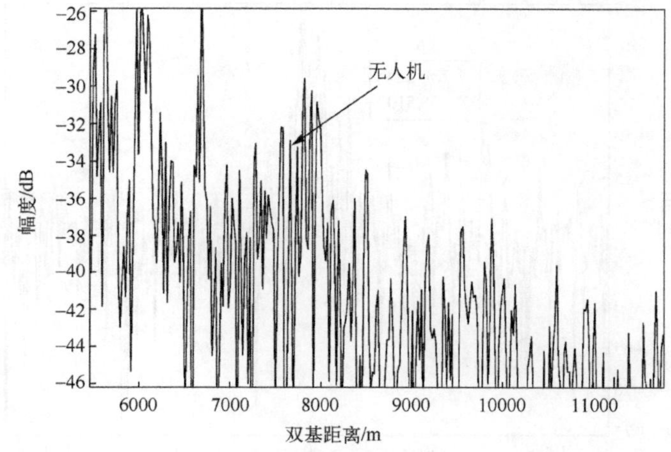

(b) 双基距离一维谱

图 5-50　无人机的速度和距离一维谱

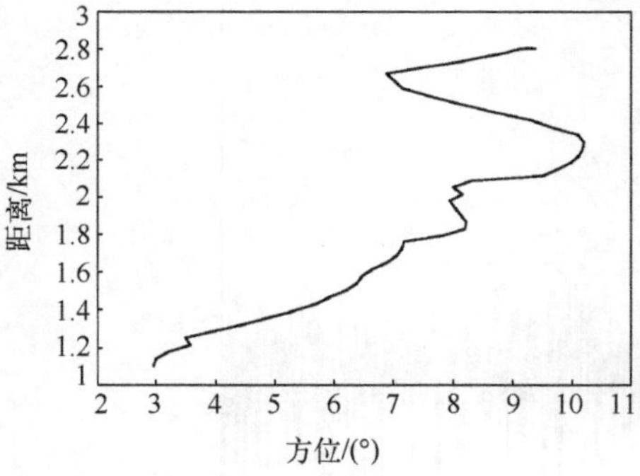

(a) 航迹图

(b) 光学图

图 5-51　直升机航迹及光学图

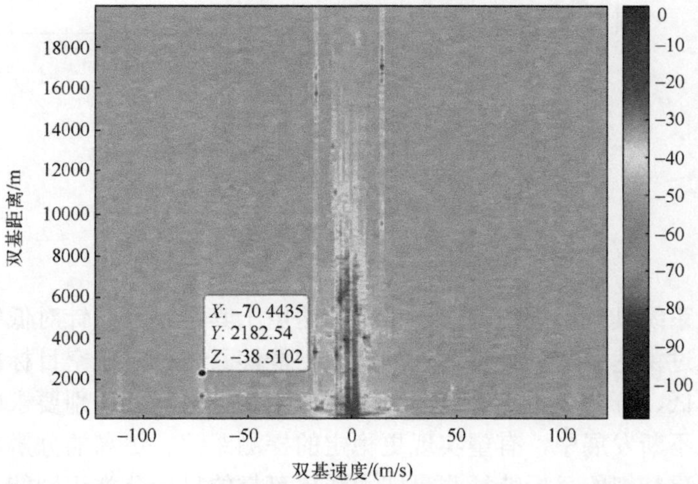

图 5-52　直升机的距离-多普勒谱(左侧批号 539，右侧批号 555)

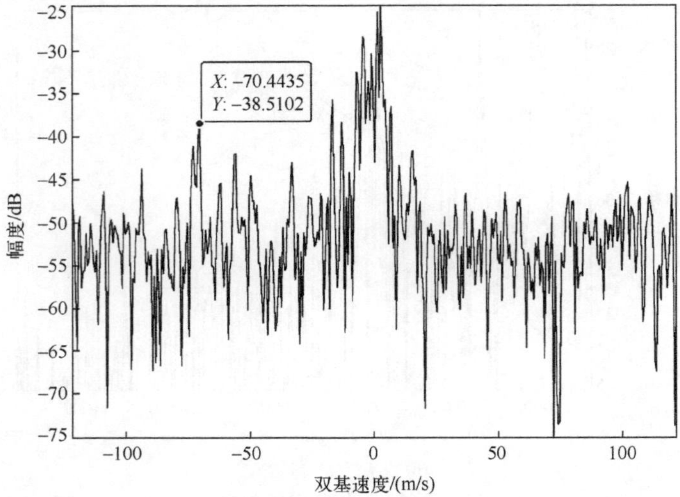

(a) 双基速度一维谱

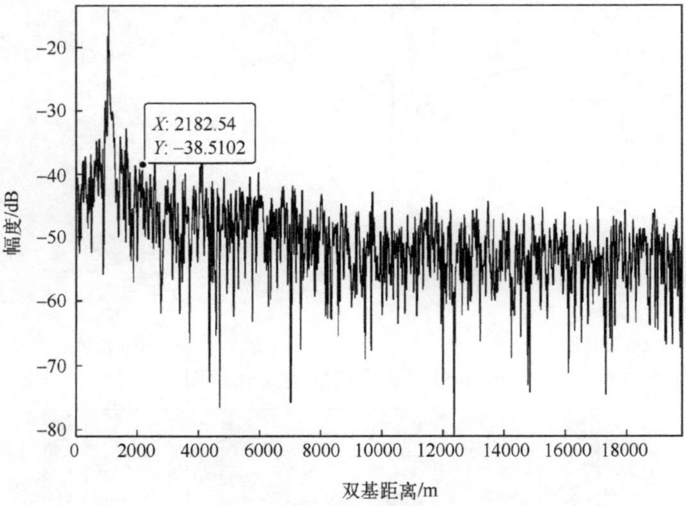

(b) 双基距离一维谱

图 5-53　直升机的速度和距离一维谱

5.5　小　　结

不同雷达系统具有不同的特点，传统雷达由于其不是专门针对低空目标探测而设计，虽然经过雷达参数和处理算法的调整，能够具备一定低空目标探测能力，但是存在数量率低、分辨率不足等问题。随着低空目标探测和识别要求的不断提高，新体制雷达在不断发展中，有望实现更稳定的探测跟踪、更高的分辨率、更强的杂波抑制能力、更精细的目标特征测量能力和更可靠的目标分类识别能力。

本章系统梳理了低空目标探测领域三类典型雷达系统：导航雷达凭借高精度定位能力，为低空飞行器提供态势感知与路径规划基础；泛探雷达以大范围、多目标监视优势，构建低空全域动态警戒网络；外辐射源雷达则以低成本、隐蔽性强的特点，拓展了复杂电磁环境下的被动探测维度。三类技术体系在探测机理、应用场景上互为补充，通过多源信息融合与协同组网，可显著提升低空探测系统的抗干扰能力、覆盖效率与成本效益。其技术集成不仅为低空防御提供了立体化解决方案，更为未来智慧城市低空安防、空域管理等领域的技术革新奠定了理论基石。

参 考 文 献

[1] 丁友峰, 黄孝鹏, 陆小虎, 等. 固态脉压新体制导航雷达关键技术及应用[J]. 舰船科学技术, 2021, 43(9): 134-137.

[2] 王伟, 杜旭洋, 杨志伟, 等. 基于无人艇的导航雷达目标检测跟踪算法[J]. 系统工程与电子技术, 2024, 46(5): 1561-1572.

[3] 朱旭芳, 黎奥丰, 夏家伟. 基于信息融合的无人艇船舶检测与跟踪[J]. 海军工程大学学报, 2022, 34(5): 20-26.

[4] Chen X L, Mu X Q, Guan J, et al. Marine target detection based on Marine-Faster R-CNN for navigation radar PPI images[J]. Frontiers of Information Technology & Electronic Engineering, 2022, 23(4): 630-643.

[5] Oswald G, Baker C. Holographic Staring Radar[M]. London: SciTech, 2021: 7-35.

[6] 汤小为, 汤俊, 彭应宁, 等. 一种新体制雷达——“泛探”雷达的关键技术研究[C]. 第十届全国雷达学术年会, 2008: 43-46.

[7] Radar Systems Panel. IEEE Std 686, IEEE Standard for Radar Definitions[S]. New York: IEEE 2017.

[8] 王盛利. 多波束凝视雷达[M]. 北京: 国防工业出版社, 2017: 1-10.

[9] 赵永波, 刘宏伟. MIMO 雷达技术综述[J]. 数据采集与处理, 2018, 33(3): 389-399.

[10] 何子述, 程子扬, 李军, 等. 集中式 MIMO 雷达研究综述[C].《雷达学报》创刊 10 周年学术研讨会论文集, 2023: 805-829.

[11] Kolnik M. Systems aspects of digital beam forming ubiquitous radar[R]. Washington: Naval Research Laboratory, 2002.

[12] Kolnik M. Attributes of the ubiquitous phased array radar[C]. IEEE International Symposium on Phased Array Systems and Technology, 2003: 101-106.

[13] Ter J J, White R M, Kretschmer F F, et al. Ubiquitous radar: An implementation concept[C]. Proceedings of the 2004 IEEE Radar Conference, 2004: 65-70.

[14] Jahangir M, Quilter T. The practicality and benefit of a 3-D wide-area persistent surveillance

micro-Doppler radar[C]. Proceedings of the 2015 16th International Radar Symposium（IRS）, 2015: 272-277.

[15] Jahangir M. Target centric wide-area 3-D surveillance using a non-scanning multibeam receiver array[C]. Proceedings of the 2015 IEEE Radar Conference, 2015: 652-657.

[16] Jahangir M, Baker C. Robust detection of micro-UAS drones with L-band 3-D holographic radar[C]. Proceedings of the 2016 Sensor Signal Processing for Defence, 2016: 1-5.

[17] Jahangir M, Baker C. Persistence surveillance of difficult to detect micro-drones with L-band 3-D holographic radar™[C]. Proceedings of the 2016 CIE International Conference on Radar（RADAR）, 2016: 1-5.

[18] Jahangir M, Baker C. Extended dwell Doppler characteristics of birds and micro-UAS at L-band[C]. Proceedings of the 2017 18th International Radar Symposium, 2017: 1.

[19] Jahangir M, Baker C, Oswald G A. Doppler characteristics of micro-drones with L-band multibeam staring radar[C]. Proceedings of the 2017 IEEE Radar Conference, 2017: 1052-1057.

[20] Jahangir M, Baker C. L-band staring radar performance against micro-drones[C]. Proceedings of the 2018 19th International Radar Symposium, 2018: 1.

[21] Bennett C, Jahangir M, Fiornelli F, et al. Use of symmetrical peak extraction in drone micro-Doppler classification for staring radar[C]. Proceedings of the 2020 IEEE Radar Conference, 2020: 1-6.

[22] Jahangir M, Ahmad B I, Baker C J. Robust drone classification using two-stage decision trees and results from SESAR SAFIR trials[C]. Proceedings of the 2020 IEEE International Radar Conference, 2020: 636-641.

[23] Jahangir M, Atkinson G M, Antoniou M, et al. Measurements of birds and drones with L-band staring radar[C]. Proceedings of the 2021 21st International Radar Symposium, 2021: 1-10.

[24] Ghazalli N, Balleri A, Jahangir M, et al. Passive detection using a staring radar illuminator of opportunity[C]. Proceedings of the 2019 International Radar Conference, 2019: 1-5.

[25] Jahangir M, Baker C J. CLASS U-space drone test flight results for non-cooperative surveillance using an L-band 3-D staring radar[C]. Proceedings of the 2019 20th International Radar Symposium, 2019: 1-11.

[26] Dale H, Baker C J, Antoniou M, et al. An initial investigation into using convolutional neural networks for classification of drones[C]. Proceedings of the 2020 IEEE International Radar Conference, 2020: 618-623.

[27] Dale H, Baker C, Antoniou M, et al. A Comparison of convolutional neural networks for low snr radar classification of drones[C]. Proceedings of the 2021 IEEE Radar Conference, 2021: 1-5.

[28] Griffin B, Balleri A, Baker C, et al. Optimal receiver placement in staring cooperative radar networks for detection of drones[C]. Proceedings of the 2020 IEEE Radar Conference, 2020: 1-6.

[29] Griffin B, Balleri A, Baker C, et al. Prototyping a dual-channel receiver for use in a staring cooperative radar network for the detection of drones[C]. Proceedings of the 2021 21st International Radar Symposium, 2021: 1-7.

[30] Jahangir M, Baker C J, Antoniou M, et al. Advanced cognitive networked radar surveillance[C]. Proceedings of the 2021 IEEE Radar Conference, 2021: 1-6.

[31] Harman S. A comparison of staring radars with scanning radars for UAV detection: Introducing the Alarm™ staring radar[C]. Proceedings of the 2015 European Radar Conference, 2015: 185-188.

[32] Harman S A, Hume A L. Applications of staring surveillance radars[C]. Proceedings of the 2015 IEEE Radar Conference, Arlington, 2015: 270-273.

[33] Harman S. Analysis of the radar return of micro-UAVs in flight[C]. Proceedings of the 2017 IEEE Radar Conference, 2017: 1159-1164.

[34] Massardo M, Stallone R. Experimental validation of a frustum of cone antenna applied to Omega 360 ubiquitous 2D radar[C]. Proceedings of the 2017 IEEE International Workshop on Metrology for AeroSpace, 2017: 36-39.

[35] Franco S, Quattrociocchi S. Experimental validation of a frustum of cone antenna radiation patterns[C]. Proceedings of the 2017 IEEE International Workshop on Metrology for AeroSpace, 2017: 32-35.

[36] Stallone R, Massardo M, Montanari G, et al. Omega 360 an innovative radar for detection and tracking of small drones[C]. Proceedings of the 2019 International Radar Conference, 2019: 1-5.

[37] Quevedo Á D D, Urzaiz F I, Menoyo J G, et al. Drone detection and RCS measurements with ubiquitous radar[C]. Proceedings of the 2018 International Conference on Radar（RADAR）, 2018: 1-6.

[38] Quevedo Á D D, Urzaiz F I, Menoyo J G, et al. X-band ubiquitous radar system: First experimental results[C]. Proceedings of the 2017 IEEE Sensors, 2017: 1-3.

[39] Quevedo Á D D, Urzaiz F I, Menoyo J G, et al. Remotely piloted aircraft detection with persistent radar[C]. Proceedings of the 2018 15th European Radar Conference（EuRAD）, 2018: 317-320.

[40] Quevedo Á D D, Urzaiz F I, Menoyo J G, et al. Drone detection with X-band ubiquitous radar[C]. Proceedings of the 2018 19th International Radar Symposium（IRS）, 2018: 1-10.

[41] Urzaiz F I, Quevedo Á D D, Ayuso A M, et al. Design, implementation and first experimental

results of an X-band ubiquitous radar system[C]. Proceedings of the 2018 IEEE Radar Conference (RadarConf18), 2018: 1150-1155.

[42] 陈曾平, 张月, 鲍庆龙. 数字阵列雷达及其关键技术进展[J]. 国防科技大学学报, 2010, 32(6): 1-7.

[43] 张月, 邹江威, 陈曾平. 泛探雷达长时间相参积累目标检测方法研究[J]. 国防科技大学学报, 2010, 32(6): 15-20.

[44] 鲍庆龙, 张月, 吴桐, 等. 泛探雷达时-空级联目标检测与DOA估计算法[J]. 国防科技大学学报, 2010, 32(6): 21-25.

[45] 郭瑞. 主被动一体化数字阵列雷达波达方向估计技术研究[D]. 长沙: 国防科技大学, 2017: 1-13.

[46] 万显荣. 基于低频段数字广播电视信号的外辐射源雷达发展现状与趋势[J]. 雷达学报, 2012, 1(2): 109-123.

[47] 吴志东, 万显荣, 易建新. 外辐射源雷达探鸟实验初步研究[J]. 信息工程大学学报, 2022, 23(3): 296-301.

[48] 陈小龙, 饶桂林, 关键, 等. 被动雷达低慢小探测数据集(LSS-PR-1.0)及多域特征提取和分析方法[J]. 雷达学报(中英文), 2025, 14(2): 249-268.

第 6 章　雷达低空目标防范技术与应用

6.1　引　　言

利用雷达低空目标探测结果，一般会结合光电等其他探测技术，并在风险评估的基础上，对飞鸟和无人机等不同目标采取有针对性的反制措施。对于飞鸟目标，通常会联动各类驱鸟设备进行驱赶，或采用生态治理措施降低鸟击风险；对于无人机目标，通常采用物理拦截捕获、无线电压制和 GPS 诱骗等手段进行反制。

6.2　鸟击风险评估

不同鸟种的体重和大小不同，对飞行器造成的危害也不同。一直以来，国际上通常的鸟击风险评估方法是基于历史鸟击事件的统计数据，得出不同鸟种和不同机型发生鸟击事件的概率。Allan 结合全国和特定机场的鸟击事件记录，提出一种鸟击概率与严重程度相乘的鸟击风险评估方法，其中鸟击概率由同一机场在过去 5 年鸟击事件中不同鸟种出现的频率得到，撞击严重程度取决于不同鸟种对飞机造成的破坏程度[1]。雅典国际机场采用以上模型对该机场的鸟击风险进行了评估[2]。Shaw 等基于澳大利亚 9 家机场的统计数据，归纳了不同鸟种的撞机频次和不同机型发生鸟击的频次[3]。广西大学在实际调查的基础上，给出了一种度量鸟击风险的简单方法，就不同鸟种的风险评价指标给出了定量结果[4]。美国建立的避鸟模型(United States bird avoidance model，USBAM)基于过去 30 年的鸟情统计数据，给出不同季节、不同区域的鸟类分布情况，并将鸟击风险划分为 9 个等级，该鸟情数据库每 2～5 年更新一次[5]。中国民航科学技术研究院建立的“民航鸟击信息网”在数据积累的基础上提供建议措施，为我国民航鸟情数据的共享搭建了平台[6]。

以上评估方法一般基于长期的鸟击事件统计数据，但是，由于人为因素的干扰，上报的鸟击事件信息有时是不完整和不准确的，可能导致评估结果的偏差。近十几年来，雷达已经成为鸟情观测的重要手段。机场雷达探鸟系统能够提供机场及其周边区域实时的鸟情信息，为实时鸟击风险评估奠定了基础[7-9]。本节提出一种机场实时鸟击风险评估方法，其利用了机场探鸟雷达实时采集的鸟情信息和空管系统提供的飞行器实时飞行状态。本方法综合考虑了鸟击概率和严重程度，其中鸟击概率基于飞鸟当前位置建立预估方程进行计算，严重程度的评估结合德尔菲法[10]

和层次分析法(Analytic hierarchy process，AHP)[11]建立严重程度评估模型，称为DAHP(Delphi AHP)模型。为减少该模型中同一层次上参数的个数，其被设计为双层结构，避免了由于同一层次上参数过多造成比较矩阵不满足一致性的问题。

6.2.1 风险评估模型

以鸟击概率(P)和严重程度(S)为自变量，建立鸟击风险(R)评估模型，如式(6-1)所示：

$$R = F(P, S) \tag{6-1}$$

式中，P 代表了某飞鸟侵入某跑道的概率，S 代表了该飞鸟与飞行器撞击的严重程度，二者的值划分为非常高(VH)、高(H)、中等(M)、低(L)、非常低(VL)五个等级。

表 6-1 给出了一个 5×5 的风险评估矩阵，建立了 R 与(P，S)之间的函数关系。风险值划分为 3 个等级，要求机场管理人员分别采取不同的应对策略，表 6-2 提出了分级应对策略建议[1]。

表 6-1　风险评估矩阵

S	P				
	VH	H	M	L	VL
VH	3	3	3	2	2
H	3	3	3	2	2
M	3	3	2	1	1
L	2	2	1	1	1
VL	1	1	1	1	1

表 6-2　分级应对策略建议

风险等级	应对策略
1	关注飞鸟目标
2	加强关注飞鸟目标，必要时采取相关驱鸟措施
3	高度关注飞鸟目标，尽快采取相关驱鸟策略，必要时关闭相关跑道

6.2.2 鸟击概率估计

鸟击概率估计模型综合考虑了飞鸟与跑道的相对位置，估计某飞鸟目标侵入某跑道的概率，如图 6-1 所示。点 A 和 B 为跑道的两端，飞鸟目标(C)与跑道中点(O)之间的距离为 L，OC 与跑道之间的夹角为 θ($0° \leqslant \theta \leqslant 90°$)。

鸟击概率由距离 L 和角度 θ 两个因素决定：

$$P=\begin{cases}P_L\cdot P_A, & P_L\cdot P_A<1\\ 1, & \text{其他}\end{cases} \tag{6-2}$$

P_L与 L 有关，P_A与 θ 有关，二者都是(0,1]之间的值。参数 P_L 由下式计算：

$$P_L=\exp(1-L/L_0) \tag{6-3}$$

P_L 随着距离 L 的增加而减小，L_0 控制了 P_L 的递减速度，当 $L=L_0$ 时，P_L=1。较小的 L_0 值使得 P_L 曲线比较陡峭，较大的 L_0 值使得 P_L 曲线比较平缓。

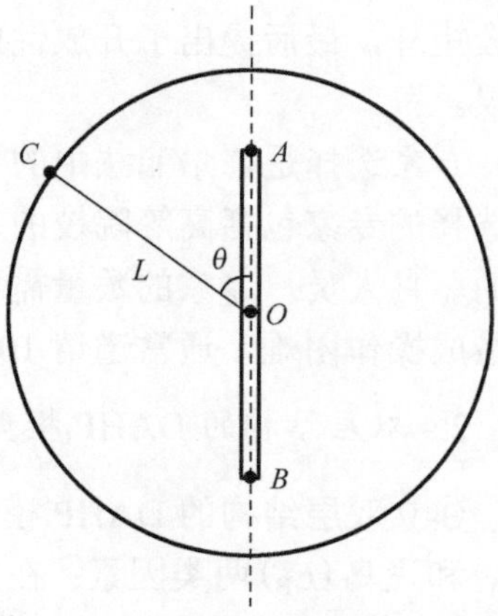

图 6-1　飞鸟与跑道相对位置示意图

通常认为，飞鸟靠近飞机起降通道时鸟击危害最大，因此参数 P_A 由下式计算：

$$P_A=1-a\cdot\sin\theta \tag{6-4}$$

其中，参数 α 能够控制 P_A 的边界值，夹角 θ 由余弦定理计算：

$$\theta=\arccos\frac{OC\cdot OA}{|OC|\cdot|OA|} \tag{6-5}$$

将鸟击概率划分为 5 个等级：VL（$0<P<0.2$），L（$0.2\leqslant P<0.4$），M（$0.4\leqslant P<0.6$），H（$0.6\leqslant P<0.8$），VH（$0.8\leqslant P\leqslant 1$）。

6.2.3　严重程度估计

本节首先介绍了科学获取专家知识的德尔菲法，进而介绍一种双层结构的 DAHP 模型，基于专家知识进行鸟击严重程度估计。

1. 德尔菲法

德尔菲法是为了克服专家会议法的缺点而产生的一种专家预测方法。在预测过程中，专家彼此互不相识、互不往来，这就克服了在专家会议法中经常发生的专家们不能充分发表意见、权威人物的意见左右其他人的意见等弊病。各位专家能真正充分地发表自己的预测意见。德尔菲法依据系统的程序，采用匿名发表意见的方式，即专家之间不得互相讨论，不发生横向联系，只能与调查人员发生关系，通过多轮次调查专家对问卷所提问题的看法，经过反复征询、归纳、修改，最后汇总成专家基本一致的看法，作为预测的结果。这种方法具有广泛的代表性，较为可靠。

本节基于德尔菲法设计了专家调查问卷。问卷中首先简要介绍了鸟击风险评估和 AHP 方法的基础知识，然后列出了需要专家填写的 DAHP 模型中不同层次上的比较矩阵，最后提出了开放性问题，请专家对影响鸟击风险的因素提出增减与合并建议。

专家选择是德尔菲法中的一个重要问题，需要兼顾权威性和普遍性。因此，我们选择的专家包括高等院校的鸟类学家、民航科研院所的航空安全专家以及机场一线的驱鸟人员。专家的数量需要合理设置，数量过少影响各领域的普遍性，数量过多造成操作困难，通常邀请 10～20 位专家。

2. 双层结构的 DAHP 模型

建立双层结构的 DAHP 模型估计鸟击严重程度。在第一层结构中，考虑飞行器(E_A)和飞鸟(E_B)两类因素；在第二层结构中，飞行器因素包含飞行器类型(T_A)和飞行器状态(S_A)两个子因素，飞鸟因素包含飞鸟数量(N_B)和飞鸟重量(M_B)两个子因素 $S = F_{AHP}\{E_A; E_B\} = F_{AHP}\{(T_A, S_A); (N_B, M_B)\}$。邀请 10 位专家填写调查问卷，其中，2 位为高等院校的鸟类学家，5 位为民航科研院所的航空安全专家，3 位为机场一线的驱鸟人员。专家经过 3 轮问卷的征询、归纳和修改，给出了趋于一致的比较矩阵。

在第一层结构中，包含 E_A 和 E_B 的比较矩阵为

$$\begin{array}{cc} & \begin{array}{cc} E_A & E_B \end{array} \\ \begin{array}{c} E_A \\ E_B \end{array} & \begin{bmatrix} 1 & 1/3 \\ 3 & 1 \end{bmatrix} \end{array} \tag{6-6}$$

计算得到这两类因素在第一层结构中的权重为

$$W_{E_A}^1 = 0.25, \quad W_{E_B}^1 = 0.75 \tag{6-7}$$

在第二层结构中，E_A 对应的比较子矩阵为

$$\begin{array}{cc} & \begin{array}{cc} T_A & S_A \end{array} \\ \begin{array}{c} T_A \\ S_A \end{array} & \begin{bmatrix} 1 & 1/4 \\ 4 & 1 \end{bmatrix} \end{array} \tag{6-8}$$

其在第二层结构中的权重为

$$W_{T_A}^2 = 0.2, \quad W_{S_A}^2 = 0.8 \tag{6-9}$$

同样，E_B 对应的比较子矩阵为

$$\begin{array}{cc} & \begin{array}{cc} N_B & M_B \end{array} \\ \begin{array}{c} N_B \\ M_B \end{array} & \begin{bmatrix} 1 & 1 \\ 1 & 1 \end{bmatrix} \end{array} \tag{6-10}$$

其在第二层结构中的权重为

$$W_{N_B}^2 = 0.5, \quad W_{M_B}^2 = 0.5 \tag{6-11}$$

此时，将每个子因素在不同层次上的权重相乘，获得其最终权重：

$$W_{E^2}^{1-2} = W_{E^1}^{1} \cdot W_{E^2}^{2} \tag{6-12}$$

得到每个子因素的权重如下：

$$\begin{gathered} W_{T_A}^{1-2} = 0.05, \quad W_{S_A}^{1-2} = 0.2 \\ W_{N_B}^{1-2} = 0.375, \quad W_{M_B}^{1-2} = 0.375 \end{gathered} \tag{6-13}$$

针对机场具体情况，将每个因素划分为 5 个等级，每个等级对应不同的分值，见表 6-3。其中，当鸟群密集运动时，由于雷达分辨力有限，可能无法提供准确的飞鸟数量。此时，可以通过统计雷达图像中鸟群目标的像素数，大致给出对应的飞鸟数量和种群规模[9]。最终的鸟击严重程度定义为

$$S = \frac{1}{5} \sum_{i=T_A,S_A,N_B,M_B} G_i \cdot W_i^{1-2} \tag{6-14}$$

式中，G_i 对应每个子因素对应的分值。

表 6-3　严重程度估计因素分级标准

因素	分级	分值
飞行器型号(T_A)	CRJ, EMB	5
	A320	4
	A330, B737	3
	A340, B747	2
	A380	1
飞行器状态(S_A)	起飞和进近	5
	爬升	4
	下降	3
	着陆	2
	滑行	1
飞鸟数量(N_B)	>15	5
	11～15	4
	6～10	3
	2～5	2
	1	1
飞鸟重量(M_B)	>1000g	5
	600～1000g	4
	300～600g	3
	50～300g	2
	0～50g	1

鸟击严重程度同样可以划分为 5 个等级：VL（$0 < S < 0.2$），L（$0.2 \leqslant S < 0.4$），M（$0.4 \leqslant S < 0.6$），H（$0.6 \leqslant S < 0.8$），VH（$0.8 \leqslant S \leqslant 1$）。

6.2.4 数据处理与分析

利用北京首都国际机场(三跑道)的仿真数据和北海福城机场(单跑道)的实测数据，对本节提出的鸟击风险评估方法进行测试。

1. 仿真数据

图 6-2 所示为北京首都国际机场三条跑道(R1、R2、R3)的位置与四群飞鸟目标(F1、F2、F3、F4)的运行轨迹，探鸟雷达的覆盖区域为[−8, 8]×[−8, 8]。三条跑道长度分别为 3.2km，3.8km 和 3.8km。

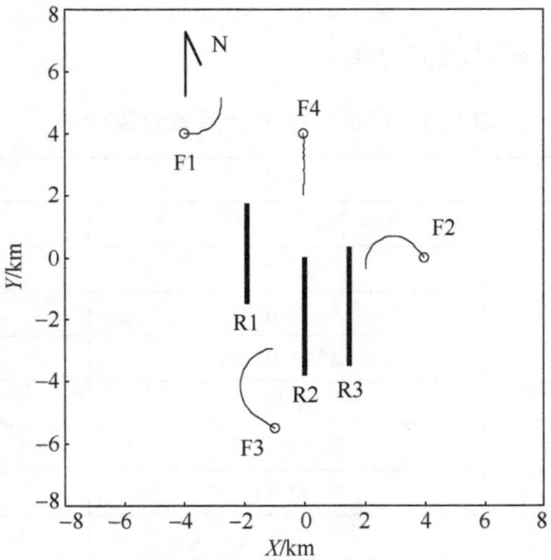

图 6-2 北京首都国际机场鸟情仿真数据

表 6-4 给出了跑道与飞行器的相关信息，包括跑道端点的坐标与飞行器的型号和状态，3 个飞行器的状态均为“起飞”。跑道 2 的北端设定为坐标系的原点。每条跑道的北端为 A，南端为 B。表 6-5 给出了飞鸟目标信息，包括每群飞鸟目标的飞行起点和终点，以及每个群中目标的数量和重量。在图 6-2 中，每个目标群的起点都被圈出，仿真时间为 200s，10s 更新一次坐标数据。

表 6-4 跑道与飞行器信息

跑道(R)	A/km	B/km	T_A	S_A
1	(−1.9, 1.7)	(−1.9, −1.5)	B737	起飞
2	(0, 0)	(0, −3.8)	A340	起飞
3	(1.5, 0.3)	(1.5, −3.5)	A380	起飞

表 6-5 飞鸟目标信息

目标(F)	起点/km	终点/km	N_B	M_B/g
1	(−4, 4)	(−2.8, 5.2)	50	30
2	(4, 0)	(2.1, −0.4)	3	500
3	(−1, −5.5)	(−1, −3)	5	200
4	(0, 4)	(0, 2)	1	6000

利用以上仿真数据，估计每群目标的鸟击概率和严重程度。图 6-3 所示为 4 群目标针对 3 条跑道的鸟击概率。在图 6-3(a)中，目标 1 距跑道 1 最近，其侵入跑道 1 的概率也最大，但由于其距跑道较远，其侵入 3 条跑道的概率在整个仿真过程中始终低于 0.4；在图 6-3(b)中，目标 2 对跑道 3 的鸟击概率在 150s 之后接近 100%，原因在于其在这段时间内与跑道 3 距离过近(<0.6km)；目标 3 在跑道 1 和跑道 2 之间的区域运动，其侵入这两条跑道的概率也相对较高，见图 6-3(c)；目标 4 与 3 条跑道的距离基本相同，其 3 条概率曲线相互也比较靠近，见图 6-3(d)。

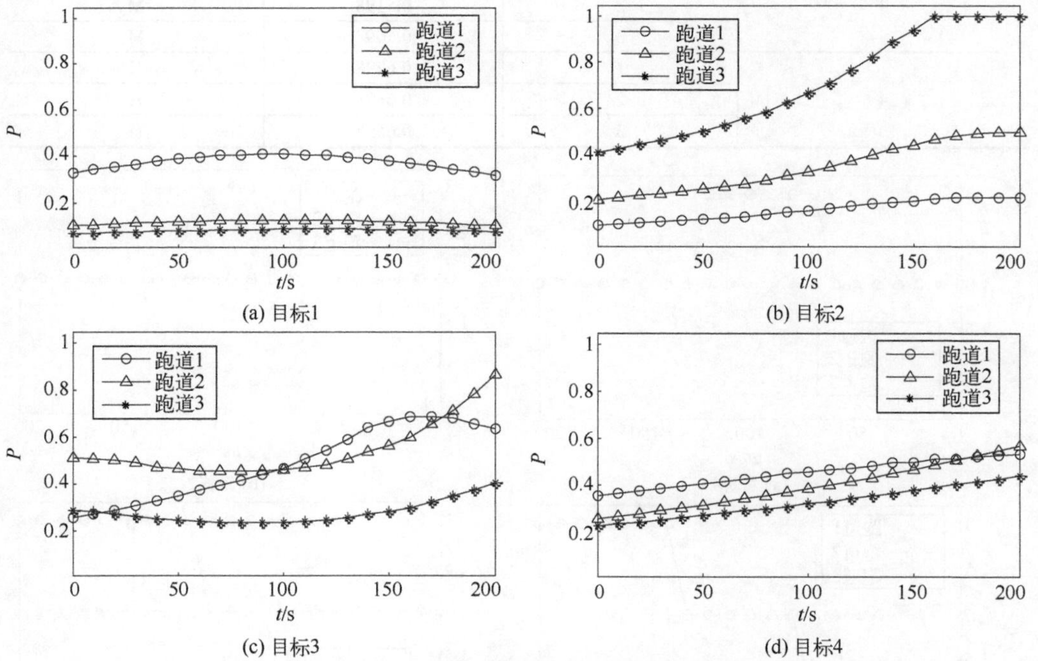

图 6-3 不同飞鸟目标的鸟击概率估计

四群目标针对三条跑道上不同飞行器的鸟击严重程度见表 6-6。目标 1 和 4 的鸟击严重程度等级均为 H，可见一群小鸟与单只大鸟的鸟击风险基本相同。基于图 6-3 给出的概率估计结果和表 6-6 给出的严重程度估计结果，按照表 6-1 中的风险评估矩阵规则，得出的鸟击风险评估结果如图 6-4 所示。图 6-4(a)中，尽管目标

1 的鸟击概率较低，但由于其严重程度估计值较高，其风险等级仍然较高；图 6-4(b)中，目标 2 对跑道 1 的风险等级高于对跑道 2 的风险等级，原因在于跑道 2 上的飞行器为波音 737，其对鸟击的承受能力较差；图 6-4(c)中，由于目标 3 侵入跑道 3 的概率较低，其对跑道 3 造成的风险等级也较低；跑道 1 的风险等级比跑道 2 略早达到 3；图 6-4(d)中，目标 4 与跑道 1 的距离较近，其对跑道 1 的风险等级也最高，三条跑道分别在 50s、120s 和 180s 达到风险等级 3。

表 6-6　鸟击严重程度估计

飞鸟目标	跑道	S 值	S 等级
1	1	0.6798	H
	2	0.6698	H
	3	0.6598	H
2	1	0.6048	H
	2	0.5948	M
	3	0.5848	M
3	1	0.5298	M
	2	0.5198	M
	3	0.5098	M
4	1	0.6798	H
	2	0.6698	H
	3	0.6598	H

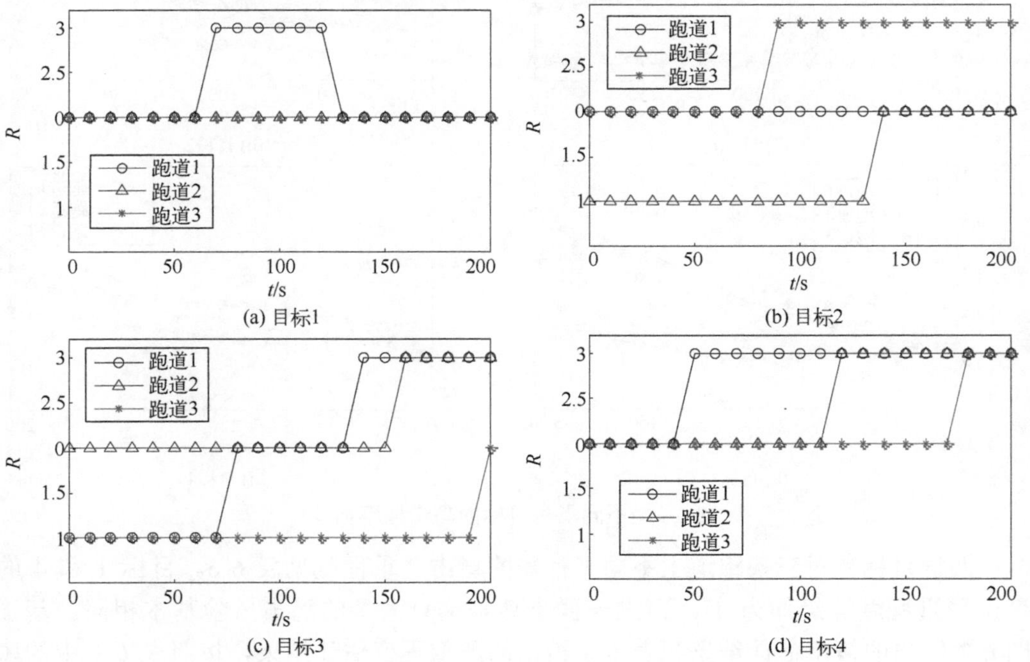

图 6-4　不同飞鸟目标的鸟击风险评估结果

2. 实测数据

采用“机场雷达探鸟实验系统”获取的北海福城机场鸟情信息[7-9]，将其与机场地图叠加，如图 6-5 所示。本实验系统放置在机场跑道南端，以该位置为原点建立直角坐标系，跑道全长为 3.2km，两端坐标分别为(0, –0.3)和(0.8, 2.8)。图 6-5 显示了某飞鸟群目标在 1 分钟之内的运动情况，其中心位置由矩形方框标定，运动方向由一条短线表示。该目标群包括 3 只小鸟(0～50g)，其横穿跑道南端的同时，一架波音 737 飞机正在滑行。采用本节提出的方法进行鸟击风险评估，鸟击概率等级为“VH”，鸟击严重程度等级为“L”，风险等级为 2 级。按照表 6-2 提出的应对策略建议，此时应加强关注飞鸟目标，必要时采取相关驱鸟措施。

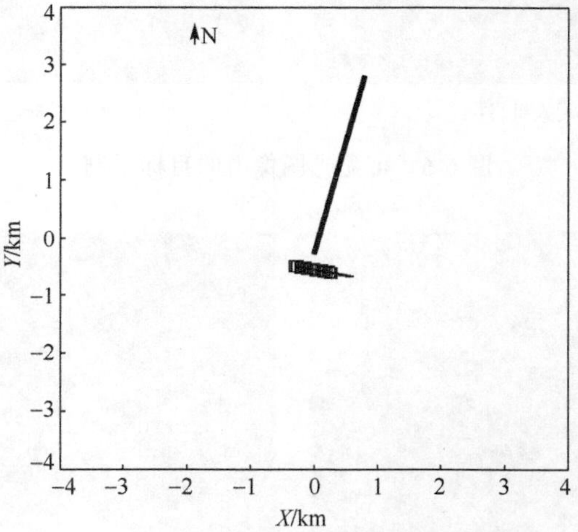

图 6-5　北海福城机场实测数据

6.3　机场鸟击防范

机场鸟击防范作为一项复杂的系统工程，难以依靠声、光、电等单一的驱鸟手段从根本上解决问题，必须从多源融合鸟情观测、联动驱赶、生态治理等多个角度着手，构筑全方位的机场鸟击防范安全屏障。

6.3.1　雷达与光电技术融合

专业探鸟雷达通常仅能获取目标幅度、位置、速度、轨迹等信息，并按照大鸟、中鸟、小鸟和鸟群进行粗略分类。新一代探鸟雷达利用微动特征具备一定的目标识别能力，但也仅能实现近距离的无人机与飞鸟的分类。因此，光电设备作为雷达系统的补充能够对目标加以识别，具有独特的优势。先进的光电设备具备可见光和红外探测能力，可实现不同光照条件下的目标探测，图 6-6 和图 6-7 分别为可见光和红外图像中的飞鸟与无人机目标示例[12]。随着深度学习技术的快速发展，基于可见光和红外图像的目标分类算法性能稳步提高，已逐步应用于飞鸟与无人机目标的识别与分类[13-17]。

(a)无人机目标　　(b)飞鸟目标

图 6-6　可见光图像中的目标示例

(a) 无人机目标　　(b) 飞鸟目标

图 6-7　红外图像中的目标示例

光电设备视场有限且探测距离仍远小于雷达，通常需要布设多部光电设备进行组网才能覆盖雷达的探测范围，导致成本极高。此外，光电设备需要调整焦距以获取不同距离上目标的高清图像，目前工程上还难以实现雷达与光电设备的全自动同步配合，仍需要人工操作完成。

6.3.2　探驱联动与智能驱鸟策略

目前，常见的驱鸟技术主要是利用听觉、视觉及化学手段对鸟类进行生理、心理上的刺激，使鸟类感到不适或受伤，或者通过清除部分鸟类个体，对鸟群中的其他个体起到威慑作用，从而使鸟类远离机场活动。近年来，各类驱鸟技术设备的发展主要是在原有低强度、单一作用的基础上，进一步提升了设备作用强度、目标针对性以及多种方法的综合应用，以加强驱除效果、缓解鸟类的适应性。

发出爆震声的枪炮类设备，以及播放鸟类悲鸣声、求救声、天敌声、爆震声、电子合成声、超声波等音效的声音播放设备是机场最常采用的驱鸟技术。此类技术通过对鸟类听觉进行心理、生理上的刺激，让其感知危险、不适而飞离机场。传统声效类驱鸟技术由于声强小、播放频度变化不足、非伤害性等缺点，作用范围小，鸟类极易产生适应反应，驱赶效果有限。近年来，新型声学驱鸟设备主要在播放声音的强度、类型等方面进行提升，改善驱鸟效果。

稻草人或假人模特、恐怖眼、风轮、彩旗、飘带、天敌模型等是机场常用传统视觉驱鸟技术，通过对鸟类视觉进行刺激，让其感知危险、不适而飞离机场。近年来，激光、猛禽涂装的无人机等新型视觉驱鸟技术在刺激方式、灵活性等方面有了改进，驱鸟效果进一步提升。

拦鸟网和猎枪是较为传统的捕猎类驱鸟技术，但此类技术容易对鸟类造成实质性伤害，而遭到鸟类保护主义者的反对。近年来，猛禽驱鸟和犬类驱鸟作为新型的驱鸟技术日益受到关注。

表 6-7 汇总了各类驱鸟技术的典型产品并对其优缺点做了对比分析。

表 6-7　各类驱鸟技术的优缺点对比

类型		典型产品	优点	缺点
声效类	煤气炮	固定式、车载式等	传统驱鸟技术、成本较低	容易产生适应性、作用距离有限、需注意防火
	烟火发射装置	驱鸟枪、二踢脚、钛雷炮等	同时具备视觉和听觉的威慑，有一定作用高度	产生残骸碎片、需注意防火
	声波	定向声波、全向声波、超声波等	指向性强、作用距离远、超声波对蝙蝠有一定驱赶效果	价格相对较高、可能产生适应性
视觉类	鸟类天敌模型	稻草人、猛禽模型、驱鸟无人机等	成本低、布设灵活	易产生适应性、无人机的使用合理性尚需评估
	彩色悬挂物	恐怖眼、风轮、旗帜、彩带和气球等	成本低、布设灵活	易产生适应性
	激光驱鸟器	固定式、手持式等	夜间使用效果好	可能干扰飞行员视线，国内机场使用受限
猎捕类	拦鸟网	高架网、地网等	传统驱鸟技术、成本低	容易对鸟类造成伤害
	实弹射杀	霰弹枪、猎枪等	传统驱鸟技术、驱鸟效果好	容易对鸟类造成伤害
	动物驱鸟	驱鸟鹰、驱鸟犬等	新技术、驱鸟效果好	需要专业人员、成本高、国内机场使用受限
化学类		甲基氨基苯甲酸盐、氨水、苯菌灵、氯甲氧苯等	成本较低	可能造成环境污染、效果有待评估

针对鸟击防范的严峻形势，目前国内外机场多采用煤气炮、超声波、定向声波、钛雷炮、驱鸟模型等一种或多种组合的驱鸟手段，如图 6-8 所示。在安装初始阶段，

这些设备对鸟类具有一定的驱赶效果，但运行一段时间后，鸟类对这些设备产生了耐受性，使其逐渐丧失了驱鸟能力。因此，将“驱鸟”手段与“探鸟”技术相结合成为多数机场采取的技术方案，其基于机场雷达和光电等探鸟技术获取的鸟情信息提出驱鸟策略，采用最优的驱鸟设备组合方式、启动时机与工作机制，避免驱鸟设备长期单调重复动作，能够在一定程度上解决鸟类对驱鸟设备的耐受性问题，改善驱鸟效果[18]。

(a) 定向声波

(b) 煤气炮

(c) 多功能驱鸟器

图 6-8　驱鸟设备示意图

通过对雷达、可见光、红外等多源探测数据的融合处理，能够获取飞鸟目标的数量、种类、飞行方向、三维坐标等多维信息。采用支持向量机的方法，利用专家知识将鸟情信息向量与特定的驱鸟策略相关联，建立驱鸟策略分类模型，能够实现智能驱鸟决策；同时，利用测试数据对驱鸟策略分类模型进行循环优化升级，不断改善和提升驱鸟效果[19]。另外，机场驱鸟设备的布设与组合不宜一成不变，需要针对鸟情分布态势及时做出调整，探鸟雷达能够获取机场周边实时的鸟情分布态势，进而对驱鸟设备布设方案调整前后的鸟情分布情况进行对比分析，辅助确定最优的驱鸟设备布设与调整方案。

6.3.3　生态治理

目前，较之于声、光、电等直接驱鸟技术，生态治理手段被认为能够切断鸟类的食物链并破坏其生存环境从而达到驱鸟的目的，其在虫情、鼠情、鸟情调研的基础上，深入开展“虫、草、水、鼠”的多维度治理，控制鸟类的食物链和生存环境，降低飞行区及其临近区域对鸟类的吸引力，进而从根本上解决鸟害问题。探鸟雷达能够获取大范围全天候的鸟情信息，为生态环境治理提供重要的数据支撑。目前，常用的生态环境治理措施包括灭虫、植被管理、水体管理、鸟类遮蔽处清理、家鸽饲养管理、土地管理、栖息地引鸟等。

1. 灭虫

昆虫(包括其他土壤生物)是吸引鸟类进入机场飞行区觅食的最主要因素，通过识别、统计吸引鸟类的昆虫种类和时空分布，区分重点防治昆虫并对其进行专项防治，可大大减少机场鸟类的食物来源，从而降低鸟击飞行器的风险。昆虫的多样性变化对机场鸟情变化有着直接的影响。我国大部分机场的昆虫数量通常夏季最多，春秋季次之，冬季最少。春末夏初，由于气温逐渐升高，昆虫的繁殖数量呈递增状态，此时正是大部分鸟类的繁殖期，大量昆虫成为鸟类充沛的食物来源，可能吸引大量诸如伯劳、斑鸠、灰头麦鸡等食虫性鸟类。夏季的夜晚，由于温度适宜加之机场亮光的吸引，以鞘翅目为主的昆虫通常会飞到机场寻找食物，导致昆虫的活跃度增加。进入秋冬季之后，随着气温下降，大部分昆虫开始消失。

合理安排割草和打药是灭虫的主要手段，二者需要协同配合才能取得较好效果。如图 6-9 所示，采用打药机实施农药喷洒，能够解决人工喷洒速度难以与机械割草速度相匹配的困难，实现“当天割草、当天打药”；另外，利用太阳能灭虫灯发射特定波段的紫外线和蓝色可见光，吸引具有趋光本能的昆虫扑向光源，能够诱杀夜间活动的昆虫，切断鸟类食物源。

(a) 喷药灭虫

(b) 灭虫灯

图 6-9　机场常用的灭虫技术

2. 植被管理

机场草坪属于一个封闭的生态系统，在春、夏两季，随着气温升高，野生植物开始在机场内生长、开花，吸引土壤动物或机场周边飞行的昆虫来此觅食、繁殖，同时也吸引肉食性鸟类(如伯劳、家燕等)前来觅食昆虫和其他土壤动物；秋季是植物结果期，此时机场充沛的草籽和果实为斑鸠、麻雀等鸟类提供了食物来源。此外，当草高过高时，容易吸引褐鼠等小型动物在草坪内掘洞筑窝、吸引灰头麦鸡、喜鹊等鸟类在草坪中觅食。因此，控制草高不仅能减少昆虫数量，还能降低机场土质区草坪对鸟类的吸引力。控制草高、进行割草作业必须要根据实际草情因地制宜，在排水沟渠、围界等割草机无法运行的区域，可采用传统的人工割草作业。另外，收割的野草严禁堆放在原处，应集中堆放、及时清运，拉至垃圾处理厂。

近年来，在传统植被管理的基础上，国内各机场通过植被改良技术，探索出不少经济效益与生态效益并重的新驱鸟方法。无锡硕放机场积极开展生态驱鸟技术研究，通过对迁徙季节高危鸟种的活动规律进行梳理，发现白鹭、雉鸡、家鸽等高危鸟种惯于进入飞行区觅食，而将植被替换为芍药能够减少以上高危鸟种的食物来源，不仅能够节约驱虫、碾压土质区等基本的驱鸟费用，而且能够大幅降低煤气炮、钛雷弹等驱鸟设备的排放，在美化机场环境的同时带来了良好的经济和生态效益。新疆伊犁伊宁国际机场利用得天独厚的气候条件，经过十余年的努力，在飞行区内试种的薰衣草已形成亚洲单体连片最大的薰衣草基地，赢得了“薰衣草机场”的美名，如图 6-10 所示。薰衣草富含芳樟醇、芳樟酯、樟脑等多种成分，具有驱虫和防鼠的效果，引种至今，伊宁机场飞行区内的昆虫、鼠类、鸟类数量逐渐降低，不仅达到了驱鸟的预期效果，还具有一定的景观及经济价值。

图 6-10　伊犁伊宁国际机场种植的薰衣草

3. 水体管理

鸟类在寻找食物、饮用水、遮蔽处和洗澡水时，特别容易被湿地、湖泊、池塘、坑道、沟渠、水池甚至地表积水所吸引，因此，机场飞行区内的各类水体治理对于鸟击防范工作至关重要。

飞行区内的蓄水池应设置在安全区域并进行改造，减少其对鸟类的吸引力；通过完善排水系统、填埋容易积水的坑道或洼地等措施，防止雨后和雪融化后在飞行区内形成临时的水塘。飞行区内应尽量采用暗沟替代明渠，并设置一定坡度以改善排水效果，定期清理沟渠并及时修剪覆盖岸堤的植被，防止沟渠堵塞后积水。对于飞行区内必须保留或无法及时消除的水体，应加盖防鸟网或布置鸟球，防止鸟类在水面停留。鸟球是一种黑色的小球，其能够漂浮在水面上，欺骗鸟类认为这一区域没有水，防止其接近水面。同时，鸟球能够适应水面波动，不受水中障碍物、强风的影响，易于安装且无须维护，但价格相对较高。

4. 鸟类遮蔽处清理

机场飞行区内的建筑物、高草区、灌木丛、排水沟、高架电线、塔台、通风口及管道都可能成为鸟类寻求的理想遮蔽处。机场宽阔的空域为鸟类观察周围情况提供了良好视野，使其可以及时发现接近的猛禽，找到安全感。一般情况下，一旦发现鸟类遮蔽处，要及时清除并不困难。长期停放在机坪上的飞机也可能成为鸟类的筑巢地，其筑巢的可能性随飞机停场时间的增加而增加，鸟巢可能只需一个周末甚至一天就能建好。据国外媒体报道，在新冠疫情期间，西班牙伏林航空公司一架停飞的空客 A320 飞机在进行维护时，在机翼下方发现了一个鸟巢。筑巢的鸟类可能会来回穿越跑道，增加鸟击风险，因此，对于停场飞机，应至少一周进行两次检查是否有鸟巢，并尽量远离跑道停放。

栖架为鸟类提供了俯瞰周围环境的有利地点，飞行区内的树木、围墙、栅栏、支架、树桩、电线等都可能成为鸟类潜在的栖架，应及时移除。无法移除的，如跑道、滑行道和停机坪内的高杆灯支架上应安装弹性针毡，以防止鸟类将其作为栖架。

5. 家鸽饲养管理

如果机场周边的居民有饲养家鸽的习惯，那么这些成群飞行的家鸽可能会出现在航班起降通道区域，对飞行安全的威胁不容忽视。部分家鸽戴有金属脚环，一旦发生鸟击，这些金属制品对航空发动机的损伤极大。

《中华人民共和国民用航空法》第 58 条规定，禁止在依法划定的民用机场范围内和按照国家规定的机场净空保护区内饲养、放飞影响飞行安全的鸟类动物和其他物体。航班在进场过程中，通常保持 3 度的下滑角，飞行每千米下降 55 米，在距离跑道端头 2 公里至 5 公里的范围内，飞机的高度约为 110 米至 260 米，这恰好是鸽子的飞行高度。因此，建议在沿跑道方向的距离跑道端头 10 公里和垂直跑道方向的跑道两侧各 5 公里范围内，禁止饲养家鸽。

因此，机场管理机构在通过宣传教育呼吁机场周边居民尽量不要放飞家鸽的同时，迫切需要与地方政府加强协调，通过立法的方式限制机场周边家鸽的饲养。

6. 土地管理

机场临近区域的水域、森林公园、生态园区、垃圾堆、食物垃圾填埋场、污水排放口、鱼类加工厂、屠宰场、家畜饲养场、成片乔木林、农作物等，都可能成为吸引鸟类的区域。例如，开放水域或湿地可能成为鸥类、涉禽和水禽的筑巢区，如果机场位于垃圾填埋场和自然水域之间，在自然水域栖息的鸟类可能到垃圾填埋场觅食，进而有规律的在机场上空来回往返，增加鸟击风险。

参考发达国家的鸟击防范经验，机场参考点 8 公里范围内，应争取地方政府的配合，不建议设置垃圾填埋场、渔场、种植吸引鸟类的农作物、森林公园和生态园区。如果建立了垃圾填埋场，应对可能吸引鸟类的垃圾进行覆盖以减少鸟类食物源。机场附近的渔场也应实施严格的控制措施，最大限度地降低其对鸟类的吸引力。

7. 栖息地引鸟

近年来，国内外部分机场基于对机场周边生态环境的充分调研分析，因地制宜，通过在机场周边一定距离范围内，选择合适的区域并营造出一个合乎鸟类习性的栖息空间，将机场范围活动的鸟类尽可能吸引到该处，从而构建一个鸟类栖息与航空器安全运行的和谐家园。

目前，国内最为典型的通过建立鸟类栖息地引鸟降低机场鸟击风险的案例，就是为降低上海浦东机场鸟击风险而建立的九段沙湿地自然保护区，如图 6-11 所示。1996 年，在浦东机场规划选址过程中，参与选址的鸟类学家提出，浦东机场东侧有一片约 300 米宽的潮带，由于浦东机场本身选址临海，其占据的部分湿地恰好处于东亚及国内沿海多条候鸟迁徙路线上，高峰季节鸟类活动数量可达 2 万多只，成为威胁飞行安全的巨大隐患。

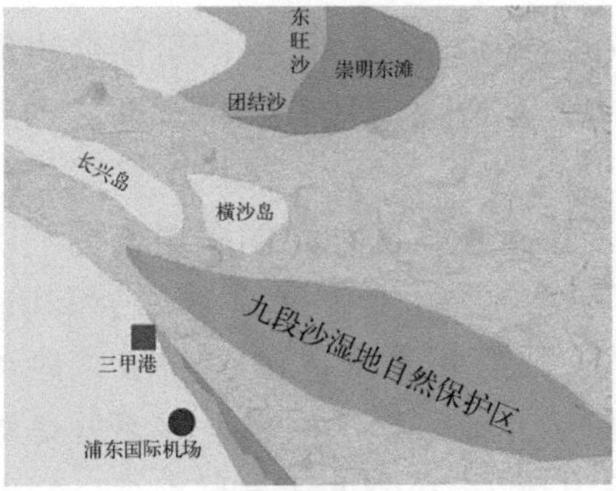

(a) 地理位置

(b) 九段沙人工种植的植被

图 6-11　九段沙湿地自然保护区

传统的声、光、电驱鸟方法无法有效解决以上问题，因为鸟类的耐受度会逐渐提高，导致机场投入的驱鸟成本尽管持续增加，却始终无法彻底规避鸟击风险。为打破僵局，浦东机场在生态专家的建议下，采取了一种新的驱鸟方式——生态式驱鸟，建立鸟类栖息地，在机场飞行区内采用传统驱鸟手段的同时将鸟吸引至专门建立的栖息地，驱鸟与引鸟同时进行，实现“疏、堵相结合”。

生态环境治理是机场鸟击防范工作的根本和长远之策。机场应以生态环境治理为基础，充分发挥科技创新引领作用，积极推进生态环境友好的机场鸟防新技术应用，落实相关规章要求，进一步完善鸟害防范制度体系，不断查找机场鸟害治理工作中的薄弱环节并积极改进，落实机场鸟害防范工作的综合措施，健全鸟害防范管理工作的长效机制，最大限度地防范和减少鸟击航空器事件，全面提升机场鸟击防范水平，实现飞机与飞鸟“共享蓝天”。

6.4　无人机反制

探测到闯入禁区的无人机目标后，需要采取一定的反制手段，使其迫降或返航。典型的反制技术包括物理拦截捕获、无线电压制、GPS 诱骗等。

6.4.1　物理拦截捕获

针对恶意或违规无人机构成的威胁，物理拦截捕获技术提供了一种直接有效且能保全目标(尤其对取证有价值)的处置手段，其核心在于通过实体接触使目标无人机丧失飞行能力并完成捕获。主要技术包括网弹/捕捉网拦截和激光拦截。网弹拦截利用专用拦截无人机、地面装置或便携设备发射高强度捕捉网，精准罩住目标旋翼或机身，通过缠绕使其动力失效并可控坠落；其优势在于附带损伤小、便于取证且技术相对成熟，但对发射精度、环境因素(如风速)敏感，射程有限且需回收目标。激光拦截则依靠精密跟踪系统发射高能激光束，远距离照射目标外壳或关键部件(如电池、电机)，通过热能积累快速熔穿或烧毁，导致目标失控坠落；其优势是反应极快(光速)、射程远、精度高且不受风力影响，适合高速或集群目标，但易受雨雾烟尘影响而削弱效能，存在安全风险(误伤、火灾)且通常摧毁目标。此外，训练猛禽或携带切割绳的拦截无人机等其他物理手段也有探索，但应用受限。因此，网捕技术凭借其安全性和取证价值，成为城市、机场等敏感区的首选，而激光武器则依靠速度和射程优势，在军事基地及关键设施等需硬摧毁或远距拦截的场景发挥作用。当前，物理拦截技术正向智能化(如自主协同)、高精度化和低成本化持续发展。

网弹/捕捉网拦截技术的一种方案是采用直径为 1 米的中大型无人机，拖挂上长 3 米、宽 2 米的网兜；另一种方案是从地面发射无人机拦截炮弹，每一枚炮弹自带网兜高压启动喷射装置，网住无人机后，打开降落伞，把逮住的无人机落到地面，如图 6-12 所示。

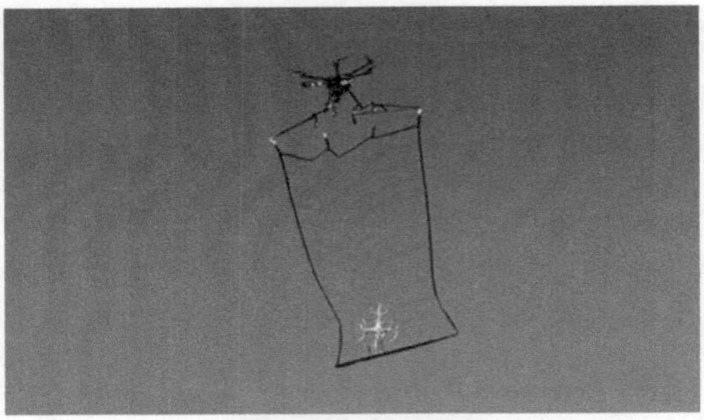

(a)无人机空中撒网拦截

(b)地面发射炮弹拦截

图 6-12 拦截捕获技术示意图

激光无人机反制技术是一种利用高能激光束对无人机实施精准毁伤的新型防御手段。其核心原理是通过雷达、光电系统及人工智能算法快速探测、识别并锁定目标，随后发射聚焦激光束，在数秒内熔毁无人机的电路、电池或关键结构，实现“光速击杀”。该技术具备显著优势：激光以每秒 30 万公里的速度直线传播，无须计算弹道，响应速度远超传统武器；单次拦截成本仅需数元人民币，远低于导弹的百万美元级消耗；可无限次发射，有效应对集群攻击。实战中拦截成功率接近 100%，已广泛应用于安保及军事防御领域。但激光易受大雾、暴雨等天气影响导致能量衰减，需与传统防空手段协同组网。中国发展的 OW5、“天穹”等系统正推动全球反无人机体系进入以“低成本、高精度、光速打击”为特征的新阶段。

中国兵器工业集团研发的 OW5-A50 激光防空系统是目前全球实战化程度最高、综合性能领先的激光反无人机装备，如图 6-13 所示。该系统于 2025 年 7 月在内蒙古试验场公开实弹测试，以 50 千瓦的功率在 5 公里外精准摧毁无人机靶机，单次发射成本不足 1 美元，以高效毁伤、超低成本与智能协同能力，重新定义了现代防空规则。

图 6-13 OW5-A50 激光防空系统

6.4.2 无线电压制

无线电压制技术是应对未经授权或恶意无人机最常用且经济高效的反制手段，其核心原理是通过发射大功率定向干扰信号，阻断目标无人机与操控者之间的通信链路(如遥控和图传信号)和/或压制其卫星导航接收(如 GPS、北斗)。一旦通信被切断或定位失效，无人机会根据预设安全程序触发自动返航、原地悬停或紧急降落等行为，从而达到迫使其离开禁飞区域或就地捕获的目的。该技术的显著优势在于响应速度快、作用距离远(有效范围通常可达数百米至数公里，取决于设备功率和环境)、操作相对简便(可快速部署于固定站点或车载/便携平台)，且能在非接触、非物理摧毁的前提下达成反制目的，这既降低了附带损伤风险(如避免无人机空中爆炸或碎片坠落伤人)，也最大程度保全了目标无人机本体，为后续取证溯源(如识别飞手身份、飞行意图)提供了关键物证。然而，其应用也存在不容忽视的局限性：大功率干扰信号可能对周边合法无线电设备(如 Wi-Fi、蓝牙、合法通信甚至部分雷达)造成附带干扰或压制，尤其在人口稠密区或复杂电磁环境中需谨慎使用；反制效果易受地形遮挡、环境电磁噪声等因素影响；对于具备强抗干扰能力(如采用跳频、扩频通信、加密链路)或预设了自主航线(无须持续遥控信号)的先进无人机，压制效果会显著下降甚至失效；此外，大功率无线电发射受到严格的国家频谱管理法规和国际电信联盟规则制约，未经授权使用可能面临法律风险。

为应对这些挑战，无线电压制技术正持续向智能化、精准化和低附带影响方向演进：通过集成频谱感知能力，系统可自动识别目标无人机的工作频段并实施精准窄带干扰，大幅减少对非目标频段的附带影响；引入自适应干扰算法，可动态跟踪和压制采用跳频技术的无人机信号；结合雷达、光电等探测手段构建综合识别与干扰系统，提升在复杂环境下的对抗效能；同时，探索低功率欺骗式干扰(如诱导降落)等更隐蔽、更合规的手段也是重要发展方向。这些进步旨在提升反制效率的同时，更好地平衡安全需求与电磁环境兼容性。图 6-14 为一种针对无人机的手持式无线电压制系统。

图 6-14　一种针对无人机的手持式无线电压制系统

6.4.3 GPS 诱骗

GPS 诱骗技术(也称导航信号欺骗)是一种通过发射虚假但强度更高的卫星导航信号(如 GPS、北斗)，精准诱导目标无人机偏离预定航线的反制手段。其核心原理在于利用无人机导航系统对强信号的优先接收特性，向目标注入伪造的定位坐标，使其误判自身位置，从而触发预设安全机制(如自动返航、迫降)或将其引导至指定安全区域。该技术的优势在于隐蔽性强、无物理损伤，可主动控制无人机轨迹，避免因击落导致的坠毁风险或次生危害，尤其适用于城市等敏感区域；同时作为“软杀伤”手段，其电磁辐射功率远低于传统干扰，对周边通信设备的附带影响较小。然而，该技术也存在局限性：有效距离通常较小，易受环境遮挡和信号功率制约；技术门槛较高，需破解目标无人机的通信协议及导航加密机制，对采用多源导航融合(如视觉+惯性)或具备抗欺骗能力的新型无人机效果可能减弱；且完全依赖卫星导航系统，对未开启定位或纯视觉导航的无人机无效。目前该技术已应用于核电站、政府设施等区域性防护场景，国内典型的诱骗系统支持通过软件灵活设置禁飞区或定向驱离路径。未来发展方向正着力于提升动态加密诱骗信号的抗干扰能力，并探索结合雷达探测的多源协同诱导技术，以应对智能化无人机集群的复杂威胁。

目前，由于无人机反制中采用的无线电压制、GPS 诱骗等技术，极易对机场空管导航与航空器机载设备的正常工作造成干扰，以上技术能否在机场范围内使用有待于进一步评估。

6.5 小　　结

雷达已经成为机场鸟击防范和无人机探测反制的强大工具，其与可见光、红外等其他观测手段相结合，极大提高了机场低空探测能力。本节全面回顾了机场低空目标防范与应用现状，得出以下几点结论。

①机场探鸟雷达能够实现全天候低空鸟情监视，其积累的鸟情大数据为机场周边的鸟情调研分析、鸟击风险评估、生态治理等提供数据支撑。

②机场通过将雷达、光电等多模态探鸟技术与多种驱鸟设备进行联动，能够实现多层次精准驱鸟，有效覆盖高低空区域，显著降低鸟击风险。

③重点区域低空防御通过融合无线电压制、GPS 诱骗、网捕拦截及激光武器构建综合防御体系，高效拦截违规无人机，显著提升应对能力，但仍需突破抗干扰升级与蜂群防御等关键技术瓶颈。

参 考 文 献

[1] Allan J. A heuristic risk evaluation technique for bird strike management at airports[J]. Risk Analysis, 2006, 26(3): 723-729.

[2] Anagnostopoulos A. Bird strike risk evaluation for athens international airport[C]. 26th International Bird Strike Committee Conference, 2003: 1-17.

[3] Shaw P, McKee J. Risk evaluation: Quantifying aircraft and bird susceptibility to strike[C]. 28th International Bird Strike Committee Conference, 2008: 1-8.

[4] 王志高，周放，李相林，等. 机场鸟撞防制中的鸟类风险评价[J]. 生态科学，2007, 26(1): 69-74.

[5] Ruhe W. Bird avoidance models vs. real time bird-strike warning systems-a comparison[C]. 27th International Bird Strike Committee Conference, 2005: 1-5.

[6] 张锦，宁焕生，刘佳，等. 中国民用机场鸟情与鸟击风险[J]. 中国民用航空，2008, 86: 73-76.

[7] Ning H S, Chen W S, Mao X, et al. Bird-aircraft strike avoidance radar[J]. IEEE Aerospace and Electronic System Magazine, 2010, 25(1): 19-28.

[8] Nohara T J, Weber P, Unkrainec A, et al. An overview of avian radar developments-past, present and future[C]. Bird Strike North American Conference, 2007: 1-8.

[9] 陈唯实，宁焕生，李敬，等. 基于两种扫描方式的雷达探鸟系统[J]. 北京航空航天大学学报, 2009, 35(3): 380-383.

[10] Linstone H A, Turoff M. The Delphi Method: Techniques and Applications[M]. Boston: Addison-Wesley, 1975: 1-10.

[11] Saaty T L. The Analytic Hierarchy Process[M]. New York: McGraw-Hill, 1980: 1-5.

[12] 陈唯实，黄毅峰，卢贤锋，等. 多传感器融合的无人机探测技术应用综述[J]. 现代雷达，2020, 42(6): 15-29.

[13] Saqib M, Khan S D, Sharma N, et al. A study on detecting drones using deep convolutional neural networks[C]. 2017 14th IEEE International Conference on Advanced Video and Signal Based Surveillance (AVSS), 2017: 1-5.

[14] Craye C, Ardjoune S. Spatio-temporal semantic segmentation for drone detection[C]. 2019 16th IEEE International Conference on Advanced Video and Signal Based Surveillance (AVSS), 2019: 1-5.

[15] Vasileios M D A, Anastasios D D Z, Daras P. Does deep super-resolution enhance UAV detection[C]. 2019 16th IEEE International Conference on Advanced Video and Signal Based Surveillance (AVSS), 2019: 1-6.

[16] Aker C, Kalkan S. Using deep networks for drone detection[C]. 2017 14th IEEE International Conference on Advanced Video and Signal Based Surveillance (AVSS), 2017: 1-6.

[17] Rozantsev A, Lepetit V, Fua P. Detecting flying objects using a single moving camera[J]. IEEE Transactions on Pattern Analysis and Machine Intelligence, 2016, 39(5): 879-892.

[18] 赵超. 基于物联网的机场驱鸟系统的研制[M]. 济南: 山东师范大学, 2014.

[19] 陈唯实, 闫军, 张洁, 等. 基于支持向量机的机场智能驱鸟决策[J]. 北京航空航天大学学报, 2018, 44(7): 1547-1553.

第 7 章　雷达低空目标探测技术展望

7.1　引　　言

随着无人机技术的不断发展，“低慢小”目标的尺寸越来越小、回波越来越微弱、运动特性和编队构成越来越复杂，给雷达目标检测、目标特征提取、目标跟踪和目标识别带来了极大挑战。未来，低空目标探测雷达体制将不断发展，智能化、小型化、分布式、主被动融合、通感一体、多功能成为发展趋势。数字阵列体制、外辐射源雷达、全息雷达、MIMO 雷达、软件化雷达、智能化雷达等新的雷达体制，扩展了可利用的信号维度，为雷达目标探测精细化、探测识别一体化处理提供了灵活的软件框架。本章重点介绍雷达低空目标探测新体制与新技术，7.2 节分别从可编程电磁表面相控阵、分布式雷达、微波光子雷达、通感一体探测等方面，介绍新型雷达天线、多角度分布式探测、高分辨识别及成像、探测通信一体化等新型探测手段在低空目标探测方面的应用；7.3 节介绍波形优化和设计、智能处理等新技术对于低空探测雷达检测和识别能力提升的作用及应用；7.4 节介绍低空探测雷达在昆虫探测、鸟情预警、蜂群无人机探测等领域的应用。

7.2　低空探测雷达新体制

7.2.1　可编程电磁表面相控阵

在雷达侦测、卫星通信、数据链路等远距离通信场景中，常要求天线具有高增益辐射和快速波束扫描性能。相控阵天线是这些应用系统中的一个重要部件，如图 7-1 所示，其设计关键在于实现每个天线单元的相位调控。

目前主流发展方向是在每个辐射单元的射频端加载 T/R 组件，将射频信号转换到基带信号，利用电路方法调控信号的相位特性，从而实现波束扫描、波束形成等性能。这种相控阵天线具有辐射性能优秀、波束灵活等优点。当相控阵天线的阵列规模增加，单元数目增多时，所需 T/R 组件数目上升，面临许多棘手的问题，包括系统复杂、成本高、体积大等。

近年来，随着界面电磁学的发展，一种新型相控阵天线的设计思路逐渐受到关注，即利用空间馈源照射电磁表面，在电磁表面单元中加载控制器件，通过调控电

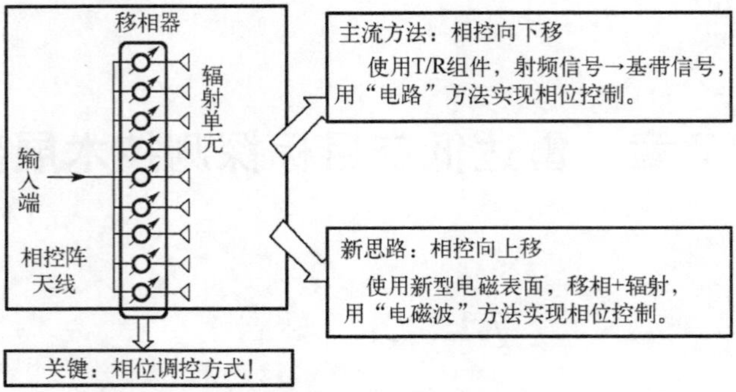

图 7-1　相控阵天线的设计思路

磁波的散射相位特性，实现高增益辐射和快速波束扫描等性能。这种新型相控阵天线的单元集成了“辐射”和“移相”两种功能，避免使用 T/R 组件，具有低成本、易加工、易共形、低剖面、重量轻等突出优势。

电磁表面是一种新型的二维周期或准周期人工电磁结构，通过在电磁表面单元上引入电调器件，构建的新型可重构电磁表面可以通过控制电调器件实现对电磁波的实时调控，从而可以实现波束扫描、波束捷变等多种功能。基于可重构电磁表面单元的数字相控电磁表面天线便是其中最典型的一个研究热点。理论和工程实践已表明，与传统相控阵相比，基于电控可重构电磁表面单元的相控电磁表面天线虽然在发射功率上有所下降，但天线增益、波束宽度等关键指标与传统相控阵相当，而系统成本和复杂度则显著降低，具有广阔的应用空间。

根据馈源位置的不同，数字相控电磁表面天线可分为反射型(reconfigurable reflect array)和透射型(reconfigurable transmit array)两大类。反射型结构馈源和出射波束在阵面的同一侧，单元中辐射、移相结构和偏置网络之间可以由地板隔开，反射效率较高，但其存在馈源遮挡等问题且不利于系统集成。透射型可重构阵列的馈源和出射波束分置于阵面两侧，其组成示意图如图 7-2 所示。这种结构解决了反射型结构中馈源遮挡问题且更易于与安装平台进行共形设计和一体集成，是目前最有发展潜力的应用形式之一。

鉴于相控电磁表面天线的优势，近年来，吸引了国内外学者的广泛关注和研究，并取得了一系列突破性的进展。在国际上，包括西班牙 Encinar、Perruisseau- Carrier、意大利 Costanzo、土耳其 Akin、加拿大 Laurin、加拿大 Hum、日本 Kuki、法国 Dussopt 和 Sauleau 等在内的诸多学者和团队均取得了许多研究成果。在国内，东南大学崔铁军教授、电子科技大学屈世伟教授、清华大学杨帆教授、中国科学院光电技术研究所罗先刚研究员等学者和其所在团队也在电控可重构电磁表面设计方面做出了突出贡献。然而，目前对可重构相控阵天线的研究以反射式为主，与反射式结构相比，可重构透射阵的设计难度更大、结构更加复杂，针对该类天线的研究并不是很多。已有的研究成果主要分为两类：①采用变容二极管、电控机械器件、功能材料等连

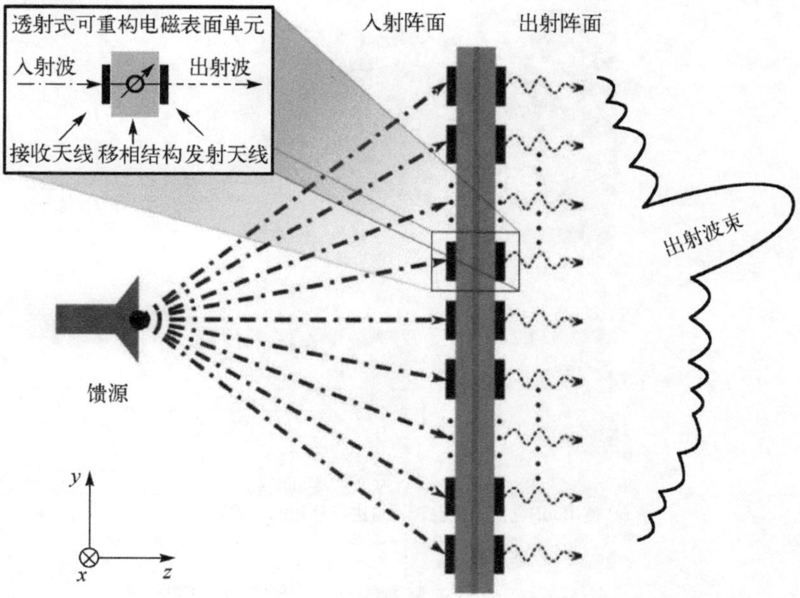

图 7-2　透射式相控电磁表面天线组成示意图

续电调器件实现模拟相控电磁表面设计；②采用 PIN 二极管和射频微机电系统(micro-electro-mechanical system，MEMS)开关等开关型器件，实现数字相控电磁表面天线设计。

在基于连续电调器件的研究方面，马德里理工大学的 Padilla 等在 2006～2010 年期间进行了可重构阵列的尝试，从金属探针耦合的透射阵天线出发，研究了其中收发贴片匹配调节、相移网络设计等技术环节。该设计采用了变容二极管加载的 3dB 混合电桥移相结构，如图 7-3(a)所示，通过调节二极管容值，实现 360° 的连续可调相移，并实现 6×6 阵列在 12GHz 左右 0° 到 9° 的波束扫描。但由于移相结构复杂尺寸较大，该阵列只能以 2×2 的子阵为单位进行调相，导致大于 10° 的扫描波束会出现较高的栅瓣，限制了该天线的扫描范围。2012 年，加拿大多伦多大学的 Lau 等对缝隙耦合的收发型单元进行了研究，使用堆叠贴片、差分传输线及变容二极管调节的 T 型电桥实现了 360° 相位可调的可重构单元，如图 7-3(b)所示。独立可调节的单元构成的 6×6 阵列在 5.0GHz 附近实现了在 E 面和 H 面±50° 的波束扫描。为了将单元周期限制在半波长内，该设计采用了介电常数大于 6 的介质，以减小相移网络占据的面积。以上两类设计均使用变容二极管作为可重构器件。其优点为电容值可连续调节，从而可获得连续的相位变化。缺点为需要精准控制电压以获得所需相位，这就需要为每一个二极管单独配置一个数模转换电路，使得其难以应用于单元数较多的可重构阵列。同时也存在单元损耗大、相位曲线陡峭等缺点。

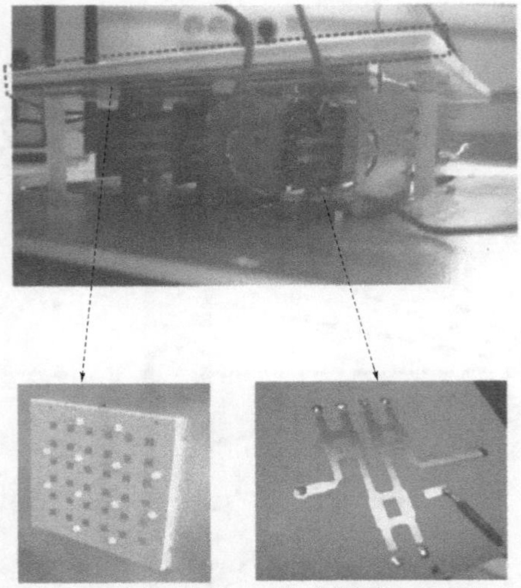

(a) 使用3dB电桥正交混合网络进行移相的可重构单元

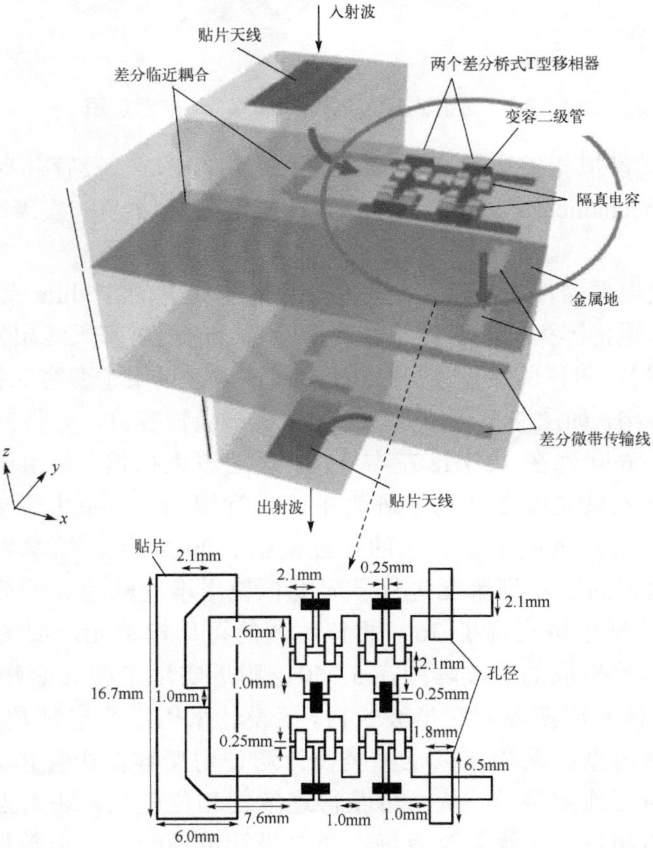

(b) 使用T型电桥调相的可重构单元

图 7-3　使用变容管的透射式可重构电磁表面单元

为避免复杂的数模转换，可以使用有离散开关状态的 MEMS 开关或 PIN 二极管作为可重构器件。亚利桑那大学的 Abbaspour-Tamijani 等采用 MEMS 开关利用耦合部位的切换得到透射波相位的变化，实现了 2 比特的单线极化可重构透射阵单元，如图 7-4(a)所示。2013 年，法国的 Dussopt 等人在辐射贴片上使用两个 PIN 二极管作为可重构器件，利用偏置电压控制 PIN 二极管的开关状态实现了耦合电流的反向，实现 1 比特单线极化可重构单元，如图 7-4(b)所示。基于二极管开关控制电流流向的思路，2015 年，中国科学院光电技术研究所罗先刚研究员等人在垂直和水平方向分别布设 1 个 PIN 二极管实现极化控制，通过加载变容二极管的相移网络实现相位调节，如图 7-4(c)所示。在 2016 年，该研究组对该单元进行了修改，使其可以将入射的线极化波转换为圆极化的出射波。与变容二极管等模拟电压调控的单元相比，采用开关型器件构成的可重构单元可通过控制开关型器件的导通与关断实现单元相位的控制，这种方法具有离散的特点，便于与数控电路集成，利于进行阵列设计。

在带宽方面，传统收发型单元受谐振带宽的限制，其典型增益带宽通常在 5%左右。2010 年，加拿大的 Ryan 等人采用 1/4 波长层间距的层叠型单元，提出了双谐振结构拓展单元带宽的想法，并以双谐振的双方环结构实现了具有 4 层结构的单元并设计加工了阵列进行验证。该阵列在 30.25GHz 实测增益达到 28.59dBi，1dB 增益带宽为 7.5%。其后，国内外学者开始了进一步探索，将多谐振层叠型单元应用

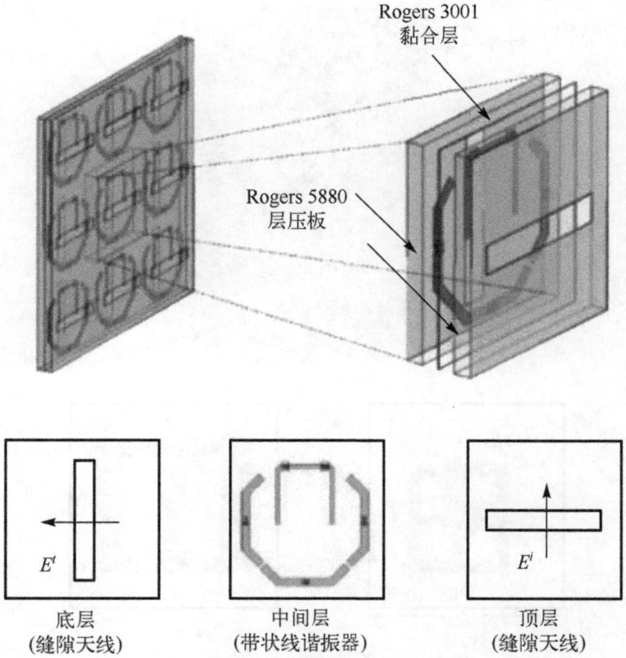

(a) 使用MEMS开关切换耦合路径的可重构单元

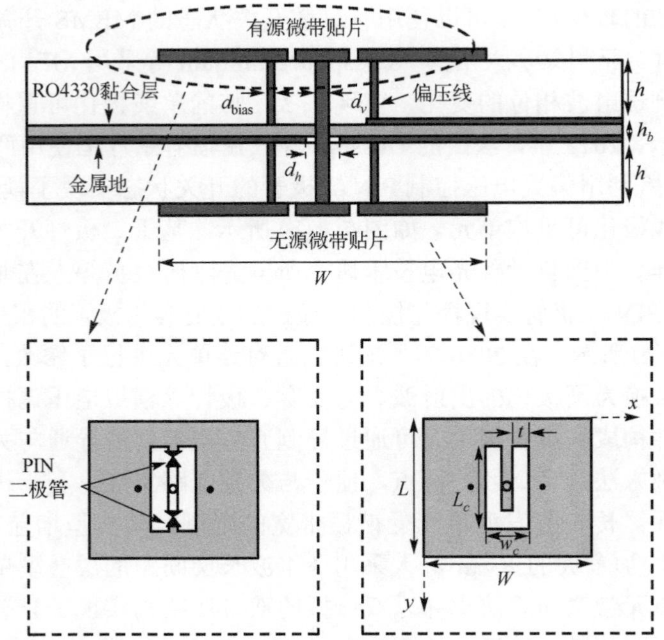

(b) 使用PIN二极管的单极化1比特单元

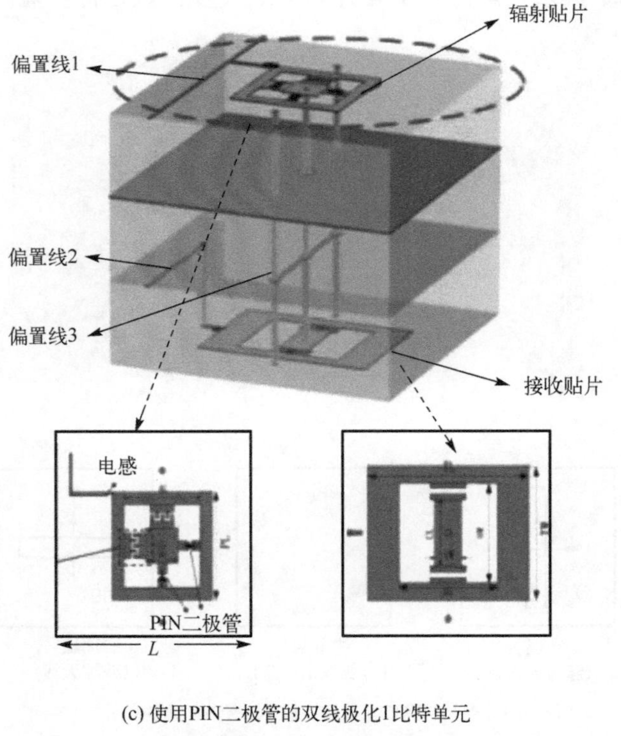

(c) 使用PIN二极管的双线极化1比特单元

图 7-4　几种典型的使用开关型器件的重构透射式电磁表面单元

于宽带透射阵。加拿大的 Niroo Jazi 等人于 2016 年提出了加载的十字形表面的 5 层叠型单元，在 12GHz 左右获得 24.45dBi 的实测增益，并将 1dB 增益带宽扩展至 10.2%。在 2015 年，密西西比大学的 Abdelrahman 等人提出了缩小单元相位取值范围，避免边缘单元窄带特性影响整体阵列性能的思想，并在实验中在 13.5GHz 获得 29.95dBi 的增益，1dB 增益带宽达 11.7%。这些工作多是基于传统不可重构阵列展开的，基于可重构阵列进行宽带设计的研究目前鲜有报道。

在透射式可重构相控阵的阵列设计方面，法国学者 Dussopt 等人设计了一款 400 单元的线极化阵列，如图 7-5(a)所示，实现了大角度波束扫描性能和平顶波束赋形功能。他们随后又设计了一款 400 单元的圆极化波束扫描阵列，如图 7-5(b)所示，实现了±60°范围的大角度波束扫描性能。还进一步利用 1 比特调相功能实现了可重构的和差波束阵

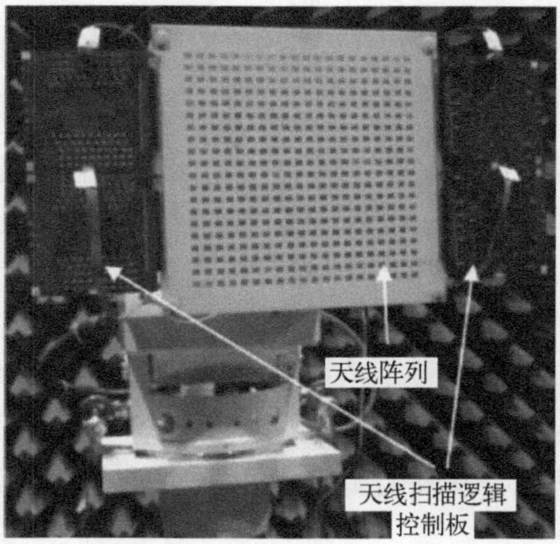

(a) 基于PIN二极管的线极化波束扫描阵列

(b) 基于PIN二极管的宽带波形捷变阵列

(c) 基于PIN二极管的可应用于单脉冲雷达的可重构阵列

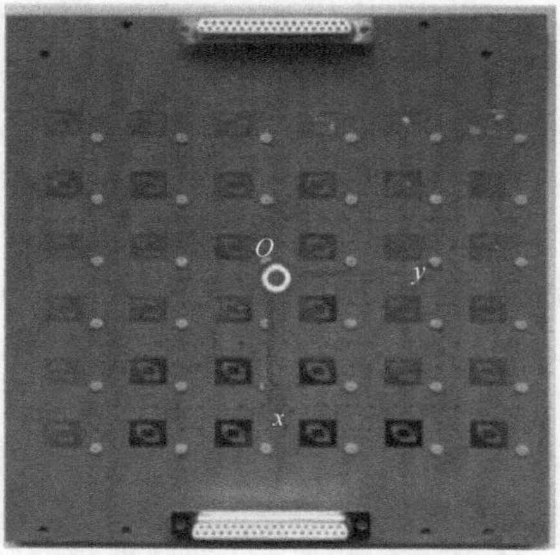

(d) 基于变容二极管的波束扫描和极化控制阵列

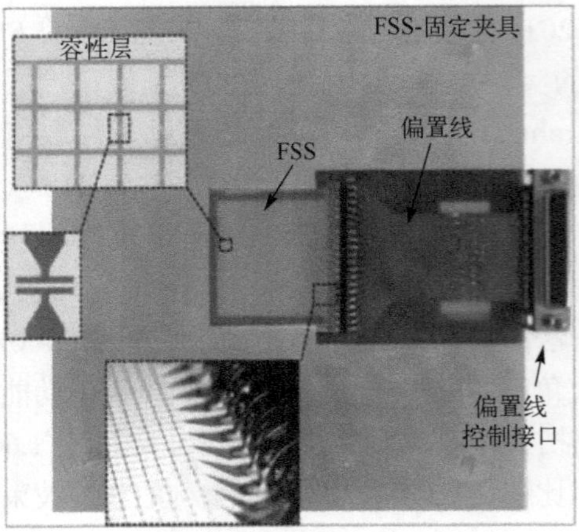

(e) 基于变容二极管的圆极化波束扫描阵列

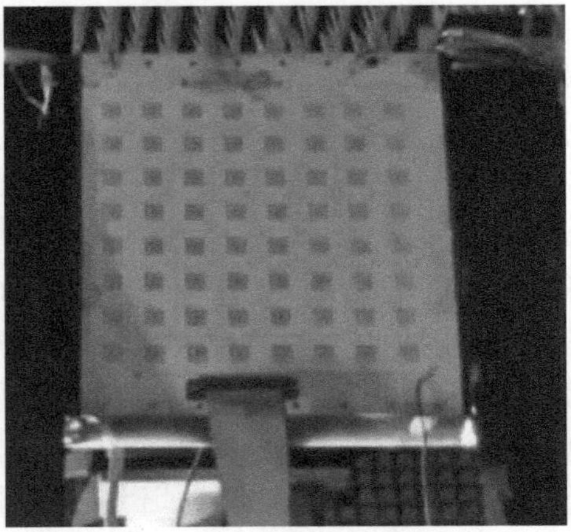

(f) 加载变容二极管的级联型FSS阵列

图 7-5　典型的透射型可重构电磁表面阵列

列，如图 7-5(c)所示，并将阵列天线应用到单脉冲雷达侦测场景中。中国科学院罗先刚研究员等人采用加载反射型移相网络的收发型单元结构，也设计了一款 64 单元的电磁表面阵列，如图 7-5(d)所示，实现了±60° 范围的二维空间波束扫描性能，阵列的口面效率为 28.5%，此外，该阵列还具有极化调控性能。基于类似的单元结构，随后又设计了一款圆极化波束扫描阵列，如图 7-5(e)所示，实现了±45° 范围的波束扫描性能。伊朗学者 Sazegar 则基于级联型频率选择表面(frequency selective surface，FSS)结构的单元设计了一款 Ku 波段的电磁表面阵列，如图 7-5(f)所示，阵列上加载了 3200 个变容二极管，实现了±10° 范围内的波束扫描性能。

低成本超表面相控阵技术发展日益完善，展现出对电磁波多维度的强大调控能力。超表面天线技术的发展提供了一种低成本波束调控的思路。其无须传统相控阵中大量的射频组件即可实现波束的灵活形成、扫描和多波束产生，可满足低轨通信卫星天线系统星地、星间通信波束的需求。针对低成本应用中的低成本超表面相控阵技术，还需对以下三个方面进行进一步研究。

(1) 超表面功率容量研究。当前有关超表面的研究罕见功率容量的分析，针对电磁波功率较高的场景，是否会对超表面设计，尤其是可重构器件设计产生影响尚需研究。

(2) 超表面功耗研究。超表面的波束扫描需要对每一个单元进行动态调控，这会带来部分功耗。尽管变容二极管可重构方案等具有较低的功耗，其能否适应低成本平台也需定量研究。

(3) 可重构超表面电磁特性建模与优化研究。尽管可重构超表面具有较好的相位响应，但其插入损耗水平依旧较高。针对如低成本应用等总功率受限场景，可重构超表面电磁特性的进一步优化仍具挑战。

基于数控移相电磁表面单元的透射式数字相控电磁表面天线虽然在发射功率上有所下降，但天线增益、波束宽度等关键指标与传统相控阵相当，而系统成本和复杂度则显著降低，在功耗和成本方面较传统的相控阵技术有非常显著的优势，非常适用于对低空目标的探测应用和大规模部署。

针对这一问题，中山大学结合低空目标探测的具体应用需求，以研究具有宽带和低损耗特性的透射式电磁表面单元和阵列为切入点和目标，通过设计新型的移相和收发天线结构，构建具有宽带和低损耗特性的透射式电磁表面单元，进而设计新型的宽带透射式数字相控电磁表面天线样机，并以此作为低空目标探测雷达系统的核心部分。

构建的基于透射式数字相控电磁表面天线的低成本低空目标探测雷达系统其系统框图如图 7-6 所示。其由透射式数字相控电磁表面天线、波束控制器、发射机、接收机、频率源、数字采集以及信号处理机等组成。相控电磁表面天线波束控制码预先离线计算并存储在上位机，工作时，上位机对天线阵面下发 0/1 状态的控制码序列，通过天线波束控制器进行译码和电平转换后即可控制每个单元上电控器件的工作状态，从而改变每个单元的相位，进而实现对指定空域的扫描。在接收到目标回波以后，采用超外差接收机方案，由频率合成器产生所需要的本振信号对回波信

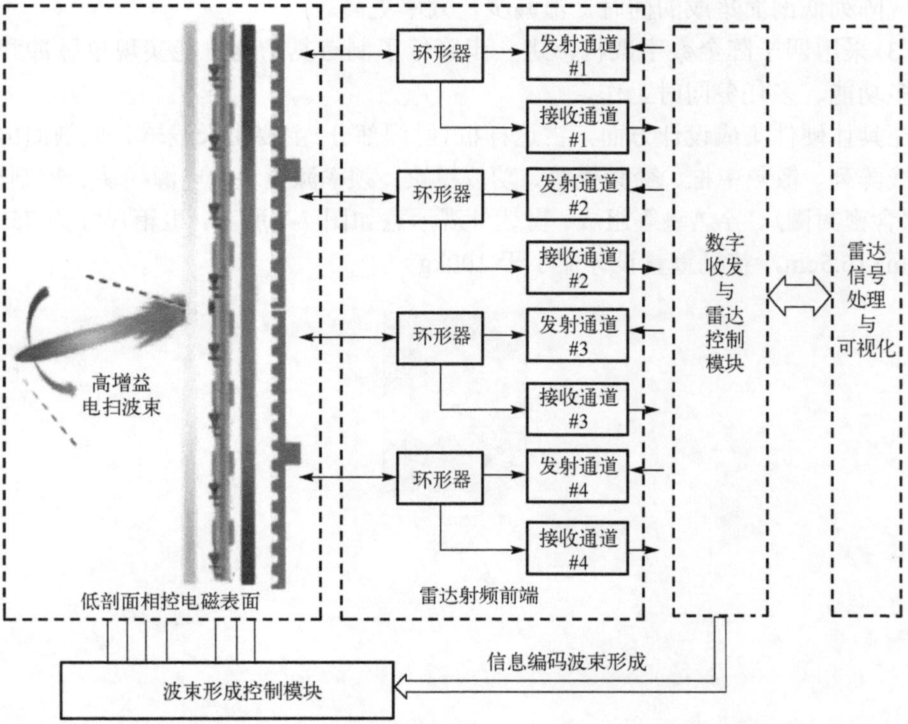

图 7-6 基于透射式数字相控电磁表面天线的低空目标探测雷达系统框图

号混频。混频后的信号经 A/D 采样以及数字正交混频得到 I、Q 两路信号并进行匹配滤波脉冲压缩处理，之后进行动目标检测和虚警检测，并获取目标的速度信息。最后，数字信号处理器完成距离和角度解算，并得到目标航迹及预测信息，据此控制天线波束扫描并完成对目标的跟踪。与传统的相控阵雷达相比，该系统具备以下特点。

(1) 在天线端即可实现波束扫描，无须数量庞大的收发组件，系统复杂度低、成本低、功耗低。利用电磁表面天线的特点，可以直接通过改变电磁表面单元上加载的有源器件(如微波二极管)的工作状态即可改变单元的辐射相位，从而实现波束扫描，在本项目中，拟采用 1bit 的调制方案，即每个单元仅需要 1 路控制信号控制 1～2 支二极管的偏置状态，即可实现波束的扫描，与传统的相控阵相比，复杂度和功耗均显著降低。

(2) 采用临近耦合馈电技术取代传统空馈架构，实现了阵列及系统的低剖面、小型化。传统的电磁表面需采用空间馈电技术，通过在距离阵面一定高度处安置一个馈源，利用馈源到阵面各单元的相位差以及幅度差作为单元初始激励，进而通过阵列理论进行相位关系的解算，这种架构馈源距离阵面较远(通常约为 0.5～1 倍阵面口径)非常不利于雷达系统的小型化，并且有能量泄漏，造成总的口面效率较低。在本项目中，拟采用临近耦合馈电技术取代传统的空馈架构，可以等效模拟空间馈电结构引入的初始相位差，避免因 1bit 量化产生的栅瓣。与空馈相比，临近耦合馈电在实现阵列低剖面集成的同时，泄漏少，效率更高。

(3) 采用四子阵全数字架构，进一步降低了制造复杂度且能实现单脉冲和差测角，多功能、多任务同时工作。

在具体硬件集成设计方面，雷达样机(射频部分)主要由天线罩、低剖面电磁表面天线阵列、散热中框、变频模块、功放模块、频率源模块、电源模块、控制模块、后壳(含密封圈)、导热垫等组成。雷达外观示意如图 7-7 所示，机箱尺寸为 75.5cm×65.2cm×16.5cm，整机重量设计值小于 100kg。

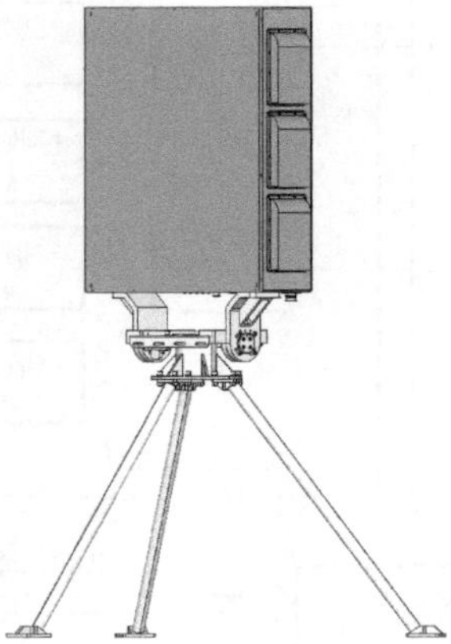

图 7-7　基于透射式数字相控电磁表面天线的雷达样机外观结构图

在校园周边空旷场地，开展了原理样机的探测距离测试，测试场景如图 7-8 所示。

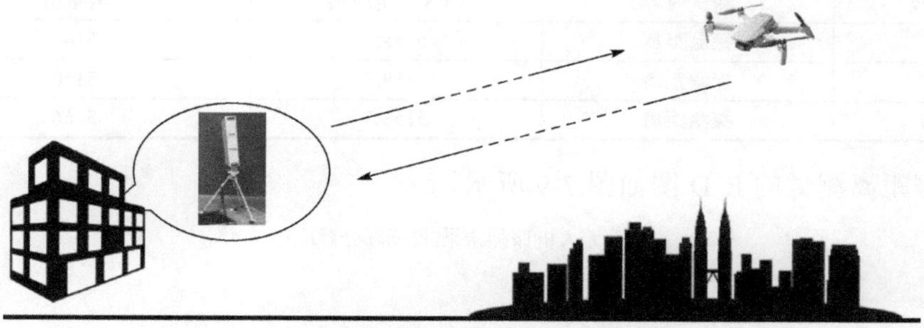

图 7-8　原理样机探测距离测试场景图

其简要测试步骤如下。

①A 组人员（雷达操作人员）通过 GPS 卫星地图、望远镜、指南针设计无人机起飞位置，保证无人机位于原理样机主波束射线上，安排无人机操作人员（B 组人员）到达指定位置。

②A 组人员通过上位机软件控制原理样机配置为待发射状态。

③B 组人员操控无人机调整姿态，使得机头对准原理样机，调节样机处于悬停状态，并做好沿原理样机与无人机径向连线且远离原理样机方向进行匀速飞行的准备，建议飞行速度为 3～6m/s。

④A 组人员通知 B 组人员按上述要求控制无人机匀速飞行，无人机启动飞行后，A 组人员通过上位机软件控制原理样机发射电磁波并采集回波，获取 R-D 图。

⑤一次测试结束后，控制无人机回到原位，重复③、④步骤，测量 10 次。

⑥控制无人机在以原位为中心，以约 100m 为半径的空域内随机飞行，雷达随机抓取回波。

⑦对回波数据进行分析，统计发现目标的次数，并按照公式 $P=M/N$ 计算发现概率，其中，N 为测试总次数，M 为发现目标次数，P 为发现目标概率。

表 7-1 是实际外场测试的数据结果。

表 7-1　固定位置目标距离探测　（单位：m）

序号	测试内容	GPS 标定距离	测量值
1	探测距离	5158.7	5166
2	探测距离	5158.7	5154
3	探测距离	5158.7	5168
4	探测距离	5158.7	5158
5	探测距离	5158.7	5168
6	探测距离	5158.7	5162
7	探测距离	5158.7	5164

续表

序号	测试内容	GPS 标定距离	测量值
8	探测距离	5158.7	5166
9	探测距离	5158.7	5160
10	探测距离	5158.7	5166

探测距离测试的 R-D 图如图 7-9 所示。

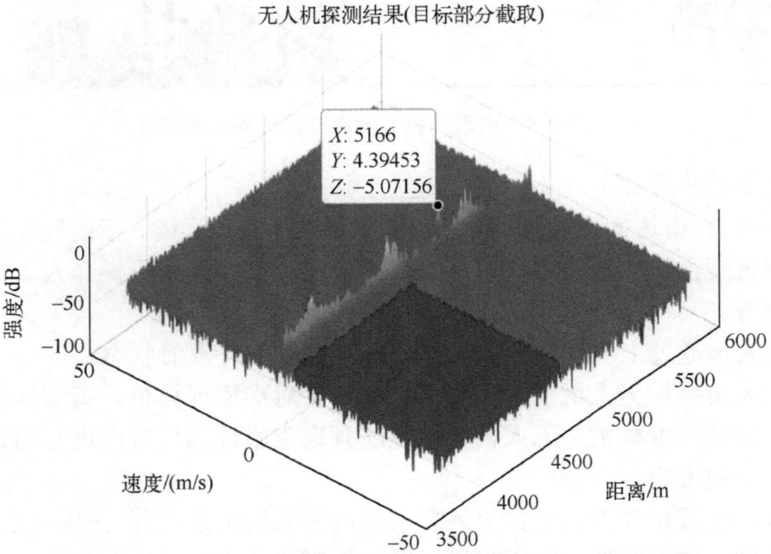

图 7-9　原理样机探测距离测试 R-D 图(目标部分截取)

无人机在给定区域内飞行，随机采样结果如表 7-2 所示。

表 7-2　随机抓取目标距离探测　(单位：m)

序号	测试内容	测量值
1	探测距离	5026
2	探测距离	5036
3	探测距离	5058
4	探测距离	5190
5	探测距离	无(悬停无速度)
6	探测距离	5232

根据上述结果可以看到总共进行了 16 次实验，成功捕获无人机距离位置信息 15 次，捕获概率为 93.75%。其中未能成功捕获无人机的情况发生在无人机悬停无速度的状态，结合原理样机探测距离测试 R-D 图可以看到零速度维度在目标距离处有很高的杂波，可以认为当无人机悬停无速度时，其反射回波被大而强的地物杂波

所淹没。图 7-9 中所展示的是截取无人机所处的区域，深灰色区域代表着噪声的选取区域，可以更加清晰地看到目标区域在零速度上的地物杂波的强度。

7.2.2　分布式雷达

1. 基本原理

分布式雷达系统由多个雷达站点组成，各雷达站点之间相互配合、协同工作，实现对目标的高精度、全方位监测和跟踪。分布式雷达系统中的每个雷达站点都具有独立的收发功能，可以独立对目标进行探测和跟踪。各雷达站点通过同一个基准设备进行时频同步，控制中心通过给各雷达站点发送控制信号以控制它们进行工作，各雷达站点先独立地对目标进行观测，然后把观测信息传输到控制中心，控制中心将这些独立的观测信息进行信息融合处理，最后得到整个区域内多个目标的融合参数信息。分布式雷达系统如图 7-10 所示。

图 7-10　分布式雷达示意图

相对于传统的雷达，分布式雷达具有很多独特的优势，表现在以下几个方面。

(1) 抗摧毁能力强。分布式雷达规模小、发射功率小、雷达站点多、分布广，利于隐蔽。即使雷达系统中的一个甚至多个雷达站点无法工作，也不会对整个雷达系统造成太大的影响，因为可以快速地对损坏的雷达站点进行替换和补充。

(2) 抗干扰能力强。分布式雷达通过多个雷达站点在不同的方向对目标进行探测，雷达回波在控制中心进行信息融合处理，可以获得更精确的目标参数信息，具有很强的抗干扰能力。

(3) 低空探测能力强。大型单基地雷达无法探测低空和超低空的飞行目标，对于“低慢小”目标来说，大型单基地雷达无法有效地进行检测与跟踪。而分布式雷达的发射功率小、站点多，主要用于探测距离较近的目标，对其部署位置进行合理的安排，可以获得很强的防低空、超低空突防的能力。

(4) 反侦察能力强。单个雷达站点可进行适当的电磁重叠，以拓展频谱宽度，使得雷达系统所在区域内的辐射源数量增多，敌人无法分辨区域内的有效辐射源数，因而具有很强的反侦察能力。

(5) 反隐身能力强。多个雷达站点通过分散布置，从不同的方向对目标进行探测，通过控制中心进行位置级信息融合，将单个雷达站点的离散点迹融合为连续的航迹，具有较强的反隐身能力。

分布式雷达系统是一个整体，虽然各雷达站点可以进行独立的探测工作，但是其更重要的特点是需要在时间和空间上进行统一协调的工作，其中涉及两个关键的技术：高精度时频同步技术和多源信息融合技术。

时间同步是分布式雷达系统工作的基础。对于双、多基雷达系统，为了获得精确的目标参数信息，双、多基雷达系统的发射和接收机必须保持严格的时间同步。为了使得接收机能够有效地接收和放大雷达回波，还必须保持发射和接收的频率同步。信息融合技术是分布式雷达的核心技术，它把各单站或局部跟踪滤波得到的目标数据送到融合中心进行数据融合处理，经过信息融合建立起比单部雷达或局部跟踪滤波质量更高的信噪比增益或更好的航迹。其中获得更高的信噪比增益属于信号级的信息融合，获得更好的航迹属于位置级的信息融合。

2. “低慢小”探测中的应用

近年来，以飞鸟和小型无人机为代表的“低慢小”目标雷达散射截面很小、低空飞行、速度低且机动性强，加之探测环境复杂，给目标探测带来极大困扰，已成为世界性难题[1]。为实现飞鸟及无人机等“低慢小”目标的探测，航科院与北京航空航天大学 2006 年以来开展了雷达探鸟可行性验证，并利用航海雷达获取的视频图像开展了相关研究[2,3]。此外，航天二院、北京理工大学、国防科技大学、海军航空大学等单位也相继开展了基于相控阵、MIMO、全息雷达等先进雷达技术的雷达探鸟研究，然而目前大部分探鸟雷达仅能利用目标回波强度，按照鸟群、大鸟、中鸟、小鸟进行大致分类，且不具备区分飞鸟与无人机目标的能力[4-6]。

为提高雷达对“低慢小”目标的探测能力，董鹏曙等针对分布式网络雷达的特点提出将检测融合应用于数据处理系统，并给出了检测融合处理算法，该算法能够提高系统的探测性能，尤其对提高对低空、慢速、小目标的发现概率有较大的实际意义[7]。温志津等提出了一种基站式小型无人机分布式探测系统及探测方法，能够解决现有产品中难以有效覆盖遮挡区域、设备发射功率受限、雷达设备造价高等问题，满足要地防御、反恐维稳等任务对“低慢小”目标的探测管控需求[8]。

基于分布式网络雷达，文献[9]对复杂环境下微弱目标探测方法进行了研究，主要包括分布式网络雷达信号级信息融合、相参参数估计方法、相参参数估计误差对于合成性能的影响等。图 7-11 为分布式相参雷达信号处理框架。

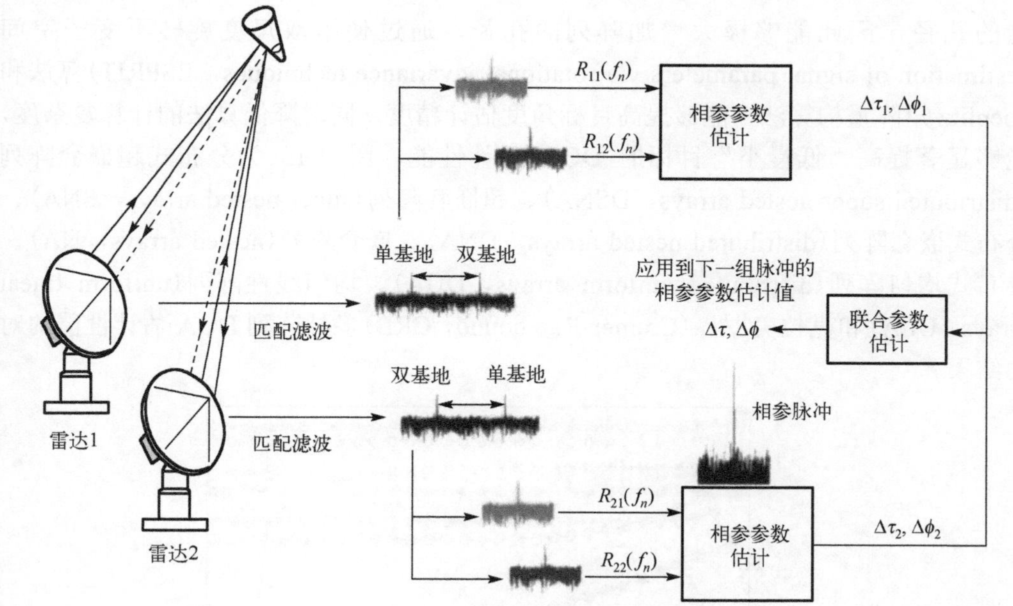

图 7-11　分布式相参雷达信号处理框架

雷达 1 和雷达 2 发射相互正交的信号，同时雷达 1 和雷达 2 均接收单站和双站的回波信号，并在各自的雷达节点中进行相参参数估计，最后将雷达 1 和雷达 2 估计的相参参数进行联合估计得到最佳的估计值。然后将这些信息应用到雷达 2 上，对其发射信号的发射时间和初始相位进行调整，实现分布式雷达全相参工作，全相参融合可获得 9dB 信噪比增益提高，极大提高对“低慢小”目标的检测能力。文献[10]设计了一种有效降低阵元间互耦的分布式稀疏阵列，并基于该阵列提出了一种降低计算复杂度的 Toeplitz 矩阵重构算法，能够显著提高对“低慢小”目标的 DOA 估计性能。该阵列结构如图 7-12 所示。

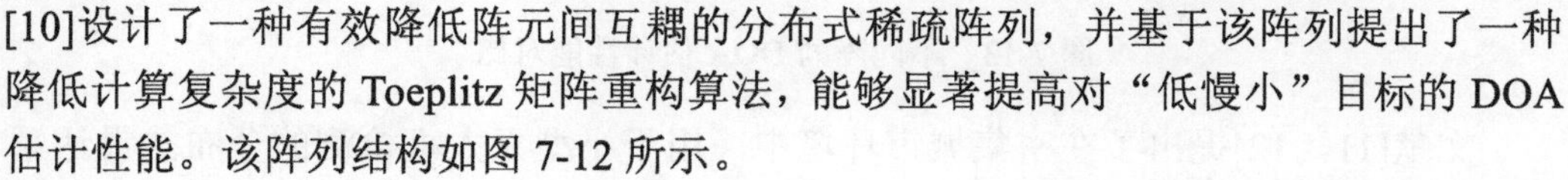

图 7-12　分布式稀疏阵列结构图

该阵列由两个相同的超嵌套阵列组成，阵列之间的基线长度 L 远大于子阵列的孔径，实心点表示实际阵元位置，×表示虚拟阵元位置。由于基线长度远大于子阵列的孔径，因此能够极大增加阵列的孔径，通过使用双尺度旋转不变子空间(estimation of signal parameters via rotational invariance techniques，ESPRIT)算法和Toeplitz矩阵重构算法，能够提高目标角度估计精度，同时降低算法的计算复杂度，能够显著提高“低慢小”目标的DOA估计性能。图7-13为分布式超嵌套阵列(distributed super nested arrays，DSNA)、超嵌套阵列(super nested arrays，SNA)、分布式嵌套阵列(distributed nested arrays，DNA)、嵌套阵列(nested arrays，NA)、分布式均匀阵列(distributed uniform arrays，DUA)、均匀线性阵列(uniform linear arrays，ULA)和克拉美罗界(Cramér-Rao bound，CRB)多种阵列DOA估计性能的对比结果。

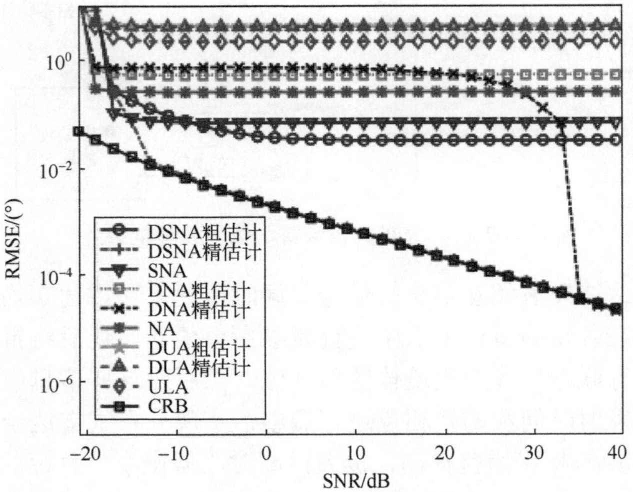

图7-13 不同阵列DOA估计性能对比

文献[11，12]提出了在密集城市环境中，用于小型无人机检测的分布式雷达系统。此外，基于分布式相参孔径雷达、分布式MIMO雷达及分布式相控阵MIMO雷达，对“低慢小”目标的检测性能、定位等方面进行了相关研究，提出的检测算法有效提高了雷达系统的目标检测性能[10,13-20]。虽然基于分布式雷达对“低慢小”目标研究取得了一定的成果，但仍然没有对其关键技术进行系统深入的研究，工程实现仍然面临很多急需解决的难题。

7.2.3 微波光子雷达

1. 基本原理

微波光子雷达(microwave photonic radar，MPR)是一种利用光子技术(如光纤传输、光子器件等)实现微波信号处理的雷达系统[21]。它将传统雷达的一部分电子功能替代为光子功能，利用光纤和光子器件对雷达信号进行产生、传输、接收和处理，从而克服了传统电子雷达在带宽、损耗、抗干扰等方面的局限，提高了雷达性能。

微波光子雷达和电学雷达体制相似，包含发射和接收两大部分[22]，如图 7-14 所示。雷达信号光学产生系统生成雷达信号，通过微波光子馈电到射频发射前端。在接收端，雷达回波信号经过射频接收前端，进入微波光子接收链路，并经过光模数转换。随后，信号进入数字化处理系统和显示控制系统，形成完整的雷达。

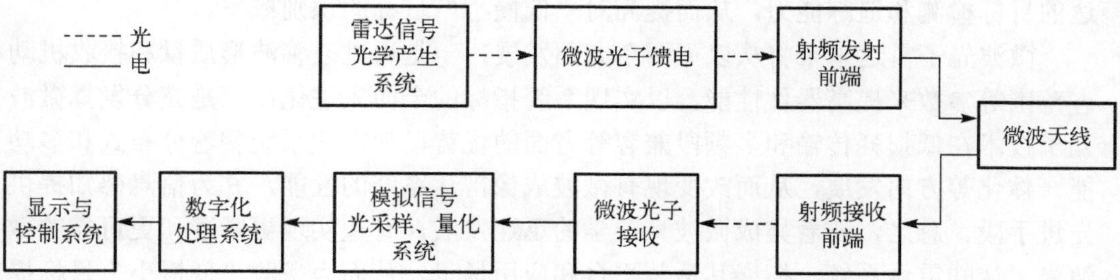

图 7-14　微波光子雷达结构示意图

2. 微波光子雷达的优势

(1) 宽带宽：光纤和光子器件本身具有良好的宽带特性，微波光子雷达能够实现宽带信号的生成和处理，从而提高雷达的距离分辨率。

(2) 低损耗：光纤传输损耗较低，使得微波光子雷达在较长连接距离时能够保持较高的信号质量。

(3) 抗电磁干扰：光纤和光子器件具有很好的抗电磁干扰性能，使得雷达在复杂电磁环境下能够正常工作。

(4) 低噪声：光纤和光子器件的噪声较低，有利于提高雷达的信噪比。

(5) 系统集成：微波光子雷达中的光子器件和光纤技术有利于实现系统的集成，满足雷达系统的小型化、轻量化需求。

3. 微波光子雷达在"低慢小"目标探测中的应用

微波光子雷达在经过上述探测的过程，充分利用微波光子技术的优势，对"低慢小"目标，如无人机、飞鸟、飞行器模型、滑翔伞等进行探测，微波光子雷达展现出了其独特优势[23-25]。

(1) 高分辨率：由于微波光子雷达能够处理极宽带的信号，因此可以在时间和距离上获得更细致的分辨率，有助于探测小型目标的细节。

(2) 抗干扰能力：光纤的使用降低了雷达系统对外界电磁干扰的敏感性，这一点对于在复杂电磁环境中探测“低慢小”目标至关重要。

(3) 敏感度与灵敏度：光子技术有着更好的敏感度和灵敏度，意味着即使是微弱的反射信号也能被检测到并被分析，提高了对“低慢小”目标探测的成功率。

(4) 多普勒效应处理能力：多普勒效应在判断目标速度方面扮演了关键角色。微波光子雷达可准确检测目标的微小速度变化，捕捉到低速移动的“低慢小”目标以及分析其微多普勒特征进行进一步的分类和识别。

由于“低慢小”目标具有较低的雷达截面积和较慢的移动速度，它们容易在地杂波中丢失或被忽略。微波光子雷达系统的高灵敏度和宽带宽特性可以显著提高雷达的目标检测和追踪能力，从而提高对“低慢小”目标的识别概率。

微波光子雷达未来将从以下两个方面发展：一是通过改善波形质量和接收机动态范围等参数来提高器件性能，以实现系统指标的全面先进化；二是充分发挥微波光子技术在低损耗传输和多频段兼容等方面的优势，使雷达系统朝着分布式和多功能一体化等方向发展，从而改变现有微波成像雷达系统的性能，并为信息感知提供先进手段。总之，随着集成微波光子学的迅速发展，有望实现更紧凑和更可靠的微波光子认知雷达系统，拓展其适装平台和应用场景，从而为探测“低慢小”目标提供清晰、可靠的全天候探测手段。

7.2.4 通感一体探测

感谢上海华为技术有限公司蔡华首席提供本节内容。

1. 5.5G/6G 通感一体低空目标感知国内外研究进展

3GPP 是移动通信国际化标准组织，在 5.5G/6G 通信标准中明确提出了通感一体(integrated sensing and communications，ISAC)的技术演进路线，如图 7-15 所示。

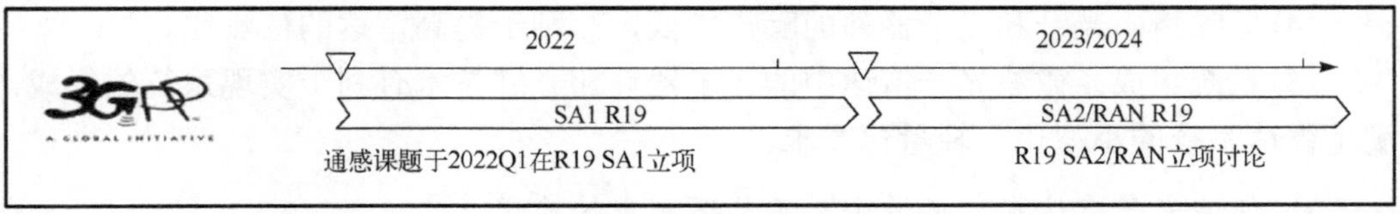

图 7-15 通感一体技术发展历程

R19 在 SA1 中明确定义了通感应用的 5 大场景，分别包括：智慧交通、低空无人机、智慧生活、智慧城市、智慧工程，以及需求场景下的 29 个典型用例。低空无人机场景针对无人机飞行轨迹跟踪、网络辅助传感避免无人机碰撞、无人机入侵检测这三个用例做了明确的说明。3GPP RAN 和 SA2 在 2023 年底开始讨论空口和网络架构。

中国 IMT-2020(5G)/2030(6G)推进组，在通感技术方面都有相关的研究项目，业界已基本达成共识，通感一体技术的发展需要分为两个阶段。第一阶段，通信与感知共硬件，微秒级时分复用硬件设备，通信与感知可采用不同的波形，实现 1+1=2 的效果；第二阶段，通信与感知空口信号相互融合，实现频谱资源的最大化利用，达到 1+1>2 的效果[26,27]。第一阶段正在讨论的空口定义上与已有现有 5G 标准保持兼容，不影响现有设备和终端；2023 年中国信通院组织 IMT-2020 的通感技术测试，在低空、道路、海洋等场景取得突破性进展。

2023 年中国移动牵头包括华为、中兴等完成了 5.5G 通感一体的企业技术标准的制定，明确了低空无人机、智慧交通目标感知的规范要求。诺基亚也已开展通感技术研究[3]。通感一体主要技术挑战是在通信专用设备上实现感知能力并逼近甚至超越传统雷达性能，具体需突破的技术方向包括新的收发信机硬件设计、目标信号检测及数据处理、多站协同感知[28]、通感波形设计[29]等。在通感理论研究方面，亚利桑那大学 Bliss 教授团队对雷达和通信进行了联合信号模型假设和推导，定义基于克拉美罗下界的雷达评估准则，提出了一种针对雷达与通信联合估计的理论评估准则[30]。

2. 5.5G/6G 通感一体低空目标探测基本原理

1) 5G 通信网简介

5G 网络是第五代移动通信网络，它是一种具有高速率、低时延、大连接等特点的新一代宽带移动通信技术，采用了更大规模阵列天线技术、更大的载波带宽[31]。截至 2023 年 10 月底，中国 5G 基站总数达 321.5 万个，已组建广域连续覆盖网络，其应用场景广泛，如图 7-16 所示。

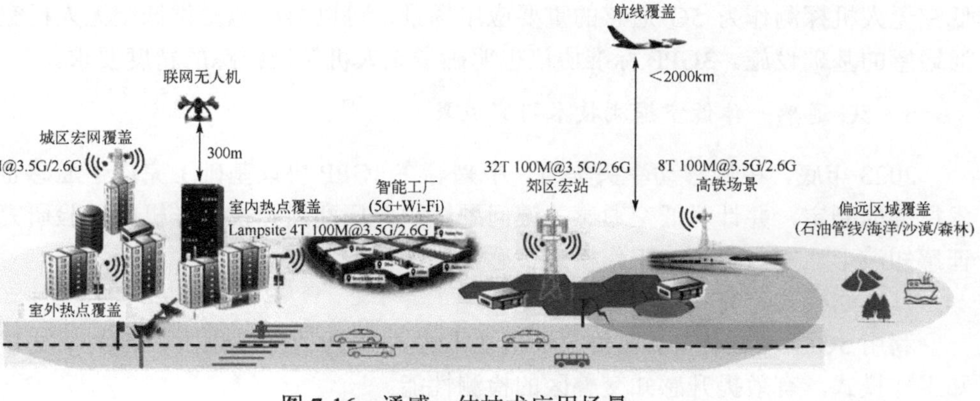

图 7-16　通感一体技术应用场景

2) 5G 通感一体原理

现有 5G 通信基站基础上叠加雷达探测功能具有很高的成本优势，如图 7-17 所示。①大规模数字相控阵。通感基站采用更大规模的数字相控阵技术，在有源天线单元(active antenna unit, AAU)内集成大规模天线阵列，天线阵子数量通常超过192。通信上可实现更好的覆盖和更大的容量，感知上可提升角度分辨。②大视场角(field of view，FOV)张角。通感基站俯仰FOV角度可达到60°，在兼顾通信服务的同时，满足低空600米高度的无人机探测。③快速收发通道切换。通感基站收发通道间的切换速度可达到微秒级，可完成通信与感知信号间的微秒切换，同时也可以满足感知信号收发通道间的微秒级切换要求。④大带宽技术。低频单载波支持100MHz，高频单载波支持800MHz，通信上大带宽可实现5G高速率，感知上可提升距离分辨率。

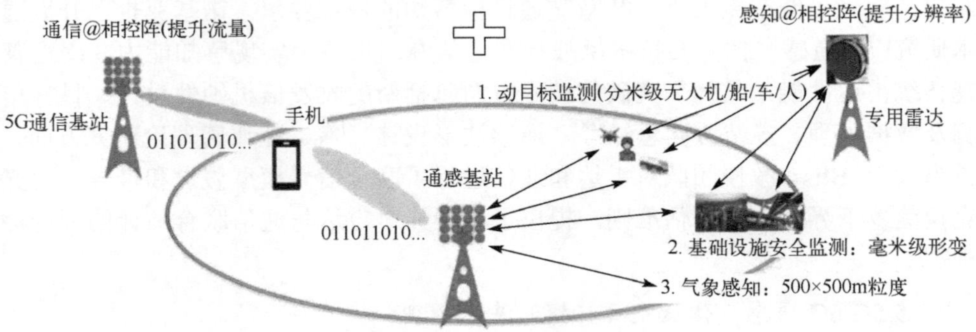

图 7-17　基于5G通信基站的雷达探测应用场景

3) 5G通感用于低空探测

通信感知一体化系统基于感知的信息，可提供定位、成像、环境重构等能力，同时这些能力还可以用于通信自身性能提升。通信感知一体化系统将更好地服务于未来智慧生活、产业升级、社会治理等方方面面，形成全新的通信感知一体化应用。低空无人机探测作为5G通感的重要应用场景，可以很好地提供低空无人机空中交通通感的基础设施。3GPP标准协议也明确了无人机航迹跟踪的精度要求。

3. 5G通感一体低空探测技术研究成果

2023年底，中国移动牵头华为、中兴等在3GPP协议基础上完成了通感企业技术标准的制定，并针对低空通感关键问题组织各厂商展开技术样机的试验研究，验证感知波形、空口资源、工作模式、感知算法等。

1) 感知模式研究

利用5G组网的优势，在传统单基地雷达A发A收的基础上，结合A发B收感知工作模式，有效提升感知交叠区的检测性能。

(1) A发A收感知模式。

A发A收(基站自发自收感知，如图7-18所示)：基站AAU使用自己传输的通信信号的反射/衍射信号进行感知。由于发射器和接收器在同一个平台上，可以很容易地在时钟层面上同步，而且感知结果可以由该单基站节点清楚地解析，而不需要外部设备的协助。研究中同时定义了俯仰角达到 60° 的新一代通感一体 AAU。

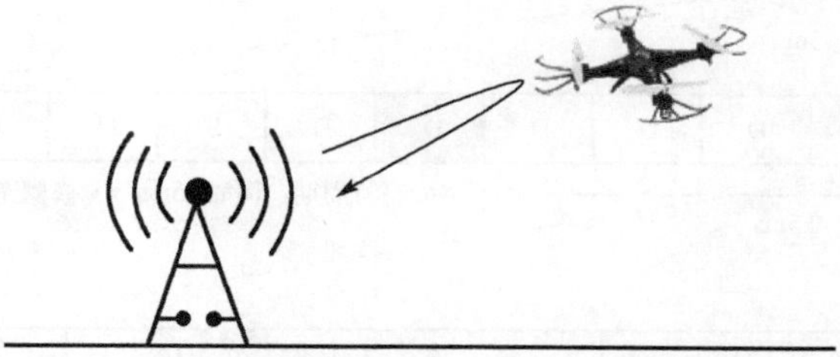

图 7-18　A 发 A 收示意图

(2) A 发 B 收感知模式。

A 发 B 收(基站间收发感知，如图 7-19 所示)：基站间收发感知是指一个 AAU 发送感知信号其他 AAU 接收的接收感知信号处理的工作模式。这相当于双基地和多基地雷达的设置，可有效提高交叠区的检测性能，需要收发基站间更高精度的时钟同步能力。

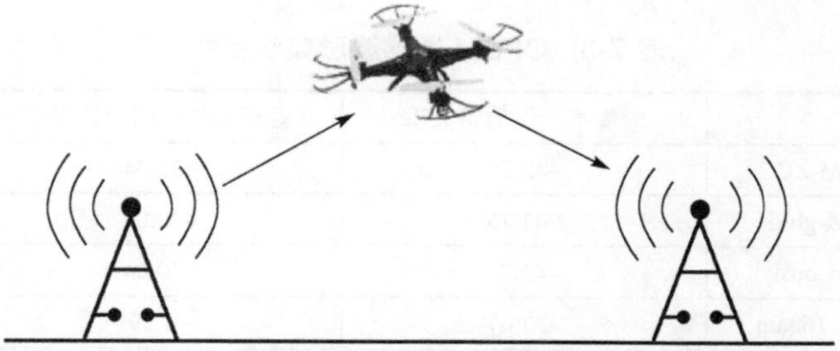

图 7-19　A 发 B 收示意图

2) 感知周期研究

考虑系统兼容性，定义感知信号时长为 5G 通信符号长度的整数倍。感知信号周期：指两次感知信号的时间间隔，影响速度测量的无模糊速度范围，5G 低频 30kHz 子载波最短时隙周期为 0.5ms，考虑对通信的影响建议感知信号周期为 2.5ms，同时配合速度解模糊算法。感知信号累计周期：指的是感知信号相干累计的时间长度，为了获得良好的检测性能，需要通过相参累计使目标反射信号的信噪比大于 13dB，无人机监测场景建议相参累计时间不小于 320ms，如图 7-20 所示。

3) 感知波形研究

连续波：正交频分复用(orthogonal frequency division multiplexing，OFDM)是新空口(new radio，NR)信号波形，优点是无近点盲区，缺点是需要接收机全双工模式，收发通道间有较强的自干扰。采用 ZC(Zadoff-Chu)序，波形的峰值平均功率比(peak to average power ratio，PAPR)比 QAM 调制要低。脉冲波：是雷达传统波形，优点是可以探测距离的目标，缺点是需要收发通道间快速切换，会导致近点检测盲区，大小与

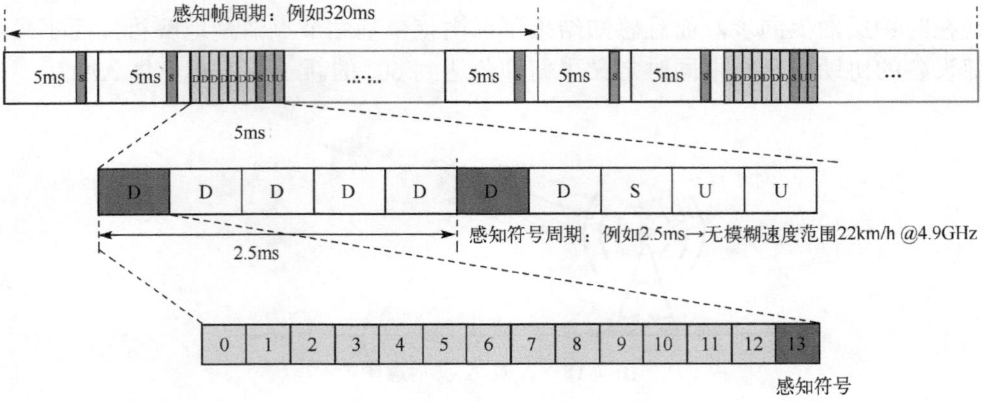

图 7-20　感知信号周期示意图

脉冲宽度及开关切换时间相关。要尽量减少盲区的面积，脉冲宽度推荐不超2μs；采用连续波与脉冲波配合工作，可解决连续波看不远，脉冲波有盲区的系统问题。表 7-3 所示为 OFDM 通感波形典型参数。

表 7-3　OFDM 通感波形典型参数　　（单位：dB）

波形		旁瓣水平汉明窗 PSL	旁瓣水平汉明窗窗 ISL	PAPR
OFDM	OFDM-ZC	−42.75	−30.04	2.946
	OFDM-gold	−42.75	−30.04	11.87
	OFDM-qpsk	−42.75	−30.04	11.87
	OFDM-16qam	−27.07	−5.59	11.92

4) 感知算法研究

(1) 多种组网形态融合条件下，通过分布式多站协同感知算法提升检测性能，如图 7-21 所示。

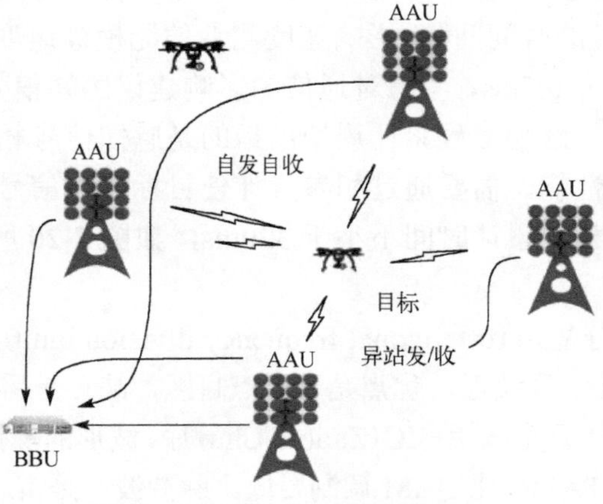

图 7-21　多种组网形态示意图

(2) AI 算法在运动目标检测、跟踪和识别中的深度应用，可以提升检测概率及降低飞鸟引起的虚警，如图 7-22 所示。

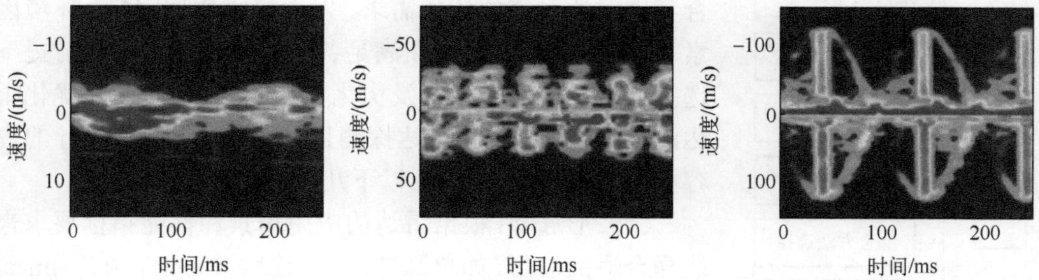

(a) 飞鸟　(b) 四旋翼无人机　(c) 无人直升机

图 7-22　飞鸟与无人机微动特征差异

7.3　低空探测雷达新技术

7.3.1　波形设计

雷达在进行低空探测“低慢小”目标时，目标回波信号中不可避免地引入了地面或海面杂波，考虑其回波较弱，极可能被淹没在杂波中。波形设计的目的就是尽量减小杂波强度的同时将目标波形与杂波区分开，在保证目标探测威力的情况下，最大地提升探测“低慢小”目标的性能。下面将从波形设计的内容和低空探测雷达的波形设计两个方面展开介绍。

1. 波形设计的内容

波形设计是根据特定的应用需求和目标场景，针对雷达发射的信号波形进行设计和优化的过程。波形设计对雷达低空探测目标具有重要的意义，例如对无人机和飞鸟的探测，主要表现在距离分辨能力方面，通过调节波形的脉冲宽度，可以控制雷达系统在接收到目标回波时的时间分辨能力；速度分辨率方面，通过调节波形的调频率和调制方式，控制雷达系统在接收到目标回波时的频率分辨能力，进而实现对不同速度目标的有效分辨；以及在雷达探测性能方面，波形设计可以根据目标的特性和背景噪声情况，优化雷达系统的探测性能，最大化目标回波的信噪比，并提高雷达系统的探测灵敏度和探测距离；最后是在抗干扰能力方面，波形设计可以针对不同的干扰源，选择合适的波形参数和调制方式，改变雷达信号频谱特性，降低干扰源在频域上的干扰能量，从而提高雷达系统的抗干扰能力。

1)雷达波形设计

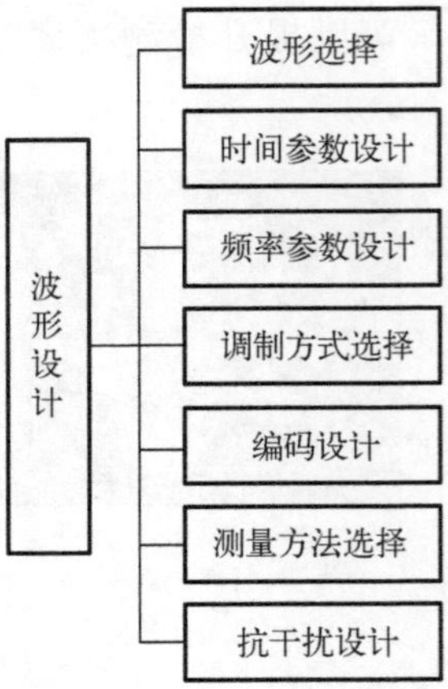

图 7-23　波形设计的内容

波形设计是雷达系统中关键的信号处理部分，需要综合考虑雷达系统的任务需求、发射接收物理限制、环境因素等多方面因素，目标在满足各项性能指标要求的前提下选择适合的波形类型以及优化参数配置。其目的是优化雷达波形参数，以提升雷达探测目标的能力，波形设计的内容如图 7-23 所示，包括以下几个方面。

①波形选择：根据雷达的应用场景和性能指标要求来选择合适的波形，如单脉冲波形、连续波、线性调频(linear frequency modulation，LFM)波形、相位编码调制(phase code modulation，PCM)波形等。

②时间参数设计：设计雷达波形的时间参数，如脉冲宽度、发射时间间隔、重复频率等，从而实现雷达对目标的检测和定位。

③频率参数设计：根据雷达应用场景和性能指标要求来设计雷达波形的频率参数，如中心频率、调制带宽等。

④调制方式选择：在满足性能要求的前提下，选择合适的调制方式，如脉冲调制、调频调制、相移调制等。

⑤编码设计：对于编码波形，需要设计适当的编码方式，如相干编码、伪随机序列编码等，以改善雷达性能，如抗干扰能力、距离-速度分辨率等。

⑥测量方法选择：根据雷达的应用场景和性能指标要求来选择合适的测量方法，如单跳测量、双跳测量、多跳测量等。

⑦抗干扰设计：分析雷达波形的抗干扰性能，并通过设计波形参数、调制方式、编码方法等来提高雷达系统的抗干扰能力。

2)常见的波形

在进行低空探测时，面对不同“低慢小”目标，同能量的不同波形对于探测结果的影响不同。因此，波形设计可以针对不同应用场景，选择合适的波形类型和优化波形参数，根据不同的应用需求，雷达波形可能需要提供高距离分辨率、测速能力、抗干扰能力等特性。以下是进行探测时常见的设计波形[32]，如图 7-24 所示。

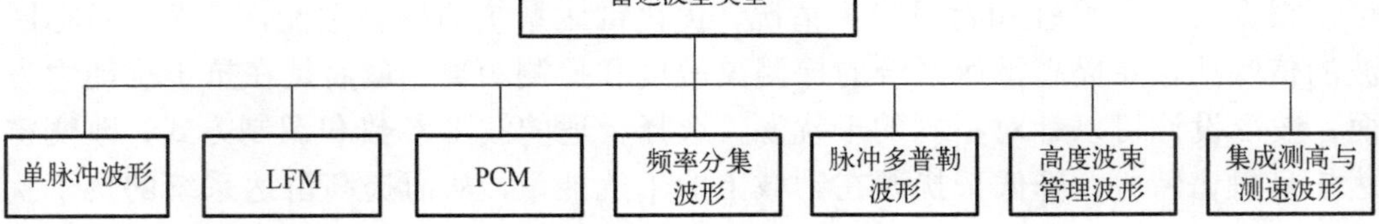

图 7-24　常见设计波形

①单脉冲波形：单脉冲波形是最简单的雷达波形，由单个脉冲构成，它的优点是结构简单，但距离分辨率和速度分辨率较低。

②LFM：LFM 波形是将连续波进行线性频率调制得到的波形，其具有较好的距离分辨率，但速度分辨率受到限制。

③PCM：PCM 波形通过对连续脉冲的相位进行编码来实现，它具有良好的距离分辨率和速度分辨率，同时具有较好的抗干扰性能。

④频率分集波形：频率分集波形通过使用多个不同频率的脉冲来实现分集接收，它具有较好的抗干扰性能和距离分辨率，但速度分辨率受到限制。

⑤脉冲多普勒波形：脉冲多普勒波形通过测量目标回波的多普勒频移来实现速度测量，它具有较好的速度分辨率，但距离分辨率受到限制。

⑥高度波束管理波形：高度波束管理波形通过使用具有不同波束指向的多个脉冲来实现高度测量和目标检测，具有较好的高度分辨率和抗干扰性能。

⑦集成测高与测速波形：集成测高与测速波形通过使用同时具有测高和测速功能的脉冲来实现，它具有较好的距离分辨率、速度分辨率和抗干扰性能。

根据雷达应用场景和性能指标要求，可以选择一个或多个波形类型进行组合使用，以实现最佳的波形设计[33]。如图 7-25 所示，雷达发射的波形是其与环境交互的重要工具，而波形设计参数好坏对雷达性能有着重要影响。相比于传统雷达只能发射相对固定的波形，认知雷达可以从回波环境中提取信息，自适应地调整发射的波形以适应探测环境，从而提高雷达系统的性能。相比传统雷达系统中广泛采用的固定波形，自适应波形设计能够获得更高的回波信杂噪比，改善雷达探测目标的性能。

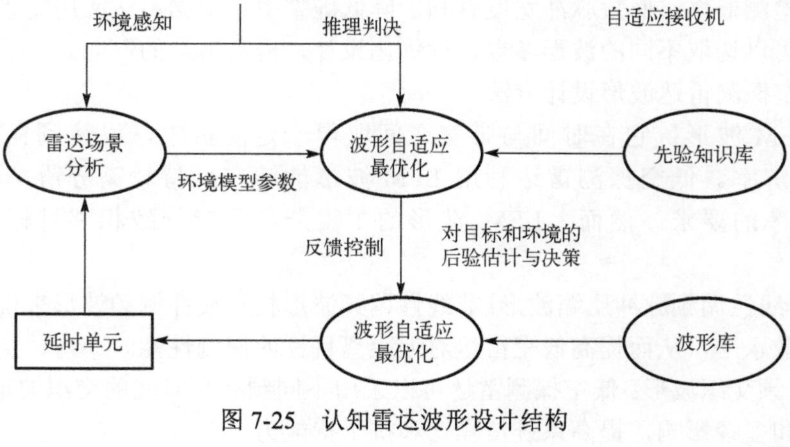

图 7-25　认知雷达波形设计结构

2. 低空探测雷达的波形设计

低空探测雷达是用于检测、跟踪和监视低空目标的雷达，主要应用于防空、防御以及航空领域，对低空飞行的飞机、无人机、飞鸟等提供实时的状况信息。波形设计是这类雷达性能和效果的重要因素，通过选择合适的雷达波形类型和优化波形参数，可以在不同方面提升低空探测雷达的探测性能[34]。本部分主要集中于对低空探测雷达波形设计主要关注的特点和设计的方法展开介绍。

1) 低空探测雷达波形设计关注的方面

(1) 距离分辨率：低空探测雷达的距离分辨率需保持较高水平，以区分地面上密集分布的目标。波形设计可以通过优化雷达发射信号的波形参数和调制方式，采用脉冲压缩波形和相参码波形等技术，可以显著提高雷达的距离分辨率，使得低空探测雷达能够准确地检测并分辨相距较近的多个“低慢小”目标。

(2) 多径效应抑制：“低慢小”目标由于飞行高度低，在探测目标时会出现严重的多路径干涉效应，使雷达回波强度起伏剧烈，会因为多路径效应形成探测盲区。低空探测雷达波形需要考虑到多径效应，设计将多径干扰最小化的波形，以减少误检测率。

(3) 抗干扰能力：低空雷达波形设计需要考虑到来自地面设施、其他雷达以及敌方干扰的影响，保持较高的抗干扰能力。低空探测雷达需要在复杂的地面杂波环境下工作，因此抗杂波干扰能力显得尤为重要，采用相参码波形、频率分集波形以及高度波束管理波形等技术可以提高雷达的抗杂波干扰能力，实现对低空目标在复杂地形环境中的有效探测。

(4) 自适应调整：针对不同的任务和环境条件，低空雷达可以自适应地调整发射信号的参数，提高探测性能。为实现对目标检测概率及虚警率的优化，可以通过合理设计雷达波形，实现目标检测概率和虚警率的权衡。例如，采用长脉冲宽度可以提高目标检测概率，而短脉冲宽度有利于降低虚警率。根据雷达应用场景和性能指标要求，可以选取不同的波形参数进行优化设计，提高雷达的性能。

2) 低空探测雷达波形设计方法

(1) LFM 波形：它在时间与带宽之间取得一定的折中，以达到良好的距离和速度分辨率。低空探测雷达利用 LFM 波形能够在保持较高分辨率的同时，降低对功率的要求。然而，LFM 波形的主瓣杂散可能导致相邻目标的探测性能下降。

(2) 非线性调频脉冲压缩波形：非线性调频波形相对线性调频波形来说能够得到更低的杂散水平，从而提高低空雷达对近距离目标的探测性能。

(3) 时频交织波形：低空探测雷达可以采用不同频率和时间的交织波形，以减小地面回波和多径影响，提高系统信噪比和抗干扰能力。

(4) 波形优选和自适应方法：低空雷达可以根据身处的环境和任务需求，实时调整波形参数，以优化雷达性能。

通过对低空探测雷达进行合理的波形设计，可以显著提高低空探测雷达探测

“低慢小”目标的性能，有效提高检测能力、抗干扰能力以及适应性，使其能够更准确、高效地探测低空目标，满足实际的应用需求。

7.3.2 智能处理

智能处理是雷达低空目标探测和识别的重要发展方向之一，通过先进的算法和智能决策系统，能够提高目标探测、跟踪和分类的准确性[35]。这些方面共同构成了低空探测雷达系统的基本原理，使其能够更好地适应不断增长的低空飞行器需求。低空探测雷达中智能处理技术可以提高雷达系统对电磁干扰和噪声的抗干扰能力，也使得雷达系统能够自主决策，具备快速响应和实时处理能力，同时智能处理允许雷达系统与其他传感器进行信息融合，获得更全面的信息。它包括自适应处理算法，使雷达系统能够根据环境的动态变化调整参数，以适应不同的工作场景。同时，智能处理还涉及目标识别与跟踪技术，通过提取目标特征和匹配算法，实现对低空目标的自动识别和持续跟踪。

在国外，许多国家已经投入大量资源进行智能处理技术在低空探测雷达中的研究和开发。深度学习技术在目标检测和识别方面取得了重大突破，利用 CNN 等结构，能够高效地处理雷达返回信号，实现对无人机、飞行器等低空目标的快速、准确识别。此外，多传感器融合技术也受到重视，通过整合雷达、光学传感器和其他传感器的信息，提高系统对低空环境中目标的全面感知和理解。国外的研究还着重于智能处理技术在实际应用中的验证，尤其是在军事领域。一些国家已经将智能处理技术应用于边境监测、空中巡逻和军事基地保护等任务，显著提升了低空目标的检测和跟踪效果。在国内，智能处理技术在低空探测雷达领域也取得了令人瞩目的成果。国内研究机构和高校积极参与相关研究，通过引入深度学习、机器学习等技术，提高了低空探测雷达系统的智能化水平。国内军工企业也在积极探索智能处理技术在低空探测中的应用。通过技术创新和实际验证，一些企业已经推出了具备智能处理能力的低空探测雷达产品，广泛应用于国土安全、边防巡逻等领域。

目前对于雷达目标检测的算法研究已趋于成熟，检测算法可划分为两大类别。其中第一种具有代表性的检测方法是基于信号时频特征的差异性。当发射的电磁波与目标散射体相撞后会产生波形调制，使得接收机中含目标信号回波与其他回波存在一定的特征差异，这些差异一方面表现在时域和频域的统计特征上，如在信号均值、方差、偏度、峰值等方面的差异[36]，另一方面由雷达探照范围内目标移动差异所导致的时频分析时多普勒频移的差异，使得不同的目标对应于不同的频谱位置而得以区分[37]。随着雷达分辨率的不断提高，美国著名学者 Chen[38]提出了“微运动”的概念，指由目标主体或除主体外的结构部件发生的小幅度震动，如小型无人机旋翼叶片的旋转、鸟类扑动的翅膀等。微运动引起的回波在信号载频上的频率调制使之呈现载频中心边带分布，导致“微多普勒效应”的产生，其中提及的调制频率域微动部件的振荡速率、结构、振动方向都有着密切的关联，可作为表征目标的独有特征实现目标的识别和分类。

相较于传统的检测方法，深度学习模型运用到雷达信号处理中具有更强的环境适应性和检测鲁棒性，可通过对多层神经网络提取“低慢小”目标在空域、时间域与频率域中不同维度特征的学习，自适应地实现多种杂波分布下复杂环境的目标判别与定位。基于深度学习模型的雷达目标检测算法首先需要对回波信号进行解析，之后再利用在空间、时间或频率域中的特征构建网络，因此，可将现有算法输入类型区分一维序列检测及二维图像监测。文献[39]使用一维相位数据，通过 LSTM 网络完成无人机和非无人机的分类，但大多数学者更倾向于将回波信号转换为二维图像数据，如合成孔径雷达图像[40,41]。文献[42]将无人机和飞鸟的微多普勒频谱图像作为网络的输入，通过 GoogLeNet 架构进行训练，完成目标的分类。

文献[43]中使用深度学习技术在毫米波雷达上对无人机进行分类，通过改进 LSTM 提高无人机检测的准确率。文献[44]受深度学习在自然场景目标检测方面的成功经验的启发，提出了一个具有两个头的卷积神经网络，相比于传统的恒定虚警率(CFAR)检测方法，所提出的方法在目标定位的准确性方面表现更为优越，并显著降低了误报率。文献[45]将雷达系统与深度学习技术相结合，通过雷达设备的检测方案对无人机进行精准识别。该研究提出了一种卷积神经网络模型(CNN-32DC)，其结构通过不同数量的过滤器、组合层以及特征提取块的设计进行优化。与其他机器学习和分类算法的性能对比结果表明，CNN-32DC 在检测精度方面优于其他网络，同时显著缩短了数据处理时间。这一方法展现了雷达信号处理与深度学习技术融合的潜力，为提升目标检测性能提供了新的思路。

文献[46]中针对雷达对飞鸟和旋翼无人机分类的难题，使用调频连续波雷达构建数据，改进了多尺度卷积神经网络，提高了无人机和飞鸟的分类精度。公开发布了 LSS-FMCWR-1.0: 多波段 FMCW 雷达低慢小探测数据集(https://radars.ac.cn/web/data/getData?dataType=LLS-LFMCWR)，包含大疆御 2、大疆精灵、大疆 M350、大疆悟 2、大疆 M600、固定翼无人机共 6 个类别，具有场景复杂、类别丰富、任务多样的特点，可支撑目标检测、分类和识别研究，如图 7-26 所示。

智能处理技术在雷达中的应用为低空探测系统带来了显著的进步，提高了目标检测与识别的准确性、系统的自适应性和多传感器融合的效率。尽管已经取得显著成果，但智能处理在雷达中的应用仍然面临一些挑战，如数据难以获取、模型解释性等。未来的研究方向包括数据集的扩充与标注、深度学习模型的优化以及更加智能化的决策系统的设计。

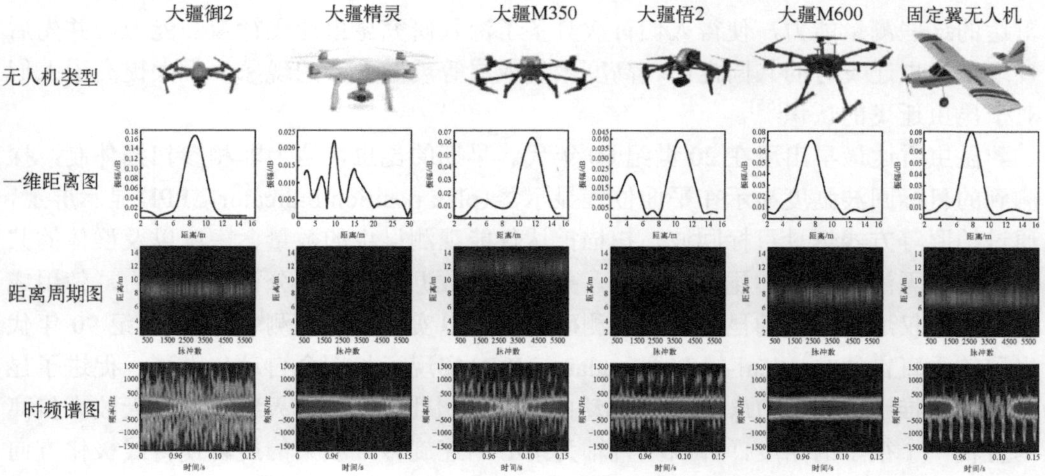

图 7-26　多波段 FMCW 雷达低慢小探测数据特性

7.4　低空探测雷达新应用

7.4.1　昆虫探测

昆虫迁飞是陆地上最重要的动物迁徙行为[47]。每年，不计其数的昆虫进行长距离季节性迁飞，庞大数量的迁飞昆虫影响着生态系统的功能[48]。昆虫对生态过程至关重要，它们可分解有机物、调节害虫并为农作物授粉，是许多脊椎动物的重要食物来源[49]。迁飞昆虫是不同生态系统的沟通纽带，促进了生态系统之间能量、营养物质、繁殖体(如花粉)以及病原体和寄生虫的传输，并通过构建捕食与被捕食的关系来影响生态相互作用[47-50]。然而，对于迁飞昆虫在空中生态系统中的生态学意义以及昆虫迁飞机理还有很多未解之谜。例如，空中昆虫群落结构和种群数量的季节性/年际性波动规律、昆虫种内/种间的物种关系、害虫与天敌的协同进化关系等空中生态系统问题，以及昆虫由居留型转变为迁飞型的诱导原因、远距离迁飞对昆虫种群的生态学意义、昆虫迁飞收益与迁飞风险权衡策略等迁飞机理问题。若要研究迁飞昆虫在空中生态系统中的生态学意义以及昆虫迁飞机理，前提是能对迁飞昆虫进行有效监测。

传统的昆虫迁飞观测手段包括网捕、诱虫灯诱捕、标记重捕等，均是间接的研究手段，并且这些方法会干扰昆虫的迁飞行为，从而使得对昆虫迁飞行为的解译变得困难[51,52]。基于传统观测手段的迁飞昆虫研究进展缓慢，而将雷达用于迁飞昆虫研究彻底地改变了这一现状。雷达具有全天时、全天候、探测距离远的特性，可以在不干扰昆虫飞行的情况下，观测昆虫飞行，测量目标的高度、数量、密度、位移方向、速度、体轴朝向等行为信息，以及体重、振翅频率等生物学参数[53,54]。昆虫雷达的这些测量能力，使得人们首次具备了深入研究昆虫迁飞行为的能力，并先后发现了昆虫迁飞时的共同定向、高度聚集成层等震撼人心的现象，大大提高了人们对于昆虫迁飞的认识[55]。

昆虫雷达最早出现在 20 世纪 60 年代。早期的昆虫雷达为非相参扫描体制，探测到的目标回波强度显示在平面位置显示器(plan position indicator，PPI)显示屏上，通过拍照等方式记录目标回波。扫描雷达仅能观测昆虫的数量、密度以及群体的共同动向，无法测量个体昆虫的参数，并且雷达数据的保存和分析费时费力，使用成本很高，仅适于短期的昆虫迁飞观测研究，难以实现长期观测[56]。20 世纪 90 年代出现的垂直雷达(vertical-looking radar，VLR)实现了长期全自动化观测，促进了昆虫雷达的推广应用。VLR 为波束章动的旋转线极化体制，其天线垂直对天波束偏离垂直轴一个很小的角度，并以垂直轴为中心高速旋转。波束的旋转使得线极化方向跟着 360°旋转，可测量目标腹部在不同极化方向的回波，这使得 VLR 具备了测量昆虫体轴朝向的能力；波束章动对目标回波的调制使得 VLR 可测量目标在波束中的位置，从而具备了对个体目标 RCS 的测量能力，进而根据昆虫体重与 RCS 的映射观测，可估计昆虫的体重；此外，根据昆虫飞行时振翅对回波的微多普勒调制，通过频谱分析，可得到目标的振翅频率[57]。对个体昆虫体轴朝向、体重和振翅频率的测量，提升了昆虫雷达的测量能力，帮助人们发现了迁飞昆虫复杂的朝向和高度选择策略等行为，极大地促进了迁飞昆虫学的发展[58]。

针对现有 VLR 存在的单极化、非相参体制、仅能测量目标幅度信息、无法测量目标相位和完整的极化信息、测量目标生物参数时存在朝向 90°误差难辨别、体重反演误差大、无法反演体长等问题[59]，北京理工大学科研团队开发了相参体制全极化昆虫雷达。该雷达系统通过发射一组极化正交的脉冲可直接测量目标的散射矩阵，该矩阵中不仅包含了 VLR 测量的不同极化方向的目标幅度信息，还包含了目标相位和完整的极化信息。研究表明，基于昆虫极化散射矩阵中包含的幅度、极化和相位等更多维的目标信息，能较大提升全极化昆虫雷达对昆虫生物参数的测量能力，解决传统 VLR 测量生物参数的难题。

全极化相参体制昆虫雷达如图 7-27 所示，工作在 Ku 波段，中心频率为 16.2GHz，距离分辨率 0.2m。雷达为相参体制，采用同时全极化技术通过同时发射水平和垂直线极化雷达波实现全极化测量，获取目标的极化散射矩阵。雷达盲距为 150m。天线为直径 1m 的双极化抛物面天线，波束宽度约为 1.5°。雷达配备二维转台伺服，可在方位(0°～360°)和俯仰(0°～90°)二维转动。

北京理工大学研究团队基于该系统目前已经开展了针对昆虫目标的多项研究工作，包括迁飞昆虫目标检测、典型昆虫目标 RCS 统计特性分析、昆虫朝向体重和体长参数反演等技术研究。未来研究工作可通过扩大样本量并引入机器学习技术增强雷达测量能力，为农业生产提供更针对性的监测预警信息。

图 7-27　全极化昆虫雷达

7.4.2　鸟情预警

近年的鸟击事件数据分析结果显示，在我国境内，春、秋季是鸟击事件的高发期，多种中大型常见鸟类在春季由南向北、在秋季由北向南迁徙，迁徙期间的鸟类飞行活动表现出集群大、飞行高度高、影响范围大等特点，因此，候鸟迁徙活动给民航安全运行造成的风险不容忽视。

雷达便于量化生物目标的大范围时空分布态势，自 20 世纪 40 年代已被应用于鸟类迁徙研究。近年来，随着雷达技术的快速发展，已经出现了专业的探鸟雷达，但此类雷达探测范围一般较小且部署数量有限，难以通过组网实现对鸟类迁徙的观测。气象雷达特别适用于大尺度范围内的迁徙鸟群目标探测，且便于有效组网。

美国的全国 AHAS 由 DeTect 公司为美国空军研发并运营，系统能够自动处理来自美国国家气象雷达网络中的 NEXRAD 数据，并为美国所有的空军训练航线及活动区域提供实时航空器鸟击风险评估信息。DeTect 公司位于佛罗里达州巴拿马城的总部通过卫星接收 NEXRAD 气象雷达网采集的雷达信号，经过汇总分析处理后识别出鸟情态势信息并进行发布。

在欧洲，所有运行中的气象雷达持续监测大气状况并在 OPERA 系统中进行组网，以便在欧洲大陆范围内进行数据交换和测量，该系统于 1999 年建立，已集合了 30 个国家的 200 部雷达。从 2013～2017 年，ENRAM 在欧洲科技合作计划的资助下建立并在 OPERA 系统的组织下运行，其主要目标是融合专业知识，在欧洲建立一个包括生态学、鸟类学、昆虫学、气象学、工程学、数学、视觉分析与计算机科学在内的多学科交叉的研究网络，利用 OPERA 天气雷达监测动物在欧洲各地的迁飞情况，为广大利益相关者服务。目前，ENRAM 已经采用了 OPERA 系统中覆盖西欧部分地区的 70 部气象雷达，且这一数字仍在持续增长。

7.4.3　蜂群无人机探测

随着无人机制造、协同以及人工智能技术的快速发展，蜂群无人机凭借其成本低、部署快、可执行多元任务等优点得到了快速发展。在军事领域，蜂群无人机可应用于战场大范围侦察、电子干扰以及自杀式进攻等多类型任务。目前在俄乌冲突战场中，双方大量使用的巡飞弹就是蜂群无人机的典型军事应用之一，具备极高的雷达探测难度以及攻击效费比。因此，针对蜂群无人机这类多模态、数量多且具备执行多类型任务的非合作低空目标，雷达系统不仅需要具备在复杂背景环境下对蜂群无人机目标进行检测、跟踪以及精确识别的能力，还需要结合场景环境实现对蜂群无人机的行为模式以及潜在威胁进行评估，并对其意图进行判断，从而提升复杂战场的动态感知精细度，并及时调整监视资源的分配并制定最优的蜂群无人机反制措施。

雷达对蜂群无人机的探测与单一无人机的探测在手段上基本无异。当无人机相对分散时，侦察难度并无太大差异，较难把目标从背景杂波中识别出。而分布比较紧密时，存在于多个连续识别单元的多个目标被雷达作为扩展目标，在这种情况下，接收就是目标回波的叠加，会形成一个稍大的目标回波；若无人机较为分散，则形成了许多小回波，因此蜂群无人机对雷达探测处理数容量的需要高，而雷达测速体制也应该具有防点迹饱和措施，对目标的航迹数处理数越高越好。国内外不少雷达厂商都为此开展了深入而持久的研发，已成功研发了多种预警机、球载雷达测速、低空补盲雷达等，对中低空无人机集群都具有较好的侦察效能。对目标的最大侦察距离都大于五千米，甚至超过十千米。

从战术角度上，地面雷达可能通过多基地雷达联网和分布部署，来增强地面预警力量。组网雷达通过把各基地的雷达系统连接起来，最后再通过融合式处理技术把网络中各种传感器的信号融合为最全面可信的情报，大范围、多方位地侦察无人驾驶战机集群，从而增加了发现概率和辨别能力；并且在网络中的一个或几个雷达系统因遭受威胁而瘫痪时，其他雷达系统仍可以承担警戒的重任，从而防止了预警系统整体崩溃，也提高了系统的抗毁性。

因此，对于蜂群无人机的探测手段十分多样化，但雷达探测手段仍然是应用最为广泛，最为直接的一种。根据以上的情况得出，目前利用雷达进行无人机目标侦察的主要方法有：一是通过长时间观察，增强目标的多普勒识别率；二是使用无人机的微动多普勒特性进行分类；三是借助多基雷达技术的观测，雷达技术的多视点特征有助于解决单基雷达姿态敏感性的限制和遮挡效果的负面影响，从而形成了多视点资源优势互补，有利于提升目标识别能力和特征提取准确度。除此之外，还需要针对蜂群无人机的数量多、模态丰富等特点对雷达系统的软件算法进行优化升级，并添加场景认知功能模块，提升雷达系统对于蜂群无人机目标的精确感知与智能认知能力。

7.5　小　　结

本章分别从雷达低空目标探测新体制、新技术和新应用三个方面对低空目标监视未来发展方向进行了详细介绍。①低空探测雷达新体制分别从可编程电磁表面相控阵、分布式雷达、微波光子雷达、通感一体探测等方面，介绍了新型雷达天线、多角度分布式探测、高分辨识别及成像、探测通信一体化等新型探测手段在低空目标探测方面的应用。鉴于雷达体制的发展，带来了信号维度和特征的扩展，从而为后续技术的发展提供了新的途径。②低空探测雷达新技术介绍了波形优化和设计、智能处理等新技术对于低空探测雷达检测和识别能力提升的作用及应用，其中波形分集以及波形优化设计为雷达探测模式的多样性奠定了基础，尤其是结合数字阵雷达等体制，可实现多功能多模式雷达，从而降低了雷达成本、扩展了雷达应用场景。智能信息处理，使雷达系统能够根据环境的动态变化调整参数，以适应不同的工作场景。同时，智能处理还涉及目标识别与跟踪技术，通过提取目标特征和匹配算法，实现对低空目标的自动识别和持续跟踪。③低空探测雷达新应用介绍了昆虫探测、鸟情预警以及无人机蜂群的探测等几个典型应用，由于雷达分辨率的不断提高，观测目标的大小也在不断缩小，从而能够观察到迁飞昆虫等 RCS 极低的目标；通过气象雷达进行鸟群特征提取，并基于长时间的数据统计，形成鸟情迁徙和飞行预报，从而为空中目标飞行安全提供了有力支撑；蜂群目标区别于个体无人机的特点在于其目标数量多、高协同、智能化，对雷达探测提出了极大挑战，难点在于提高复杂背景环境下对蜂群无人机目标进行检测、跟踪以及精确识别的能力，并结合反制等手段进行无人机蜂群的干扰和打击。

参 考 文 献

[1] 陈小龙, 陈唯实, 饶云华, 等. 飞鸟与无人机目标雷达探测与识别技术进展与展望[J]. 雷达学报, 2020, 9(5): 803-827.

[2] 宁焕生, 刘文明, 李敬, 等. 航空鸟击雷达鸟情探测研究[J]. 电子学报, 2006, 34(12): 2232-2237.

[3] 陈唯实, 宁焕生, 刘文明, 等. 基于雷达图像的飞鸟目标检测与信息提取[J]. 系统工程与电子技术, 2008, 30(9): 1624-1627.

[4] 陈小龙, 关键, 何友. 微多普勒理论在海面目标检测中的应用及展望[J]. 雷达学报, 2013, 2(1): 123-134.

[5] Chen X L, Guan J, Liu N B, et al. Maneuvering target detection via radon-fractional Fourier transform-based long-time coherent integration[J]. IEEE Transactions on Signal Processing, 2014, 62(4): 939-953.

[6] Chen X L, Guan J, Chen W S, et al. Sparse long-time coherent integration-based detection method for radar low-observable manoeuvring target[J]. IET Radar, Sonar & Navigation, 2020, 14(4): 538-546.

[7] 董鹏曙, 张朝伟, 金加根, 等. 分布式网络雷达检测融合处理算法[J]. 雷达科学与技术, 2011, 9(4): 347-351.

[8] 温志津, 刘阳, 李晋徽, 等.一种基站式小型无人机分布式探测系统及探测方法: CN202011497014.0[P][2023-12-17].

[9] 余佳佳. 基于分布式组网的复杂环境微弱目标探测方法研究[D]. 上海: 上海交通大学, 2018.

[10] Wang H Y, Deng W B, Suo Y, et al. High-frequency distributed super nested arrays based on hermitian toeplitz matrix reconstruction[J]. Digital Signal Processing, 2022, 130: 103736.

[11] Guo X, Ng C S, Jong E D, et al. Concept of distributed radar system for mini-UAV detection in dense urban environment[C]. 2019 International Radar Conference (RADAR), 2019: 1-4.

[12] Guo X, Ng C S, Jong E D, et al. Micro-doppler based mini-UAV detection with low-cost distributed radar in dense urban environment[C]. 2019 16th European Radar Conference (EuRAD), 2019: 189-192.

[13] Luo M, Huang B T, Xing W. Detection performance of distributed coherent aperture radar[C]. 2023 24th International Radar Symposium (IRS), 2023: 1-10.

[14] Li D, Kang X H, Wan J, et al. Spaceborne distributed aperture radar maneuvering target detection approach with space-time 2d hybrid integration technique[C]. 2023 IEEE International Geoscience and Remote Sensing Symposium (IGARSS), 2023: 4714-4717.

[15] Yang S X, Lai Y M, Jakobsson A, et al. Hybrid quantized signal detection with a bandwidth-constrained distributed radar system[J]. IEEE Transactions on Aerospace and Electronic Systems, 2023, 59(6): 7835-7850.

[16] Yang S X, Yi W, Jakobsson A. Multitarget detection strategy for distributed MIMO radar with widely separated antennas[J]. IEEE Transactions on Geoscience and Remote Sensing, 2022, 60: 1-16.

[17] Liang Y Y, Wen G J, Zhu L X, et al. Detection power of a distributed MIMO radar system[J]. IEEE Transactions on Aerospace and Electronic Systems, 2023, 59(4): 3463-3479.

[18] Wang H Y, Suo Y, Deng W B, et al. A frequency domain estimation and compensation method for system synchronization parameters of distributed-HFSWR[J]. Journal of Systems Engineering and Electronics, 2023, 35(5): 1080-1097.

[19] Wang H Y, Deng W B, Suo Y, et al. Distributed super nested arrays: Reduce the mutual coupling between array antennas[J]. International Journal of Antennas and Propagation, 2021, 35(5): 1084-1087.

[20] Wang H Y, Deng W B, Suo Y, et al. Research on distributed nested array pattern synthesis[C]. 2020 IEEE International Symposium on Antennas and Propagation and USNC-URSI Radio Science Meeting, 2020: 31-32.

[21] 潘时龙, 张亚梅. 微波光子雷达及关键技术[J]. 科技导报, 2017, 35(20): 36-52.

[22] 李尚远, 肖雪迪, 郑小平. 基于微波光子学的分布式相参孔径雷达[J]. 雷达学报, 2019, 8(2): 178-188.

[23] 李轩, 周逸潇, 赵尚弘, 等. 雷达通信一体化资源复用、波形共享和微波光子研究进展[J]. 信号处理, 2023, 39(12): 2115-2130.

[24] 孙磊, 高晖, 于大群, 等. 微波光子技术在雷达相控阵中的应用分析与展望[J]. 微波学报, 2022, 38(5): 65-72.

[25] 王昊, 张敏, 张振华, 等. 基于无人机集群的综合一体化告警自卫系统设计[J]. 现代电子技术, 2024, 47(7): 77-82.

[26] IMT-2030(6G)推进组. 通信感知一体化技术研究报告[R]. 北京: 中国工业和信息化部, 2021.

[27] Liu F, Cui Y, Masouros C, et al. Integrated sensing and communications: Toward dual-functional wireless networks for 6G and beyond[J]. IEEE Journal on Selected Areas in Communications, 2022, 40(6): 1728-1767.

[28] Wild T, Braun V, Viswanathan H. Joint design of communication and sensing for beyond 5G and 6G systems[J]. IEEE Access, 2021, 9: 30845-30857.

[29] Liyanaarachchi S D, Riihonen T, Barneto C B, et al. Optimized waveforms for 5G-6G communication with sensing: Theory, simulations and experiments[J]. IEEE Transactions on Wireless Communications, 2021, 20(12): 8301-8315.

[30] Tang A, Li S, Wang X. Self-interference-resistant IEEE 802. 11ad-based joint communication and automotive radar design[J]. IEEE Journal of Selected Topics in Signal Processing, 2021, 15(6): 1484-1499.

[31] 全权, 李刚, 柏艺琴, 等. 低空无人机交通管理概览与建议综述[J]. 航空学报, 2020, 41(1): 023238.

[32] 崔国龙, 余显祥, 杨婧, 等. 认知雷达波形优化设计方法综述[J]. 雷达学报, 2019, 8(5): 537-557.

[33] 余若峰, 杨威, 付耀文, 等. 面向不同雷达任务的认知波形优化综述[J]. 电子学报, 2022, 50(3): 726-752.

[34] 杨雪亚, 沈显照, 王贤翔. 低空反无雷达的高精度测速方法及波形设计[J]. 火控雷达技术, 2022, 51(3): 36-39.

[35] 陈小龙, 何肖阳, 邓振华, 等. 雷达微弱目标智能化处理技术与应用[J]. 雷达学报(中英文), 2024, 13(3): 501-524.

[36] Lee S, Lee B H, Lee J E, et al. Statistical characteristic-based road structure recognition in automotive FMCW radar systems[J]. IEEE Transactions on Intelligent Transportation Systems, 2018, 20(7): 2418-2429.

[37] Richards M A. Fundamentals of Radar Signal Processing[M]. New York: McGraw-Hill Education, 2005.

[38] Chen V C. The Micro-Doppler Effect in Radar[M]. New York: Artech house, 2019

[39] Bell M A, Rahman S, Robertson D A. Fast classification of drones and birds with an LSTM network applied to 1D phase data[C]. 2023 IEEE International Radar Conference (RADAR), 2023: 1-6.

[40] Deng Z, Sun H, Zhou S, et al. Learning deep ship detector in SAR images from scratch[J]. IEEE Transactions on Geoscience and Remote Sensing, 2019, 57(6): 4021-4039.

[41] Chang Y L, Anagaw A, Chang L, et al. Ship detection based on YOLOv2 for SAR imagery[J]. Remote Sensing, 2019, 11(7): 786.

[42] Rahman S, Robertson D A. Classification of drones and birds using convolutional neural networks applied to radar micro-Doppler spectrogram images[J]. IET Radar, Sonar & Navigation, 2020, 14(5): 653-661.

[43] Li Y, Zhang H K, Shen Q. Spectral-spatial classification of hyperspectral imagery with 3D convolutional neural network[J]. Remote Sensing, 2017, 9: 1- 67.

[44] Chen C, Zhang J J, Zheng C H, et al. Classification of hyperspectral data using a multi-channel convolutional neural network[C]. International Conference on Intelligent Computing, 2018: 81-92.

[45] Fu R, Al-Absi M A, Kim K H, et al. Deep learning-based drone classification using radar cross section signatures at mmwave frequencies[J]. IEEE Access, 2021, 9: 161431-161444.

[46] 陈小龙，袁旺，杜晓林，等. 多波段FMCW雷达低慢小探测数据集(LSS-FMCWR-1.0)及高分辨微动特征提取方法[J]. 雷达学报(中英文), 2024, 13(3): 539-553.

[47] Gao H, Lim K S, Horvitz N, et al. Mass seasonal bioflows of high-flying insect migrants[J]. Science, 2016, 354(6319): 1584-1587.

[48] Satterfield D A, Sillett T S, Chapman J W, et al. Seasonal insect migrations: Massive, influential, and overlooked[J]. Frontiers in Ecology and the Environment, 2020, 18(6): 335-344.

[49] Losey J E, Vaughan M. The economic value of eco logical services provided by insects[J]. Bioscience, 2006, 56(4): 311-323.

[50] Bauer S, Chapman J W, Reynolds D R, et al. From agricultural benefits to aviation safety: Realizing the potential of continent-wide radar networks[J]. BioScience, 2017, 67(10): 912-918.

[51] Townes H. A light-weight Malaise trap[J]. Entomological News, 1972, 83(9): 239-247.

[52] Macaulay E D M, Tatchell G M, Taylor L R. The rothamsted insect survey 12-metre suction trap[J]. Bulletin of Entomological Research, 1988, 78(1): 121-128.

[53] 曾涛, 卢峄灵, 向寅, 等. 一种强杂波环境下雷达目标微振动信号提取方法[J]. 信号处理, 2019, 35(6): 935-943.

[54] Drake V A, Reynolds D R. Radar entomology: Observing insect flight and migration[J]. Radar Entomology Observing Insect Flight & Migration, 2012: 282.

[55] Chapman J W, Drake V A, Reynolds D R. Recent insights from radar studies of insect flight[J]. Annu al Review of Entomology, 2011, 56: 337-356.

[56] 翟保平. 追踪天使——雷达昆虫学 30 年[J]. 昆虫学报, 1999, 42(3): 315.

[57] Hu C, Li W D, Wang R, et al. Discrimination of parallel and perpendicular insects based on relative phase of scattering matrix eigenvalues[J]. IEEE Transactions on Geoscience and Remote Sensing, 2020, 58(6): 3927-3940.

[58] Hu C, Li W D, Wang R, et al. Insect bio-logical parameter estimation based on the invariant target parameters of the scattering matrix[J]. IEEE Transactions on Geoscience and Remote Sensing, 2019, 57(8): 6212-6225.

[59] 王锐, 李卫东, 胡程, 等. 全极化昆虫雷达生物参数反演方法与外场定量试验验证[J]. 信号处理, 2021, 37(2): 199-208.

附　　录

1. 海军航空大学“低慢小”探测数据集

近年来，海军航空大学海上目标探测团队从“低慢小”探测雷达系统设计、目标特性、探测和识别技术等方面开展了深入研究。一方面，开展共性关键技术攻关，突破时变微动信号匹配增强、距离和多普勒徙动校正、时频谱非线性起伏抑制和特征提取、高分辨稀疏时频表示、多维特征智能提取等多项关键技术，提出了一系列杂波背景下雷达动目标特征提取和检测方法。另一方面，结合固态导航雷达、MIMO雷达、数字阵雷达、外辐射源雷达等新体制雷达开展前沿理论研究，结合实际雷达系统进行算法的完善和验证。

团队依托《雷达学报》发布了国内首个多波段多体制雷达低慢小探测数据集，目前已公开多波段调频连续波（FMCW）雷达“低慢小”目标探测数据集（LSS-FMCWR-1.0）、多角度FMCW雷达低慢小探测数据集（LSS-FMCWR-2.0）和被动雷达“低慢小”探测数据集（LSS-PR-1.0）。LSS-FMCWR-1.0数据集基于Ku波段和L波段的FMCW雷达采集6种类型的无人机回波数据（大疆御2、大疆精灵、大疆M350、大疆悟2、大疆M600和固定翼的无人机），通过改变雷达调制周期和调制带宽，具备不同时域和频域分辨和测量能力。数据及使用说明已上传至《雷达学报》网站①，下载网址：https://radars.ac.cn/web/data/getData?dataType=LLS-LFMCWR。

1.1　雷达探测场景

数据采集场景如图1所示，无人机处于悬停状态且近似与雷达高度相同。数据集包含固定翼无人机、大疆M350、大疆悟2、大疆精灵、大疆御2和大疆M600的6类目标回波数据。其中，固定翼无人机是单个旋翼，大疆M600包含6个旋翼，大疆御2、大疆悟2、大疆精灵和大疆M350的旋翼个数均为4，每个旋翼的叶片数为2。本数据集同时采集了不同距离段的无人机数据。

1.2　雷达参数

L波段雷达调制带宽固定设置为100 MHz，调制周期可选择设置为0.300、1.024、

---

① 陈小龙，袁旺，杜晓林，等. 多波段FMCW雷达低慢小探测数据集（LSS-FMCWR-1.0）及高分辨微动特征提取方法[J].雷达学报（中英文），2024，13(3): 539-553.

陈小龙，饶桂林，关键，等. 被动雷达低慢小探测数据集（LSS-PR-1.0）及多域特征提取和分析方法[J]. 雷达学报（中英文），2025，14(2): 249-268.

4.192、8.192(单位为 ms)，采集实验的调制周期设置为 0.300ms 和 1.024ms。Ku 波段雷达调制带宽可设置为 100MHz 和 200MHz，雷达调制周期可设置为 0.300ms 和 1.024ms。雷达具体参数如表 1 所示。

(a) 大疆御 2　(b) 大疆精灵　(c) 大疆悟 2　(d) 大疆 M350　(e) 大疆 M600　(f) 固定翼

图 1　无人机采集场景以及无人机类型

表 1　Ku 波段和 L 波段 FMCW 雷达主要技术参数

FMCW 雷达波段	工作频率/GHz	调制带宽/MHz	调制周期/ms	采样频率/kHz
Ku 波段	23.7	10～2000	0.200～10.000	500
L 波段	1.4～1.5	100	0.300～8.192	500

1.3　数据介绍

网站发布了 6 种类型的旋翼无人机回波数据，共包含 114 个数据，每组数据包含不同调制周期和目标距离。LSS-FMCWR-1.0 数据集具体参数如表 2 所示，通过不同波段的 FMCW 雷达采集不同类型的旋翼无人机，目标所在的距离范围为 5～12m，在设置雷达调制周期和调制带宽情况下，采集某距离单元处各类型目标的无人机回波数据。

表 2　无人机目标采集参数设置

无人机类型及编号	调制带宽/MHz	调制周期/ms	目标距离/m	雷达波段(Ku/L)
大疆御 2(01)	100	0.300	9	Ku+L
		1.024	9	Ku+L
大疆精灵(02)	100	0.300	9	Ku+L
		1.024	9	Ku+L
大疆 M350(03)	100	0.300	12	Ku+L
		1.024	12	Ku+L
	200	0.300	12	Ku
		1.024	12	Ku
	300	0.300	12	Ku
		1.024	12	Ku

续表

无人机类型及编号	调制带宽/MHz	调制周期/ms	目标距离/m	雷达波段/(Ku/L)
大疆悟 2(04)	100	0.300	11	Ku+L
		1.024	11	Ku+L
大疆 M600(05)	100	0.300	8	Ku
			11	L
		1.024	11	Ku
			13	L
固定翼无人机(06)	100(正视)	0.300(低速)	9	Ku+L
		0.300(高速)	9	Ku+L
		4.192	9	Ku+L
	500	4.192	9	Ku
	100(侧视)	0.300(低速)	9	Ku+L
		0.300(高速)	9	Ku+L
		4.192	9	Ku+L
	500	4.192	9	Ku

为了能够更加方便地使用数据集，对数据集的格式进行统一命名，格式为 AA-时间-BB-CC-DD-LK(FF)，AA 表示无人机类型，取值为 01～06；BB 表示调制周期，取值为 0.300、1.024、4.192(单位为 ms)，CC 表示带宽；DD 表示目标所在距离单元，距离范围为 5～30m；LK 表示 L 波段或 Ku 波段同时采集数据，若为 L 表示 L 波段雷达采集数据，同样，如果为 K 表示 Ku 波段雷达采集数据，FF 表示数据个数编号。采集数据的矩阵文件后缀为“.mat”，每个矩阵的大小为 150×6000。以大疆御 2 无人机数据为例，以矩阵格式的数据为例，具体数据集结构如图 2 所示。

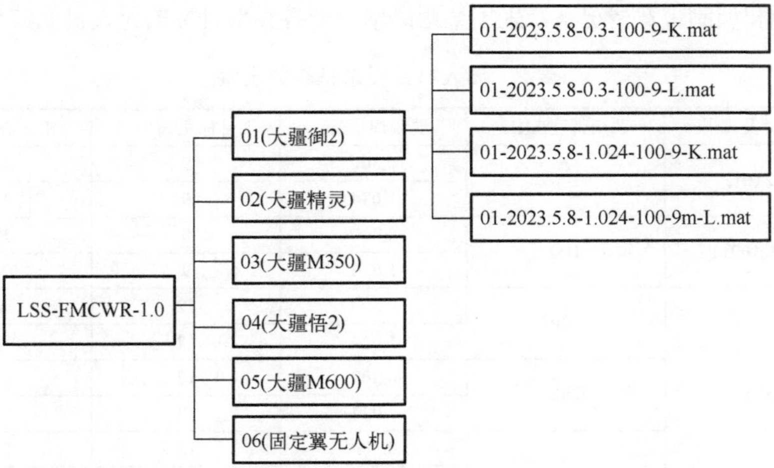

图 2　具体数据集结构示意图

2．机场探鸟雷达系统技术要求

《机场探鸟雷达系统技术要求》(T/CIE 176-2023)规定了机场探鸟雷达系统的技术要求，适用于机场探鸟雷达系统的设计、研制、检验以及使用。起草单位包括中国民航科学技术研究院、中国人民解放军海军航空大学、上海国际机场股份有限公司浦东机场公司、中国民用航空局第二研究所、首都机场集团有限公司北京大兴国际机场、中山大学、中国人民解放军93534部队、中国人民解放军93209部队、北京吉瑞祥航空科技有限公司、北京理工雷科电子信息技术有限公司和北京中科罗宾雷达技术有限公司。

3．机场净空区非合作无人机目标探测系统通用技术要求

《机场净空区非合作无人机目标探测系统通用技术要求》(T/CIE 252-2024)规定了机场净空区非合作无人机目标探测系统的技术要求，适用于机场净空区非合作无人机目标探测系统的设计、研制、检验以及使用。起草单位包括中国民航科学技术研究院、北京星际联盟科技有限公司、上海特金无线技术有限公司、中国人民解放军海军航空大学、中国人民解放军93534部队、中国民用航空第二研究所、航天南湖电子信息技术股份有限公司、重庆兰空无人机技术有限公司、中山大学、武汉大学、北京吉瑞祥航空科技有限公司、河北惠峰网络科技发展有限公司、北京理工雷科电子信息技术有限公司、上海国际机场股份有限公司浦东机场公司和首都机场集团有限公司北京大兴国际机场。

彩　　图

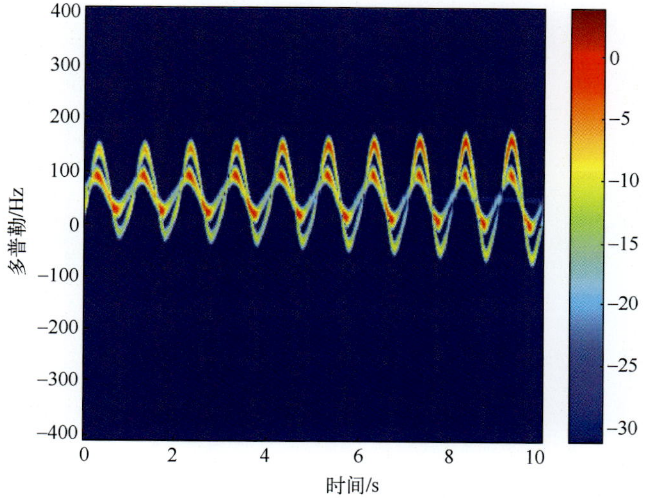

(b) 微多普勒特征

图 2-3　飞鸟的微多普勒特征仿真结果

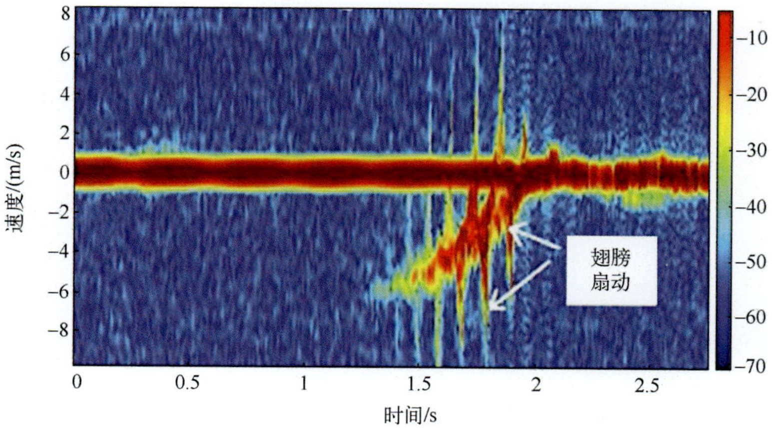

(a) 猫头鹰

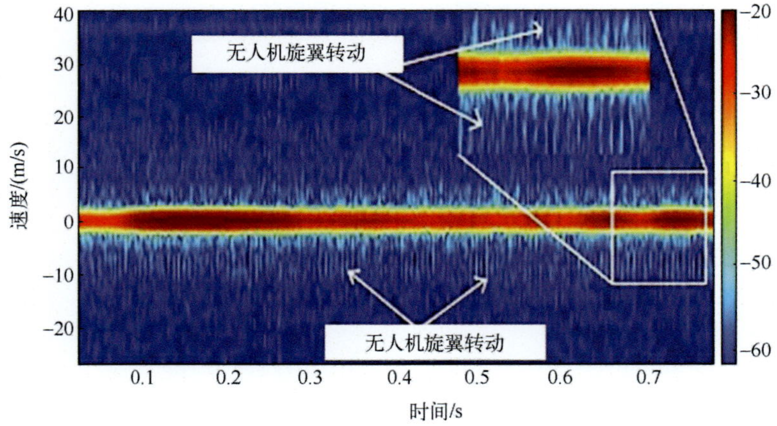

(b) 大疆S900无人机

图 2-4　飞鸟与无人机目标的微多普勒特征测量结果

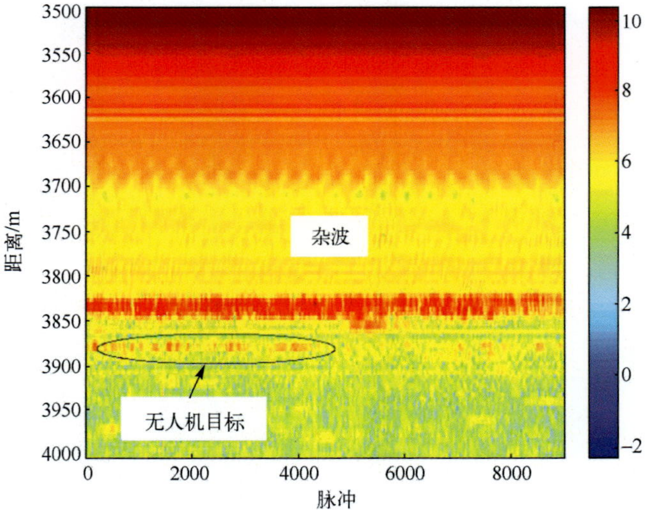

(a) 距离脉冲图

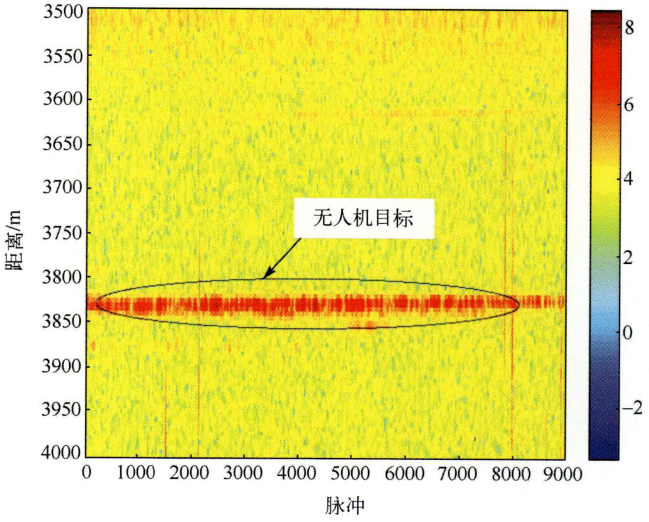

(b) 经过MTI抑制后的距离脉冲图

图 3-3　雷达回波数据预处理

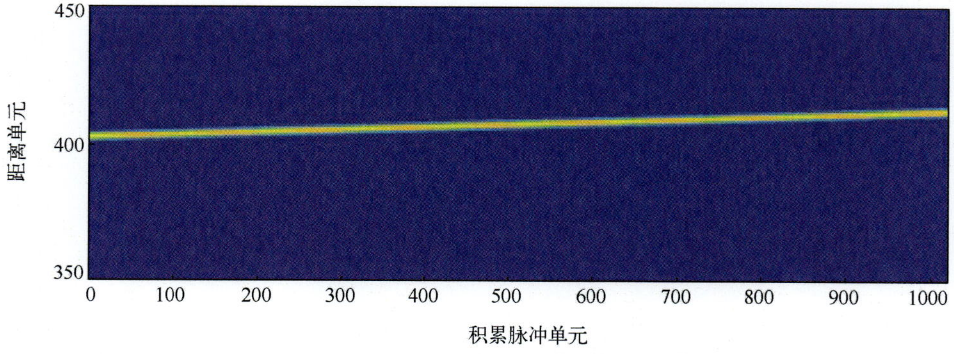

(a) Keystone变换前脉冲压缩结果

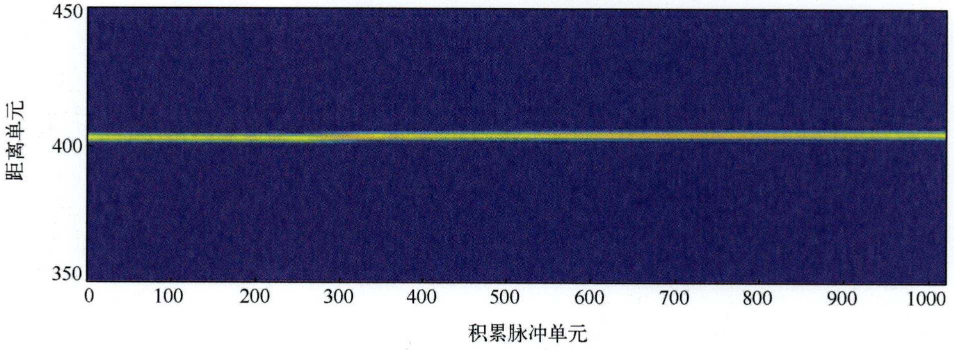

(b) Keystone变换后脉冲压缩结果

图 3-11　Keystone 变换前后脉冲压缩结果

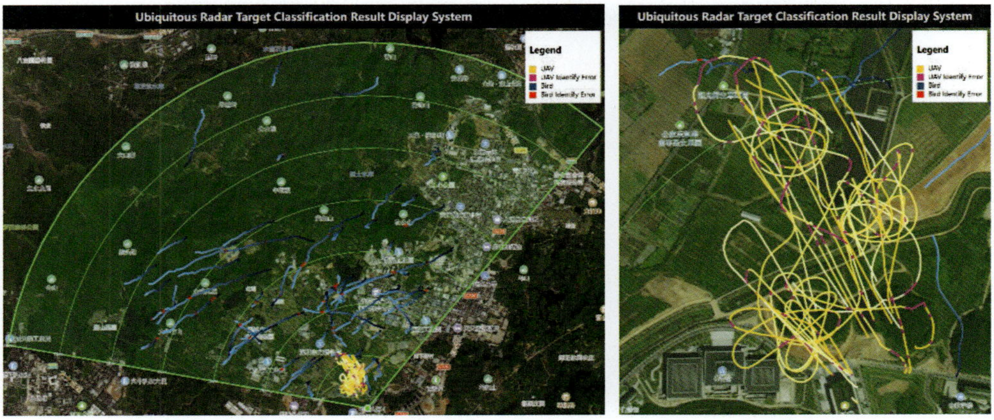

(a)综合分类结果　　(b)无人机分类结果

图 4-40　分类结果展示

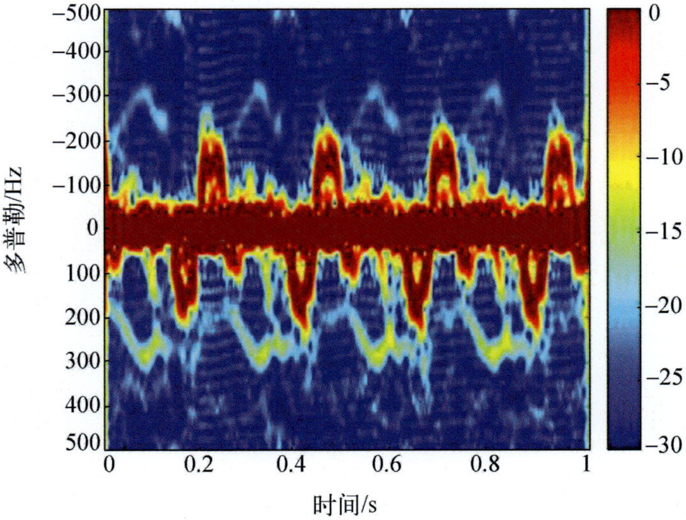

(a) 单只鸟

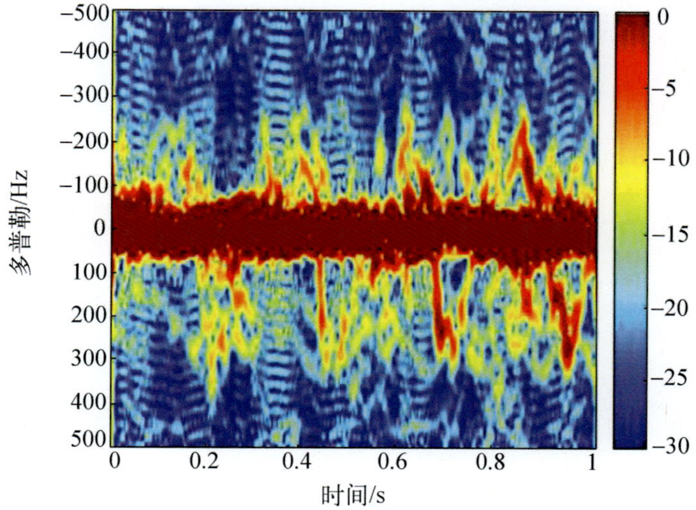

(b) 两只鸟

图 4-47　仿生飞鸟的微多普勒特征(室内实验)

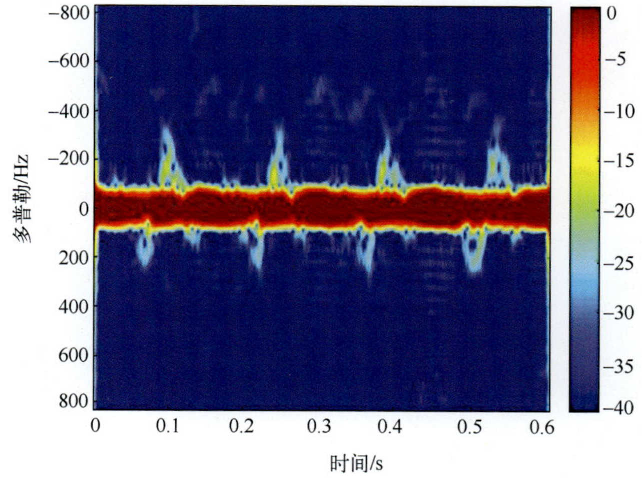

(a) 鸟A

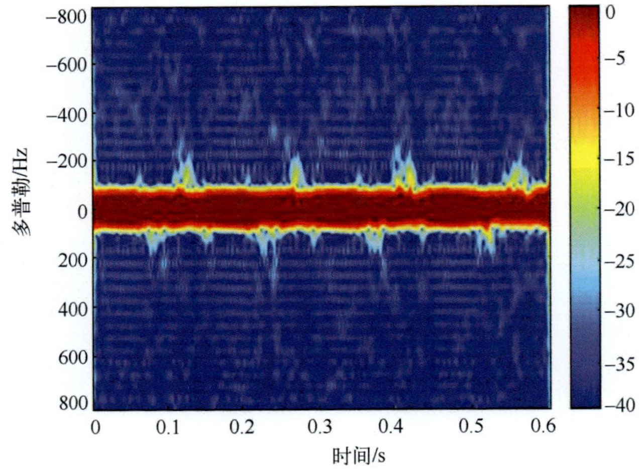

(b) 鸟B

图 4-48　真实飞鸟的微多普勒特征(户外实验)

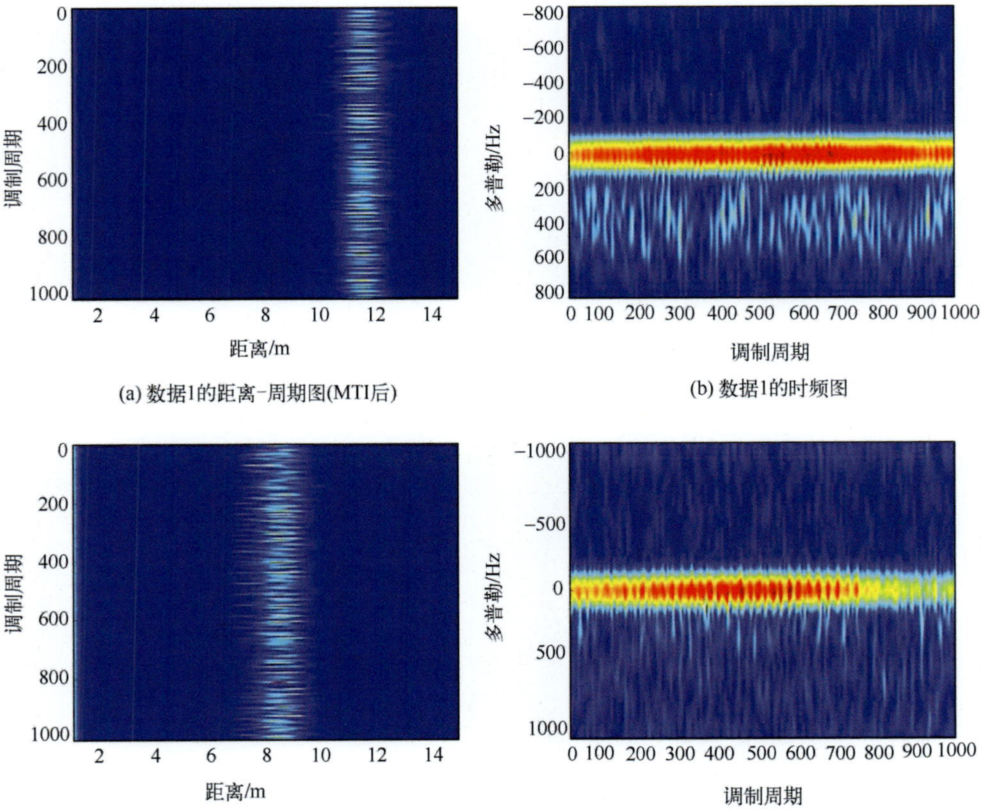

(a) 数据1的距离-周期图(MTI后)

(b) 数据1的时频图

(c) 数据2的距离-周期图(MTI后)

(d) 数据2的时频图

图 4-49　六轴旋翼无人机的微多普勒特征

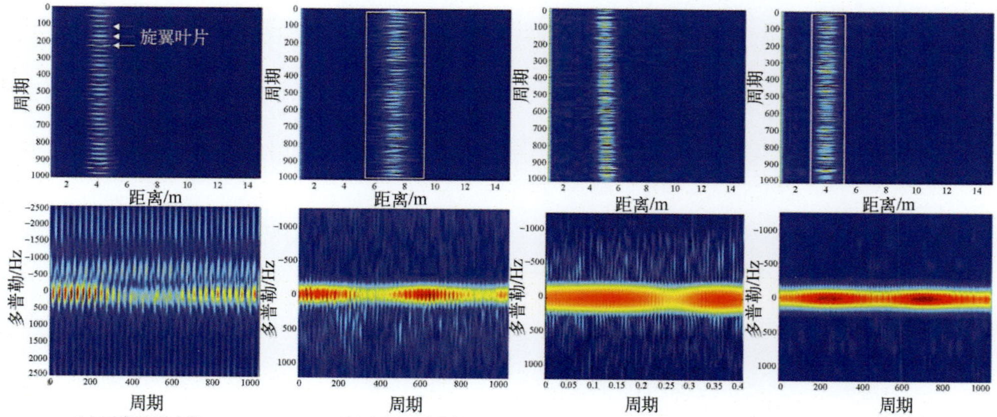

(a) 固定翼无人机　(b) 六旋翼无人机　(c) SJRC S70 W　(d) 大疆御2

图 4-53　相对短距离(4～8 米)的距离周期和 T-F 图

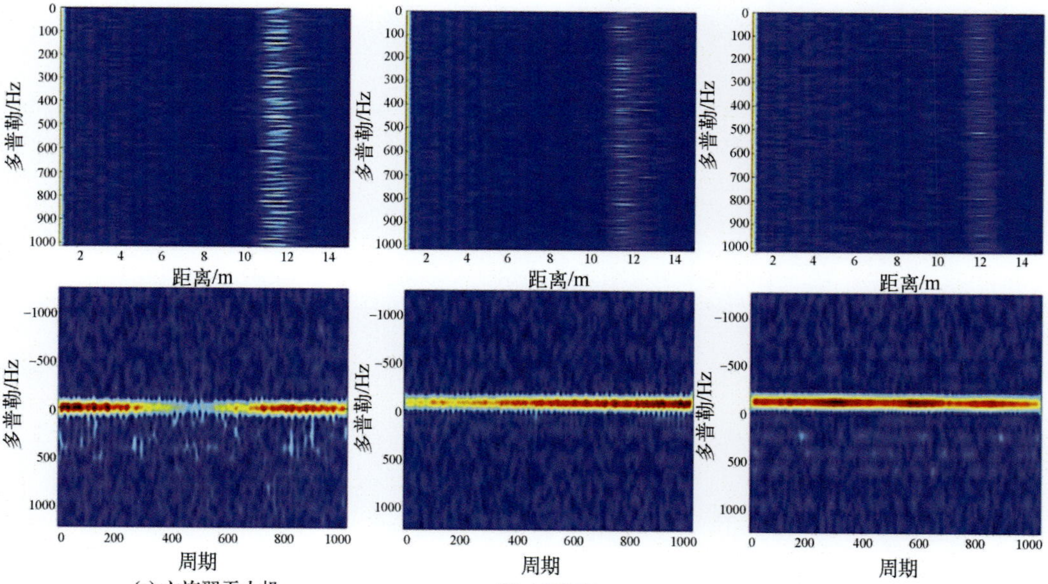

(a) 六旋翼无人机　(b) 大疆悟2　(c) 大疆御2

图 4-54　较远距离(11～13 米)的距离-周期和 T-F 图

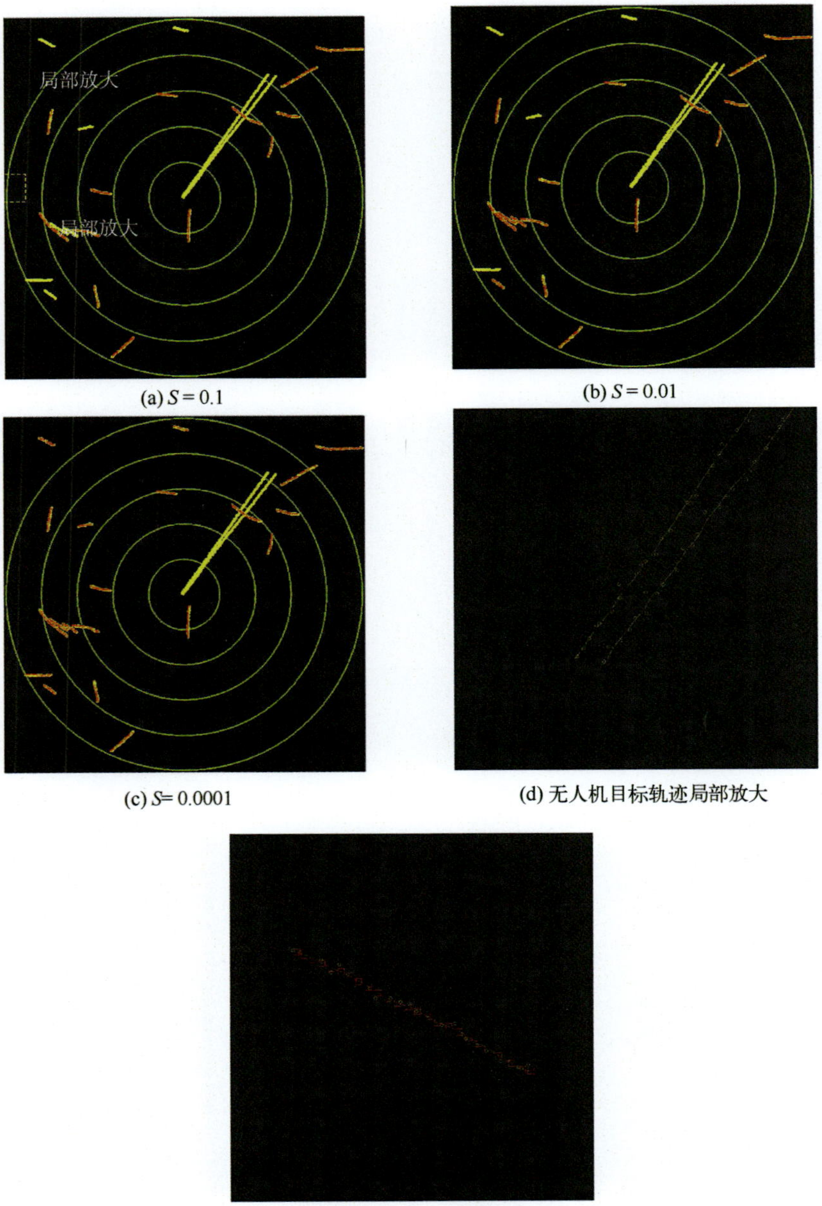

(a) $S=0.1$　(b) $S=0.01$

(c) $S=0.0001$　(d) 无人机目标轨迹局部放大

(e) 飞鸟目标轨迹局部放大

图 4-66　实例 1 中无人机与飞鸟目标的分类识别

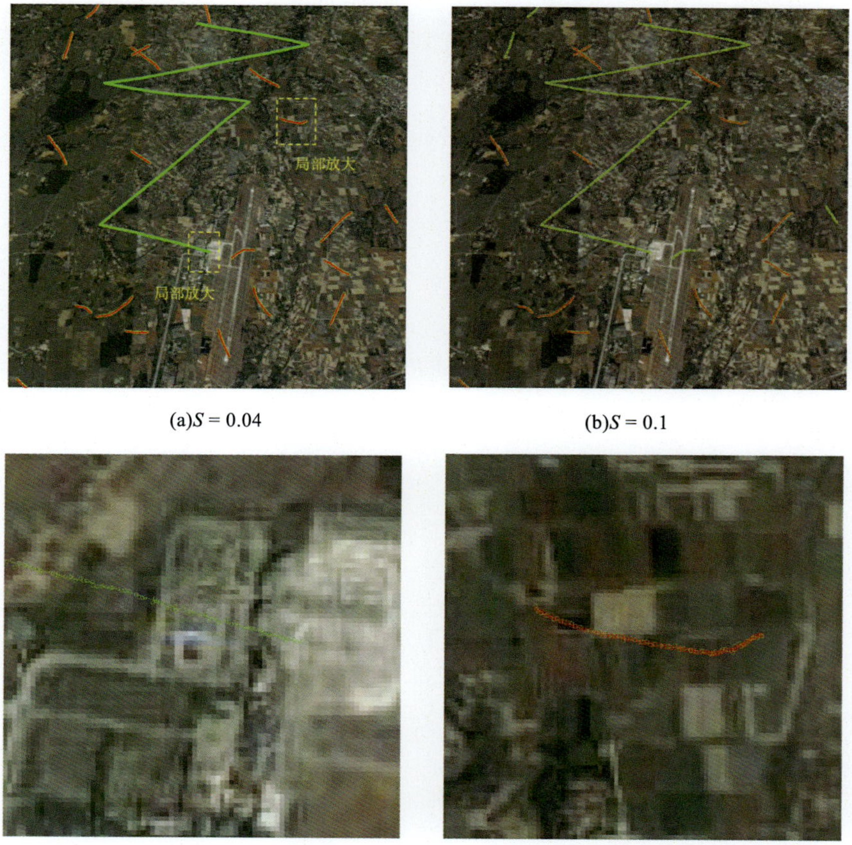

(a)$S = 0.04$　(b)$S = 0.1$

(c)无人机目标轨迹局部放大　(d)飞鸟目标轨迹局部放大

图 4-68　实例 2 中无人机与飞鸟目标的分类识别

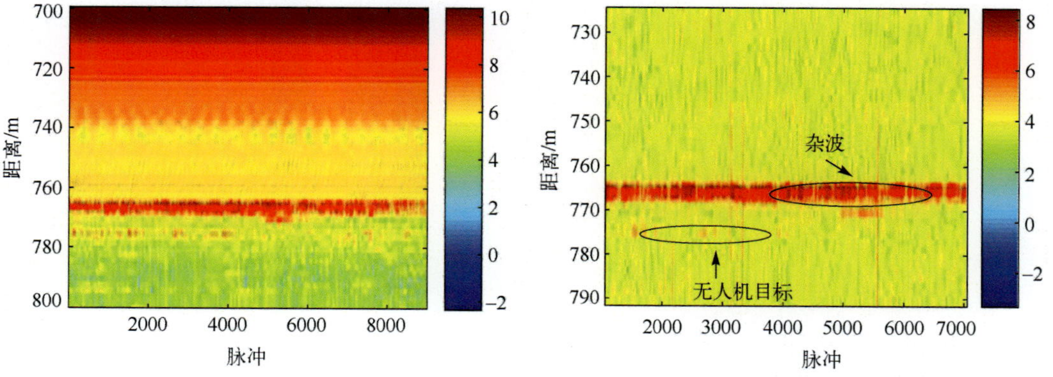

(a) 原始回波　(b) 放大后回波

图 5-6　无人机雷达回波数据预处理

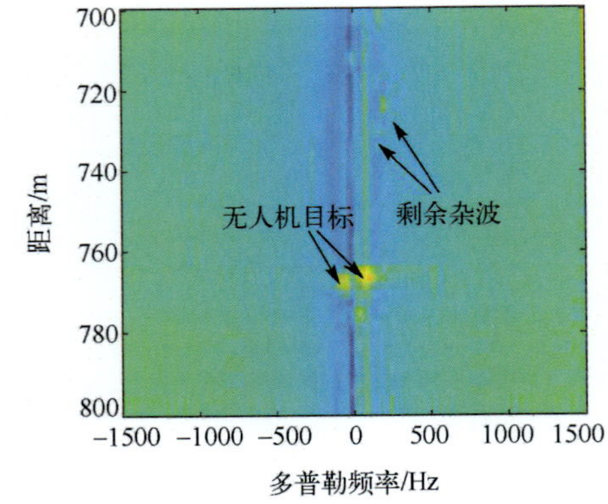

(b) 距离多普勒谱

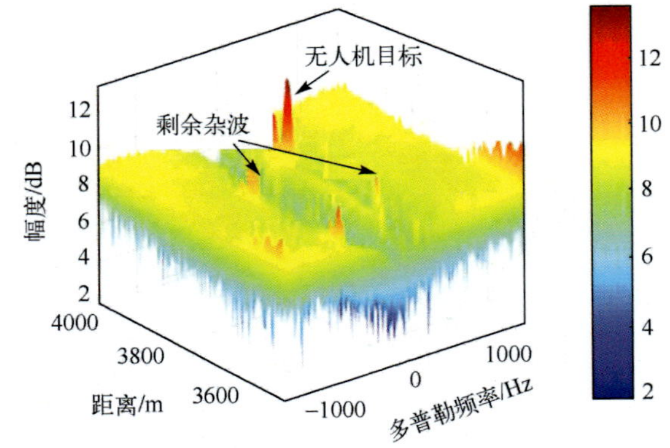

(c) 距离多普勒谱(三维)

图 5-7　经过 MTI 抑制后的无人机雷达回波数据

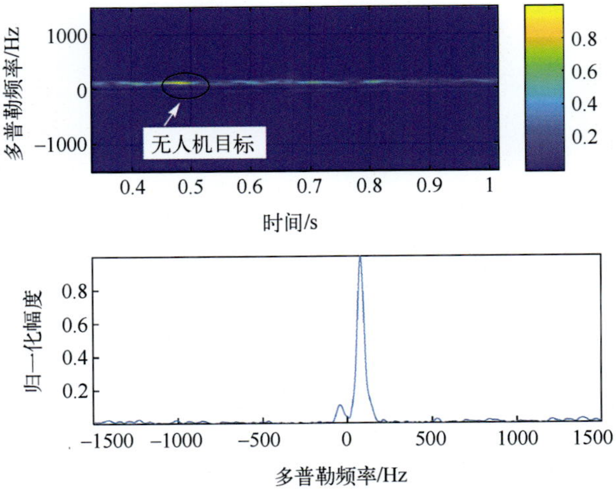

图 5-9　无人机目标时频分析结果

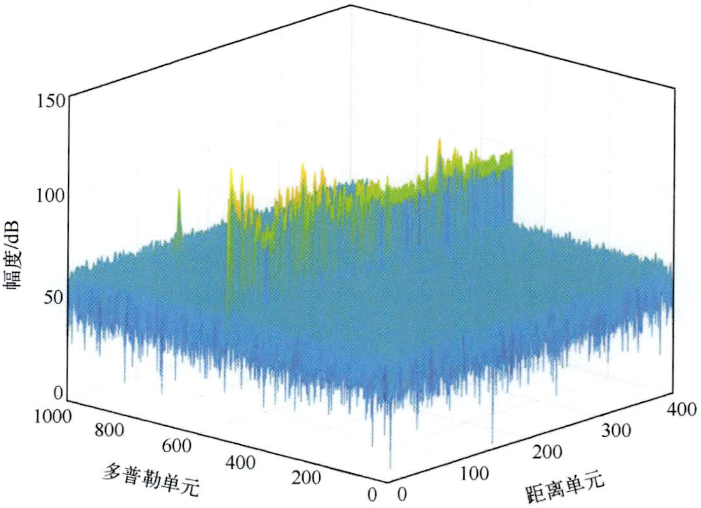

(a) 地面场景R-D平面三维图(包含一个强目标)

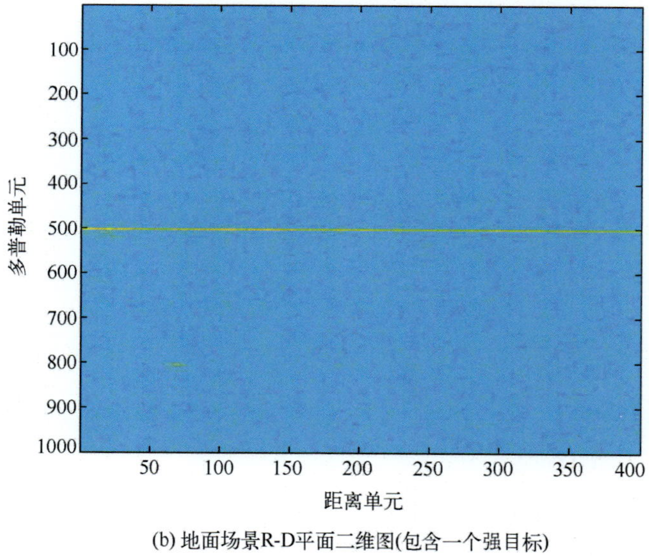

(b) 地面场景R-D平面二维图(包含一个强目标)

图 5-29　地面场景距离多普勒平面

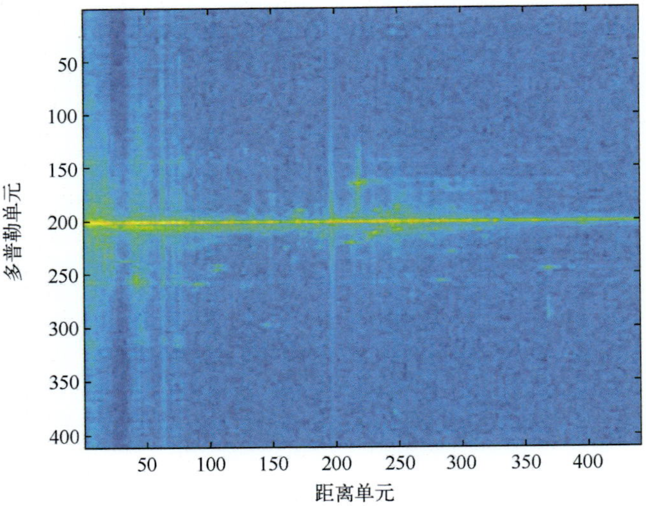

图 5-34　受海杂波影响的距离多普勒平面

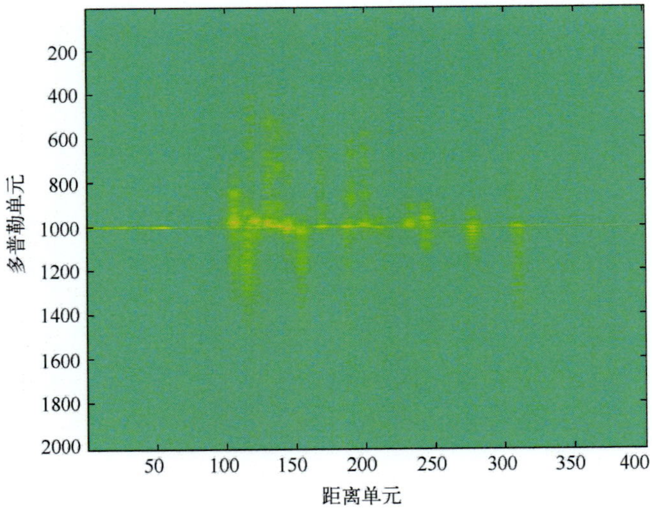

图 5-35　受风力发电站影响的距离多普勒平面

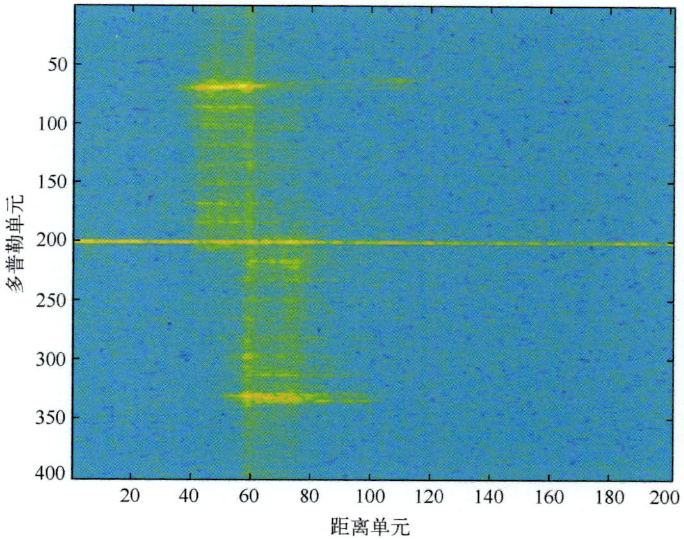

图 5-36　受火车影响的距离多普勒平面